"十三五"国家重点出版物出版规划项目·重大出版工程

高超声速出版工程

高温固体力学

杜善义 著

科学出版社

北京

内容简介

本书依据作者团队在空天飞行器热防护材料与结构的研发、评价与应用领域的研究成果，详细论述了高温结构复合材料体系与应用、力学性能试验技术、宏观本构理论与模型、强度理论、随机微结构统计描述与虚拟试验、高温结构复合材料损伤及失效机理、高温拉伸损伤及失效过程数值模拟方法以及高温结构复合材料的许用值与设计值等方面内容。

本书适合飞行器总体设计、热防护系统及热结构设计与评估、热防护材料研发等领域的科研工作者以及固体力学、材料学专业研究生及高年级本科生阅读参考。

图书在版编目(CIP)数据

高温固体力学 / 杜善义著. —北京：科学出版社，2021.12

(高超声速出版工程)

"十三五"国家重点出版物出版规划项目 · 重大出版工程　国家出版基金项目

ISBN 978-7-03-070715-4

Ⅰ. ①高…　Ⅱ. ①杜…　Ⅲ. ①固体力学　Ⅳ. ①O34

中国版本图书馆 CIP 数据核字(2021)第 240406 号

责任编辑：徐杨峰 / 责任校对：谭宏宇
责任印制：黄晓鸣 / 封面设计：殷　靓

科学出版社 出版
北京东黄城根北街 16 号
邮政编码：100717
http：//www.sciencep.com
南京展望文化发展有限公司排版
广东虎彩云印刷有限公司印刷
科学出版社发行　各地新华书店经销

*

2021 年 12 月第　一　版　开本：B5(720×1000)
2023 年 12 月第三次印刷　印张：19 3/4
字数：344 000

定价：160.00 元

(如有印装质量问题，我社负责调换)

高超声速出版工程

专家委员会

高超声速出版工程·高超声速防热、材料与结构系列

编写委员会

丛书序

飞得更快一直是人类飞行发展的主旋律。

1903 年 12 月 17 日，莱特兄弟发明的飞机腾空而起，虽然飞得摇摇晃晃，犹如蹒跚学步的婴儿，但拉开了人类翱翔天空的华丽大幕；1949 年 2 月 24 日，Bumper-WAC 从美国新墨西哥州白沙发射场发射升空，上面级飞行马赫数超过 5，实现人类历史上第一次高超声速飞行。从学会飞行，到跨入高超声速，人类用了不到五十年，蹒跚学步的婴儿似乎长成了大人，但实际上，迄今人类还没有实现真正意义的商业高超声速飞行，我们还不得不忍受洲际旅行需要十多个小时甚至更长飞行时间的煎熬。试想一下，如果我们将来可以在两小时内抵达全球任意城市，这个世界将会变成什么样？这并不是遥不可及的梦！

今天，人类进入高超声速领域已经快 70 年了，无数科研人员为之奋斗了终生。从空气动力学、控制、材料、防隔热到动力、测控、系统集成等，在众多与高超声速飞行相关的学术和工程领域内，一代又一代科研和工程技术人员传承创新，为人类的进步努力奋斗，共同致力于达成人类飞得更快这一目标。量变导致质变，仿佛是天亮前的那一瞬，又好像是蝶即将破茧而出，几代人的奋斗把高超声速推到了嬗变前的临界点上，相信高超声速飞行的商业应用已为期不远！

高超声速飞行的应用和普及必将颠覆人类现在的生活方式，极大地拓展人类文明，并有力地促进人类社会、经济、科技和文化的发展。这一伟大的事业，需要更多的同行者和参与者！

书是人类进步的阶梯。

实现可靠的长时间高超声速飞行堪称人类在求知探索的路上最为艰苦卓绝的一次前行，将披荆斩棘走过的路夯实、巩固成阶梯，以便于后来者跟进、攀登，意义深远。

以一套丛书,将高超声速基础研究和工程技术方面取得的阶段性成果和宝贵经验固化下来,建立基础研究与高超声速技术应用之间的桥梁,为广大研究人员和工程技术人员提供一套科学、系统、全面的高超声速技术参考书,可以起到为人类文明探索、前进构建阶梯的作用。

2016 年,科学出版社就精心策划并着手启动了“高超声速出版工程”这一非常符合时宜的事业。我们围绕“高超声速”这一主题,邀请国内优势高校和主要科研院所,组织国内各领域知名专家,结合基础研究的学术成果和工程研究实践,系统梳理和总结,共同编写了“高超声速出版工程”丛书,丛书突出高超声速特色,体现学科交叉融合,确保丛书具有系统性、前瞻性、原创性、专业性、学术性、实用性和创新性。

这套丛书记载和传承了我国半个多世纪尤其是近十几年高超声速技术发展的科技成果,凝结了航天航空领域众多专家学者的智慧,既可供相关专业人员学习和参考,又可作为案头工具书。期望本套丛书能够为高超声速领域的人才培养、工程研制和基础研究提供有益的指导和帮助,更期望本套丛书能够吸引更多的新生力量关注高超声速技术的发展,并投身于这一领域,为我国高超声速事业的蓬勃发展做出力所能及的贡献。

是为序!

2017 年 10 月

前　言

空天飞行器技术作为综合性高新技术，是人类探索、开发和利用空间资源的有效手段，几十年来的发展和应用已经且将继续对社会经济、国防、科学技术及人类生活产生巨大影响，也是带动综合国力提升的牵动性技术。发展空天飞行器，主要目的是不断提高人类“进入空间”“控制空间”和“利用空间”的能力。更高速度飞行是飞行器发展的永恒主题。高超声速飞行与高超声速飞行器是空天飞行器的重要发展领域，也是我国从航天大国迈向航天强国的重要标志之一。

空天飞行器再入大气层的高超声速飞行，特别是大气层内长时间飞行的高超声速飞行器，必然会经受极端热环境，这种热障问题是其成败的关键。特别是高超声速飞行器在大气层内超高速、超高温、长时间飞行，热环境更为严酷。长时间的气动加热使得飞行器的头部和翼缘部分的表面温度超过 2 000℃，同时为保持气动外形，这些部位外表面不允许产生明显烧蚀。如何耐受高温并保证近零烧蚀和抗氧化，对热防护材料而言极具挑战。“轻”是空天飞行器追求的永恒主题。空天飞行器作为一种在特殊环境下飞行的升力体，对结构重量系数的要求更为强烈，结构重量系数必须足够小，才能保证有效载荷的比例，保证航行距离，所以必须采取既耐高温又轻质的新材料或结构概念。

高温固体力学是钱学森先生 60 多年前提出的力学分支。高温固体力学作为研究高温作用下固体介质及结构受力、变形、破坏以及相关变化与效应的一门学科，是实现空天飞行器热防护系统设计、优化、可靠应用的关键基础科学，充分认知极端和热力耦合环境特征、材料和结构的性质、性能以及材料和环境耦合作用机制，建立科学预测模型和分析方法，是实现最科学与最优化设计的前提。高速、超高速飞行器发展的需求，是高温固体力学发展的主要驱动力。改造传统的均质连续介质力学，发展新的材料的强度理论和实验手段，完善材料和结构在各种极端环境下的变形与失效行为的理论和方法，实现按所需功能设计热防护材料与结构，提高热防护材料与结构的效率和可靠性。

对于高温、超高温的热环境，最重要是热防护材料与结构。在材料大家族中，特殊的金属、陶瓷以及复合材料具有一定的耐高温能力。从耐高温、高比性能要求，经特殊复合及设计的复合材料相对优势明显。本书重点选择高温复合材料作为研究对象。本书根据空天飞行器服役环境特征和相关高温结构复合材料技术的发展，总结和分析了近年来哈尔滨工业大学在空天飞行器热防护材料与结构的研发、表征与评价领域的研究成果，重点阐述了高温结构复合材料极端环境力学性能试验技术、宏观本构关系与强度理论、损伤与失效机理、多尺度数值模拟方法、许用值的确定程序等。在一定意义上，本书的理论、模型及方法不失一般性。

本书收录了许承海教授、方国东教授和孟松鹤教授在高温结构材料性能表征、设计与评价方面的研究成果。在本书的编写过程中，许承海教授在材料的汇总、整理以及章节设计等方面付出了大量的精力。在此感谢孟松鹤教授、许承海教授和方国东教授对本书的贡献。

本书也许是国内首本高温固体力学专著，在对其理解、内容、结构等方面会有疏漏和不足，敬请读者批评指正。

希望本书能作为从事空天飞行器设计与制造的研究者以及相关专业学生的有益参考书。

杜善义

2021 年 7 月 7 日

高超声速出版工程

目录

第 4 章 高温结构复合材料宏观本构理论与模型

第5章 高温结构复合材料强度理论

第6章 高温结构复合材料随机微结构统计描述与虚拟试验

第 7 章　高温结构复合材料损伤及失效机理

第 8 章　复合材料高温拉伸损伤及失效过程数值模拟方法

第1章 绪 论

1.1 高温固体力学概述

力学是关于力、运动及其关系的科学,研究介质运动、变形、流动的宏微观行为,揭示力学过程及其与物理、化学、生物学等过程的相互作用规律。力学起源于对自然现象的观察和生产劳动中的经验,自阿基米德奠定了静力学基础以来,在一千多年的发展历程中,形成了以"牛顿力学""连续介质力学"为代表的严密、成熟的理论体系和"实验观测、力学建模、理论分析、数值计算"相结合的研究方法。在实验和假设基础之上,通过精妙的力学建模和推理过程建立理论,用严格而理性的数学思维描绘复杂物质世界的现象,进而深化对实际问题中基本规律的认识;应用理论和实验相结合的方法,由表象到本质,由现象到机理,由定性到定量,解决自然科学和工程技术中的关键问题[1]。人类认知和改造自然离不开力学,人类的历史有多久,力学的历史就有多久。力学永远是既经典又有活力的年轻科学。

固体力学是力学学科中的一门极为重要、应用甚广的基础分支学科。固体力学是研究可变形固体在载荷、温度、湿度等外界因素作用下,其内部质点的位移、运动、应力、应变和破坏等规律。固体力学中的固体一般指在一定的时间尺度内可有效承力的连续介质。固体力学旨在认识与固体受力、变形、流动、断裂等有关的全部自然现象,并利用这些知识来改善人类的生存条件,实现人类发展的各种目标。也可以说,固体力学是研究可变形固体及结构在外界因素作用下,其内部质点所产生的位移、应力、应变及破坏等规律的一门学科。固体物质及其结构的多样化,使其在不同外界因素作用下的响应丰富多彩,如弹性、塑性、蠕变、断裂和疲劳等。而众多自然现象和关键工程问题,则是固体力学研究对象的实例。固体力学兼具技术科学和基础科学的双重属性。它既为工程设计和发展生产力服务，也为发展自然科学服务。

在20世纪，固体力学伴随着航空航天技术的兴起而飞速发展，在飞机、弹道导弹、运载火箭、卫星、飞船、空间站及相关地面设备的设计、生产、维护和运行中的一系列问题的解决过程中，逐步形成了弹性力学、板壳理论、塑性力学、断裂力学、损伤力学、计算力学和高温固体力学等一大批新型固体力学分支[2]。

“热”是自然界最为普遍且到目前为止最难认知和把握的现象之一，也是人类征服自然、改造世界最为有利的工具之一。高温会对材料力学行为产生严重影响，并可能与复杂的物理化学反应相互耦合。高温固体力学主要研究在高温和时间作用下可变形固体介质及结构的受力、变形、失效以及相关变化和效应。传统意义的高温一般指使用温度与材料熔点之比超过0.4~0.5的情况，对金属材料来说，高温会导致黏塑性增加、强度下降、时间累积效应显著。

20世纪50年代，针对航空航天、国防与武器装备等领域对高温结构材料的急迫需求，我国开始发展高温蠕变力学，中国科学院力学研究所塑性力学研究组建立高温蠕变实验室，力求跨力学、材料学学科，通过宏观和微观、实验和理论相结合进军这一前沿热点问题。1958年，钱学森先生[3]创建中国科技大学近代力学系，设立包括“高温固体力学”在内的四个新型专业；同时在高速导弹、返回式航天器热防护系统设计和研制过程中大大促进了相关力学理论与方法的发展。半个多世纪以来，高温固体力学秉承“技术科学思想”，不但丰富了力学学科本身，而且为国家安全、国民经济发展提供了重要的支撑作用。

进入21世纪，航空航天技术呈现出空前的辉煌，人类已经探索了火星表面，也飞过了太阳系的边缘，发展了一系列有别于传统的新型航天器，实现了地球各个角落的快捷、便利、可靠到达。新型航天器所面临的服役环境更为苛刻，需要的结构效率和可靠性更高，抵抗极端空间环境的能力更强，型面控制精度更精确，且最大可能满足可重复使用、长寿命和低成本要求。高温固体力学作为航空航天科学技术最重要的基础和支撑学科之一，在学科发展和工程应用的“双力驱动”下快速发展，不断提升模型的描述和预测能力，积极谋求与其他学科进行交叉创新，突破和解决这些问题，才能适应新时代航空航天技术的发展特点与趋势。

1.2 航空航天领域的极端高温服役环境

航空航天领域中涉及极端高温环境的装备主要有返回再入大气层航天器、

高超声速飞行器、航空发动机、冲压发动机及火箭发动机等。

对于再入大气层或在大气层内飞行的高超声速飞行器，飞行器与大气层内的空气相互作用，在头部周围形成一个强的弓形激波。由于黏性耗散效应和激波强烈压缩，巨大的动能损失中的一部分转变为激波层内气体的内能，从而产生气动热。当飞行器以马赫数大于 5 的高超声速在大气层内和临近空间飞行时，鼻锥、翼前缘等部位的温度达到上千度甚至更高，飞行器结构大面积的温度也将在几百度乃至上千度。例如，当飞行器在海拔 27 km 的高空以马赫数 8 的速度飞行时，飞行器的机翼前缘、鼻锥、进气道等位置的高温热负荷最高将近 2 300℃[4]。X－37B 作为可重复使用飞行器，由于翼面积小，加之再入大气时速度高，气动加热比航天飞机更加严重，翼前缘温度达 1 649℃以上[5]。另外，高超声速飞行时防热结构还要承受高噪声、强振动和高速冲击等严酷载荷，而大气中的氧气和高速气流的冲刷，亦会造成防热结构氧化进而加速其热损伤甚至烧蚀。

航空发动机是一种高度复杂和精密的热力机械，为飞机提供飞行所需的动力。航空发动机燃烧室、涡轮和尾喷管等构件内均属热端环境，其中的热端构件承受的环境特点是高温燃气介质与各种应力的耦合。例如，对于军用涡喷/涡扇发动机，当推重比达 12～15 时，发动机燃烧室冷却后的壁面温度超过 1 100℃，高压涡轮进口温度预计在 1 700℃以上；当推重比达 15～20 时，发动机燃烧室冷却后的壁面温度将超过 1 200℃，加力燃烧室中心温度超过 2 000℃[6]。

冲压发动机是一种无压气机和燃气涡轮的航空发动机，主要由进气道、燃烧室和尾喷管构成。进入燃烧室的空气利用高速飞行时的冲压作用增压。超声速或高超声速气流在进气道扩压到马赫数 4 的较低超声速，然后燃料从壁面和/或气流中的突出物喷入，在超声速燃烧室中与空气混合并燃烧，燃烧后的气体经喷管排出，产生推力。当飞行速度大于马赫数 6 时，燃烧室内燃气温度可高达 2 727℃[6]。对于发动机流道，不仅要承受由于热流分布不均而引起的热应力，还要承受由于气流速度快而产生的冲刷与噪声以及发动机/机身一体化导致的气动力载荷等。

火箭发动机作为航天飞行器的动力装置之一，其基本原理是化学推进剂在燃烧室中燃烧，产生高温高压的燃气，燃气经喷管膨胀加速，热能转化为动能，产生推力。在这个动力实现过程中，喷管必须承受燃气高温、高压、高速和化学气氛等严酷而复杂的热物理化学作用。例如，美国 Minuteman－Ⅲ陆基导弹、Trident－Ⅱ D5 潜地导弹的固体火箭发动机采用高性能推进剂，燃气温度达 3 300～4 800℃，燃烧时Ⅰ级工作压强达 9～12 MPa。除了需要承受极高的温度和高速燃气流的冲刷与侵蚀,由于升温速度极快,还会产生很大的温度梯度和热应力,热端部件也会承受很大的热冲击。

1.3 航空航天技术的发展需求

航空航天技术的需求是高温固体力学发展的主要驱动力。进入21世纪,随着人类征服和利用时空能力、武器装备发展需求的提升,多种空天飞行器应运而生。空天飞行器,即"航空航天飞行器"的简称,从广义上讲是指能够在大气层飞行,也可穿过大气层进入空间在轨运行和再入返回的飞行器。理想情况下,空天飞行器将像传统的飞机,以单级水平起飞、进入轨道、返回和水平降落在跑道上,在大气层和外层空间中灵活地飞翔,并能承受返回大气层时的苛刻气动热/力载荷,两次飞行之间只需加注燃料并进行简单的维护。轻质结构和高效防热材料是实现空天飞行器设计理念的基石。空天飞行器面临的恶劣、复杂热/力耦合环境又给"防热"带来新的挑战,要求在热防护、热结构和热管理上研究新的方法,寻求新的技术途径。高温固体力学是实现空天飞行器热防护系统设计、优化、可靠应用的关键基础科学问题。

轻质化是所有空天飞行器的永恒主题,满足超常服役条件或特殊需求是飞行器材料与结构的主要特征,当前新型飞行器的发展需要更高性能、效率与可靠性的新材料和新结构,新材料的研发周期与急迫的需求矛盾突出,须重点关注材料设计、结构轻量化、多功能化、抗极端化、低成本化带来的一系列问题和挑战。

高温结构材料强度直接影响飞行器的结构效率与可靠性,以安全系数和裕度形式覆盖客观存在的不确定性对减少结构冗余影响很大,现有测试、表征和评价手段不能准确反映材料与结构的有效性质和使用性能,特殊环境或特殊要求导致超出原有理论方法的适用条件,理论模型与实际物理模型相差较大,缺乏关键参数和验证,预报精度难以满足要求,亟须发展和完善设计、建模、分析、评价的理论、方法和手段。

在大幅度减少系统重量的同时,不断增强性能和功能,也就是提高"比性能",是新型飞行器发展的共性需求。复合材料作为材料大家族中的重要成员,由于其物理的科学复合性与可设计性,可以满足飞行器结构轻量化和高温、超高温的需求。先进复合材料用量和水平已经成为飞行器先进性的重要标志,新一代复合材料具有多尺度和超混杂组元以及可剪裁性能和多功能属性,有较大幅度提升的综合性能。发展基于需求最优性能的自下而上纳米尺度材料设计方法，研究大幅度缩短研发周期和降低成本的技术手段，可有效解决当前"综合效费比不高"的关键问题。通过设计可以耦合更多结构和功能的材料实现系统减重，需要关注最小化外部介入可感知、诊断和响应功能的材料与系统，形状、功能和力学性能按需改变功能的材料与系统，能量获取、存储、传送与结构一体化功能的材料与系统。

空天飞行器在服役过程中会承受或产生许多种超常环境载荷，且相互耦合引起强烈的非线性效应，无论是其认知手段，还是理论方法上都存在很大的局限性，建立有效的等效模拟手段，揭示相互作用机制，表征控制要素，才能实现优化设计和科学评价，从关注极端环境下的力学行为，到强化认知环境及其与材料的耦合作用机制，实现从被动到主动的跨越。结构是主观设计与客观材料的结合，探索超混杂结构、折叠展开结构、主动变形结构、索系结构、多功能系统等创新概念，更好发挥先进材料技术红利，产生新功效。

1.4 高温固体力学发展面临的挑战

1.4.1 材料高温性能测试与表征技术的局限性

虽然国内外已经具备可至3 000℃以上的材料高温力学性能测试技术，但无论是从测试方法和还是测试能力上，仍难以满足未来新型空天飞行器，特别是高超声速飞行器的发展需求。目前采用包括电阻辐射、红外辐射、感应耦合、直接通电、激光等多种手段，与实际服役工况相比，在材料热响应历程、热响应分布、响应机制上都存在很大的局限性，天地或空地一致性和有效性需要进一步研究与验证；鉴于测试能力和成本限制，尺寸效应和失效机制的影响还难以把握；许多高温材料的工艺特点决定其组分性能具有强烈的"就位性能"特征，难以用原材料进行测试和表征，组分材料的高温性能测试技术亟待发展；如薄壁材料厚度性能、高脆性材料泊松比、低膨胀材料热膨胀系数等常温条件下难测的性能，如何获取高温性能更具挑战；同时高温动态特性、高温复杂应力材料性能也亟须发展有效的方法；一些非传统材料和结构概念，如高温梯度材料、点阵结构等如何测试和表征其高温行为尚无解决的方法。

1.4.2 高温材料体系的复杂性

与传统高温材料要求不同，新型空天飞行器要求服役于极端环境下的材料和结构兼具耐热、防热、隔热、承载等多重功能属性,复合化、陶瓷化成为发展趋势。就目前研究热点来看,超高温陶瓷材料在耐高温、抗氧化能力上虽有巨大潜力,但韧性较差的问题依然困扰着其进一步发展,通过复合化进一步提高其力学性能。以 C/C、C/SiC、SiC/SiC 以及超高温陶瓷基复合材料为代表的热结构复合材料其"陶瓷"属性和工艺特性决定了内部含有大量的初始缺陷,材料性能表现出很大的分散性,且与工艺密切相关;为轻质化发展起来的新一代防隔热一体化复合材料,多采用纤维增强多孔材料的途径降低密度,采取涂层或组合形式提升综合性能。这些研究对象材料组合和微结构的复杂化,给发展测试表征方法、建立分析模型、实现定量化预报、获取优化方案等力学理论和方法提出了严峻的挑战。

飞行器设计要求采用成熟的材料体系,成熟的标志是具有"*A* 或 *B* 基准"设计性能数据库或经"同行评审"的设计许用值数据库,而针对热防护和热结构材料要求又不尽相同。高温陶瓷基和碳基复合材料的材料结构体系与工艺过程极为复杂,性能分析与表征十分困难。如何确定其性能,美国 MIL - HDBK - 17 初步给出了确定 *A* 和 *B* 基准许用值材料批次数量和每批次试样数量,但仍存在多项内容空缺,待后续完善。我国在此方面尚缺乏系统性的研究工作。

1.4.3 高温本构关系与强度理论的挑战性

早在 20 世纪 50 年代,人们就能够获取关键耐高温材料的高温力学性能,现已将测试温度拓展到 3 000℃以上,材料高温力学行为表现出强烈的非线性,甚至高温蠕变行为,但现在还只能从宏观唯象上描述其本构关系,尤其是高温损伤演化对新型高温复合材料本构行为带来的影响更需进一步研究。"温度"+"强度"成为固体力学最大的挑战之一,尤其是高温复合材料在复杂载荷条件下表现出来的多重失效模式更是难上加难,在现有工程设计中经常采取的是常温试验获得的简单二向强度准则和一些有限的高温试验结果,但由于复合材料微细观结构的复杂性,在复杂载荷条件下表现出不同的破坏模式,虽加大安全系数,仍难保可靠性,且降低了结构效率,亟须基础研究的突破,研究基于不同失效机制、分象限拟合的强度包络线,或建立强度理论。当前发展的基于渐进损伤分析的虚拟试验技术,有希望成为描述复杂高温材料本构关系和强度准则最为有效的技术途径。

1.4.4 材料高温力学行为研究的多学科性

传统高温固体力学研究方法,重点在于热载荷对材料力学性能和结构行为的影响,必须发展力/热耦合作用下的相关理论和方法。而对于服役于高温环境下的材料或结构来说,材料表面与多种环境因素相互耦合,产生复杂的物理、化学变化及效应,同时随着服役温度和时间的增加,材料内部缺陷、损伤的演化也会由不同时空尺度上的物理化学变化所决定。如高超声速飞行引起的高焓非平衡流动与高温材料表面作用机制复杂,材料响应温度既与热流、压力、焓值等环境参数直接关联,又与材料氧化、催化和辐射特性密切相关,材料发生氧化、烧蚀、剥蚀、物性和组分改变,引起材料物性、表面状态改变及质量引射等效应,又会导致环境的流动状态、能量、组分及分布的改变。因此,高温固体力学需要进一步打破学科界限,与材料、物理、化学等学科进行深度交叉与融合,才能达到发现现象本质,揭示机理,把握规律的目的。

1.5 本章小结

高温固体力学具有强烈的需求背景和艰巨的学科挑战特征,将现代科学的研究成果引入高温固体力学中,提出高温固体力学的科学原理、建立新的理论、发展新的方法,使得高温固体力学的基础研究充满旺盛的生命力。同时,高温固体力学是应用力学主体的一部分,旨在发展力学的理论与方法并应用于工程实际中,为国民经济和国防建设服务。这是一个战略意义和需求显著的研究方向,挑战大、难度高,这些科学问题如果得不到解决,将会导致系统设计、关键技术攻关和研制中存在很大的盲目性,引起较大的结构风险,对安全、可靠服役产生致命性的影响,或由于过于保守引起结构效率和性能下降,需要从国家层面给予重点关注和长期、稳定的支持。

未来发展建议:

(1) 充分认识我国在高温固体力学研究方面的不足和缺口,利用已有研究优势相关单位,重点投入,建设系统的国家级高温试验设施,发展逐渐成熟的数值模拟方法和软件,鼓励更多学者积极探索与此相关的新理论、新方法和新技术,同时避免碎片化、同质化和低水平重复。

(2) 高温固体力学具有明确而极为重要的需求背景和艰巨的学科挑战特征,积极促进力学本身内部及与其他学科的深层次交叉,充分发挥力学"建模、试验、定量化预报"的优势;同时更需要加强产、学、研大力协同和联合,将知识创新有机融入技术创新体系,在实践中不断检验和完善新理论、新方法和新技术。

(3) 结合国内外发展态势和新型飞行器的发展需求，建议未来重点发展如下研究方向：发展创新性高温测试方法，并高度重视与极端、原位、全场、内部、在线试验和表征技术相结合，以获取更加丰富的信息；充分借助先进的试验和数值技术，发展能够描述高温本构和失效行为的“多场、多尺度”建模、分析和优化方法，强调模型的试验验证，不断提高预报方法的置信度和精度；加强与高温材料和服役环境相关的不确定性定量化方法研究，发展材料概率寿命预测和损伤容限分析方法；把材料高温行为的理解集成到结构尺度模拟中，实现基于非确定性框架下的结构尺度高置信度失效模拟；促进多学科交叉，与“高温物理效应”和“计算材料学”结合，创制和优化新型热防护和热结构概念。

参考文献

[1] 中国力学学会.中国力学学科史[M].北京：中国科学技术出版社，2012.

[2] 李海阳，申志彬.固体力学原理[M].北京：国防工业出版社，2016.

[3] 张居中，汪喆.钱学森与中国科大特展图录[M].合肥：中国科学技术大学出版社，2013.

[4] Polezhaev Y. Will there or will there not be a hypersonic airplane [J]. Journal of Engineering Physics and Thermophysics, 2000, 73(1): 3-8.

[5] 孙宗祥，唐志共，陈喜兰，等.X-37B的发展现状及空气动力技术综述[J].实验流体力学，2015, 29(1): 1-14.

[6] 成来飞，栾新刚，张立同.高温结构复合材料服役行为模拟——理论与方法[M].北京：化学工业出版社，2020.

第 2 章

高温结构复合材料体系与应用

纵观人类历史,材料是衡量一个国家科技、经济、国防建设等发展的重要物质基础,更是衡量整个社会进步的重要里程碑和文明标志。新材料对新型装备的发展起着至关重要的作用,同时新型装备乃至国之重器对材料提出各种新的要求反过来又促进了材料领域的飞速发展。尤其在战略导弹、固体火箭发动机、高超声速飞行器等领域极端苛刻的超高温工作环境下,材料的力学性能、抗烧蚀性能、高温稳定性能成为该领域发展的关键核心。

目前得以使用的超高温材料体系主要包括难熔金属及其合金、石墨材料、超高温陶瓷及其复合材料、C/C 复合材料和 SiC 基复合材料等。

2.1 难熔金属及其合金

难熔金属中钨(W)、铼(Re)、钼(Mo)、钽(Ta)、铌(Nb)等及其合金具有高熔点,是研究较早并且得到应用的超高温材料,主要通过锻造和旋压等成型方法制备构件,其中 W 的熔点 3 410℃是所有金属材料中最高的,同时具有良好的抗烧蚀、抗冲刷能力,曾被用作美国的北极星 A-1、A-2、民兵系列导弹的燃气舵、喉衬[1-7]。由于 W 的密度高达 19 g/cm^3,为了减轻 W 结构件的重量,添加不同含量的 Mo 后发现合金抗热震性能提高但熔点降低、烧蚀率增加。目前研究较多的难熔金属合金是钨渗铜,首先用钨粉烧结成多孔骨架,再通过高温熔融渗铜,制得伪二元合金,渗铜设计是为了在高温环境下通过铜熔融蒸发起到发汗冷却作用,同时发现铜的引入极大地改善了钨的机械加工性能。美国联合飞机公司研制的 W-Cu 可承受超过 3 400℃的高温燃气,被认为适用于发动机喷管、飞行器前缘等多种热端构件。W 的强度会随温度上升而下降,1 000℃时强度降低至室温的 60%~80%，为了提高其强度、抗热震性和在高温下的稳定性，通常在 W 中加入 Re 等进行合金强化或加入第二相颗粒（TiC、ZrC、HfC、ThO_2等）进行弥散强化，且上述碳化物颗粒的引入可提高 W 的抗烧蚀性能。近来有研究将 SiC 纳米线加入 W 基合金中，结果显示加入纳米线后材料弯曲强度大幅提升，同时烧蚀率降至添加前的四分之一。

Re 的熔点为 3 180℃，具有优异的高温强度、高温抗蠕变、耐腐蚀、耐磨等特性，但高温抗氧化性能较差，而 Ir 不仅熔点高达 2 447℃ 且抗氧化性能好，与 Re 的热膨胀系数相近，因此被用作 Re 的抗氧化涂层，Re 表面涂敷 Ir 涂层后可在 2 200℃ 的高温环境中正常工作。

Mo 的熔点为 2 610℃，比 W 和 Re 低，其密度和成本也较低，Mo 的硅化物在 1 700℃ 以下具有优良的抗氧化性能，经表面涂覆的钼合金可制作喷气式发动机火焰筒、涡轮叶片、导弹燃烧室、宇航飞行器的隔热板、高温高压模具等。

Nb 在难熔金属中密度较低，添加合金元素后制备的 Nb 合金可加工性良好，强度较高，焊接性能良好，但主要用于 1 700℃ 以下的环境，此外，抗氧化性差是此类合金的重要问题，使用时往往需要在表面制备涂层进行防护。

总体而言，难熔金属及其合金具有高熔点、高硬度、高强度、耐高温等独特的理化性能，但是其加工成型困难、抗氧化性能较差、密度大、热导率高等缺点，在很大程度上阻碍了其在航空航天超高温结构领域的大规模应用。

2.2 石墨材料

石墨是碳质元素结晶矿物，常压环境不熔化，至 3 700℃ 开始升华。石墨的高温强度高（强度随温度上升而增加，2 500℃ 后强度开始下降）、热膨胀系数小、密度较小、导电导热性好、化学稳定性和抗热冲击性能良好，且易于精加工，因此石墨材料在高温领域具有很广泛的应用[8, 9]。

就其种类而言，主要分为热解石墨、多晶石墨和石墨渗铜材料等。多晶石墨密度一般较低，小于 1.99 g/cm^3，采用高温处理后的焦炭作为填料、有机物如沥青等作为黏结剂，通过模压、碳化和高温石墨化制得。此类石墨被用于制备早期的火箭发动机喉衬，但其强度较低、抗热冲击性能较差、大型构件可靠性低是限制其应用的主要问题，直到美国橡树岭实验室制备了断裂应变达 1.0%的高应变石墨后，才使其在造价低廉的基础上具备了和其他超高温喉衬材料相比较强的竞争力。但多晶石墨热导率高，制成喉衬时需要较厚的背壁绝热层，不符合发动机小型化、轻量化的发展需求，同时其固有的低强度等问题极大地限制了其应用。热解石墨与PyC的制备方法类似，是在基底上以甲烷等为前驱体通过化学气相沉积制得，与多晶石墨相比，此类石墨密度可高达2.2 g/cm^3，接近石墨的理论密度，强度和抗烧蚀性能相对也较好，但其制成喉衬时轴向热膨胀系数较大，需要多片叠层，同时提供背壁绝热层和支撑，工艺复杂、成本高且可靠性较差，因而虽然制成的喉衬在燃烧室压强达7.0 MPa的环境下进行了成功试验，但应用并不广泛。此外，将热解石墨涂敷于多晶石墨上的喉衬在一些高能推进剂的发动机上曾得以成功使用，如Phoenix喷管、Condor喷管和北极星A－3导弹第二级喷管的喉衬。

石墨渗铜材料借鉴钨渗铜的制备方法，以粗粒级高强石墨为基材，在高温下通过高压使液态铜浸渗到石墨的开孔和微裂纹中，形成石墨和铜的连续相，制得石墨渗铜材料。相关喉衬和长尾管衬套在地面点火试验和飞行试验后发现，在固体火箭发动机的高温高压燃气二相流的作用下，液态铜仍滞留在高强石墨基材内，喉衬表面形成的铜薄膜可以阻滞燃气和石墨发生化学反应，烧蚀率适中，该材料强度和抗热震性能均高于通用石墨，密度小于钨渗铜，成本较低，适于制备战术导弹的喷管。

石墨资源丰富、价格低廉，其制件用于超高温环境，成本较低是其不可被替代的优势，近来有研究在石墨表面制备了W/Ir、SiC、SiC－Si等涂层并通过高温静态空气氧化和氧乙炔环境烧蚀考核了涂层石墨的抗烧蚀能力，结果显示涂层后材料的抗氧化、抗烧蚀能力均得到大幅提升。石墨材料的缺点主要是抗氧化性能、耐烧蚀性能差，在大型发动机喉衬等应用方面可靠性不是太高，虽然可以制备涂层进行保护，但是在高温环境中，涂层的作用并不明显，极大程度地限制了石墨在高温环境中的应用。

2.3 超高温陶瓷及其复合材料

超高温陶瓷(ultra high temperature ceramics, UHTCs)是指在高温环境以及反应气氛中能够保持物理和化学稳定性的一类陶瓷材料，主要包括一些过渡族金属的难熔硼化物、碳化物和氮化物，如ZrB_2、HfB_2、TaC、HfC、ZrC、HfN等。关于UHTCs的研究早在20世纪60年代就已经开始出现，但当时由于所用原材料的纯度不够而影响其有关性能,未得到实际应用。二十一世纪初,由于各军事大国大力发展高超声速飞行器和可重复使用再入飞行器,进一步掀起了 UHTCs 的研究热潮[10-14]。

2.3.1 UHTCs 材料体系的设计

在已经得到研究的所有 UHTCs 中,ZrB_2和 HfB_2基 UHTCs 具有较高的热导率、适中的热膨胀系数和优越的抗氧化烧蚀性能,可以在 2 000℃ 以上的氧化环境中实现长时间非烧蚀,是非常有前途的非烧蚀型超高温防热材料,可用于高超声速飞行器的鼻锥、机翼前缘以及超燃冲压发动机燃烧室的关键热端部件。

高超声速飞行器鼻锥、前缘以及超燃冲压发动机燃烧室的热端部件在服役过程中通常面临超高温(>1 800℃)、强氧化、急剧加热的严酷环境,这就要求 UHTCs 在服役过程中具有优异的维形能力,需要重点关注其物理与化学的稳定性,即要求材料在服役过程中本体材料结构保持完整,同时能够生成结构稳定的氧化层。

对于抗氧化防热材料的选择,需要从高温氧化层的需求进行反演。目前涉及的高温氧化层主要有 SiO_2、Al_2O_3、Y_2O_3、Cr_2O_3、Ta_2O_5、ZrO_2(HfO_2)等。超高温陶瓷防热材料原位生成的氧化膜要具有较低氧渗透率、良好的高温强度、较宽的温度使用区间和较高的温度使用极限。显然单一的氧化膜难以满足要求。基于前期的研究结果和理论分析可知 ZrO_2(HfO_2)与 SiO_2复合氧化膜是较好的选择。复合氧化膜中的 ZrO_2(HfO_2)形成骨架结构实现高温环境下氧化层结构的稳定,而 SiO_2则分布在 ZrO_2骨架中起到填充孔洞降低氧扩散,从而进一步提高抗氧化保护性能的作用。

能够生成 ZrO_2(HfO_2)和 SiO_2氧化膜的 UHTCs 分别是 ZrB_2(HfB_2)、ZrC(HfC)、SiC 及 Si_3N_4、$MoSi_2$、$ZrSi_2$和 $TaSi_2$等。在这些材料中,ZrB_2(HfB_2)、ZrC(HfC)和 SiC 是最具潜力的候选材料。

UHTCs 在严酷加热环境使用,对材料的抗热冲击性能和可靠性提出了苛刻的要求。在满足抗氧化烧蚀性能的基础上提升材料的抗热冲击性能、损伤容限和可靠性是实现该材料工程应用的关键。UHTCs 材料组分之间较大的热膨胀系数的差别会导致其在高温烧结后产生较大的残余热应力,对材料的抗热冲击性能产生消极影响,因此需要添加一种材料组分来缓解热应力和提高材料的抗热冲击性能。碳材料具有优异的高温性能和低弹性模量。

前期的研究结果表明，在 UHTCs 基体中引进一定含量的石墨（G）软相可以降低热应力，显著提高材料的裂纹扩展阻力和抗热冲击性能，同时不会导致 UHTCs 的抗氧化烧蚀性能显著降低。除了石墨韧化 UHTCs，碳纤维增韧 UHTCs 将从本质上克服陶瓷本征的脆性，该材料破坏断裂模式也将由脆性断裂向非脆性断裂转变，连续碳纤维增韧 UHTCs 是未来最有潜力实现工程应用的超高温防热材料。因此有望实现工程应用的 UHTCs 防热材料体系主要有 $ZrB_2(HfB_2)-SiC-G$、$ZrB_2(HfB_2)-SiC-C_f$、$ZrB_2(HfB_2)-ZrC(HfC)-SiC-C_f$ 和 $ZrC(HfC)-SiC-C_f$ 等。

2.3.2　UHTCs 的制备

UHTCs 的制备方法主要有热压烧结、无压烧结、放电等离子烧结等。在这些制备方法中，热压烧结是目前 UHTCs 最主要的烧结方法。

1. 热压烧结

ZrB_2 和 HfB_2 都是 A_1B_2 型的六方结构化合物，具有强的共价键、低的晶界扩散速率和体扩散速率。这些特征使得它们需要在非常高的温度或压力下才能致密化。一般来说，ZrB_2 和 HfB_2 的致密化热压烧结通常需要 2 100℃ 或更高的温度和适中的压力（20 ~ 30 MPa），或较低的温度（约 1 800℃）及极高的压力（>800 MPa）。ZrB_2 和 HfB_2 的结构和性能相近。后者的熔点比前者高，需要更高的致密化温度；而前者密度和原料价格都比前者低，所以这里重点介绍 ZrB_2 的热压烧结。

众所周知，原材料的颗粒尺寸和纯度会显著影响烧结性能。一般来说，颗粒的细化对材料的烧结和致密化非常有益，原材料纯度的提高也有利于材料的致密化。对于 ZrB_2 的热压烧结而言，研究发现，在 2 000℃ 和 20 MPa 的烧结条件下，当 ZrB_2 粉体颗粒尺寸由 20 μm 降到 2.1 μm 时，材料的致密度由 73% 提高到 91%；而将 ZrB_2 粉体颗粒通过球磨进一步细化至 0.5 μm 以下，在 1 900℃ 和 32 MPa 烧结 45 min 后即可获得完全致密的 ZrB_2 材料。

UHTCs 的原始粉体表面通常存在有一些氧化物杂质，包括 B_2O_3、ZrO_2、HfO_2 等。在较低温度（约 1 750℃）下，B_2O_3 作为液相和/或气相在颗粒表面提供了一个快速扩散路径，导致晶粒的粗化；而晶粒的粗化则会降低颗粒的比表面积和烧结驱动力，从而阻碍 UHTCs 的致密化。为了去除或减轻这些氧化物杂质对材料致密化的影响，ZrB_2 热压烧结通常需要添加一些氮化物（AlN、Si_3N_4、ZrN、HfN），这些氮化物在烧结过程中将与硼化物表面的 B_2O_3 反应，降低 ZrB_2 表面的氧从而提高 B 的活性。

含硅化合物（如 SiC、$ZrSi_2$、$MoSi_2$、$TaSi_2$等）也经常作为添加剂用于促进ZrB_2的致密化，同时改善其力学性能和抗氧化性能。在这些含硅化合物中，SiC 的引入被认为对 UHTCs 综合性能（如室温及高温力学性能、抗氧化烧蚀性能及抗热冲击性能等）的提高是最佳的，因此 ZrB_2-SiC 基或 HfB_2-SiC 基 UHTCs 成了最受关注的材料体系。SiC 的引入有效地阻碍了 ZrB_2晶粒的长大，提高了材料的烧结性能。UHTCs 的烧结性能很大程度上依赖于 SiC 的颗粒尺寸，颗粒尺寸的细化有利于材料的烧结，尤其对材料的力学性能有利。

硅化物（如 $ZrSi_2$、$MoSi_2$）的引入则可以大幅度提高 UHTCs 的烧结性能，这一方面是由于在硅化物与 ZrB_2之间形成了 Si—O—B 玻璃相，另一方面是硅化物在高温下（>800℃）具有良好的塑性。硅化物的塑性变形促进了 ZrB_2颗粒的滑移和重排，同时填充了 ZrB_2骨架结构留下的孔洞，从而提高了烧结性能。添加体积分数为 10%~40%的 $ZrSi_2$可以将 ZrB_2的烧结温度降低到 1 550℃或更低。采用两步热压烧结方法（第一步 1 400℃、30 min；第二步 1 500℃、15 min，保压 30 MPa）可以获得致密的 ZrB_2-$ZrSi_2$材料。

除了陶瓷添加剂，金属添加剂（包括 Fe、Ni、W 和 Mo 等）也可以改善 UHTCs 的烧结性能。其中，Fe、Ni 等低熔点金属的引入主要是依靠在烧结过程中形成液相促进颗粒重排和传质，提高材料的烧结性能，但对材料的高温力学性能会产生显著的消极影响。W 和 Mo 等高熔点金属在 ZrB_2烧结过程中会与 ZrB_2形成固溶体，因其价态或原子尺寸的不同，导致空位的形成，降低了烧结的激活能从而提高了材料的致密化。关于 ZrB_2-Mo 固溶体的计算表明，添加质量分数为 15%的 Mo 可将其致密化激活能由 678 kJ/mol 降低到 367 kJ/mol。少量添加 Ir、Co 和 Ni 对 ZrB_2的烧结也会产生类似的效果。

2. 无压烧结

与热压烧结相比，无压烧结可以实现复杂结构的近净成型，降低材料/结构的制备成本。由于在烧结过程中不施加压力，UHTCs 的无压烧结温度一般比热压烧结温度高 200℃左右。考虑到高温烧结会导致晶粒过分长大，对最终制品的力学性能极为不利，因此通常需要添加烧结助剂。

与热压烧结一样，UHTCs 的无压烧结通常也需要添加氮化物（如 Si_3N_4、AlN 等）以期将硼化物表面的 B_2O_3消耗掉。此外，碳、碳化物（如 B_4C、WC、VC 等）及碳的先驱体（如酚醛树脂等）作为反应型添加剂也得到了研究。碳化物在高温下与 ZrB_2或 HfB_2表面的氧化物反应，降低或消除其表面的氧化物。在所有含碳烧结助剂中，B_4C 被认为是最有效的（在 1 200℃或以上时即可与 ZrO_2 发生反应），同时不会对材料的高温力学性能产生消极影响。添加质量分数 2%的 B_4C 和质量分数 1%的 C 至粒径为 2 μm 的 ZrB_2 粉体中，在 1 900℃可以获得致密的 ZrB_2 基 UHTCs。通过球磨方法细化 ZrB_2 粉体粒径至 0.5 μm 以下，并添加质量分数小于 4%的 B_4C 和/或 C 作为烧结助剂，可以进一步降低 ZrB_2 的致密化温度，在 1 850℃可获得 98%以上的致密度，而添加质量分数为 8%的 WC 的 ZrB_2 粉体在 2 050℃真空条件下烧结 4 h 后致密度仅为 95%。

硅化物（如 $MoSi_2$、$ZrSi_2$）和低熔点金属（如 Fe、Cu 等）也被考虑作为 UHTCs 的无压烧结助剂。但是，低熔点金属的引入对 UHTCs 的高温力学性能极为不利，一般不宜使用。添加体积分数为 20% $MoSi_2$ 的 ZrB_2 粉体在 1 850℃烧结 30 min 即可获得完全致密的体材料，这主要归因于 $MoSi_2$ 在 1 000℃以上具有良好的塑性，同时其表面含有 SiO_2，在烧结过程中会促进液相的形成。

3. 放电等离子烧结

放电等离子烧结（spark plasma sintering, SPS）是在粉末颗粒间直接通入脉冲电流进行加热烧结，具有升温速度快、烧结时间短、组织结构可控等优点。该方法近年来常用于 UHTCs 的制备。产生的脉冲电流在粉体颗粒之间会发生放电，使颗粒接触部位的温度非常高，在烧结初期可以净化颗粒的表面，同时产生各种表面缺陷，改善晶界的扩散和材料的传质，从而促进致密化。相对于热压烧结而言，放电等离子烧结所需的致密化温度更低、获得的晶粒尺寸更细小。

陶瓷材料的致密化和晶粒长大行为很大程度上取决于烧结温度、保温时间和加热速率。在 ZrB_2 材料的 SPS 过程中，通过烧结温度、保温时间和加热速率的优化可以获得致密且晶粒细小的材料。研究发现，在升温速率为 200~300℃/min 的条件下，在 1 900℃烧结 3 min 即可获得致密度 97%以上的 ZrB_2 材料，而热压烧结方法制备 ZrB_2 需要在 2 100℃或更高的温度下才能致密化。注意到采用热压烧结方法在 1 900℃烧结 30 min 也只能获得致密度低于 90%的 ZrB_2，可以认为 SPS 采用的快速升温是获得高致密度且晶粒细小的 UHTCs 的关键。

电场的存在会提高晶界的扩散和迁移能力，促进材料的致密化，但在温度较高的情况下同时也会引起晶粒的长大。在 SPS 过程中，UHTCs 的致密化和晶粒长大与烧结温度密切相关。

微米级 ZrB_2 粉体在 1 900℃以下烧结时致密度随着烧结温度的提高而显著上升，进一步提高温度对致密度的影响较小，而晶粒在 1 900℃以上却有明显长大,如在 1 800℃、1 850℃和 1 900℃下分别烧结 3 min 后晶粒尺寸分别为 3 μm、4 μm和 5 μm,但当温度升高到 1 950℃时晶粒尺寸迅速长大到 12 μm。放电等离子烧结制备的 ZrB_2在 1 900℃烧结时,前 3 min 内密度从 0 min 时的 78%迅速增长到 3 min 时的 92%,再进一步延长时间,致密度缓慢增加,直至停止增加。

此外,SPS 还可以有效地降低晶界上低熔点物质的含量,易于获得“干”界面 UHTCs,这对材料的高温力学性能非常有利。SPS 制备的含体积分数为 30%的 SiC 的 HfB_2材料强度可以一直保持到 1 500℃:室温下的强度为 590 MPa,而 1 500℃空气条件下的强度为 600 MPa。对于含体积分数为 15%的 $MoSi_2$的 ZrB_2材料,SPS 样品 1 500℃下强度保持率明显高于热压烧结样品,分别为 55.5%和 47.0%。

4. 原位反应合成法

UHTCs 的合成及致密化还可以通过原位反应加热压烧结或在无压烧结下一步完成。目前通常采用 Zr、B_4C 和 Si 原位反应制备 ZrB_2,其反应式为

$$xZr + yB_4C + (3y - x)Si \longrightarrow 2y\,ZrB_2 + (x - 2y)ZrC + (3y - x)SiC \tag{2.1}$$

通过原料比例的设计即可实现对合成材料组分及含量的调控。

此外,Zr 也可以由 ZrH_2或 ZrO_2等代替,B_4C 可以由 B/B_2O_3、C 等代替,Si 可由 SiC 代替用于合成 ZrB_2基陶瓷材料。HfB_2基陶瓷材料可以用同样的方法制备。

采用 Zr、B 和 SiC 为原料,通过球磨细化 Zr 粉体颗粒至 100 nm 以下,就可以在 1 650℃下通过反应热压烧结获得致密度高于 95%的 ZrB_2材料,而在烧结温度提高到 1 700℃后,材料的致密度则可达到 99%(这个温度比热压烧结温度低 200℃左右),烧结温度为 1 800℃时可获得完全致密的陶瓷,其中的 ZrB_2晶粒仅为 1.5 μm。

类似于式(2.1)所示的原位反应具有很高的热焓和很低的吉布斯自由能,与这一反应相关的快速反应速度和升温速率会导致非平衡相的出现、反应不完全以及大孔隙率的形成,因此需要相对温和的化学反应和缓慢加热速率防止发生自蔓延反应甚至热爆炸。热压制备 ZrB_2 - SiC - ZrC 材料的基体呈等轴状,而原位反应热压烧结的材料含有大量棒状 ZrB_2晶粒,这对断裂韧性的提高非常有利。

2.3.3 UHTCs 的应用

近年来,以美国、俄罗斯以及欧洲强国为代表的世界航空航天强国都启动了

一系列关于高超声速飞行器的计划与项目，服役环境的特殊性对长时间超高温非烧蚀型热防护材料提出了迫切的需求，超高温陶瓷复合材料因其具有高熔点、高热稳定性、低线膨胀系数、高热导率、高电导率和高硬度等一系列非常难得的优点，成为飞行器鼻锥、机翼前缘、发动机热端等各种关键部位或部件最有前途的超高温候选材料。

美国国家航空航天局(National Aeronautics and Space Administration, NASA)格林研究中心(NASA Glenn Research Center)研制出了用作锥前缘材料的 ZrB_2-SiC 复合陶瓷，最高使用温度可达到 2 015.9℃。NASA Ames 研究中心(NASA Ames Research Center)进行了 C/C 复合材料与非烧蚀超高温陶瓷材料的对比烧蚀试验，结果表明：在相同情况下，超高温陶瓷复合材料烧蚀量为 0.01 g，而 C/C 复合材料烧蚀量为 1.31 g，两者相差超 100 倍，由此显示了超高温陶瓷材料在抗氧化烧蚀方面的优越性。其中以 ZrB_2 和 HfB_2 为基体的超高温陶瓷复合材料的抗氧化烧蚀性能最为突出。

NASA、美国空军和桑迪亚实验室联合实施了"Slender Hypervelocity Aero thermodynamic Research Probe"(SHARP)计划，用于研究具有尖锐前缘结构的一些新型气动外形和新型陶瓷热防护系统的空天飞行器，并开展了以考核超高温热防护材料为目的的系列飞行试验计划，其中 B1、B2 计划分别对超高温陶瓷材料制备的鼻锥及前缘部件进行了飞行测试。SHARP－B1 飞行数据表明超高温陶瓷材料是非常有前途的(图 2.1)。SHARP－B2 再入飞行器上采用 3 种超高温陶瓷材料组分组成的前缘结构件(图 2.2)，并测试了两种典型高度下结构与材料的服役性能。

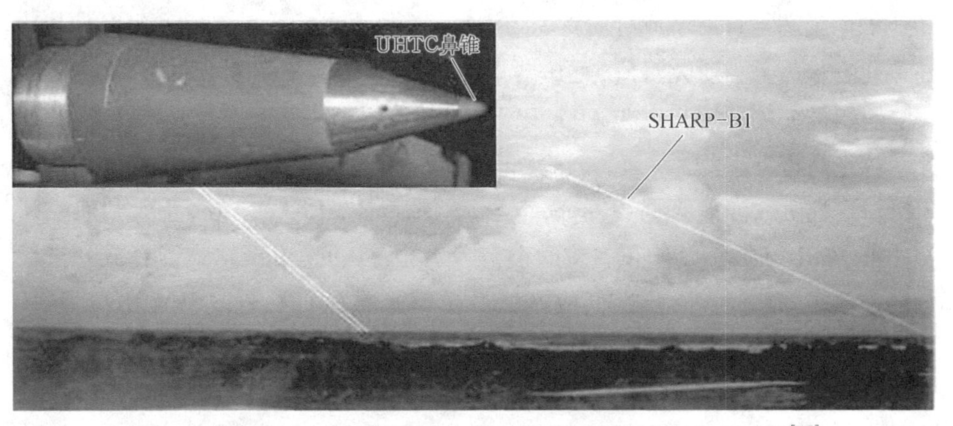

图 2.1 SHARP－B1 计划锐形气动外形和超高温材料的演示验证[15]

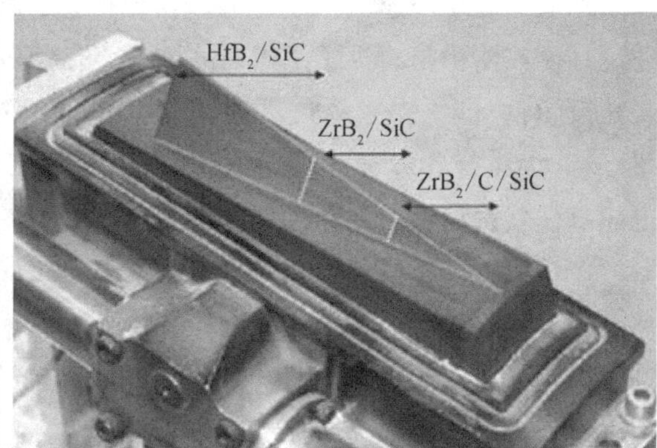

图 2.2 SHARP－B2 飞行器超高温陶瓷前缘飞行验证试验[15]

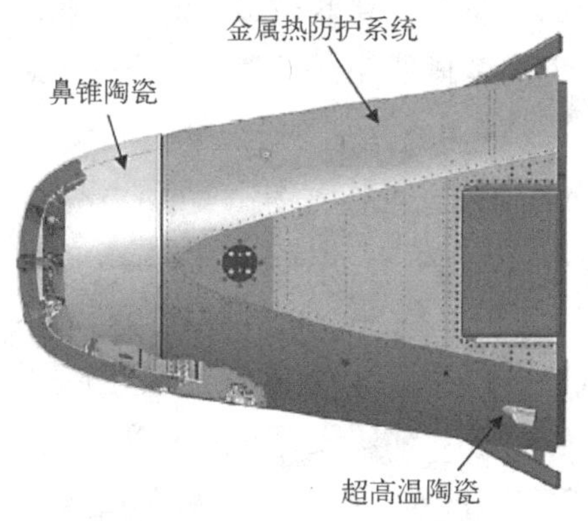

图 2.3 EXPERT 飞行器及其翼前缘[16]

欧空局返回型实验舱（European Experimental Re-entry Test-bed, EXPERT）（图 2.3），采用 ZrB_2－SiC 复合材料作为其翼前缘，可承受 2 500℃ 高温。研究表明采用 UHTCs 制备翼前缘等尖锐热结构可提高飞行器的稳定性和可靠性。

意大利宇航研究中心（Italian Centre Aerospace Research, CIRA）在无人驾驶太空梭（Unmanned Space Vehicle, USV）国家计划资助下开始正式启动具有尖锐外形的热结构材料研发计划，这项计划的目标是使用超高温陶瓷复合材料结合传统的陶瓷基复合材料或金属支撑结构来制备新型的锐形热结构。SHS 项目中将硼化物作为重点研究对象，尤其是 ZrB_2/SiC 和 HfB_2/SiC 复合材料，因为这些复合材料的使用温度都在 2 200 K 以上。

探空高超声速大气再入实验舱（Sounding Hypersonic Atmospheric Re-entering, SHARK）是由欧洲航天局（European Space Agency, ESA）主导，意大利航空研究中心（CIRA）中心设计和制造的小型实验舱，目的是由探空火箭释放并进行实验舱再入试验飞行，验证低成本试验空间平台的可行性。SHARK 于 2010 年 3 月由欧空局探测火箭 MAXUS8 发射，经过 15 min 的弹道飞行后，成功返回大气层并安全着陆。其尖端同样采用超高温陶瓷复合材料作为其热防护系统（图 2.4）。

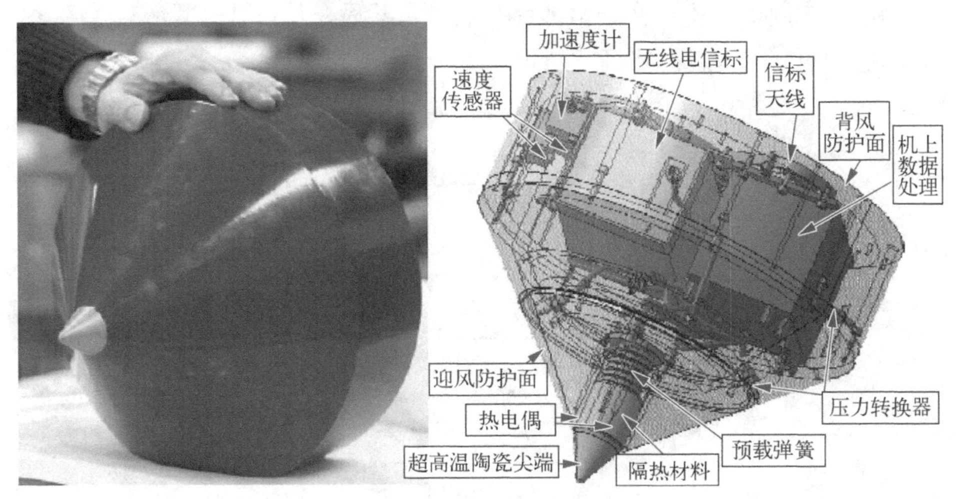

图 2.4　SHARK 太空舱尖端采用超高温陶瓷复合材料[17]

2.4　C/C 复合材料

碳/碳复合材料(carbon-carbon composites, C/C)是于 1958 年 Chance Vought 航空公司实验室在测定树脂基复合材料中的纤维含量时因试验失误意外发现的,是以碳纤维增强碳基体的单一元素复合材料。它具有密度低($<2.0\ g/cm^3$,约为镍基高温合金的 1/4,陶瓷材料的 1/2)、比强度/比模量高、热膨胀系数小、耐热震、抗烧蚀以及良好的高温力学性能等一系列优异性能,惰性气氛更是可承受 3 000℃高温。由于以上特性,C/C 复合材料自问世以来就受到研究者的重视,历经六十余年探索开发,在火箭发动机喷管、战略导弹弹头、高超声速飞行器头锥与机翼前缘等热端部位已有广泛应用,是高推重比航空发动机的重点研发材料,同时也是新一代空天飞行器热端构件很有应用潜力的备选材料[18-23]。

2.4.1　C/C 复合材料制造过程与结构设计

C/C 复合材料是由两种不同形态的碳(基体碳和碳纤维增强体)组成的。碳材料的特性决定了不能采用一般无机材料或复合材料的制备技术来制备 C/C 复合材料。C/C 复合材料的制备主要包括纤维预制体结构件的加工和致密化两个过程,首先制得碳纤维增强体(也称预制体),然后在其孔隙中填充基体碳(也称增密),具体工艺流程如图 2.5 所示。

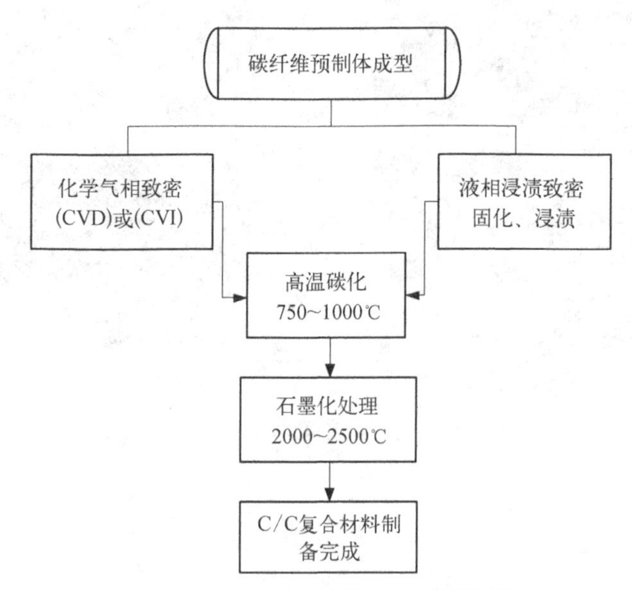

图 2.5 C/C 复合材料制备工艺流程图

2.4.2 C/C 复合材料预制体结构设计

1. 碳纤维

碳纤维是制造 C/C 复合材料最主要的原材料之一。目前用于制备 C/C 复合材料的碳纤维有粘胶基碳纤维、沥青基碳纤维、聚丙烯腈基(polyacrylonitrile, PAN)碳纤维。粘胶基碳纤维具有低密度、高纯度、低导热率、高应变能力等独特的性能;特别适用于导弹热防护材料。制造粘胶基碳纤维的原料来源广泛,它大量地存在于植物茎秆中。但粘胶基碳纤维的碳收率低,力学强度低,制约了它的使用。沥青基碳纤维具有超高模量的特性,碳纤维的热膨胀系数随着模量的增加而减少等优良性能,由于中间相沥青具有高度取向结构和易石墨化的结构特性,因此中间相沥青碳纤维具有低热膨胀系数,特别适用于昼夜温差大的太空环境使用。目前,商品化碳纤维中有 70%~80%是聚丙烯腈基碳纤维,聚丙烯腈基碳纤维由于制备过程中碳收率高、纤维结构上分子链沿纤维轴方向择优取向等优点应用最为广泛。表 2.1 所示为不同类型碳纤维性能统计情况。

表 2.1　不同类型碳纤维性能统计[24]

纤维牌号	丝束 k 数	拉伸强度 /MPa	拉伸模量 /GPa	延伸率 /%	密度 /(g/cm³)
T300	1/3/6/12	3 530	230	1.5	1.76
T700S	12	4 900	230	2.1	1.80
T800H	6/12	5 490	294	1.9	1.81
T1000G	12	6 370	294	2.2	1.8
M40	1/3/6/12	2 740	392	0.7	1.81
M40J	6/12	4 410	377	1.2	1.77
M50J	6	4 120	475	0.8	1.88
M55J	6	4 020	540	0.8	1.91
M60J	3/6	3 920	580	0.7	1.94
K139	—	2 750	735	0.37	2.14
HM－70	—	2 940	689	0.43	2.18
P－120S	—	2 200	827	0.27	2.18

碳纤维的选择主要基于所设计的复合材料的应用和工作环境，对重要的结构或部件选用高强、高模纤维；对导热系数要求低则选用低模量碳纤维。总之，不同用途的 C/C 复合材料基于材料的成本与性能要求选择所需的纤维种类。

2. 纤维预制体

预制体的成型是指按照产品的形状和性能要求，把碳纤维预先制成所需形状的毛坯，然后进一步进行增密。一般按增强方式分为短纤维增强预制体、连续长纤维增强预制体和长短纤维复合增强预制体。普通碳毡属于短纤维增强的预制体。将聚丙烯腈预氧丝切短，经梳毛成网胎，针刺后称毡体，再经碳化成碳毡。其特点是纤维相互钩锁，分布均匀，闭孔极少，利于基体碳的渗入并围绕纤维生长。但是，由于碳毡本身强度仅约 0.3 MPa，纤维体积分数约为 10%，密度约为 0.2 g/cm³，因此用碳毡制成的 C/C 复合材料的力学性能低下，不适用于要求具有足够强度的构件。

连续长纤维增强预制体根据增强纤维束特征，从几何的角度可以将织物分为一维线性（1D）、二维平面（2D）和三维整体编织（3D）三种类型，从织物成型方式也可以分为机织、编织、针织、缝合等类型，每种织物类型又可根据织物内部纤维的类型、取向等特点进一步细分，编织复合材料基本织物结构分类如图 2.6 所示。

早期的连续长纤维增强 C/C 复合材料以二维（2D）碳布为增强体，基体由高产碳率的热固性树脂裂解获得。这种 C/C 复合材料构件其截面形状主要为平

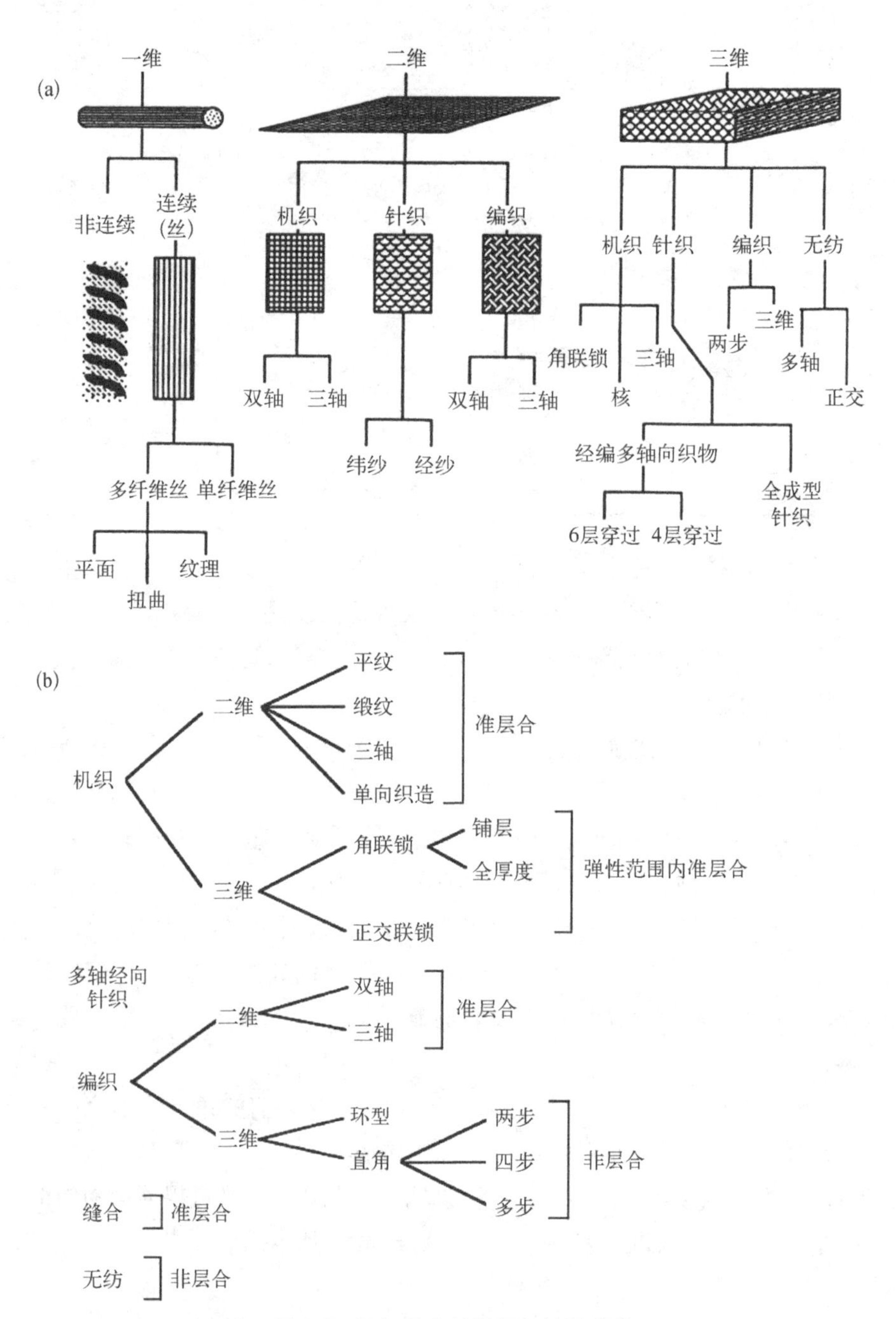

图 2.6　编织复合材料织物结构分类

板或渐开线型及锥型,织物增强方向的强度明显高于多晶石墨,而其他方向上的性能却很低,尤其是层间抗剪切能力很差,易产生裂纹并分层。但由于改善了抗热震性、韧性和可加工成形状复杂的大型结构,2D C/C 复合材料在美国政府的支持下得到了持续发展。

C/C 复合材料的真正实用化得益于多向编织技术的出现和发展,20 世纪 60 年代末期出现了用于树脂基和碳基复合材料制造的编织技术,并成功地完成了圆轮、空心圆柱、平锥体结构的编织,特别是整体编织技术的出现使得充分发挥 C/C 复合材料潜力成为可能。多向编织复合材料通常是指由高级纤维编织物增强的二维或三维结构复合材料,与单向增强的层合复合材料相比,多向编织复合材料在改进层间强度、损伤容限和热应力失配等方面具有巨大的潜力,采用多向编织技术能改善 C/C 复合材料的各向异性,避免分层,提高纤维体积含量,对 C/C 复合材料工艺过程、最终制品的性能和使用性能有很大的影响。编织复合材料的细观可设计性,为宏观力学性能优化提供了较为广阔的空间,根据设计的要求,可编织出异型面的多向织物;力学及热物理性能可人为地调节,具有较大的灵活性;可利用力学模型的计算结果,指导多向编织工艺;多向编织可实现自动、程序化控制,能得到型面复杂、制品质量高的预成型体。

构成多向编织 C/C 复合材料预制体结构件的编织方法可分为三类:软编、硬编和软硬混编。软编就是采用柔软的连续纤维来进行编织,易于超细编织,结构可设计性强,有较好的仿型功能,有较高的纤维体积含量,编织机的机械化程度高,便于自动控制且适用范围广。硬编就是采用拉挤法成型的刚性棒进行装配组合,它最突出的优点是纤维在编织过程中不受损伤,适于手工操作,可编织高质量的预成型体。软硬混编就是在柔性编织物上用刚性棒进行穿刺,或者用刚性棒进行定位后再进行软编。刚性棒易于成型,柔性纤维易于实现机械化操作,并可改善预成型体的细编程度,将二者结合起来更适合多向织物的初步成型。能有效控制复合材料中纤维体积含量,由此得到的复合材料整体性好,力学性能发挥更加合理。如图 2.7 所示,美国主要使用 3D 编织 C/C,用软编织或混合编织法成型,法国则较多使用 4D 编织 C/C,刚性棒编织,各纤维束互成夹角 70.5°,纤维体积分数可达 68%及以上,因此性能更高些。

20 世纪 80 年代末,法国 SEP 公司又开发了一种名为 Noveltex 的超细三向预制件编织技术,采用针刺法将各个铺层连接起来,制成材料的剪切强度是普通 3D C/C 的 3~4 倍。Noveltex 预制体结构示意图如图 2.8 所示,特别适于制作截面很薄的部件,最小厚度可达 1.9 mm,而且可编织变厚度的结构,是编织工艺的

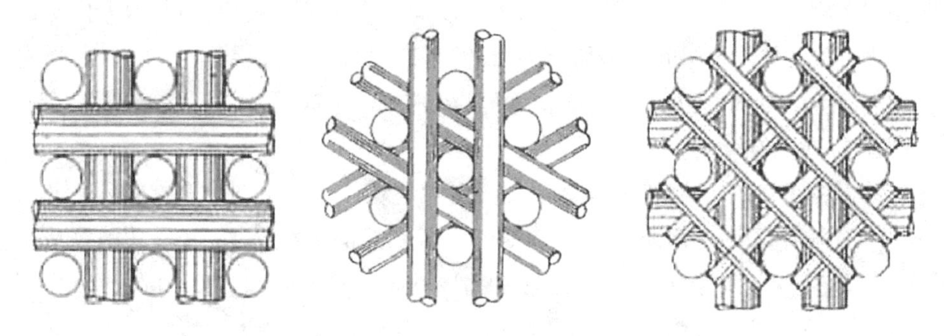

图 2.7 3D、4D、5D C/C 预制体结构示意图

图 2.8 Noveltex 预制体结构示意图[25]

一大创新。现在如用此工艺则可将喉衬、连接件和出口锥制作成一个整体部件，使结构大为简化，出口锥质量和碳酚醛相比减轻一半。

2.4.3 C/C 复合材料致密化工艺

C/C 复合材料的致密化是利用气相或液相的基体前驱体热解形成的基体碳填充碳纤维预制体孔隙的过程，是 C/C 复合材料制备的关键技术之一。碳纤维预制体的致密化决定了制备 C/C 复合材料的成本和性能。致密化过程中的关键：一是速率和效率，即如何在尽可能短的时间里用尽可能低的成本获得尽可能高的密度；二是基体碳的结构，即得到的基体碳结构应满足使用要求；三是材料密度和基体碳结构的均匀性。实用的 C/C 复合材料均应满足以上三点。由于碳的难熔、难溶性，致密化方法可分为两大类：树脂、沥青等液相前驱体浸渍(liquid phase impregnation, LPI)碳化工艺和碳氢化合物气体前驱体化学气相渗透(chemical vapor infiltration, CVI)工艺。

1. LPI 工艺

LPI 工艺是最常用的 C/C 复合材料的致密化工艺。LPI 是在常压或减压条件下，将碳基体的前驱体浸入预制体的内部孔隙，然后在一定气体环境中高温碳化以及石墨化过程，通过多次循环获得致密 C/C 复合材料，LPI 是最早使用的 C/C 复合材料致密化工艺，其工艺过程如图 2.9 所示。用于液相浸渍的碳基体的前驱体有酚醛树脂、糠醛树脂、煤沥青等，如果前驱体是沥青，浸渍后必须在 10 MPa 以上的高压下进行缓慢碳化才能得到高碳收率。另外，液相前驱体必须具有较低的黏度，对碳纤维有较好的润湿性及可固化性以便阻止在碳化之前进一步加热时的液体流失。如果前驱体是树脂，为了提高碳收率，需反复进行 LPI 石墨化循环。LPI 工艺大致包括下面几个过程：① C—H 和 C—C 键断裂形成具有化学活性的自由基；② 分子的重排；③ 热聚合；④ 芳香环的稠化；⑤ 侧链和氢的脱除。上述的几个反应过程并不是孤立存在的，这些反应往往同时发生，最后在 1 000℃时形成具有网状三维结构的基体碳。在热处理温度达到 1 000℃时，碳以外的元素已基本消失，这个温度可以认为是获得实质"碳"所必要的温度，化学变化过程在此结束。温度超过 1 000℃，一直到 3 000℃，基体碳处于石墨化阶段，其表现形式是碳网平面尺寸增大，且碳网平面堆积层数增多，朝石墨化的方向转化，最终制成致密的 C/C 复合材料。LPI 工艺时间短、成本低，具有高碳收率、低制备成本等优点。

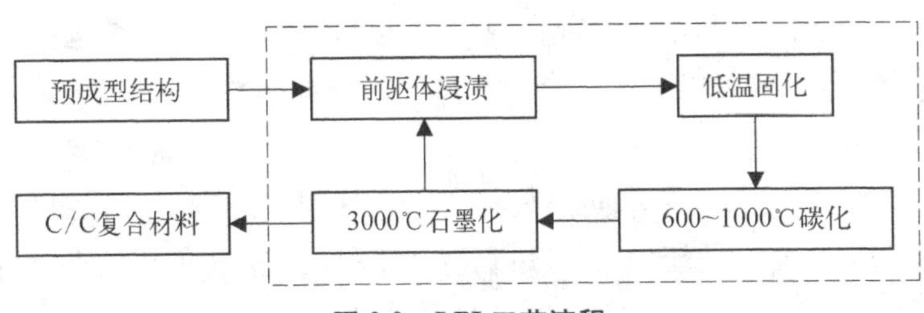

图 2.9　LPI 工艺流程

2. CVI 工艺

C/C 复合材料另外一种常用的致密化工艺是 CVI,此工艺将激活的碳载体沉积到织物以获得均匀的碳基体。CVI 是在一定的温度和压力下,将甲烷或丙烯等碳氢气体在真空条件下裂解,生成的碳逐步沉积到多孔预制体的孔隙中,直至均匀致密化。化学气相沉积的原理如下:① 碳氢气体反应物输送到预制体孔隙和碳纤维表面;② 气体反应物在碳纤维表面吸附;③ 被吸附的碳氢气体在碳纤维表面进行扩散和化学反应;④ 反应后的气态物从碳纤维表面脱附;⑤ 脱附的气态物从碳纤维表面离开并排出。目前存在多种化学气相沉积方法如等温法、热梯度法、压差法、脉冲法、等离子辅助气相沉积法(chemical vapor deposition, CVD)法及激光 CVD 法等。化学气相沉积工艺有着 LPI 工艺不具备的优点:化学气相沉积工艺可增强材料断裂强度和抗热震性能;还可以使纤维表面预涂覆一层涂层,加强纤维与基体间的结合;对于用其他工艺增密的材料,化学气相沉积工艺仍可对它们进行进一步的致密化;与其他工艺相比,化学气相沉积工艺得到基体碳的纯度更高和微观结构更好。因此,与 LPI 工艺相比,使用化学气相沉积工艺制备的多向编织 C/C 复合材料碳基体的强度更高。

无论是 LPI 工艺还是化学气相沉积工艺,都对 C/C 复合材料的内部微细观结构有着极为重要的影响。LPI 工艺过程中若前驱体不能完全浸入编织预制体的内部空隙,很容易在材料内部产生闭孔;若前驱体不能完全浸渍纤维束表面,则会在 C/C 复合材料的界面层产生脱层。化学气相沉积工艺过程中,碳氢气体在预制体孔隙和纤维表面进行化学反应,反应后的气体生成物从材料内部脱附并排出,脱附排出过程中气体并不能完全脱离材料内部,也会在 C/C 复合材料内部形成孔洞以及界面层脱层。

2.4.4 C/C 复合材料的应用

1. C/C 复合材料在先进飞行器上的应用

战略导弹、载人飞船、航天飞机等,在再入环境时飞行器头部受到强激波,对头部产生很大的压力,其最苛刻部位温度可达 2 800℃,所以必须选择能够承受再入环境苛刻条件的材料。设计合理的鼻锥外形和选材,能使实际流入飞行器的能量仅为整个热量的 1%~10%。

对导弹的端头帽,也要求防热材料在再入环境中烧蚀量低,且烧蚀均匀对称,同时希望它具有吸波能力、抗核爆辐射性能和在全天候使用的性能。C/C 复合材料,其石墨化后的热导性足以满足弹头再入时由 -160℃ 至气动加热时

3 000℃ 的热冲击要求，可以预防弹头鼻锥的热应力过大引起的整体破坏，其低密度可提高导弹弹头射程，已在美国很多战略导弹弹头上得到应用（表 2.2），图 2.10 所示为战略导弹 C/C 端头帽。除了导弹的再入鼻锥，C/C 复合材料还可作为热防护材料用于航天飞机（表 2.3）。

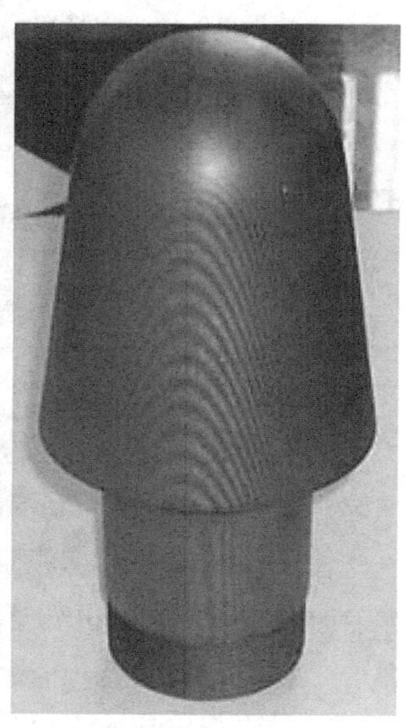

图 2.10　战略导弹端头帽

表 2.2　C/C 复合材料在美国导弹弹头的应用[26]

导弹型号	鼻锥代号	材料结构	使用军种
民兵Ⅲ	MK－12A	细编穿刺	空军
MX	MK－12	细编穿刺或 3D	空军
SICBM	MK－12	细编穿刺或 3D	空军
三叉戟Ⅱ	MK－5	3D	海军
SDI	反导	3D	陆军
卫兵	反导	3D	陆军

表 2.3　C/C 复合材料在航天飞机等先进飞行器上的应用[26, 27]

国家	飞行器名称	应用部位	功　能
美国	“发现”“奋进”“哥伦比亚”号等航天飞机	C/C 薄壳结构、头锥	抗氧化、烧蚀、防热

（续表）

国家	飞行器名称	应用部位	功 能
美国	X-33	C/C 鼻锥、面板	抗氧化、防热
	X-37	C/C 陶瓷基副翼、方向舵	抗氧化、防热
	X-38	C/C 鼻锥、刹车盘	抗氧化、防热、制动
	X-43	C/C 鼻锥、前缘、尾翼	抗氧化、防热、结构支撑
	HTV-2	C/C 气动外壳	抗氧化、防热
	X-51A	C/C 前缘	抗氧化、防热
苏联	“暴风雪”号航天飞机	C/C 薄壳结构、防热瓦	抗氧化、防热
法国	Hermes	C/C 薄壳结构	抗氧化、防热
英国	Hotel	C/C 薄壳结构、面板	抗氧化、防热
日本	Hope	C/C 薄壳结构、面板	抗氧化、防热

2. C/C 复合材料在推进系统上的应用

C/C 复合材料具有卓越的耐高温性能，是唯一可以在 2 800℃ 使用的结构材料。因此在火箭发动机、涡轮喷气发动机及其他推进系统上获得广泛应用。

C/C 复合材料在固体发动机喷管喉衬上的应用是它作为烧蚀材料的典型应用。C/C 复合材料自 20 世纪 70 年代首次作为固体火箭发动机（solid rocket motors, SRM）喉衬飞行成功以来，极大地推动了 SRM 喷管材料的发展。采用 C/C 复合材料的喉衬、扩张段、延伸出口锥，具有极低的烧蚀率和良好的烧蚀轮廓，可提高喷管效率 1%~3%，即可大大提高 SRM 的比冲。目前，C/C 复合材料喉衬已在空间固体发动机、大型军事和地面运载火箭以及某些战术固体发动机上得到了广泛的应用，如美国空军“和平捍卫者”洲际弹道导弹所有使用的三级发动机、美国海军“三叉戟Ⅱ”（D-5）第一级与第二级发动机、IUS 空间发动系统的第一级与第二级发动机、先进的 IPSM 空间发动机、法国“阿里安 4”和“阿里安 5”。统计 C/C 复合材料在固体火箭发动机的应用情况如表 2.4 所示，图 2.11 所示为“阿里安 5”的 C/C 喉衬和 HM7 的 C/C 扩张段。

我国从 20 世纪 70 年代开始研究将 C/C 复合材料应用于固体火箭发动机喷管。1984 年，中国航天科技集团公司第四研究院第四十三研究所研制的装有整体毡 C/C 喉衬的远地点发动机成功地参与了我国第一颗通信卫星的发射，标志着我国 C/C 喉衬材料已进入实用阶段，取得了 C/C 材料历程中具有里程碑意义的第一个重大突破。为适应高性能航天飞行器固体火箭发动机高工作压强、高燃气温度及大流量的苛刻要求，20 世纪 90 年代又研制了第 3 代低烧蚀率、高抗热震

图 2.11　“阿里安 5”的 C/C 喉衬和 HM7 的 C/C 扩张段[28]

表 2.4　C/C 复合材料在固体火箭发动机的应用[27]

导弹型号	使用部位	材料结构
战斧巡航导弹	助推器喷管喉衬	4D C/C
近程攻击导弹	助推器喷管喉衬	3D C/C、4D C/C
希神导弹	助推器喷管喉衬	4D C/C
反潜导弹	助推器喷管喉衬	4D C/C
ASAT 导弹	助推器喷管喉衬	4D C/C
RECOM 导弹	助推器喷管喉衬	4D C/C
民兵Ⅲ导弹	发动机喷管喉衬	4D C/C
MX 导弹	发动机喷管喉衬	4D C/C
SICBM 导弹	发动机喷管喉衬	4D C/C
三叉戟Ⅱ导弹	发动机喷管喉衬	3D C/C、4D C/C
SDI 导弹	发动机喷管喉衬	3D C/C、4D C/C
卫兵导弹	发动机喷管喉衬	3D C/C、4D C/C

性、低成本的轴棒法和径棒法软硬混编 C/C 复合材料，其密度可达 1.98 g/cm^3，综合性能大大提高，并得到了实际应用。

将 C/C 复合材料用于制造航空发动机热端部件，一直是世界上先进国家研究和发展的方向。美国 F100 飞机发动机已采用 C/C 复合材料制造喷嘴、燃烧室、喷管等零件，法国幻影 2000 的发动机也用 C/C 复合材料制造燃烧室、喷油杆、隔热屏、鱼鳞片等零件。在承受应力并转动的发动机零件上,美国通用电气公司在JID验证机上低压涡轮部分用C/C复合材料制造涡轮叶片和涡轮盘整体结构,运转温度为1 649℃,比一般涡轮高出555℃,不用冷却,已试验成功。德国拟用C/C复合材料制造涡轮转子外环。美国和俄罗斯等国用C/C复合材料制造涡轮叶片和盘整体部件,其中美国在1 760℃下进行了28 000 r/min超转试验,图2.12所示为C/C复合材料制作的发动机转子。我国也预选C/C复合材料制造矢量喷管的关键件,如密封片、调节片和内锥体等。无论在高温还是在低密度方面,C/C复合材料将是无法用其他材料来代替的,其对减重、节油、增大推重比使增大飞行半径、航程以及提高飞机性能方面均具有巨大的作用。

图2.12　C/C复合材料发动机涡轮转子[29]

3. C/C复合材料在制动系统领域的应用

随着现代军用飞机和民用飞机的出现,对刹车装置提出了更严格的要求。现代高速飞机刹车时,刹车盘摩擦表面温度高达1 000~1 300℃,已接近金属基刹车盘的使用极限温度。C/C复合材料具有低密度、高比强、高热容的特点,正好符合高性能刹车材料的技术需求。C/C复合材料制作的飞机刹车盘重量轻、耐温高,比热容比钢高2.5倍;同金属刹车相比,可节省40%的结构重量;碳刹车盘的使用寿命是金属基的5~7倍,如波音757用C/C刹车材料后,和金属基相比减重30 kg;波音747减重600 kg以上。图2.13所示为C/C复合材料制作的飞机机轮刹车装置。与此同时,刹车力矩平稳,刹车时噪声小,因此碳刹车盘的问世被认为是刹车材料发展史上一次重大的技术进步。

目前,国际上具有碳刹车机轮系统研发制造能力的公司有美国的Goodrich公司、Honeywell公司、ABSC公司、英国的Dunlop公司和法国的Messier-Bugatti(M-B)公司,国际上民用飞机碳刹车机轮系统市场主要由这五大公司占有。ABSC公司以制造中小型碳刹车机轮系统为主,在军用飞机市场上占有较大比例,已将C/C刹车盘用于A320、Fokker 100、F-14、F-16、B-1、“挑战者式”和“海湾Ⅲ型”飞机上。Goodrich和Honeywell公司在波音系列飞机(B747-400、B747-8、B757-200/300、B767-400、B777和B787等)上占有较大份额,M－B 公司则在空客系列飞机(A300、A310、A318、A319 和 A320 等)上占主导地位。Dunlop 公司除了占领英国军用、民用飞机碳刹车机轮系统市场外,也在波音飞机上占有一席之地。这五大公司研发碳刹车机轮系统都已具有 30 多年的历史,其机轮和刹车装置的设计制造水平代表着世界先进水平。此外,法国在 1987~1989 年间曾将 C/C 复合材料应用于高速列车制动,日本在目标试验台速为 450 km/h 的高速低噪声列车也选用 C/C 复合材料作为制动摩擦材料。日本从事 C/C 刹车材料研制工作的有萱场工业公司、东邦贝斯纶公司和东京工业材料研究所。近年来,我国已经成功将 C/C 复合材料应用在飞机刹车盘上,并且具备了一定的产业化规模。

图 2.13　飞机机轮碳刹车装置[30]

2.5　纤维增强陶瓷基复合材料

20 世纪 70 年代初,Aveston 在连续纤维增强聚合物基复合材料和纤维增强金属基复合材研究的基础上,首次提出了纤维增强陶瓷基复合材料的概念,即在脆性陶瓷基体中引入第二相来提高陶瓷材料的韧性,同时也提高其强度,来替代已不能适应新要求的金属及金属合金材料,为高性能陶瓷材料的研究开辟了一个崭新的领域[31-34]。随后,法国科学家 Naslain 首先发明了 CVI 技术,全面推动了连续纤维增强碳化硅陶瓷基复合材料[CMC(cenamic matrix composites)－SiC]的研究工作。

美国、欧盟、日本等国家和组织围绕陶瓷基复合材料相继开展了多个国家级的研究计划,如 NASA 的 IHPTET(High Performance Turbine Engine Technology)、

UEET(Ultra-Efficient Engine Technology)计划、日本的 AMG(Advanced Materials Gas-Generator)计划等,重点开展高温结构陶瓷基复合材料的研究,以期能够将发动机热端部件的服役温度提高到 1 650℃甚至更高。目前,研究较多的主要是连续纤维增强陶瓷基复合材料,已开发出 C_f/SiC、SiC_f/SiC、C_f/Al_2O_3、C_f/Si_3N_4 和 C/C－SiC 等多种体系。经过几十年的发展,陶瓷基复合材料已经在高温涡轮叶片、发动机喷管、高温燃烧室、调节/密封片等热端部件上进行了相关典型件的测试,甚至实现了工程化应用。

2.5.1 纤维增强陶瓷基复合材料的纤维预制体

纤维作复合材料的主要承力部分,对材料的性能起决定性作用。用来制备 CMC－SiC 材料的纤维主要有碳纤维、SiC 纤维、氧化物纤维等。其中,碳纤维是目前开发和应用最为广泛,最为成熟的纤维。碳纤维具有比重小、耐热、耐腐蚀、导电性和传热性好、比强度和比模量高等优点。它充分满足 CMC－SiC 对纤维性能提出的要求: ① 高强度、高模量;② 在高温条件下性能稳定;③ 纤维连续且直径小于 50 μm,易于复合材料制备。因此,C/SiC 复合材料兼具碳纤维和 SiC 的性能优势,具有低密度、高比强度、低热膨胀系数、耐高温等特点,断裂韧性、强度、抗热震性均优于 SiC 陶瓷,同时具有较好的抗氧化能力,是一种可在 1 650℃长时间、2 200℃有限时间和 2 800℃瞬时使用的新型超高温结构材料。

美国 Hyper-Therm HTC, Inc.公司和空军实验室采用 CVI 技术制备了 C/SiC 复合材料液体火箭发动机推力室,此推力室长 457 mm,喷管出口直径为 254 mm,喉部直径为 35 mm。已通过工作条件为 $H_2(g)/O_2(l)$ 推进剂、燃气温度 2 050℃、燃烧室压力 4.1 MPa、推力 1 735.2 N 的热试车考核。德国 EASDS－ST 公司于 1998 年对 C/SiC 推力室第一次地面热试车,燃烧室压力 1.0 MPa,累计工作时间 3 200 s,最高工作壁温达到 1 700℃。2003 年对 C/SiC 推力室采用新的涂层再次进行了地面热试车,燃烧室压力 1.1 MPa,累计工作时间达 5 700 s。

常见的纤维预制体采用 2D、2.5D、3D 等多种编织方法。Glenn 研究中心比较了编织方式对复合材料性能的影响。在同种 PIP+CVI 工艺条件下,2D 和 2.5D 的预制体制备的复合材料在室温和 1 450℃下的力学性能相似,但采用 2.5D 预制体制备的材料的热导率明显高于采用 2D 预制体的材料。

2.5.2 纤维增强陶瓷基复合材料的制备工艺

在 CMC－SiC 中,纤维发挥其增强增韧机制的程度与复合材料的结构有关,如纤维的就位强度、分布均匀性、体积分数，基体的致密度，界面的结合强度以及气孔的体积分数和形状，而这些结构的状态均由制备工艺决定。目前制备连续纤维增强 C/SiC 复合材料的常用方法有先驱体浸渍裂解(precursor infiltration pyrolysis, PIP)法、化学气相渗透(chemical vapor infiltration, CVI)法、液相硅浸渍(liquid silicon infiltration, LSI)法及泥浆浸渍热压(slurry infiltration and hot pressing, SIHP)法等[35-38]。

1. 先驱体浸渍裂解法

先驱体浸渍裂解法又称先驱体转化法，是近十年来发展极为迅速的一种材料制备新工艺。它是在先驱体转化法制备陶瓷纤维的基础上发展起来的。PIP 法制备 C/SiC 复合材料的常用工艺：在一定温度和压力下，以碳纤维预制件为骨架，采用有机先驱体溶液或熔融体进行浸渍，交联固化(或晾干)后，在惰性气体保护下进行高温裂解，使先驱体转化为 SiC 陶瓷基体。由于先驱体裂解逸出小分子，同时裂解产物密度增大，导致先驱体裂解后体积收缩，所以为了获得致密度高的复合材料，需经过多次浸渍裂解过程。常用的 SiC 陶瓷先驱体是聚碳硅烷(polycarbosilane, PCS)。不同分子量的 PCS 制备的 C/SiC 合材料性能存在较大差别，随着分子量的增加，PCS 软化点上升、陶瓷产率增加，而 C/SiC 复合材料的力学性能先增加后下降。PCS 分子量为 1 300～1 700 时制备的 C/SiC 复合材料力学性能较好。不同先驱体溶液体系对材料性能也存在较大影响，在相同工艺条件下，与 PCS/二甲苯(PCS/xylene)相比，PCS/二乙烯基苯(PCS/DVB)浸渍液制备的 3D C/SiC 复合材料具有更好的强度和韧性。

国防科技大学采用先驱体液相浸渍工艺二维及三维编织连续纤维增强碳化硅陶瓷基复合材料。制得的三维四向结构的碳纤维增强碳化硅陶瓷基复合材料力学性能优异，弯曲强度达 570 MPa，断裂韧性为 18.25 MPa · $m^{1/2}$，材料的密度为 1.7～1.9 g/cm^3。

PIP 工艺的优点：① 先驱体分子可设计，可制备具有期望结构、成分均匀的陶瓷基体；② 制备温度低(850～1 200℃)，设备要求简单；③ 可无压烧成，对纤维的机械和化学损伤较小；④ 可制备大型复杂形状的 CMC－SiC 构件，能够实现近净成型(near net shape)。PIP 工艺的缺点主要体现在如下方面：① 由于高温裂解过程中小分子逸出、裂解产物密度增大，材料的孔隙率较高，较难制备出完全致密的材料；② 材料致密化需要若干个浸渍-裂解周期，生产周期较长；③ 先驱体与纤维在裂解过程中易发生某种形式的化学反应或者是先驱体中的元素在高温裂解过程中向纤维内部扩散，一方面使纤维严重受损，另一方面形成强结合的界面层,导致材料强度不高。

2. 化学气相渗透法

化学气相渗透法制备连续纤维增强 C/SiC 复合材料的基本工艺过程:将碳纤维预成型体置于 CVI 炉中,源气(即与载气混合的一种或数种气态先驱体)通过扩散或由压力差产生的定向流动输送至预成型体周围后向其内部扩散,在纤维表面发生化学反应并原位沉积。根据流场和温度场的特征,CVI 法共有五种:等温化学气相浸渗、热梯度化学气相浸渗、压力梯度化学气相浸渗、热梯度强制对流化学气相浸渗和脉冲化学气相浸渗。

NASA 研究中心研制的涡轮泵即是通过 CVI 法制得的 2D C/SiC 材料,在模拟的涡轮泵使用环境下测试的 C/SiC 复合材料的性能比较稳定,当加载到疲劳损伤时,材料断裂是韧性的,而非灾难性的断裂。西北工业大学选用日本 Toray 公司生产的 T-300(1 K)碳纤维,利用三维编织的方法制备出预制体,采用等温 CVI 方法制备 C/SiC 复合材料,材料的弯曲强度和断裂韧性的最大值分别达到 520 MPa 和 16.5 MPa · $m^{1/2}$。

CVI 工艺制备 C/SiC 复合材料的主要优点:① 可在远低于基体材料熔点的温度下合成陶瓷基体,降低纤维与基体间的高温化学反应带来的纤维性能下降;② 制备过程中能保持结构的完整性,实现近净成型制备形状复杂的制品;③ 通过改变工艺条件,可制备出梯度变化的(成分及性能梯度)连续纤维增强 C/SiC 复合材料。该制备工艺的不足之处主要在于:① SiC 基体的致密化速度低,导致生产周期长、制备成本高;② SiC 基体的晶粒尺寸小,材料的热稳定性低;③ 预制体的孔隙入口附近气体浓度高,沉积速度大于内部沉积速度,容易产生密度梯度;④ 制备过程产生强烈的腐蚀性产物;⑤ 工艺过程极为复杂,涉及化学、热力学、动力学和晶体生长等方面,因此对工艺过程控制要求较高。

3. 液相硅浸渍法

液相硅浸渍法又统称为反应金属熔渗法。当基体中的一种组元具有低熔点且容易浸润纤维预制件时,可以选用此种方法。LSI 工艺包括三个基本过程:首先将碳纤维预制件放入密闭的模具中,采用高压冲型或树脂转移模工艺制备纤维增韧聚合物材料;然后在高温惰性环境中裂解,得到低密度碳基复合材料;最后采用熔体 Si 在真空下通过毛细作用进行浸渗处理,使 Si 熔体与碳基体反应生成 SiC 基体。该工艺可以通过调整 C/C 的体积密度和孔隙率控制最终复合材料的密度。

德国 Donier 公司采用 LSI 工艺制备短切碳纤维增强碳化硅材料,制备出的 C/SiC 复合材料力学性能和热学性能结合较好,被用作轻质反射镜基座材料,它保留了 C/C 复合材料的力学性能。而且,与传统的制备 C/SiC 复合材料的工艺相比,制造成本低,生产周期短。

LSI 工艺制备 C/SiC 复合材料的优点如下: ① 制备周期短、成本低、残余孔隙率低(2%~5%);② 不需施加机械压力,可以制备净尺寸、形状复杂的工件。该工艺存在一定的不足: ① 熔体 Si 在和碳基体反应的同时,不可避免地会与碳纤维反应,纤维被侵蚀导致性能下降,从而限制了复合材料性能的提高;② 复合材料中的基体组成包括 SiC、Si 及 C 三种物质,单质 Si 的存在对材料高温性能不利;③ 通过 LSI 工艺制备的材料表面不均匀,需要处理。为克服熔体 Si 对碳纤维的腐蚀,可将 LSI 法与 CVI 或 PIP 法相结合,既能够改善 CVI 或 PIP 法制备 C/SiC 复合材料致密度低的问题,也能够有效阻碍 Si 对碳纤维的侵蚀作用。

4. 泥浆浸渍热压法

泥浆浸渍热压法(SIHP 法)作为一种传统的方法,多应用于粉体陶瓷的制备,不过也能够制备连续纤维增强 C/SiC 复合材料。该方法制备 C/SiC 复合材料的一般工艺: 将 SiC 粉、烧结助剂粉与有机黏结剂等用溶剂混合制成泥浆,碳纤维经泥浆浸渍后纺制成无纬布,切片模压成型后热压烧结。材料的致密化主要通过液相烧结方法完成。一般情况下,SiC 的烧结温度至少在 1 900℃,但在 TiB_2、TiC、B、B_4C 等烧结助剂作用下其烧结温度降低。用 SIHP 法制造的 C/SiC 复合材料致密度较高,缺陷较少,并且工艺简单、制备周期短、费用低,在制备单向复合材料方面具有较大的优势。但 SIHP 法对制备复杂形状构件有较大困难;另外,高温高压下纤维与基体可能发生界面反应,导致纤维性能下降,不利于提高材料的性能。

在表 2.5 中统计了不同工艺制备所得连续纤维增强 C/SiC 复合材料的力学性能。经过多年对制备工艺的优化,在以上多种连续纤维增强 C/SiC 复合材料的制备工艺中,PIP 和 CVI 法现已成为 C/SiC 复合材料实际应用构件制备两大主流。

表 2.5 连续纤维增强 C/SiC 复合材料的力学性能统计表[39-41]

参 数	CVI C/SiC			PIP C/SiC		C/C - SiC
生产商	Herakles	Herakles	MT	COIC	MSP	SKT
制备方法	I - CVI	I - CVI	G - CVI	PIP	PIP	LSI
预制体结构	3D 织物	3D 织物	2D 织物	2D 织物	2D 织物	2D 织物
纤维体积分数/%	45	40	42~47	40	≥55	60
密度/(g/cm^3)	2.1	1.9~2.1	2.1~2.2	2.1	1.7~1.95	>1.8
孔隙率/%	10	12~14	10~15	—	2.5~5	—
拉伸强度/MPa	350[d]	230	300~320	290	—	—

（续表）

参　数		CVI C/SiC			PIP C/SiC		C/C－SiC
断裂应变/%		0.9[d]	0.8	0.6～0.9	0.53	1～1.5	0.25～0.3
杨氏模量/GPa		90/100[d]	65	90～100	110	—	50～55
压缩强度/MPa		580/600[d]	—	450～550	—	61～85	—
弯曲强度/MPa		500/700[d]	—	450～550	241	290～370	140～160
层剪强度/MPa		35[d]	—	45～48	28	52	15～17
热膨胀系数	∥	3[d]	2.5	3	3.5[f]	0.4[g]	1.0～1.5[g]
/(10^{-6}·K^{-1})	⊥	5[d]	—	5	—	3.9[g]	6.0～6.5[g]
热导率	∥	14.3/20.6[d]	10	14	—	11～13	28～33
/[W/(m·K)]	⊥	6.5/5.9[d]	3	7	—	6.5	12～15
比热容 /[kJ/(kg·K)]		0.62/1.4[d]	—	—	—	1.4～2.2[d]	—

注：① 除另附说明外，所有数据为室温；② 字母 d 标识的数据为室温～1 000℃温度区间值，字母 f 标识的数据为 20～1 200℃温度区间值，字母 g 标识数据为 25～800℃温度区间值。

2.5.3　纤维增强陶瓷基复合材料的应用

近十几年来，美国、日本和欧洲各国对 CMC－SiC 复合材料的制备工艺和增强理论进行了大量的研究，取得了许多重要成果，并成功将其复合材料应用于高速飞行器热防护/热结构系统、空间推进系统、航空涡轮发动机及新型耐磨材料等[42-45]。

1. 热保护系统（thermal protection system，TPS）的应用

C/SiC 复合材料目前被广泛应用于空天飞行器的热结构部件。NASA 的 X－33、X－37 和 X－38 系列航天试验验证机，德国的 Foton－M2 飞行器和 Sänger 高超声速空天飞行器以及法国的 Hermes 飞行器的鼻锥、机翼前缘和襟副翼等热端部位均采用了一定量的 C/SiC 复合材料（图 2.14），利用 C/SiC 复合材料替代原有金属材料能够降低的重量，提高系统安全性与可靠性，通过延长使用时间降低成本，同时实现耐烧蚀、隔热、承载等结构功能一体化。

美国的航天试验验证机 X－33 的热保护系统使用的是 C/SiC 复合材料，如鼻锥、面板等，其 C/SiC 复合材料构件通过 PIP 工艺生产，制备了抗氧化涂层，在 400～1 650℃有良好的性能，并且在高于 2 500℃的条件下试验了 80 s。X－38 上的紧急刹车盘、鼻锥、热防护面板、副翼以及鼻锥与鼻锥的连接设计，连接杆和连

接螺钉也是 C/SiC 复合材料制备，这种连接方式可以承受很高的应力，允许外壳在平均直径内有不受限制的热膨胀变形。

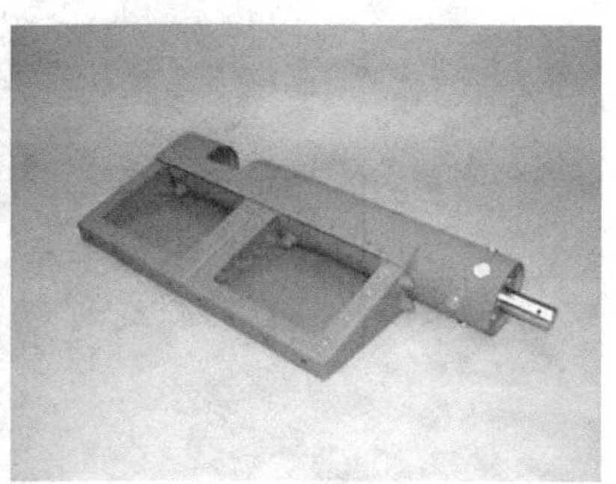

图 2.14　高超声速飞行器 C/SiC 控制舵[42]

2. 火箭发动机及空间推进系统

C/SiC 复合材料用于火箭发动机推力室表现可使发动机重量减轻 3%～50%，提高发动机喉部工作温度，从而提高发动机的比冲，且结构简单，易于整体成型。使用 C/SiC 复合材料推力室可以大幅度降低航天器姿轨控发动机燃烧室-喷管结构质量，并大量节省推进剂，从而提高冲质比，增加卫星的有效载荷和延长在空间的工作寿命。

美国一直十分重视发展以 C/SiC 为代表的陶瓷基复合材料推力室。Hyper-Therm HTC, Inc.在 USAF Phillips Laboratory 的支持下，成功研制出 CVI－C/SiC 陶瓷基复合材料发动机推力室。欧洲 SEP 公司采用 CVI 工艺成功研制出 C/SiC 复合材料喷管，并完成两次高空点火试车，并将采用 CVI 工艺制备的 C/SiC 复合材料整体喷管用于阿里安 4 火箭的第三级液氢液氧推力室喷管，如图 2.15 所示。

西北工业大学和国防科技大学也开展了复合材料推力室的研制工作。西北工业大学研制的低室压 C/SiC 复合材料推力室在 2002 年通过高空点火试验。国防科技大学制备的复合材料推力室成功通过高室压液体火箭发动机热试车考核，取得国内复合材料高室压推力室研制工作的历史性突破，产品性能达到国际先进水平，并在此基础上，开展了不同使用工况的复合材料推力室的研制，目前已实现小批量生产与应用，产品抽检合格率达到工程应用要求。

3. 航空发动机

使用 C/SiC 复合材料制备航空涡轮发动机构件可以提高发动机的燃烧温度，从而提高了涡轮机的效率。同时由于 C/SiC 复合材料的轻质，可以大大减轻

图 2.15　火箭发动机 C/SiC 复合材料喷管[43]

发动机的重量,提高发动机的工作效率。

美国在纤维增强复合材料应用于航空发动机方面做了大量的研究,已经制备和通过试验的纤维增强 SiC 复合材料航空发动机构件主要有燃烧室内衬套、燃烧室筒、翼或螺旋桨前缘、喷口导流叶片、涡轮叶片、涡轮壳环形、喷管构件等。例如,NASA 的 Dynacs Engineering 公司研制的纤维增强复合材料连接部件,GE 公司在 NASA 的 HSCT(High Speed Civil Transport, HSCT)项目资助下研制的以熔融渗透工艺生产的纤维增强 SiC 复合材料涡轮壳环, Solar Turbine Incorporation 在 CSGT(Ceramic Stationary Gas Turbine, CSGT)项目资助下设计和制备了纤维增强复合材料燃烧室内衬套。图 2.16 所示为采用 C/SiC 材料制作

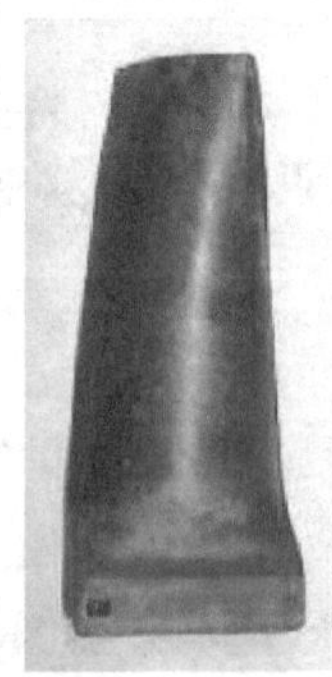

图 2.16　C/SiC 涡轮转子与涡轮叶片[46]

的涡轮转子与涡轮叶片。

C/SiC 复合材料在航空喷气发动机上应用研究的另一个重点是作为喷管构件,因为喷管位于发动机及飞机的尾端,喷管重量对飞机的气动配平影响较大,低密度的纤维增强 C/SiC 复合材料对结构减重具有重要的意义。法国和美国的材料研究者合作,以叠层碳布为增强体,以 CVI 工艺沉积多层 SiC - B_4C 基体提高复合材料的抗氧化性能,制备了 C/Si - C - B 复合材料喷管密封片,在 F100 - PW - 229 发动机加力状态下成功通过考核;JETEC 公司利用 C/SiC 复合材料制备了高速旋转验证机的尾锥、涡轮导向器、涡轮转子和尾喷管等非冷却热端构件。法国也已经将 C/SiC 复合材料制成的喷嘴阀应用于 M88 发动机上。

2.6　本章小结

世界航空航天技术的发展对超高温材料的性能提出了苛刻的要求,尤其是高性能航空发动机热结构件与空天飞行器热防护系统,其在服役过程中要承受严重的烧蚀、高速气流的强冲击和大梯度的热冲击,因而要求服役于极端环境下的材料和结构兼具耐热、防热、隔热、承载等多重功能属性,复合化、陶瓷化成为发展趋势。就目前的研究热点来看,超高温陶瓷材料在耐高温、抗氧化能力上虽有巨大潜力,但强韧性较差的问题依然困扰其进一步发展,通过复合化进一步提高其力学性能必然导致材料体系复杂化;以 C/C、C/SiC、SiC/SiC 为代表的热结构复合材料其“陶瓷”属性和工艺特性决定了内部含有大量的初始缺陷,材料性能表现出很大的分散性,且与工艺密切相关;为轻质化发展起来的新一代防隔热一体化复合材料多采用纤维增强多孔材料的途径降低密度,采取涂层或组合形式提升综合性能;未来的高温材料将会融入仿生、层级、混杂等概念,形成主动防护、自感知、自适应、自愈合功能。

参考文献

[1] Song G M. Microstructure-properties and thermal shock behavior of TiC/W and ZrC/W composites[D]. Harbin: Harbin Institute of Technology, 1999.
[2] Alan H R. Overview of research on aerospace metallic structural materials [J]. Materials Science and Engineering, 1991, 143: 31 - 41.
[3] 樊晓丹,黄科林,王犇.难熔金属合金及其应用[J].企业科技与发展,2008(22): 90 - 94.
[4] 付洁,李中奎,郑欣.钨及钨合金的研发和应用现状[J].稀有金属快报,2005(7):

11 - 15.
[5] 王东辉,袁晓波,李中奎.钼及钼合金研究与应用进展[J].稀有金属快报,2006(12):1 - 7.
[6] 殷磊,易丹青,肖来荣.铌及铌合金高温抗氧化研究进展[J].材料保护,2003(8):4 - 8.
[7] 程挺宇,熊宁,彭措元.铼及铼合金的应用现状及制造技术[J].稀有金属材料与工程,2009(2):373 - 376.
[8] 金立国,赵晓旭,张锐耐.高温氧化石墨材料抗氧化性能的研究[J].炭素,2005(2):18 - 21.
[9] 刘重德,邵泽钦,陆玉峻.抗氧化浸渍炭石墨材料的研究及性能分析[J].炭素技术,2000(1):15 - 17.
[10] Upadhya K Y, Hoffmann W P. Materials for ultra-high temperature structural applications [J]. American Ceramic Society Bulletin, 1997, 76(12): 51 - 56.
[11] Scatteia L, Riccio A, Rufolo G, et al. Ultra high temperature ceramic materials for sharp hot structures[J]. American Institute of Aeronautics and Astronautics, 2005, 3266: 1 - 16.
[12] Guo S Q. Densification of ZrB_2 - based composites and their mechanical and physical properties: A review [J]. Journal of the European Ceramic Society, 2009, 29: 995 - 1011.
[13] 张幸红,胡平,韩杰才,等.超高温陶瓷复合材料的研究进展[J].科学通报,2015, 60(3):257 - 266.
[14] 陈玉峰,洪常青,胡成龙,等.空天飞行器用热防护陶瓷材料[J].现代技术陶瓷,2017(5):311 - 389.
[15] Johnson S M. Ultra-high temperature ceramics: Application, issues and prospects [C]. Baltimore: 2nd Ceramic Leadership Summit, 2011.
[16] Ratti F, Gavira J, Thirkettle A C, et al. European experimental re-entry testbed expert: Qualification of payloads for flight[C]. Versailles: ESA Special Publication, 2009.
[17] Gardi R, Vecchio A D, Marino G, et al. SHARK: Flying a self-contained capsule with an UHTC-based experimental nose[C]. San Francisco: 17th AIAA International Space Planes and Hypersonic systems and Technologies Conference, 2013.
[18] Schmidt D L, Davidson K E, Theibert L S. Unique applications of carbon-carbon composite materials [J]. SAMPE Journal, 1999, 35(3): 27 - 39.
[19] Evans B, Kuo K K. Nozzle throat erosion characterization study using a solid-propellant rocket motor simulator [R]. AIAA - 2007 - 5776.
[20] Sourav S, Kumarib S, Sekaran V G, et al. Strength and fracture behavior of two-, three- and four-dimensionally reinforced carbon/carbon composites [J]. Materials Science and Engineering A, 2010, 527: 1835 - 1843.
[21] 李贺军.碳/碳复合材料[J]. 新型炭材料,2001, 16(2):79 - 80.
[22] 苏君明,周绍建,李瑞珍,等.工程应用 C/C 复合材料的性能分析与展望[J].新型炭材料,2015, 30(2):106 - 114.
[23] 李贺军,史小红,沈庆凉,等.国内 C/C 复合材料研究进展[J].中国有色金属学报,2019, 29(9):2142 - 2154.
[24] 张新元,何碧霞,李建利,等.高性能碳纤维的性能及其应用[J].棉纺织技术,2011, 39

(4)：269 - 272.
[25] Broquere B. Carbon/carbon nozzle exit cones：SEP's experience and new developments [R]. AIAA - 1997 - 2678.
[26] 朱良杰,廖东娟.C/C 复合材料在美国导弹上的应用[J].宇航材料工艺,1993(4)：12 - 14.
[27] 李翠云,李辅安.碳/碳复合材料的应用研究进展[J].化工新型材料,2006, 34(3)：18 - 20.
[28] Lacombe A, Pichon T, Lacoste M. High temperature composite nozzle extensions, a mature and efficient technology to improve upper stage liquid rocket engine performance [C]. Cincinnati：43rd AIAA/ASME/SAE/ASEE Joint Propulsion Conference & Exhibit, 2007.
[29] Fitzer E, Manocha L M. Carbon reinforcements and carbon/carbon composites[M]. Berlin：Springer Berlin Heidelberg, 1998.
[30] 张西岩.碳陶刹车盘——制动材料的新时代[C].郑州：第十七届国际摩擦密封材料技术交流暨产品展示会,2015.
[31] Trefilov V I. Ceramic- and carbon-matrix composites [M]. New York：Chapman & Hall, 1995.
[32] Naslain R. High temperature ceramic matrix composites [M]. Bordeaux：Woodhead, 1993.
[33] 张立同.纤维增韧碳化硅陶瓷复合材料——模拟、表征与设计[M].北京：化学工业出版社,2009.
[34] Qin H, Dong S M, Hu J B. Effect of SiC nanowires on mechanical properties of PIP - SiC_f/SiC composites [J]. Journal of the Chinese Ceramic Society, 2016, 44(10)：1532 - 1537.
[35] Haug T, Knale H, Ehrmann U. Processing, properties and structure development of polymer-derived fiber-reinforced SiC [J]. Journal of the American Ceramic Society, 1989, 72(2)：104 - 110.
[36] 侯向辉,李贺军,刘应楼.先进陶瓷基复合材料制备技术——CVI 法现状及进展[J].硅酸盐通报,1999(2)：32 - 36.
[37] Byung J O, Young J L, Doo J C. Febrication of carbon/silicon carbide composites by isothermal chemical vapor infiltration, using the in situ whisker-growing and matrix-filling process [J]. Journal of the American Ceramic Society, 2001, 84(1)：245 - 247.
[38] Shin D W, Park S S, Choa Y H. Silicon/silicon carbide composites fabricated by infiltration of a silicon melt into harcoal [J]. Journal of the American Ceramic Society, 1999, 82(11)：3251 - 3253.
[39] 焦健,陈明伟.新一代发动机高温材料——陶瓷基复合材料的制备、性能及应用[J].先进高温材料,2014(7)：62 - 69.
[40] 李刚.二维编织 C/SiC 复合材料力学性能的试验研究[D].西安：西北工业大学,2007.
[41] 常岩军.三维机织陶瓷基复合材料力学行为研究[D].西安：西北工业大学,2006.
[42] Glass D. Ceramic matrix composite (CMC) thermal protection systems (TPS) and hot structures for hypersonic vehicles [C]. Dyton：AIAA International Space Planes and Hypersonic Systems and Technologies Conference, 2008.
[43] Ohlhorst C W, Glass D E, Bruce W E, et al. Development of X - 43A Mach 10 leading edges [C]. Fukuoka：56th International Astronautical Congress of the International

Astronautical Federation, 2005.

[44] Leleu F, Watillon P, Moulin J, et al. The thermo-mechanical architecture and TPS configuration of the pre-X vehicle[J]. Acta Astronautica, 2005, 56(4): 453-464.

[45] Longo J M A. Present results and future challenges of the DLR SHEFEX program[C]. Bremen: 16th AIAA/DLR/DGLR International Space Planes and Hypersonic Systems and Technologies Conference, 2009.

[46] 梁春华.纤维增强陶瓷基复合材料在国外航空发动机上的应用[J].航空制造技术, 2006, 3: 40-45.

第3章

高温结构复合材料力学性能试验技术

高温热结构复合材料既要承受高温，又要承受机械组合载荷，甚至伴随复杂物化反应，对该过程力学现象的理解深度会直接影响其使用规范、可靠性和结构效率。认识材料行为、获取真实可靠的材料性能数据最重要途径就是通过科学的材料测试、表征和评价方法。

3.1 材料复杂应力状态力学性能试验技术

一般来说，多数复合材料属于各向异性材料，正是利用材料的各向异性特征赋予了复合材料特殊的功能，使其具有更广泛的应用前景。在实际工程应用中，复合材料构件均处于复杂的多轴应力状态，在这种耦合应力作用下复合材料往往表现出多样的损伤与破坏模式、强刚度性能的各向异性强化（或劣化）效应，传统单轴加载（拉伸、压缩或剪切等）试验无法准确反映实际应用中材料的真实承载能力和失效机理。因此，准确检测各向异性复合材料在复杂应力状态下的力学性能参数、揭示其失效机理，对材料设计、制备和实际使用具有重要指导作用。

3.1.1 复杂应力状态材料力学性能试验系统与方法的发展

到目前为止，研究人员已经提出了多种不同的试验方法，通过使用专用试验设备和试样形式设计来创造双轴或多轴应力状态，常见的加载试验主要有薄膜凸胀双轴拉伸试验法、压力容器双向拉伸试验法、十字夹层梁试验法、十字形试件双轴加载试验法、Arcan 圆盘法和双轴弯曲法等。这些方法大致可归纳为两类：第一类借助单轴加载系统进行试验的方法；第二类是借助专用的具有两个或者多个独立加载系统进行试验的方法。

在第一类方法中,利用单轴材料试验系统,借助辅助加载机构或试样几何形状设计,在试样标定区内创造多轴应力状态。例如,Kennedy 等[1]利用了一个固定装置实现了双轴拉伸和压缩来测量树脂基复合材料的剪切性能;Brieu 等[2]开发了一个辅助加载装置,实现了在单轴试验机上对测试试样施加双轴拉伸载荷;Bhatnagar 等[3]设计了一种适用于万能加载机的机械式双轴加载设备,依靠独特的机械结构实现了双轴加载试验,并进行了试验验证。任家陶等[4]设计的机械式双向拉伸试验仪结构简单,使用方便,性能优良,该试验仪可直接在常规万能试验机上进行应力比为 1 : 1 和 1 : 2 的平面双向拉伸试验;史晓辉、汪海等设计了一种测试材料的面内双轴反应的加载设备,该双轴加载设备通过设计钢索、滑轮及杠杆构成的机械结构,能够在实验室常见的单轴材料试验系统上进行双轴加载试验[5],如图 3.1 所示。研究人员借助 Arcan 圆盘加载机构,实现了复合材料拉剪、压剪加载试验能力,获得了材料在正应力-剪应力耦合应力状态下的力学性能、损伤演化规律与失效模式[6-8]。总的看来,这类实验装置虽然实现了在低实验成本条件下进行双轴加载试验,可是实现不同应力比、不同加载历程的双轴加载试验比较困难。

图 3.1 基于单轴试验机的材料双轴拉伸试验系统[3]

第二类方法主要包括薄壁圆筒的拉压、扭转或者内压/外压组合试验、应用平板或十字形试验件的双轴或多轴加载试验。薄壁圆管是一种比较多功能的试样形式,在圆管内部施加压力,可以开展轴向载荷与扭曲载荷的耦合效应试验研究,能够进行任意比例加载。Aubard[9]采用 2D SiC/SiC 薄壁管试验件进行了拉-拉比例加载试验,发现材料两个正交轴向存在损伤耦合效应。Genin 和 Hutchinson[10]采用圆管试验件进行了 2D SiC/SiC 材料的拉-扭、压-扭、拉-拉和压-压双轴加载试验,包括阶段加载和比例加载,拉伸/内压试验表明,两个正交主轴方向的损伤耦合不明显,一个方向的加载损伤不会影响另一方向的损伤过程。但是 Bhatnagar 等[3]研究指出,这种方法存在一些不可避免的缺点,如管状试样制作与装卡困难、无法建立双轴压缩应力状态、管状试验件与平板材料的各向异性性能不完全相符等。

十字形平板试样双轴或多轴加载试验法更直观,更能直接反映材料的真实受力状态,是目前最受重视的一种试验方法。利用平板或十字形试件进行双轴或多轴加载,可以通过改变加载轴的载荷形式、载荷比或位移比,在试样件标定区创造不同的应力状态。该方法早在 20 世纪 60 年代就有人提出,由于难以确定试样标定区的应力应变,难以避免标定区外的应力集中现象,以及对实验装置要求高等,直到近年才取得了一定的发展和突破。国内外一些研究机构积极开发和引进了双轴或多轴加载测试系统: 在国外,比利时布鲁塞尔自由大学、日本宇航中心开发了双轴载荷试验系统;美国空军研究实验室研制了材料三轴试验系统,可以实现双轴或多轴不同载荷形式和载荷比例状态的试验[11-13]。在国内,南昌大学、西安交通大学、北京航空航天大学和哈尔滨工业大学等高校也开展了该方面研究工作[14-17]。图 3.2 所示为哈尔滨工业大学从德国 Zwick 公司引进的 Zwick Z050 型材料双轴力学性能试验机,研究人员基于该试验机实现了平面状态双轴不同载荷形式(拉-拉、拉-压、压-压等)、任意载荷比例和程控加载历程的材料力学性能试验能力。

图 3.2 Zwick Z050 型材料双轴力学性能试验机

3.1.2 正应力空间(σ_1-σ_2)双轴平面应力状态力学性能试验技术

由于复合材料的各向异性、多种加载条件、大变形等特殊现象,为了使试验能获得较好的结果,需要有与之相适应的试样形状和加载方式,主要有以下方面的要求[18-20]:① 试样有足够大的区域处于均匀应力状态;② 初始破坏必须发生在均匀应力区域;③ 应力状态必须直接测量获得,不能通过另外的附加测量;④ 必须能够独立改变双向应力中任一方向的载荷;⑤ 试验具有可重复性。

在前述已经建立的双轴加载试验方法中,平板或十字形试件双轴加载(双轴拉伸、双轴压缩和双轴拉-压等)试验方法自动满足前述所提 5 项要求中的第 4 项,为了从双轴加载试验数据中得到材料的本构关系,许多十字形试样被提出以满足其余的 4 项技术要求。

1. 试样的形状与尺寸设计

在双轴加载条件下,试样的几何形状主要采用十字形试样,为了让试样中心受力均匀,应该对所用试样的几何形状进行设计与优化。在对试样的优化设计过程中,大致分两步进行:第一步,正确确定试样的基本形状,其根据载荷状态(双轴拉伸、双轴压缩或双轴拉-压)和已有的试样形状确定;第二步,对确定的几何形状建立仿真分析模型,通过优化后的特征尺寸来确定试样的几何尺寸。

为了实现双轴试验的优化设计,首先必须有一个明确定义的准则。根据双轴载荷试验要求,提出如下量化指标作为优化目标。

(1)试样标定区应力平均值,衡量标定区内的应力水平。该值大于加载端名义应力,初始破坏或屈服发生在试样标定区域。选取试样标定区对角线上 N 个点的应力平均值作为标定区应力平均值,数学表达式为

$$\sigma_{\text{avg}} = \frac{\sum_{j=1}^{N} \sigma_i}{N} \tag{3.1}$$

式中,σ_{avg} 为标定区应力平均值;σ_i 为选取路径上第 i 个点的相应应力值。

(2)试样标定区应力离散系数,表征标定区内应力的均匀程度。该值越小,标定区内的应力分布越均匀,测量的准确性越高。选取试样标定区对角线上 N 个点的应力离散系数作为标定区应力离散系数,数学表达式为

$$\text{CV} = \frac{\delta\sigma}{\sigma_{\text{avg}}} \tag{3.2}$$

式中，CV 为标定区应力离散系数；$\delta\sigma=\sqrt{\sum_{i=1}^{N}(\sigma_i-\sigma_{avg})^2}$ 为选取路径上相应应力标准差。

(3) 应力集中系数，标定区外的应力集中处的应力与标定区内应力均值的比值。该值越小，标定区外的应力集中现象越缓和，数学表达式为

$$\alpha=\frac{\sigma_{max}}{\sigma_{avg}} \tag{3.3}$$

式中，α 为应力集中系数；σ_{max} 为标定区外应力最大值。

在进行试样形状和尺寸的设计与优化时，必须考虑试样在原材料中或实际构件中的取向，以反映材料的各向异性和构件的工作状态。此外，还必须考虑原材料、构件形状和尺寸的限制。Shiratori、Ikegam 及 Shimade 等提出的等厚度交叉试样，可以产生一个比较小的各向同性区域，但在边缘处会出现应力集中。另外一些学者提出将试样标定区逐步减薄，在 4 个方向加载臂上均匀开槽，用以改善中心标定区应力分布的各向均匀性，同时避免其他区域出现应力集中。哈尔滨工业大学基于 3D C/C 复合材料的增强纤维织物结构特征，利用数值仿真分析方法，获得优化后的双轴加载试样如图 3.3 所示。

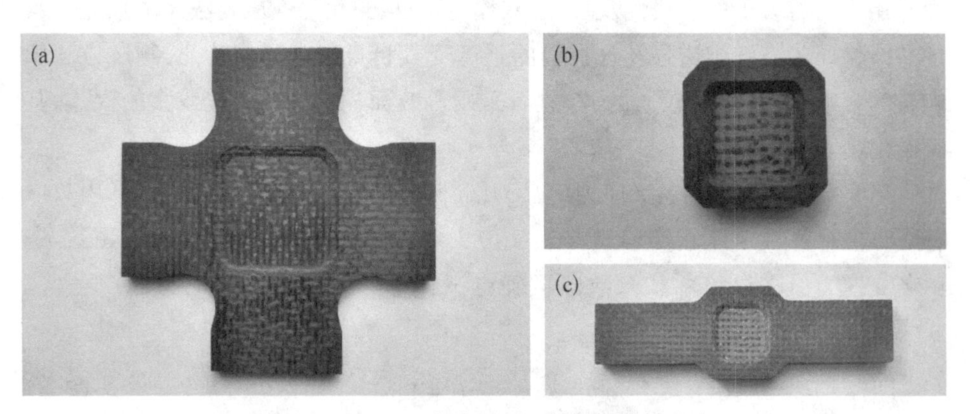

图 3.3　3D C/C 复合材料双轴加载试样设计

(a) 双轴拉伸；(b) 双轴压缩；(c) 双轴拉压

2. 试样标定区真实应力计算方法探讨

考虑到双轴载荷试验的特点，部分参量(例如标定区应力、破坏强度等)并不能通过常规单轴载荷试验直接获得，必须通过间接计算得到。针对这一问题，研究人员先后提出了等效应变法、等效面积法、名义应力修正法和试验-数值混

合“反演”辨识法。

等效应变法：假设复合材料的弹性模量恒定不变，利用实时测得的试样标定区应变与已知的弹性模量来确定试样标定区的应力值，数学表达式为

$$\sigma_i = E_i \varepsilon_i \quad (i=1,\ 2) \tag{3.4}$$

式中，σ_i为标定区 i 轴向应力值；E_i为材料 i 轴向单轴加载弹性模量；ε_i为标定区 i 轴向应变值。

等效面积法：先假设材料的单轴强度恒定，在双轴十字形试样上完成单轴载荷试验，计算获得双轴十字形试样的等效承载面积，利用该等效承载面积确定不同载荷条件试样标定区的应力，数学表达式为

$$\sigma_i = \frac{F_i}{A_{\mathrm{ieq}}} \quad (i=1,\ 2) \tag{3.5}$$

式中，σ_i为标定区 i 的轴向应力值；F_i为 i 的轴向载荷；A_{iqe}为双轴载荷试样 i 轴向的等效面积。

从上述等效应变法和等效面积法的原理来看，采用这两种方法计算复合材料在双轴载荷下的性能参量均存在一定的局限性，纤维增强复合材料在复杂应力作用下具有显著的非线性及拉/压双模量特征，采用等效应变法无法描述材料的非线性行为。纤维增强复合材料的强度受其自身细观结构特征、测试方法影响较为显著，往往具有较大的波动性，采用等效面积法必然引起较大的误差，甚至给出错误的数据。

名义应力修正法：名义应力定义为端部载荷除以端部横截面积。采用数值分析方法计算标定区真实应力与名义应力的比值，即中心标定区承载系数 K。由名义应力值乘以该承载系数即可确定试样中心标定区真实应力，数学表达式为

$$\sigma_i = K_i \sigma_{ni} \quad (i=1,\ 2) \tag{3.6}$$

式中，

$$\sigma_{ni} = \frac{F_i}{A_{ni}} \quad (i=1,\ 2) \tag{3.7}$$

式中，σ_i为标定区 i 轴向应力值；σ_{ni}为试样加载端 i 轴向名义值；F_i为 i 轴向载荷；A_{ni}为试样 i 轴向加载端横截面积；K_i为试样 i 轴向承载系数。

试验-数值混合“反演”辨识法：采用力学实验和数值计算相结合的方法解决实际力学问题，实质上是一种物理模型和数学模型相结合的方法。双轴载荷状态下的材料性能辨识技术框架如图3.4所示。

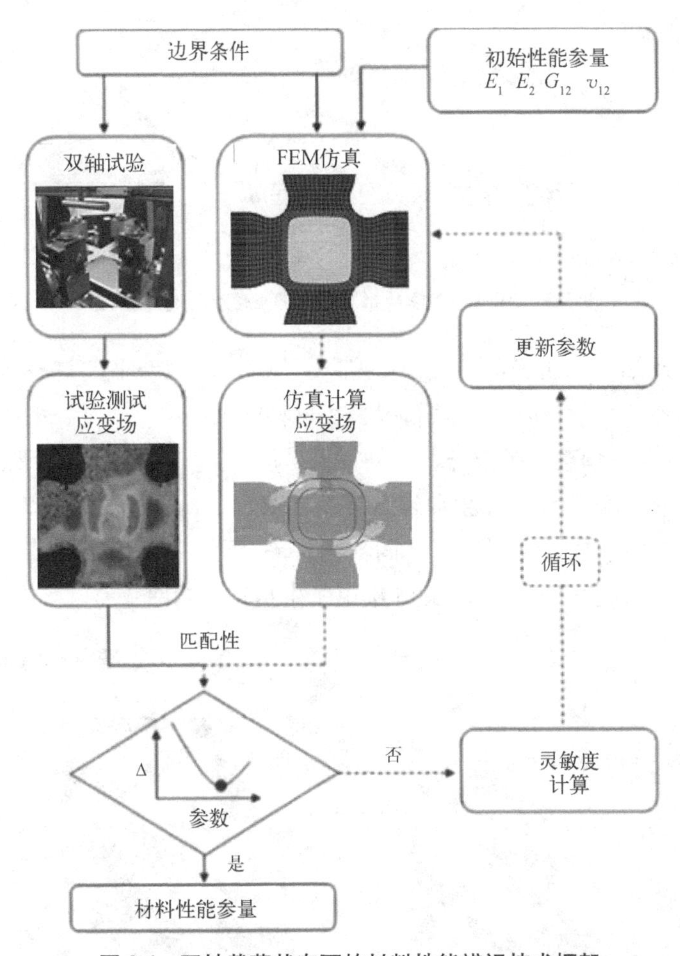

图3.4　双轴载荷状态下的材料性能辨识技术框架

3. 3D C/C复合材料双轴载荷作用下的力学行为

采用恒定位移比控制模式，完成3D C/C复合材料双轴不同应力比压缩试验，获得3D C/C复合材料的双轴压缩载荷-时间曲线，如图3.5所示。由图3.5可以发现，在双轴非等比例加载条件下，当x轴方向达到极限承载能力，y轴方向尚未达到极限承载能力时，材料丧失了x轴方向承载能力，y轴向仍具有较高的承载能力，充分体现了纤维织物增强复合材料的各向异性特征。

3D C/C复合材料双轴压缩破坏形貌如图3.6所示，由图可见，材料的压缩

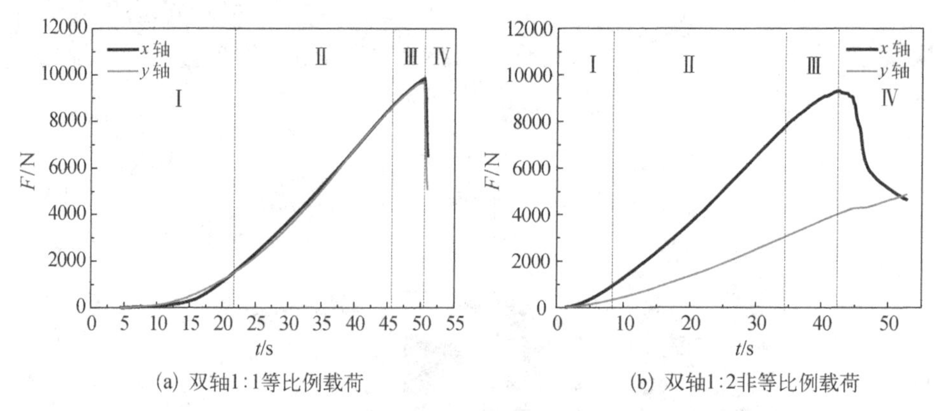

(a) 双轴1∶1等比例载荷　　(b) 双轴1∶2非等比例载荷

图 3.5　3D C/C 复合材料双轴压缩载荷-时间曲线

破坏模式与双轴载荷比密切相关,双轴非等比例应力状态下的材料破坏机理与单轴压缩类似,由于剪切应力作用,裂纹在材料内大孔洞周围存在的应力集中区萌生,沿 x 轴向主承载纤维束与基体间界面扩展,这些裂纹在宏观上连成一个倾斜平面,x 轴向承载纤维束发生剪切破坏。在双轴等比例应力状态下,裂纹分别沿 x 轴和 y 轴向承载纤维束与基体间界面扩展,纤维束发生剪切破坏;此外,在两个方向上载荷相互作用,使承载纤维束发生扭转和弯曲变形。

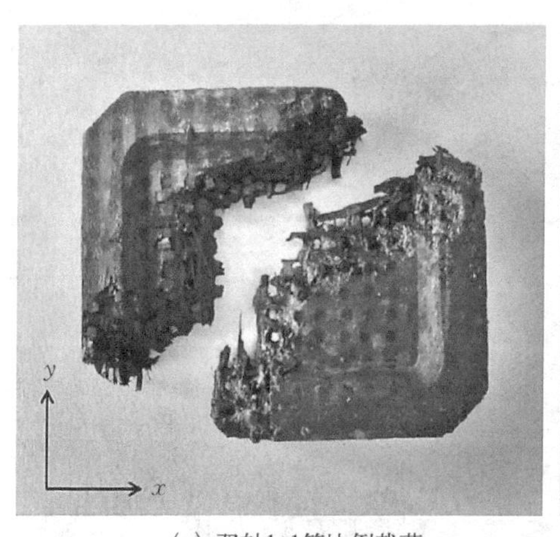

(a) 双轴1∶1等比例载荷　　(b) 双轴1∶2非等比例载荷

图 3.6　3D C/C 复合材料双轴压缩破坏形貌

采用恒定载荷比控制模式,完成 3D C/C 复合材料双轴压缩试验,获得 3D C/C 复合材料双轴等比例拉伸载荷-时间曲线及破坏形貌如图 3.7 所示。3D C/C 复合材料在双轴等比例拉伸载荷作用下表现为灾难性的弹性、脆性断裂;试样破坏发生在中心标定区内，但受到应力集中的影响，断裂面主要位于标定区边缘位置并与加载轴垂直。

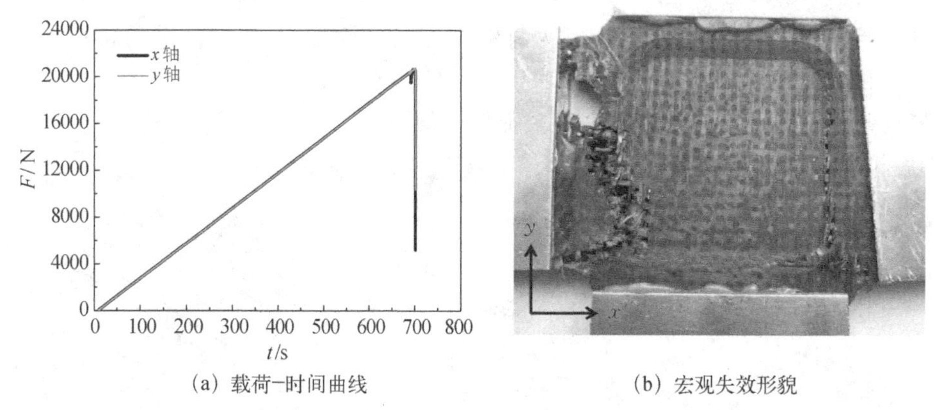

(a) 载荷–时间曲线 (b) 宏观失效形貌

图3.7 3D C/C复合材料1∶1双轴等比拉伸载荷–时间曲线及破坏形貌

3D C/C复合材料在双轴载荷下的失效应力分布如图3.8所示，从图中可以看出，双轴拉伸应力状态下复合材料的失效应力小于单轴拉伸，失效应力折减量约30%，应力劣化效应显著。在双轴压缩应力状态下，复合材料失效应力高于单轴压缩，失效应力提高达30%，呈现为应力强化效应。在双轴拉压应力状态下，当表现为压缩破坏模式时，失效应力近似与单轴压缩强度一致；当表现为拉伸破坏模式时，失效应力近似与单轴拉伸强度一致。

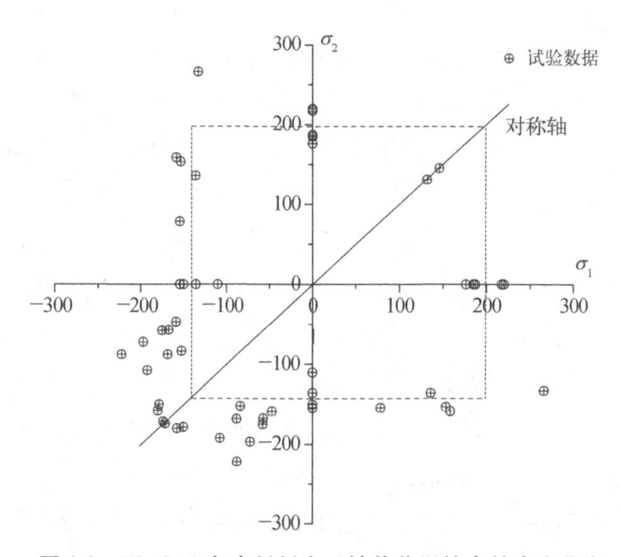

图3.8 3D C/C复合材料在双轴载荷下的失效应力分布

3.1.3 正应力-剪应力空间(σ-τ)双轴平面应力状态力学性能测试方法

1. 偏轴加载试验法

偏轴加载试验原理：在连续纤维增强复合材料单层中任取单元体，设定 xoy 坐标系为参考坐标轴，12 坐标系为材料主方向坐标系，参考坐标系与材料主方向坐标夹角为 θ，如图 3.9 所示。

根据复合材料力学的应力状态理论，材料主方向的同一个应力状态 $[\sigma_1, \sigma_2, \tau_{12}]^{\mathrm{T}}$ 与参考坐标系下的应力状态 $[\sigma_x, \sigma_y, \tau_{xy}]^{\mathrm{T}}$ 具有如下关系：

$$\begin{bmatrix} \sigma_1 \\ \sigma_2 \\ \tau_{12} \end{bmatrix} = \begin{bmatrix} m^2 & n^2 & 2mn \\ n^2 & m^2 & -2mn \\ -mn & mn & m^2 - n^2 \end{bmatrix} \begin{bmatrix} \sigma_x \\ \sigma_y \\ \tau_{xy} \end{bmatrix} \tag{3.8}$$

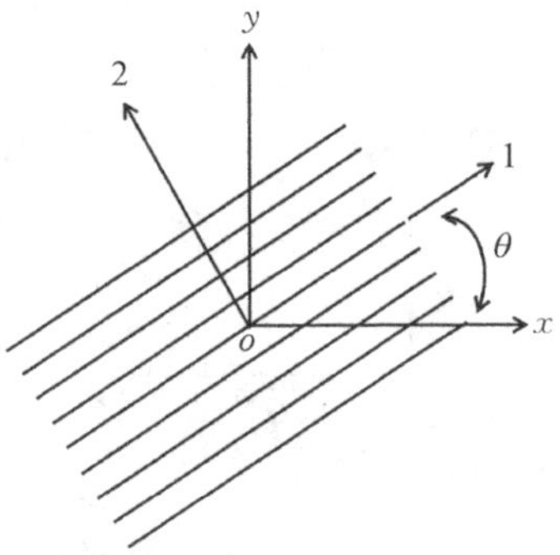

图 3.9 主坐标和参考坐标

式中，$m = \cos\theta$；$n = \sin\theta$。

偏轴试样在 x 轴施加单轴应力时，材料主方向应力状态由式(3.8)计算，即

$$\begin{cases} \sigma_1 = m^2 \sigma_x \\ \sigma_2 = n^2 \sigma_x \\ \tau_{12} = -mn\sigma_x \end{cases} \tag{3.9}$$

假如在 θ 为 10°、30°、45°的偏轴加载条件下，材料方向各应力分量的比例 $|\sigma_{11}|:|\sigma_{22}|:|\tau_{12}|$ 分别为5.67∶0.18∶1、1.73∶0.58∶1、1∶1∶1，因而可以实现近似单轴拉伸(或压缩)应力与剪切应力的耦合(10°)，双轴拉伸(或压缩)应力与剪切应力耦合的加载状态。进而分析材料在拉-剪(或压-剪)耦合应力下的损伤演化，以及 1、2 方向上损伤及拉伸(或压缩)与剪切损伤的耦合效应。

2. Arcan 圆盘法

Arcan 圆盘法由以色列特拉维夫大学的 Arcan 于 1977 年提出，后得到了世界各国的广泛应用。Arcan 圆盘法试验示意图如图 3.10 所示，通过改变拉伸(或压缩)载荷方向与试件标定轴线方向夹角而构造出不同平面应力状态。

在如图 3.10(a)所示的坐标系下，当外加载荷为 F，加载方向与材料纵向夹角为 θ 时，试样标定区截面处的名义正应力和剪应力的数学表达式为

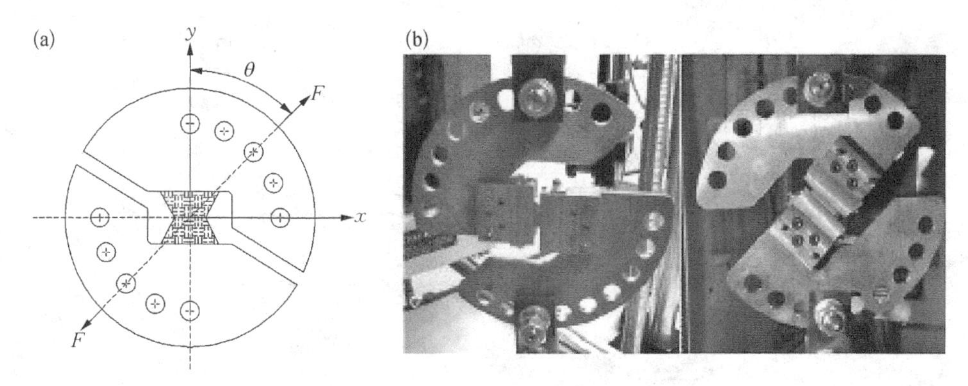

图 3.10　Arcan 圆盘法试验原理示意图

$$\begin{cases} \sigma = \dfrac{F\cos\theta}{bt} \\ \tau = \dfrac{F\sin\theta}{bt} \end{cases} \tag{3.10}$$

式中，b 为试样标定区宽度；t 为试样标定区厚度。

当变换角度 θ 时，可以得到正应力与剪应力比值变化的复杂应力状态。根据辅助实验夹具设计，仅能完成有限数量正-剪应力组合应力状态试验。载荷控制方案：试验在单轴材料万能试验机上完成，即可采用恒定位移加载，也可以采用恒定载荷加载。Arcan 圆盘法具有既简单又实用的优点，为探究各向异性材料力学性能提供了有力手段。

3. 改进反对称四点弯曲法

为解决 Arcan 圆盘试验中加载比例无法自由设计，应变数据不易获得的难题，结合材料双轴试验机的加载特点，哈尔滨工业大学在反对称四点弯曲试验方法的基础上提出了改进反对称四点弯曲法[21]，试验示意图如图 3.11 所示。

在如图 3.11(a)所示的坐标系下，根据力学理论，各加载辊棒的分力数学表达式为

$$R = \frac{F_y a}{a + b} \tag{3.11}$$

$$Q = \frac{F_y b}{a + b} \tag{3.12}$$

绘制试样的剪力、弯矩和轴力图，如图 3.11(c)所示。试样标定区的剪应力

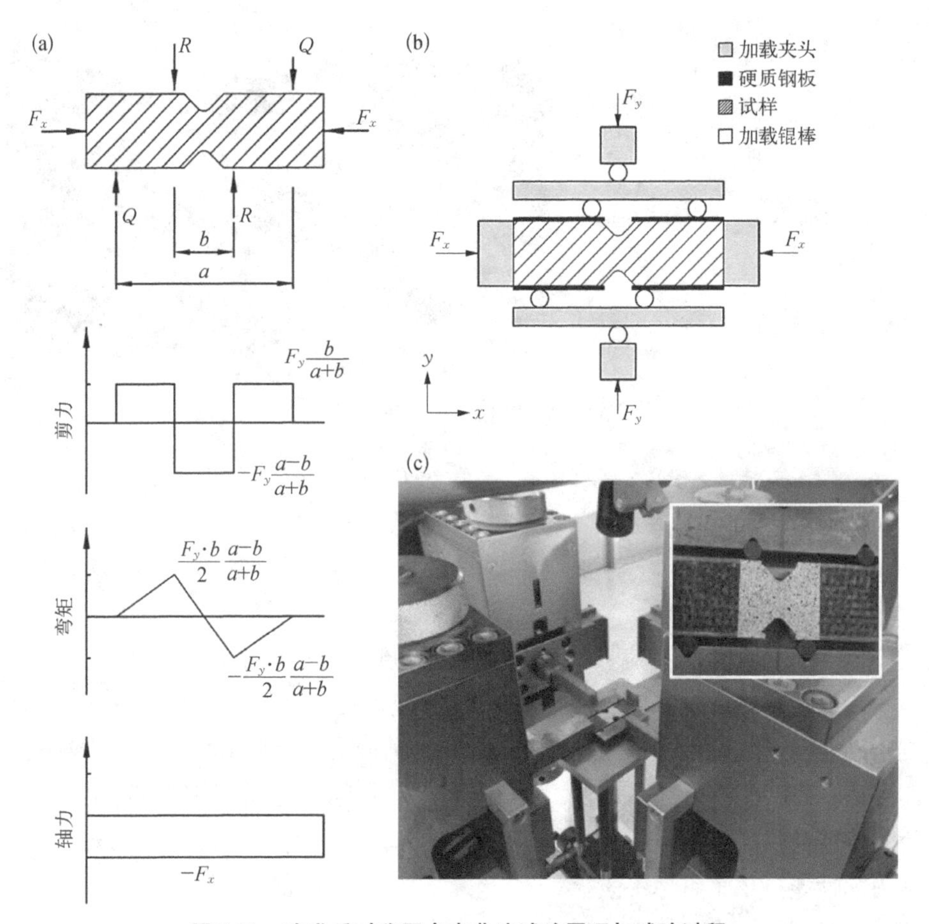

图 3.11 改进反对称四点弯曲法试验原理与试验过程

(a) 试验原理示意图;(b) 试验过程示意图;(c) 试验过程

与压缩应力的数学表达式为

$$\tau=\frac{(a-b)}{(a+b)}\frac{F_y}{S} \tag{3.13}$$

$$\sigma=\frac{F_x}{S} \tag{3.14}$$

基于材料双轴试验机的加载特点,采用改进反对称四点弯曲法可以实现任意应力比、程控加载路径的拉伸(或压缩)应用与剪切应力耦合状态实验。

4. 3D C/C 复合材料正应力-剪应力耦合应力下的力学行为

3D C/C 编织复合材料反对称四点弯曲法压-剪耦合应力破坏形貌如图 3.12

所示。图示结果显示,3D C/C 编织复合材料的失效模式随双轴应力比的改变而改变,当双轴应力比 $R(R=\tau_{12}/\sigma_1)$ 大于 0.3 时,试样的宏观断口呈现为垂直于压缩载荷的平面,并伴随纤维布层间分层,该失效模式与纯剪切应力作用失效模式类似;当双轴应力比 $R(R=\tau_{12}/\sigma_1)$ 小于 0.3 时,试样的宏观断裂形貌与单轴压缩应力失效模式类似。

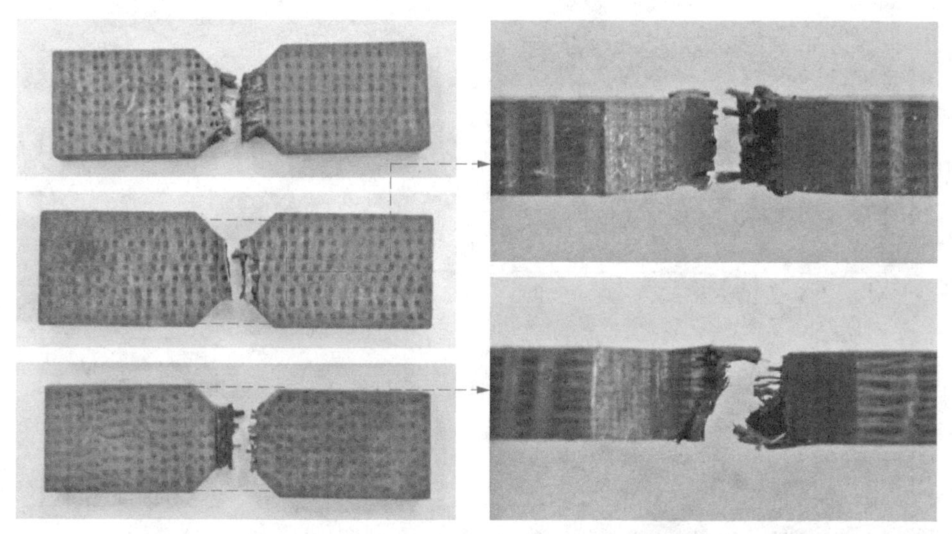

图 3.12　3D C/C 复合材料反对称四点弯曲法压-剪耦合应力破坏形貌

采用偏轴压缩方法获得的 3D C/C 编织复合材料压-剪耦合应力破坏形貌图 3.13 所示。和图 3.12 所示的试样破坏形貌进行对比可见,其失效模式相同,

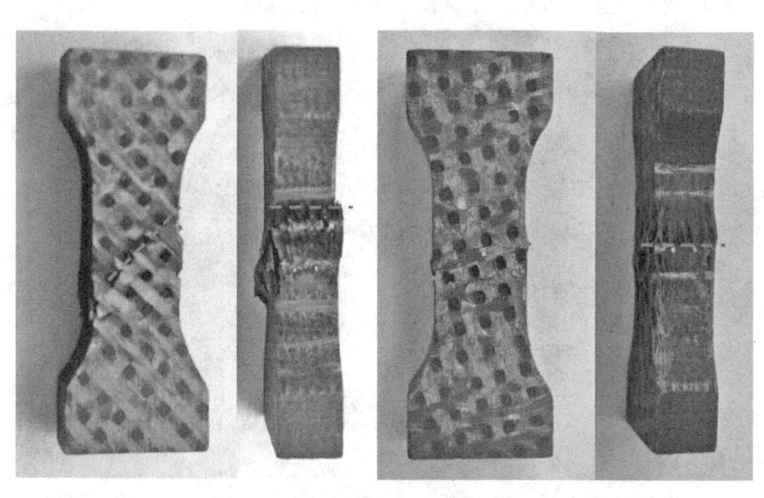

图 3.13　3D C/C 复合材料偏轴压缩法压-剪耦合应力破坏形貌

整体表现为类似于纯剪切或单轴压缩的失效模式。但是,受到第三项应力分量 σ_2 的影响,其失效模式转变的临界双轴应力比 R 减小。

3D C/C 复合材料在正应力-剪应力双轴耦合应力下的失效应力分布如图 3.14 所示。在双轴耦合应力作用下,材料失效应力较单轴强度(拉伸、压缩和剪切)降低,呈现双轴耦合应力劣化效应,其中拉-剪耦合应力劣化效应更为显著。

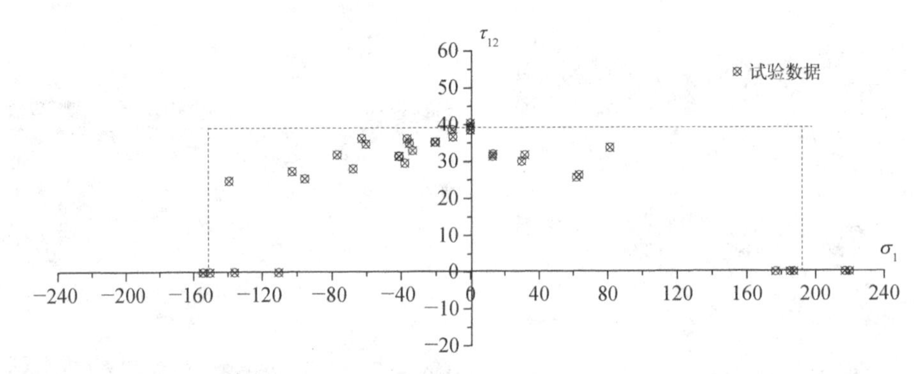

图 3.14 3D C/C 复合材料在正应力-剪应力双轴耦合应力下的失效应力分布

3.2 材料高温/超高温力学性能试验技术

高速飞行器热端部件一般在 1 600~3 000℃ 的高温/超高温下工作,材料的力学行为非常复杂,全面准确掌握材料的超高温性能,对于分析部件的热应力和热强度,以及进行防热结构设计是至关重要的。要准确获得材料高温/超高温条件下的力学性能,必须建立与之匹配的测试方法与技术。

高温/超高温材料力学性能测试方法与技术研究对科研工作者来说是一项非常艰巨的任务,很多因素都会影响试验成功与否,主要包括机械测试系统、加热系统、夹持系统、试样设计和应变测试系统等,尤其是加热系统和夹持系统已经达到现有已知材料的温度极限。与此同时,这些困难也激发了研究人员的热情,开发出了多种模式的试样加热与夹持系统。

3.2.1 材料高温/超高温力学性能试验加热技术

1. 环境辐射加热技术

采用辐射电热元件,如采用高温金属加热器或石墨加热器等作为热源,构建温度环境的加热方式称为辐射加热[22–24]。首先将加热器(石英灯或石墨)加热至高温状态,高温状态的加热器向外辐射能量,被加热结构接收辐射能量,从而复现高温环境。辐射加热系统主要包括金属环境舱、防热/隔热结构、加热器、测温与控温系统和水冷系统等。为获得稳定的高温,必须具备两个条件,一是有能够提供足够热量的加热体,二是包围加热体以防止热量散失的防/隔热结构。典型的辐射加热环境舱结构如图 3.15 所示,其中钨钼合金加热器与防/隔热结构环境舱设计,真空环境最高加热温度约 2 300℃;高强石墨加热器、石墨及碳毡防/隔热结构环境舱设计,惰性气氛保护环境加热温度最高可达 2 600℃。

(a) 钨钼合金加热体　　(b) 高强石墨加热体

图 3.15　辐射加热环境舱结构

辐射加热是最早也是使用最为广泛的加热方式,具有温度场均匀、热惯性小且便于控制的优势;加热能力与加热器材料的电、热及抗氧化性能相关,不受被测材料制约。同时,辐射加热方式也存在环境加热/冷却周期长,加热器元件、防/隔热结构损耗大,维护周期长、成本高等不足。

2. 试样通电电阻加热技术

当电流通过不同电阻率的导体试样时,会产生不同大小的焦耳热,焦耳热加热试样使得试样温度逐渐升高。

根据焦耳定律,电流产生的焦耳热量为

$$Q = I^2Rt \tag{3.15}$$

式中,I 为流过的电流;R 为试样材料的电阻;t 为时间。

当通过试样的电流不变时，产生的焦耳热与电阻成正比，电阻的表达式为

$$R = \rho L/S \tag{3.16}$$

式中，ρ 为材料的电阻率；L 为试样长度；S 为电流流过的截面积。

因此，利用通电的方式对试样进行加热，不但要考虑试样材料的本征物理属性，还要考虑试样尺寸对加热效率的影响。

理想情况下，均质等截面的试样在电阻加热过程中其温度是完全均匀分布的。实际应用中，必须对夹持试样的电极或夹具进行有效的水冷，而冷却电极的低温边界条件会对试样的温度场产生一定影响，导致电阻加热试样在电流方向上呈现出中间高、两端低的温度分布特点。因此，两端水冷夹具冷却和接触电阻的存在使得被测试样标定区均匀温度场的构建存在一定技术难度。图 3.16 所示为由哈尔滨工业大学与长春机械科学研究院有限公司合作研发的基于试样通电加热技术的材料超高温力学性能测试系统，该系统对 C/C 复合材料的最高加热温度为 3 000℃，控温精度不小于试验温度的 0.5%，试验环境为真空或惰性气体环境。

图 3.16 超高温力学性能测试系统

通电加热技术通过设计输入电流和被测试样电阻匹配加热试样，使得输入功率有效地作用到试样上，使样件快速升至目标温度，能有效减少试验周期并降低成本。通过夹具水冷结构设计，显著降低夹具材料的热、力学性能参数，试验能力仅与被测材料自身的高温力学性能有关，而不受加热器及加载夹具材料性能限制[25-27]。

3. 电磁感应加热技术

将被加热导体试样置于通有交流电流的加热线圈中，由于交变磁场的作用，

在试样内部会产生感应电势,进而形成涡流,依靠涡流的能量达到加热目的。感应加热是典型的多物理场问题,涉及电磁场和温度场,加热过程为:交变电流流过线圈,产生交变磁场,交变磁场在试样表面产生涡流,涡流进而对试样表面加热,表面温度升高后热量进一步向试样内部传热,使整个试样内外表面温度趋于一致。

线圈导体中的交变电流和被加热试样内的涡流在其横截面上的电流密度不均匀分布,最大电流密度出现在该横截面的表层,并以指数函数的规律向心部衰减,这种现象称为趋肤效应。对于导体材料,电流密度沿表层分布可由式(3.17)表达:

$$I = I_0 e^{\frac{-x}{\delta}} \tag{3.17}$$

式中,I 为离表面距离为 x 处的电流密度有效值;I_0为表面处的电流密度有效值;δ 为电流透入深度。

功率与电流呈平方关系,因此可导出:

$$P = P_0 e^{\frac{-2x}{\delta}} \tag{3.18}$$

式中,P 为离表面距离 x 处的电流密度有效值;P_0为表面处的电流密度有效值。

由以上公式可知,约有 63.2%的电流和 86.5%的功率集中在厚度为 δ 的表层,因此感应加热透入深度为影响试样加热成效的关键因素。

电流透入深度 δ 的计算公式为

$$\delta = \sqrt{\frac{2}{\omega\sigma\mu_0\,\mu_r}} \tag{3.19}$$

式中,σ 为材料的电导率;μ_0为绝对磁导率;μ_r为相对磁导率;ω 为电流角频率。

由式(3.19)可知,决定电流透入深度的影响因素为试样电阻率、试样相对磁导率和电流频率。增加电流频率和试样的相对磁导率可以减小电流透入深度,减小材料电阻率即增加电导率同样可以减小电流透入深度。因此,感应加热呈现明显的梯度现象,且边缘温度高,中间温度低。

感应加热技术通过设计感应电源和线圈匹配加热被测试样,使得输入功率有效地作用到试样上,样件快速升至目标温度,能有效缩短试验周期。电磁感应加热复合材料构件高温力学行为试验如图 3.17 所示。通过设计线圈形状,可改变试样周围高频感应磁场分布,使高频磁场仅在局部小区域产生大涡流,因此采用感应加热方式可以便捷地实现局部区域非接触加热[28-30]。

(a) C/C复合材料高温拉伸试验

(b) C/C扩张段构件高温加载试验

图 3.17 电磁感应加热复合材料构件高温力学行为试验

4. 其他加热方式

1）激光加热

当激光束入射到试样表面时，在材料表面会产生反射、散射、吸收等物理过程，在大多情况下，材料的吸收可通过发射率得到的。对于吸收的能量，将在材料表面形成激光作用薄层区，并快速转化为热能使得表面温度迅速升高。高斯激光束可等效为一具有时间、空间分布的热源，可利用玻意耳定律表征材料内部吸收的激光功率密度：

$$F_v(z) = F_{v_o}(1 - R_\lambda)\exp(-az) \tag{3.20}$$

式中，$F_v(z)$ 为距离表面 z 处的单位体积材料吸收的辐射功率密度；F_{v_o} 为材料表面吸收的激光功率密度；$1 - R_\lambda$ 为材料的吸收率；R_λ 为波长 λ 时的反射率；a 为材料吸收系数。

试样表面吸收的激光能量向试样内部传导，从而形成了内部的温度场，通过求解不同维度的热传导方程，可以得到不同边界条件下激光辐照试样的温度场的时空分布。

采用三维传导方程描述激光作用固体材料的热源模型：

$$\rho c \frac{\partial T}{\partial t} = \frac{\partial}{\partial x}\left(K\frac{\partial T}{\partial x}\right) + \frac{\partial}{\partial y}\left(K\frac{\partial T}{\partial y}\right) + \frac{\partial}{\partial z}\left(K\frac{\partial T}{\partial z}\right) + A(x, y, z, t) \tag{3.21}$$

式中，K 为热导率；ρ 为材料密度；c 为材料比热容；T 为温度；t 为时间变量；$A(x,$

y, z, t)为每单位时间、单位体积传导热给固体材料的加热速率。

激光加热法具有加热速率快、传热距离长、通用性高等优点。日本的Akiyama和Amada[31]设计了一种用于陶瓷试样升温热冲击试验的激光加热装置,在试样底部设置感应器可检测裂纹的产生,记录裂纹产生时的激光加热器的辐照密度,并定义了临界激光辐照密度来表征陶瓷的抗热冲击性能。哈尔滨工业大学以大功率光纤耦合半导体激光加热技术为基础设计并研制了多物理场耦合表面催化特性实验室测试系统,实现了温度、压力及原子浓度独立调节,为深入开展材料表面催化特征评价、规律性分析及关键控制因素探究提供了实验平台[32]。但激光加热方法存在加热区域非常有限、只能对试样很小的区域实现快速加热和易引起试样内存在较大温度梯度的不足。

2）气动加热

广义的气动加热是指高速气流流过物体时,由于气流与物面的强烈摩擦,在边界层内,气流损失的动能转化为内能,使边界层内气体温度上升,并对物体加热,气体与物面间的热量传递方式主要是对流传热和辐射传热。

对于再入大气层或在大气层内飞行的高超声速飞行器,飞行器与大气层相互作用,在头部周围形成一个强的弓形激波。由于黏性耗散效应和激波强烈压缩,巨大的动能损失中的一部分转变成为激波层内气体的内能,对飞行器物面产生巨大的气动加热。电弧风洞是采用正负电极放电产生的大功率电弧将空气加热至高温高压状态后,经由喷管加速形成高温高速流场,可以模拟各种不同气动加热试验环境。中国航天空气动力技术研究院的欧东斌等[33]利用电弧风洞提供气动加热环境,设计了适用于电弧风洞的拉伸加载试验装置,针对C/C及抗氧化C/C复合材料开展了气动加热/机械拉伸耦合环境下的烧蚀氧化性能和拉伸性能试验研究。

电弧风洞能比较准确地控制实验条件,如气流的速度、压力和温度等,并受气候条件和时间的影响小,实验结果的精确度较高。但大型风洞实验设备昂贵、能耗高、运行成本高且十分复杂,这些特性很大程度上限制了其应用,该设备在国内数量较少,且主要用于结构件的实验研究,不便于材料高温力学性能的常规科学研究。

氧气和乙炔(或丙烷)预混燃烧产生高温气体,能量通过对流和辐射的方式从燃气火焰传输到试样壁面,通过调节预混气体中氧气和乙炔(或丙烷)的流量得到不同热流、压力等参数,实现试样的可控加热过程。根据氧气和乙炔的混合比值,可将其分为中性焰、还原焰和氧化焰三种。当氧乙炔混合比小于1.1时,燃气火焰中含有多余的游离碳,为淡白色的还原焰,最高温度为 2 700~3 000℃。当氧乙炔混合比大于 1.2 时,燃气火焰中含有过量的氧而具有氧化性,最高温度 3 100~3 300℃。当氧乙炔混合比为 1.1~1.2 时,燃气火焰为中性焰,其典型特征是亮白色的焰心端部有淡白色火焰闪动,内焰区呈暗红色,焰心温度为 800~1 200℃,内外焰温度为 1 200~2 500℃。当丙烷在空气中燃烧时,实际耗氧量相对丙烷为 3.5 个时即形成中性火焰,火焰最低温度为 2 520℃,氧化焰的最高温度约为2 700℃。另外,丙烷在空气中的燃烧速度比乙炔慢,着火点为 510℃,不易回火,更安全。乙炔和丙烷火焰的性质对比见表 3.1。

表 3.1 丙烷和乙炔的性质对比

项目	分子式	分子量	密度/(kg/m^3)	燃烧性质		氧气中燃烧温度/℃
				气态 kcal * /m^3	液态 kcal/m^3	
乙炔	C_2H_2	26.10	1.091	12 600	11 600	3 300
丙烷	C_3H_8	44.05	1.867	20 458	10 972	2 700

3）石英灯、卤素灯及太阳能加热

石英灯、卤素灯及太阳能加热炉等加热器属于高加热率辐射加热系统,不仅具有热惯性小,电控性能优良的特点,同时还具有发热功率大、体积小、可组成不同尺寸和形状的加热装置的优点,既适用于小型热试验,也适用于大型全尺寸的结构热试验,非常适用于高速变化的瞬态气动加热模拟。

石英灯、卤素灯等辐射式热环境模拟试验技术发展得相对比较早,也应用得较为普遍,美国国家航空航天局兰利研究中心和德莱顿研究中心、俄罗斯中央机械制造研究院强度试验中心、德国 DLRIABG 实验室等都采用该技术进行了高速飞行器非对流式气动加热试验模拟[34-37]。北京航空航天大学的吴大方等[38]研制了一种超高温气动热环境试验模拟系统,试验系统主要包括石英灯加热器、耐高温陶瓷反射板、K 型测温热电偶、驱动电源与升压变压器等。西安交通大学的王铁军等[39]发明了一种基于卤素灯共聚焦加热技术的梯度热冲击试验装置,该系统克服了传统等温热循环试验装置成本高、噪声大、效率低的缺点。然而,石英灯加热管外表面的石英玻璃熔化温度一般不超过 1 700℃,软化温度不超过 1 600℃,所以试验系统的极限温度有限,通常为 1 400~1 500℃。

* 1 kcal = 10^3 cal = 4 186.8 J。

太阳能加热炉又称太阳炉，其工作原理为：将物体置于反射镜的焦点处，太阳光线照射到抛物面镜反射器上，聚焦在被加热物体，将物体被加热。太阳能加热炉一般由聚光集热器和炉室两大系统组成，前者提供热源，后者用于安装试样及其他附件。聚光集热器作为太阳炉的核心系统，包括聚光镜和跟踪器两部分，由于太阳能是一种分散、低热的能源（地球表面的太阳辐射功率仅 800 W/m^2），为获得足够的能量和温度，必须利用聚光镜对太阳能进行聚集。太阳时刻处于运动之中，为了捕获尽可能多的太阳辐射，还要为太阳炉配备一个跟踪器。太阳能加热炉的加热温度可达 3 500℃，能够在氧化气氛和高温环境下对试样进行观察，不受电场、磁场和燃料产物的干扰。

20 世纪 80 年代，余仲奎和宗权英[40]设计并制造了适用于材料科学研究的高温太阳炉，加热能力超过 3 000℃，利用该加热炉开展了氧化锆、硼化锆等高熔点材料快速加热熔融、铂铑高温热电偶热节点焊接和不锈钢板材的无填料对焊等试验研究。哈尔滨工业大学搭建了一套高热流密度太阳能全谱辐射加热装置，利用该装置开展了 C/C、高硅氧/酚醛等复合材料的体积烧蚀性能研究[41, 42]。

3.2.2　材料高温/超高温力学性能测试的试样夹持技术

1. 高温夹持系统设计基本原则

夹持系统是材料力学性能试验不可缺少的一部分，是将试验机力载荷传递给被测试样的媒介。夹持系统是影响材料高温力学试验成功与否的重要因素之一，主要涉及如下几个方面。

（1）科学性。试样标定区内应力分布均匀，在试验中不能因夹持系统引入附加弯矩导致试验标定区应力分布不均。例如，对于自调节拉伸夹持系统，未对中试样自主调节时在旋转接头位置将有可能产生摩擦力，摩擦力的存在导致试样内部附加弯矩的形成。对于刚性压缩夹持系统，附加弯矩的产生主要与加载夹具的同轴度以及加载端面的平行度相关。

（2）材料力学特性测试需要将试样加载至破坏，以尽可能获取更丰富的信息。显然，在试样破坏发生时，对试样的应力、应变等响应信息的监测是必不可少的。因此，进行试样的几何形状与尺寸设计时，必须保证试样失效发生在标定区内。夹持系统对试验结果的有效性具有显著影响，夹持系统设计与制备往往需要根据被测材料特性开展，达到将载荷持续传递给试样，尽量避免应力集中的效果。例如，对于金属材料，适合选用螺纹连接或者平板销钉连接方式的夹持系统;而对于单向连续纤维增强复合材料,采用锥尾形试样更为适合。

(3) 原材料利用率与试样成本。材料研究人员希望从有限样本中获得更多信息,为实现这一目标,必须对试样几何形状与尺寸进行优化,以提高材料利用率、减少原材料需求量。原材料利用率与试样成本取决于其几何形状、尺寸及加工难易程度,夹持系统的材料与加载方式的选择是试样优化设计的关键影响因素。

(4) 多功能性。大多数的材料力学性能测试系统建设需要具有多功能性,能够满足不同类型高温热结构材料(高温金属、超高温陶瓷和C/C复合材料等)、不同类型载荷(拉伸、压缩、弯曲和剪切等)的试验需求。夹持系统的设计与制造应能满足不同类型材料、多种形式试样的试验需求。

(5) 便捷性。夹持系统设计应尽量使试验人员用最短的时间完成试样安装。

(6) 夹持系统低成本。理想情况下,夹持系统应尽量便宜。不同夹持系统具有预期寿命的巨大差异,在成本评估上应综合考虑制造成本与预期使用寿命的匹配。例如,一个预期完成20次试验的夹持系统应比预期使用时间在3年以上或完成上百次试验的夹持系统更便宜。

2. 几种典型夹持方案设计

机械载荷通过夹持系统传递至试样,夹持系统的载荷传统模式主要包括摩擦、剪切销钉、与加载轴垂直的圆端头和与加载轴成一定角度的锥形端头等。试样类型决定了夹持系统类型,反之,夹持系统类型也显著影响试验的可靠性和试样标定区温度的均匀性。

1) 剪切销钉

剪切销钉夹持系统的力载荷在夹持系统与试样之间通过剪力方式传递。剪切销钉夹持系统具有结构简单、操作便捷,夹具材料性能指标和成本低等优势。剪切销钉式试样有单钉、双钉及多钉等多种不同夹持形式,如图3.18(a)所示。对于剪切销钉夹持方式,销钉及试样夹持部位半径的加工精度在很大程度上决定了试验过程中的附加弯矩量。销钉剪切试样钉孔尺寸的偏差、钉孔位置偏离以及铰接位置摩擦等都将引入较大附加弯矩,影响试验精度。另外,剪切销钉式试样在钉孔附近区域表现为压缩、拉伸与剪切等多种应力耦合作用,且应力集中效应显著。为了保证试样失效发生在标定段内,在试样形状与尺寸设计时往往需要设计大端部尺寸,将显著降低材料利用率。

2) 圆形端头

圆形端头试样夹持系统的力载荷在夹持系统与试样之间通过剪力方式传

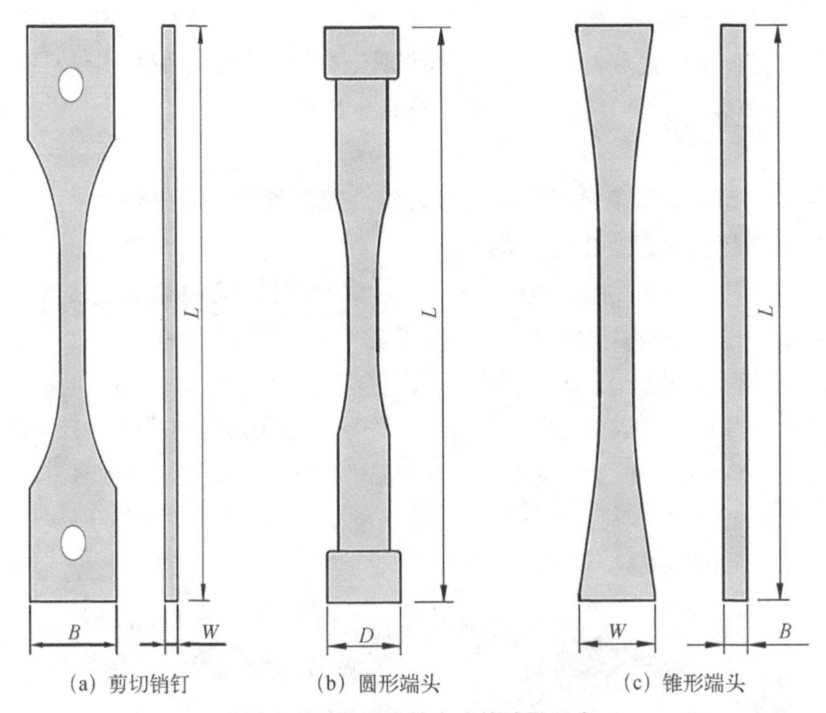

(a) 剪切销钉　　(b) 圆形端头　　(c) 锥形端头

图 3.18　典型夹持方式的试样形式

递。圆形端头试样夹持系统平均成本低、使用便捷,但其多功能性受到一定限制。对于圆形端头试样,承载压缩载荷的圆形肩部应保持较好的同轴性与表面光洁性,以减少附加弯矩。圆形端头试样的试样加工精度要求往往比剪切销钉试样更容易保证,因此,圆形端头试样具有比剪切销钉试样更低的附加弯矩。如图 3.18(b)所示,通过增大端头半径设计,可以实现具有高标定区体积含量试样拉伸性能的试验。相对来讲,圆形端头试样仍然具有较低的材料利用率。

3) 锥形端头

锥形端头试样夹持系统的力载荷在夹持系统与试样之间通过剪力和侧向压力共同传递。锥形端头试样夹持系统具有标定区应力均匀、试样成本低、多功能性强和操作便捷的优点。如图 3.18(c)所示,锥形端头试样主要用于纤维增强复合材料,尤其适用于基体强度显著低于增强纤维强度的材料,因为侧向夹持力能够有效提高纤维与基体之间的摩擦力。侧向夹持力作为一关键影响因素,可以通过合理的试样设计与优化,提高材料利用率。

4) 摩擦

摩擦夹持系统的力载荷通过夹持系统与试样之间摩擦界面的摩擦力传递。

摩擦界面通常是楔形夹块侧向夹紧试样端面，具有多功能性强、适用于不同尺寸试样和操作便捷的优点。对于摩擦夹持试样，试样形式相对简单，不仅具有更高的材料利用率，同时具有制造成本低的特点。

3.2.3 3D C/C 复合材料超高温力学性能试验测试与失效

1. 材料超高温力学性能测试系统

材料超高温力学性能试验在哈尔滨工业大学的材料超高温力学性能测试系统上完成。材料超高温力学性能测试系统主要由 DDL50 型电子万能材料试验机、超高温真空(充气)环境舱、测控系统、程控电源、金属水冷夹具和高强 C/C 复合材料加载块等组成，如图 3.19 所示。该系统采用通电电阻加热技术，最高加热温度为 3 000℃，控温精度不小于试验温度的 0.5%，试验环境为真空或惰性气体环境；最大试验载荷为 50 kN，力测量精度：在力传感器容量的 0.4%～100%范围内示值的±0.5%。

图 3.19 材料超高温力学性能测试系统

高温试样夹持系统采取金属水冷夹具与高强 C/C 复合材料加载块组合设计。金属水冷夹具与固连在移动横梁上的力传感器采用金属连杆连接，调节冷却水压力、流速吸收由试样传递来的热量，以保证力传感器正常工作。高强 C/C 复合材料加载块选用高强 3D 正交编织 C/C 复合材料，在≥2 600℃惰性环境中压缩强度不小于 120 MPa。金属水冷夹具、高强 C/C 复合材料加载块和被测试样之间光滑接触,消除接触电阻,从而避免局部接触区域温度过高。

2. 试验程序设计

试验程序设计为三个阶段程控：第一阶段为预载阶段,对试样施加预载荷,使待测试样与加载夹具良好接触,保证试样与电极之间的电通路;第二阶段为恒载加热阶段,试样加热,调整夹具位置,恒定预载荷以消除试样热膨胀引起的热应力;第三阶段为恒温加载阶段,试样加热至设定温度,保温 30~50 s,使试样标定区温度基本均匀,恒定横梁位移加载,直至试样破坏,自动记录时间、载荷、位移以及温度等数据。

3. 超高温拉伸性能试验测试与失效

1）试样设计

试样几何形式为如图 3.20 所示的哑铃形,采用锥形端头夹持方案。对于 3D C/C 复合材料试样的厚度和宽度尺寸与材料的纤维增强体编织结构有关,一般试样的厚度和宽度应包含至少 3~5 个代表性单胞。根据圣维南原理,试样的标定区越长,越容易在标距区内产生均匀的拉伸应力,更有利于保证测试结果的准确性,然而标距区长度过大,所需待测材料的成本会增加,本次试验设计的试样标定区长度≥30 mm。

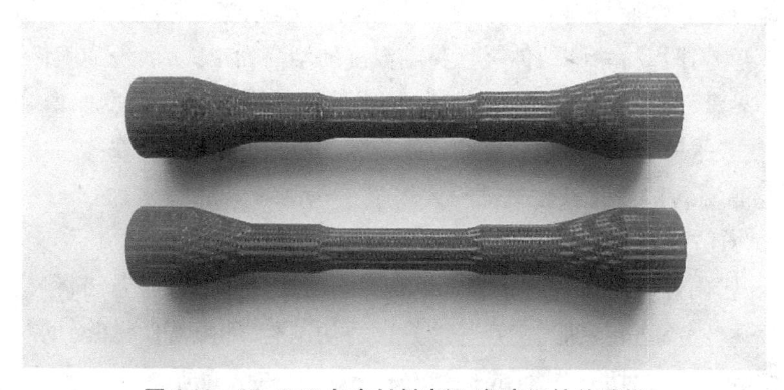

图 3.20　3D C/C 复合材料高温/超高温拉伸试样

2）试验过程与结果

图 3.21 所示为 C/C 编织复合材料高温拉伸试验过程中试样装夹和标定区的温度分布。如图 3.21(b)所示,当试样加热至目标温度 2 200℃时,试样标定区内最低点温度为 2 064℃,最大温差为 197℃,约为目标温度的 9%;在试样标定区中心 10 mm 长度内,温度偏差约为 1.9%。

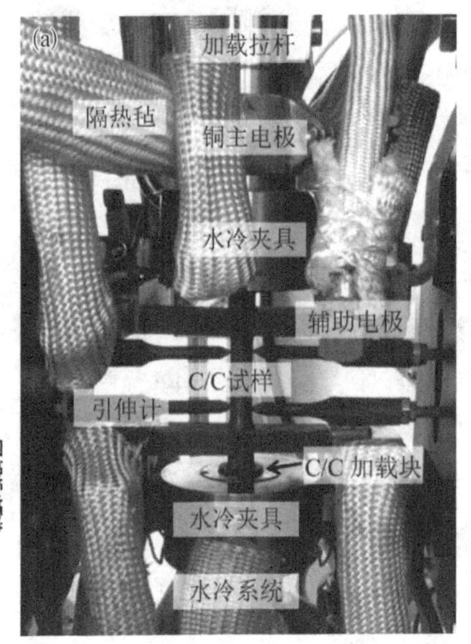

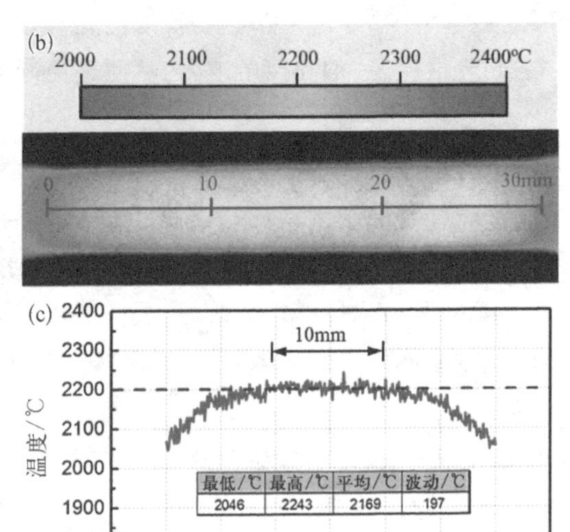

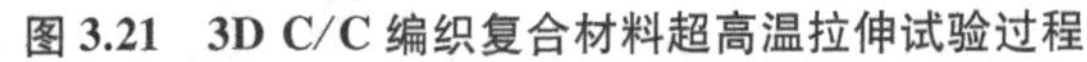

图 3.21 3D C/C 编织复合材料超高温拉伸试验过程

(a) 试样装卡示意图;(b) 2 200℃温度场分布;(c) 中心线温度分布

图 3.22 所示为 3D C/C 复合材料超高温拉伸破坏形貌,在拉伸载荷作用下材料的破坏位置均发生在试样的标距区内,承载纤维束被完全拉断,并伴随纤维棒和基体分裂。然而材料的力学性能将随测试温度的升高发生显著变化,当温度低于 2 400℃时,材料的拉伸强度将随温度的增高而增大,表现为脆性破坏,塑性变形不显著;当温度高于 2 400℃时,材料的拉伸强度将随温度的增高快速降低,断口比较平齐,出现类似金属的径缩现象,表现为假塑性断裂。

4. 超高温剪切性能试验测试与失效

1) 试验方法与试样设计

目前,国内外已有多种用于表征复合材料剪切性能的试验方法,包括偏轴拉伸试验、薄壁圆筒扭转试验、三点弯曲短梁剪切试验、四点弯曲试验、反对称四点弯曲剪切试验、双边切口压缩试验和 Iosipescu 剪切试验等。综合来看,偏轴拉伸试验操作简单,试样易于加工,与常规拉伸试验相匹配,但是需要测量一个点的三个应变值,进行坐标轴的变换,试样加工和应变片的对中性要求较高,并且在靠近夹头处,会出现应力集中;薄壁圆筒扭转试验是一种直接施加剪切载荷的方法,但是试样加工成本高,难度大;三点弯曲,四点弯曲及反对称四点弯曲试验应用在高温环境下较为困难,Iosipescu 剪切试验需要采用特别加工的夹具,同样无法完成高温剪切性能测试。

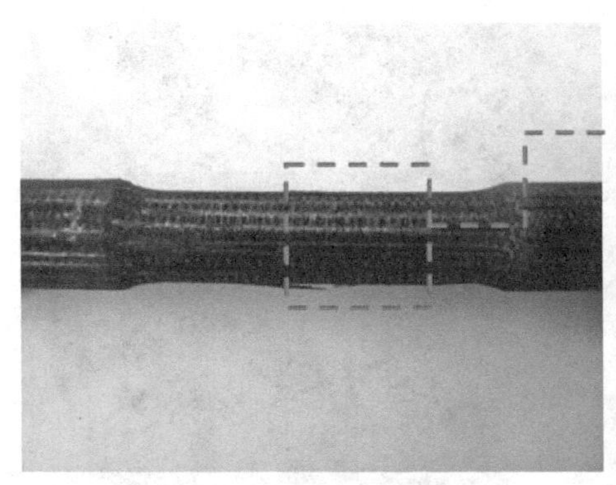

(a) 2400℃

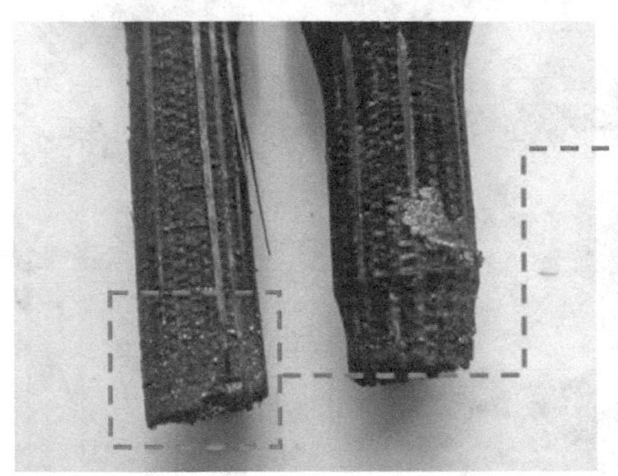

(b) 2800℃

图 3.22　3D C/C 编织复合材料超高温拉伸破坏形貌

借鉴《连续纤维增强陶瓷剪切强度试验标准》(ASTM C1292),推荐采用双边切口试样压缩的试验方法(double notched compression, DNC)。同时考虑3D C/C 复合材料的细观结构特征和在 Iosipescus 室温剪切试验中呈现的典型破坏模式,设计用于3D C/C 复合材料超高温剪切性能试验的试样如图3.23(a)所示,图3.23(b)为试样切口区域显微形貌图。

2) 试验过程与结果

图3.24(a)所示为室温环境 DNC 试样的剪切应变场分布,图3.24(b)所示为在图3.24(a)中白色指示线所示路径上的剪切应变分布。图示3.24(b)所示的结果表明,DNC 试样标距区的剪切应变分布并不均匀,在邻近切口根部存在一定的应力集中,应变集中系数约为1.09(利用剪切路径上的最大剪应变值与平均剪应变值计算确定),由于未读取到切口根部的剪切应变,前述获得的应变集中系数偏小。考虑到3D C/C 复合材料对应变集中并不敏感,可以初步判

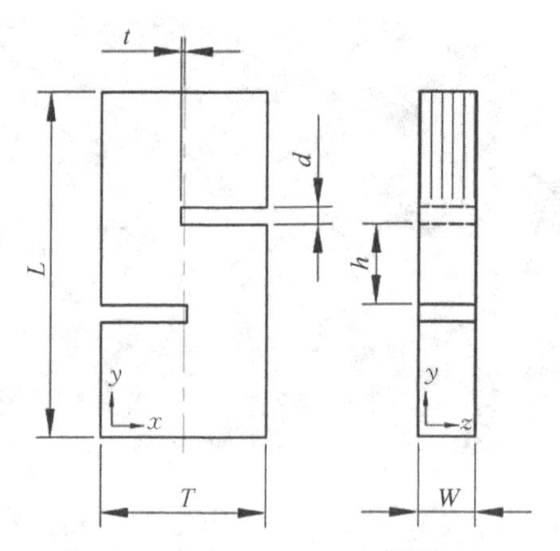

(a) 超高温剪切性能试验试样

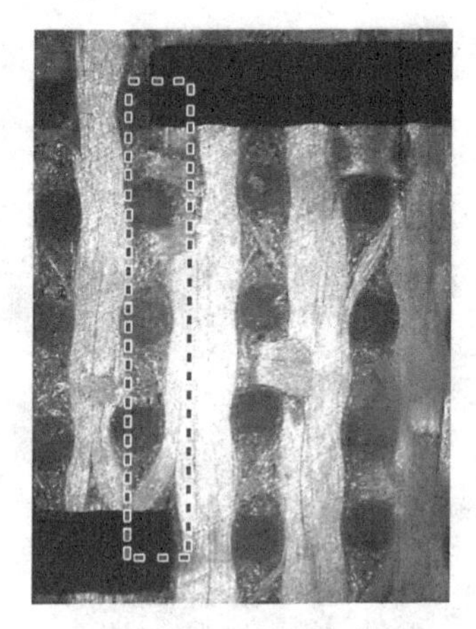

(b) 试样切口区域显微形貌图

图 3.23 3D C/C 复合材料 DNC 高温剪切性能试验

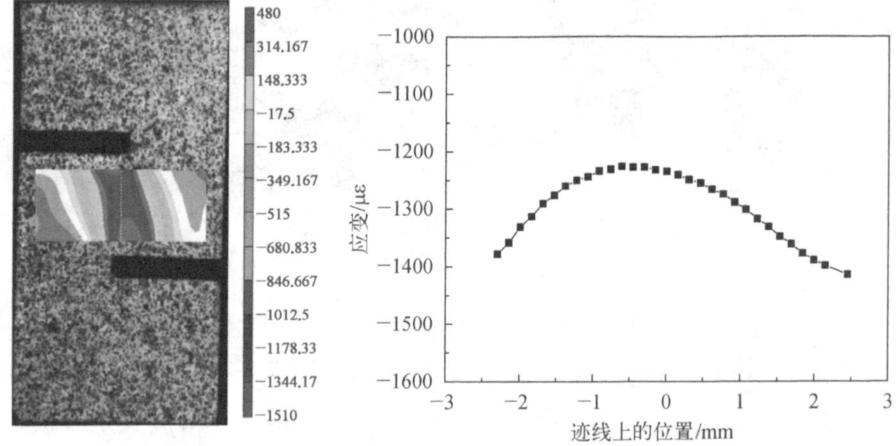

(a) 室温环境DNC试样的剪切应变场分布 (b) (a)中白色指示线所示路径上的剪切应变分布

图 3.24 3D C/C 复合材料 DNC 室温剪切应变场分布

断本书设计的 DNC 剪切试验获得的材料剪切性能可以代表材料的真实剪切性能。

分别采用 Iosipescu 和 DNC 方法测得 3D C/C 复合材料剪切强度如图 3.25 所示,两种方法获取的材料剪切强度均值偏差仅为 0.82%,因此可以确认本书设计的 DNC 剪切试验获得的材料剪切性能为材料真实剪切性能。

图 3.26(a)所示为温度为 2 400℃时 DNC 试样上的温度场分布,图 3.26(b)所示为在图 3.26(a)中白色指示线所示路径上的温度分布。图 3.26(a)所示的

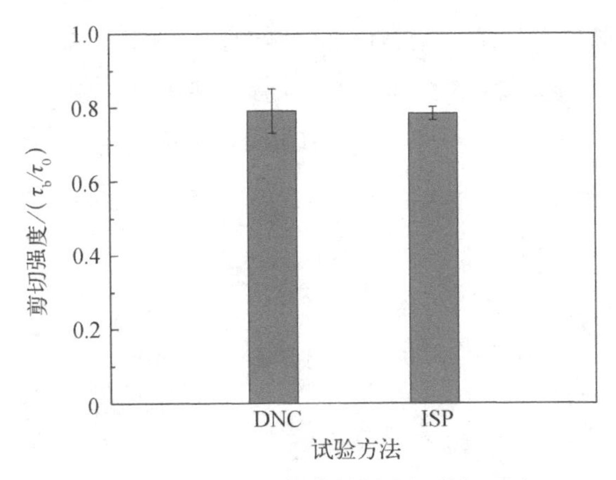

图 3.25　3D C/C 复合材料室温剪切强度

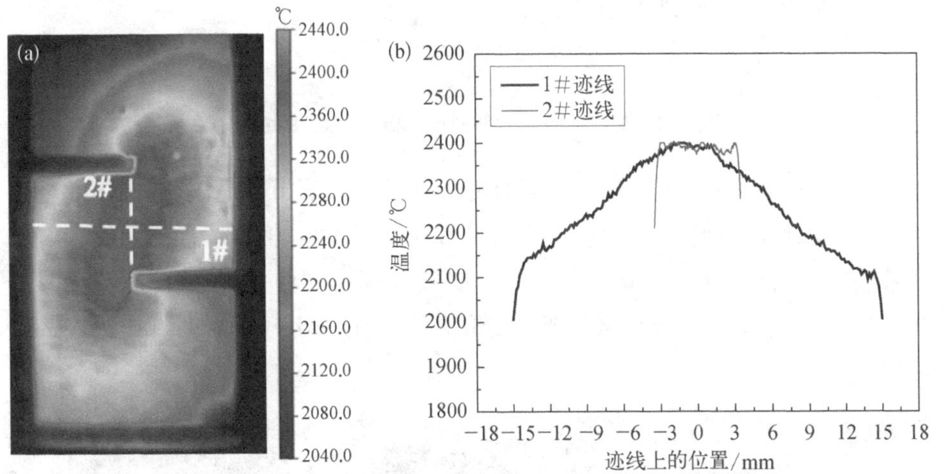

图 3.26　3D C/C 复合材料 DNC 剪切试验温度场分布(2 400℃)

结果表明,DNC 试样标距区的温度最高、温度场分布较均匀。图 3.26(b)所示结果表明,忽略试样边缘区域温度测量的波动效应,当目标温度设定为 2 400℃时,2#白色指示线所示的路径最高温度为 2 400.2℃,最低温度 2 374.4℃,最大温度偏差为 25.8℃,温度偏差为设定目标温度的 1.08%,温度非均匀度为 0.68%(利用剪切路径上温度最大温度偏差与平均温度计算确定)。因此,可以判断本书设计的采用试样直接通电加热方式的 DNC 剪切试验能够用于测试 C/C 复合材料超高温剪切强度。

图 3.27 所示为 3D C/C 编织复合材料剪切强度随温度的变化关系,结果显示 C/C 材料剪切强度随温度的变化关系大致可分三个阶段:第一阶段,室温~

1 200℃,剪切强度随温度增高略有增加,增幅较小;第二阶段,1 200~2 400℃,剪切强度随温度增加显著增大,在 2 400℃时剪切强度达到最大值,较室温增幅约为 90%;第三阶段,大于 2 400℃,剪切强度随温度继续增大而快速衰减。

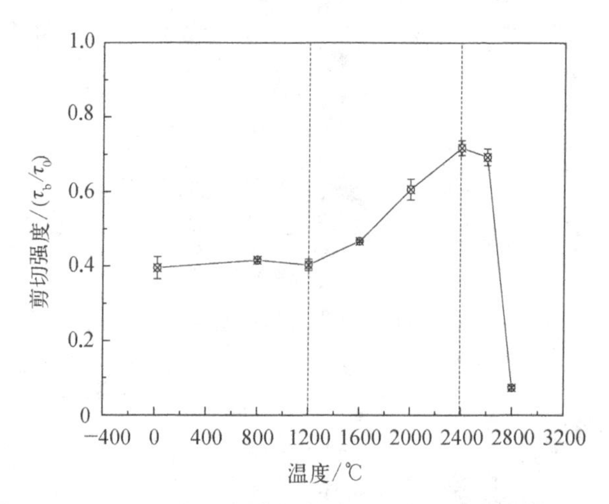

图 3.27　3D C/C 编织复合材料剪切强度随温度的变化关系

图 3.28 所示为 3D C/C 编织复合材料在不同温度下的高温剪切破坏形貌。从试样宏观破坏形貌可看出,剪切破坏均发生在标距区内,断裂面形貌符合剪切失效模式。当温度在 2 400℃及以下时,试样表现为脆性破坏,试样断裂成两部分;当温度高于 2 400℃时,试样塑性变形显著,当切口几乎闭合时试样仍连接在一起。

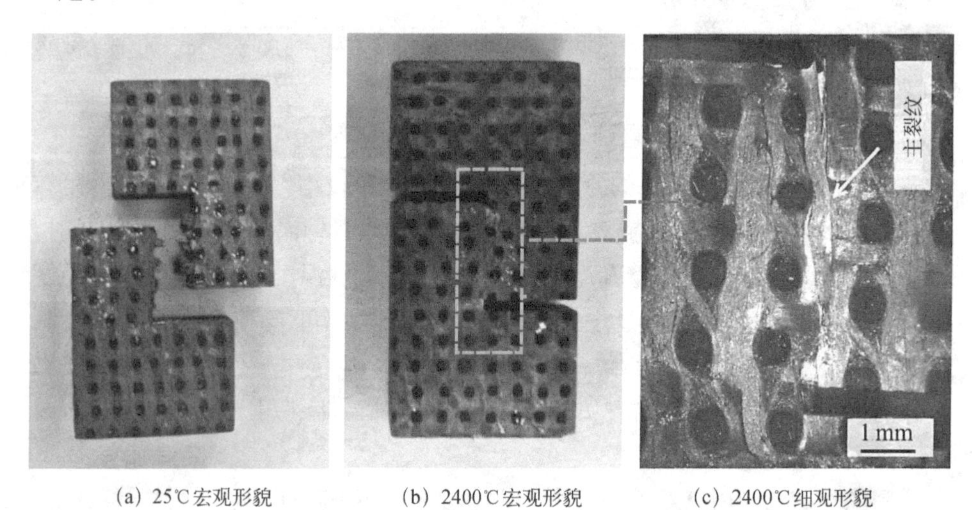

(a) 25℃宏观形貌　(b) 2400℃宏观形貌　(c) 2400℃细观形貌

图 3.28　3D C/C 复合材料高温剪切破坏形貌

3.3　多场耦合环境材料力学性能试验技术

以超高温陶瓷(UHTCs)、抗氧化 C/C、C/SiC 和 SiC/SiC 复合材料为代表热结构材料,被公认为可承受更高温/氧化腐蚀环境,提供更高结构效率的技术途径,在未来高超声速飞行器、航空发动机、火箭发动机、核动力等装备的发展中发挥着十分关键的作用。高温结构复合材料要承受高温和机械组合载荷,甚至伴随着复杂物化反应,对该过程力学现象的理解深度,会直接影响其使用规范、可靠性和结构效率。多场耦合环境复合材料力学性能试验技术与分析方法作为研究使役环境与材料耦合效应的重要途径之一,其目的是从环境与材料相互作用的物理和化学本质出发,发展新型模拟理论与试验方法,以获得材料服役过程的力学性能演变规律,确定材料的损伤模式和失效机制,建立相关物理模型。这些方法的特点是以材料损伤与破坏的环境控制因素和材料性能控制因素为依据,将全环境因素模拟简化为控制因素的试验模拟。

3.3.1　多场耦合环境材料力学性能试验系统

根据多场耦合环境材料力学性能研究的技术特点与实施策略,多场耦合环境材料力学性能测试系统将主要由加载系统、恒温加热系统、可控介质环境模拟系统、信息采集系统、水冷系统和加载与夹持系统 6 个分系统组成,各分系统功能如表 3.2 所列。图 3.29 所示为中科院沈阳金属所建设的热/力/氧耦合环境材料力学性能测试系统和哈尔滨工业大学建设的多参数热力耦合材料使服性能测试系统。

表 3.2　多场耦合环境材料力学性能测试系统的组成与功能

分系统名称	分系统功能	
加载系统	材料应力状态模拟	
恒温加热系统	材料恒温环境模拟	获取材料性能数据
可控介质环境模拟系统	材料腐蚀气氛环境模拟	分析材料损伤模式
信息采集系统	材料演变信息在线获取	建立材料演变模型
水冷系统	试验系统热疏导	
加载与夹持系统	力载荷传递	

(a) 热/力/氧耦合材料力学性能测试系统

(b) 多参数热力耦合材料使服性能测试系统

图 3.29　典型多场耦合环境材料力学性能试验系统

1. 恒温加热系统

恒温加热分系统包括恒温加热炉、红外测温仪(或高温热电偶)、温控仪、稳压稳流电源和水冷系统等,是多场耦合环境材料力学性能测试系统的重要组成部分。恒温加热炉往往选用环境辐射加热或电磁感应加热方式,对于环境辐射式恒温加热炉,一般选用高温合金、二硅化钼或铬化镧等为加热元件,加热能力一般为 1 650℃,最高不超过 1 800℃。美国西南研究所采用环境辐射式恒温加热炉实现了有氧环境 1 650℃的材料拉、压、弯曲和剪切性能测试;北京大学采用二硅化钼作为加热元件,开发了一套有氧环境 1 800℃的材料拉伸与弯曲性能测试系统[43]。

相较于环境辐射式恒温加热炉,电磁感应式恒温加热炉因具有加热能力不受加热元件耐温性能与抗氧化性能限制、升温速率快、加热效率高等优势而被广泛采用。例如,德国宇航中心(Deutsches Zentrum für Luft- und Raumfahrt, DLR)等部门不仅建立了感应加热复杂应力状态测试方法,而且对试验策略也开展了大量的研究;美国明尼苏达科技大学实现最高温度 2 600℃的可控气氛力学性能测试能力,最快加热速率 500℃/min,可根据 ASTM C 1211 标准进行四点弯曲性能测试。北京理工大学研发的电磁感应加热技术高温氧化环境下力学性能测试系统可开展最高温度为 1 950℃的拉伸性能测试。

2. 可控介质环境模拟系统

现有资料调研和试验模拟结果表明,高速飞行器、航空发动机及火箭发动机等典型热端部件的热物理化学环境的控制因素如表 3.3 所示。为模拟高速飞行器、航空发动机或火箭发动机等热端部件服役的热物理化学环境，可控介质环境模拟系统应包含真空机组、气源、压力检测与控制器、质量流量控制器、离子发生器、蒸汽发生器及熔盐蒸发器等装置。

表3.3 典型热端部件热物理化学环境的控制因素[44, 45]

典型热端部件	环境控制因素
高速飞行器头锥、翼/舵前缘	边界层空气温度 边界层空气压力 分子、原子或离子氧
航空/火箭发动机燃烧室、涡轮和喷管	燃气温度 燃气压力 燃气流速 氧分压 水分压 腐蚀剂

例如，西北工业大学建设的航空发动机热结构材料环境性能模拟试验平台的介质模拟装置由气源、质量流量控制器、蒸汽发生器、保温装置和熔盐蒸发器五部分组成。气体流量的控制由Emerson公司的质量流量控制器来完成，控制精度为0.1%。该装置可以实现惰性气体环境、氧分压环境、水分压环境、熔盐蒸汽环境等单因素热物理化学环境以及多因素耦合热物理化学环境的控制。氧分压可控范围为0~100 kPa，水分压的可控范围为0~50 kPa，熔盐蒸汽的可控范围为0~300 ppm*。中科院沈阳金属研究所建设的热/力/氧耦合环境材料力学性能测试系统的可控介质环境模拟分系统主要由真空机组、气源、压力检测与控制器、质量流量控制器、离子发生器等装置组成。该装置实现了惰性气体环境、0~70 km高度大气环境的控制。

3. 加载与夹持系统设计

加载系统可选配能够提供均匀可调加载速度的材料试验机或作动器，应符合《静力单轴试验机的检验 第1部分：拉力和(或)压力试验机测力系统的检验与校准》(GB/T 16825.1—2008)中的一级规定，断裂时的载荷误差小于±1%，试样破坏的最大载荷应为试验机(或作动器)载荷使用量程的10%~90%。例如，西北工业大学建设的航空发动机热结构材料环境性能模拟试验平台的加载装置

* 1 ppm=1×10^{-6}。

选配的是 INSTRON 8801 试验机,最大载荷为 100 kN,载荷控制的精度为满量程的 0.1%。合肥通用机械研究院建设的高温高压氢气环境材料蠕变试验系统的加载分系统选配的是 LDR20 电子蠕变试验机,最大载荷为 20 kN,载荷控制的精度为满量程的 0.1%。

根据试验温度和介质环境选用适合的加载夹具材料,要求夹具材料在高温条件下抗剪切、抗蠕变,具有足够的强度、刚度和硬度,试验温度下的有效承载能力不低于 50 kN。可推荐使用的夹具材料有金属铱、镍铁合金、抗氧化 C/C、ZrB_2 - SiC 基超高温陶瓷和碳化硅陶瓷等。

针对不同的材料、测试内容(拉伸、压缩、弯曲和剪切等)和试样夹持方案,设计与之配备的加载夹具,符合相关试验标准关于提高夹具对试样尺寸的自适应性以及加载过程的自对中性,保证应力环境准确性的技术要求。

3.3.2 多场耦合环境材料力学性能试验策略

开展材料多场耦合环境下的力学性能试验研究,获取服役环境的性能数据与损伤模式,确定材料与环境相互作用的物理和化学本质,属于材料使役特性研究范畴。在试验策略设计上必须基于对材料的本征特性和应用环境的系统研究,前者是确定材料的成分与结构、制备与合成、本征性能等;后者是确定材料服役时的具体环境条件和变化,如气氛、温度、压力以及应力状态等。因此,要想表征材料在环境中的时效响应(主要包括性能演变规律,损伤模式与失效机制等),建立相关物理模型,应包含如下内容或步骤。

(1) 定义服役环境和数据需求。

(2) 目标环境分析,确定服役环境的控制因素,各控制因素的变化范围,各控制因素间的耦合关系与时序,实验室模拟环境与真实服役环境的相似原理。

(3) 目标材料分析,表征目标材料的组分与结构、制备与合成工艺,高温(真空或惰性气氛)力学性能、热物理性能等本征特性。

(4) 实验室环境模拟试验,试验手段获取各控制因素耦合(单因素耦合、同类因素耦合、异类因素耦合等)下材料的时效响应。

(5) 相关物理模型建模,物理模型描述各控制因素耦合下材料的时效响应,利用实验室模拟环境试验数据,完成模型参数的辨识。

(6) 物理模型确认与修正,可控实验室模拟环境、真实服役环境下材料的时效响应与理论模拟结果对比分析,完成物理模型的确认与修正。

以作为高超声速飞行器热防护备选的抗氧化 C/C 材料为例,在整个服役历程中所面临的空域不同、氧氛围不同、不同阶段的速度不同,温度变化幅度大,应力状态复杂。对于如此多因素耦合的复杂环境,首先进行解耦,即对复杂环境进行简化和分解,将其划分为热物理化学环境和复杂应力环境,分析这两种环境下包括的主要环境因素及其范围如表 3.4 所示。

表 3.4　高超声速滑翔飞行器的使役环境[46]

升降舵、控制舱等热端部件	环境控制因素	
热物理化学环境	边界层空气温度: 1 400~1 700℃ 边界层空气压力: 2 500 Pa 分子、原子或离子氧	
复杂应力环境	简单应力状态	拉伸 压缩 弯曲 剪切
	耦合应力状态	双轴拉-拉 双轴压-压 双轴弯曲
	振动或噪声 热冲击	

其次,对抗氧化 C/C 复合材料的组分(C/C 材料基材与抗氧化涂层)、纤维预制体(二维铺层、二维缝合或三维编织等)与涂层结构、制备工艺分析,完成材料密度、高温(真空或惰性气氛环境)简单载荷力学性能和热物理性能试验测试,获取性能数据。

再次,对 C/C 复合材料基材完成复杂应力状态下力学性能试验研究,对抗氧化涂层完成抗氧化性能试验研究,确定材料在同类因素耦合下的性能数据演化规律、损伤模式与失效机理。

最后,根据同类因素耦合试验结果,选择热物理化学环境和复杂应力环境中的最不利因素及其参数,确定异类因素耦合环境;采用实验室环境模拟试验,完成抗氧化 C/C 复合材料异类因素耦合下的使役性能演化规律与失效机理研究。

3.3.3　热/力/氧耦合环境 C/C 复合材料力学性能试验与失效

1. 抗氧化 C/C 复合材料

抗氧化 C/C 复合材料以 3D C/C 材料为基材,以硅、碳化硅、碳化硼或氧化铝等为主要材料，采用固渗法、浆料涂覆烧结法等工艺方法制备抗氧化涂层。3D C/C 复合材料基材采用 T300、1 K 碳纤维为增强体，利用沥青浸渍裂解致密化、石墨化工艺制备。预制体采用细编穿刺结构，xy 向为碳纤维层叠缎纹布，z 向为 6 K 合股碳纤维束。材料密度大于 1.85 g/cm^3。

抗氧化涂层采用固渗法制备 SiC 涂层，料浆涂刷法制备高温釉层。具体工艺：以硅、碳化硅、碳化硼或氧化铝等为渗料，一定温度下进行高温包渗处理，在基材表面得到具有一定厚度的碳化硅涂层；然后将一定比例的氧化物或硼硅化物粉末配成料浆，涂刷在碳化硅涂层表面，在一定温度下烧结形成高温釉层。图 3.30 为涂覆抗氧化涂层 C/C 材料实验前的显微形貌。从图 3.30(a)可以看出，涂层表面存在大量微裂纹，涂层中同时存在玻璃相和氧化物晶体相。根据图 3.30(b)所示的截面显微形貌可以发现，涂层相对较薄，厚度大约为 40 μm，在局部区域可以清楚地观察到贯穿整个涂层厚度的裂纹。这些贯穿微裂纹的存在，将会成为氧分子向材料内部扩散传输的快速通道，加剧 C/C 基材的氧化。

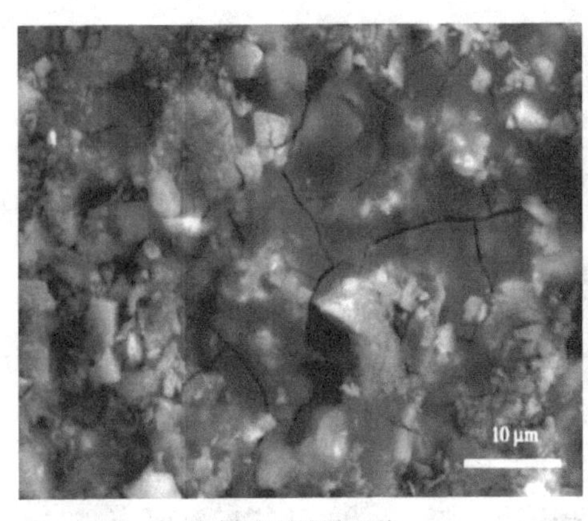

(a) 表面显微形貌

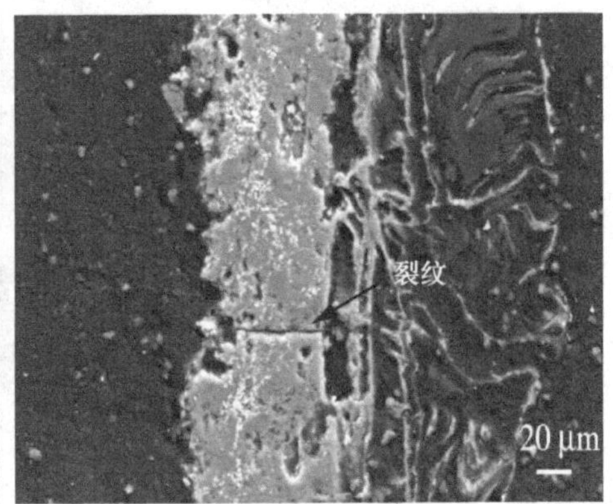

(b) 截面显微形貌

图 3.30 涂覆抗氧化涂层 C/C 材料在实验前的显微形貌

2. 抗氧化 C/C 复合材料本征力学性能

涂覆抗氧化涂层 C/C 材料室温拉伸强度约为 200±40 MPa，1 500℃真空环境下的拉伸强度约为 270±40 MPa。

3. 热/力/氧耦合环境材料力学性能试验策略与流程

1) 高温大气环境抗氧化 C/C 材料拉伸强度试验流程

首先将抗氧化 C/C 拉伸试样安装于高温合金水冷夹具内，在空气环境以 30℃/s 的升温速率将试样快速加热至目标温度(如 800℃、1 200℃或 1 500℃)；

然后打开环境舱进气口,同时启动机械泵,通过调节进气口和抽气口的控制阀调控环境舱内的大气压力(1 atm* 大气中暴露时亦如此操作,目的是防止环境室内的气氛因氧化消耗 O_2而发生成分变化),完成设定时间(如 600 s、1 800 s 或3 000 s等)的暴露氧化试验;最后以恒定位移加载模式,将试样原位加载至断裂。

2) 预加载状态下高温大气环境 C/C 材料拉伸强度试验流程

首先将抗氧化 C/C 拉伸试样安装于高温合金水冷夹具内,在空气环境以30℃/s 的升温速率将试样快速加热至目标温度(如 800℃、1 200℃或 1 500℃);然后打开环境舱进气口,同时启动机械泵,通过调节进气口和抽气口的控制阀调整环境舱内的大气压力(1 atm 大气中暴露时亦如此操作,目的是防止环境室内的气氛因氧化消耗 O_2而发生成分变化);随后再以恒定力加载模式,将试样加载至目标预应力值(如 30%σ_b),并保持温度、压力和应力恒定完成设定时间(如 600 s、1 800 s或3 000 s)的暴露氧化试验;最后以恒定载荷加载模式,将试样原位加载至断裂。

3) 预加载状态下不同压力环境的抗氧化 C/C 材料的拉伸强度试验流程

首先将抗氧化 C/C 拉伸试样安装于高温合金水冷夹具内,关闭环境舱,启动机械泵抽真空至 10 Pa 以下;其次,以 30℃/s 的升温速率将试样快速加热至目标温度(如 1 500℃),调节进气口和抽气口的控制阀调控环境舱内的压力至设定压力范围,待气流稳定后,以恒定力加载模式将试样加载至目标预应力值(如30%σ_b);再次,保持温度、压力和应力恒定完成设定时间(如 600 s、1 800 s 或3 000 s)的暴露氧化试验;最后,以恒定载荷加载模式,将试样原位加载至断裂。

4. 试验结果与失效分析

图 3.31 所示为在无预载大气环境下,涂覆抗氧化涂层 C/C 材料在不同温度与暴露时间后的剩余拉伸强度。从图中可以看出,在相同温度条件下,剩余拉伸强度随着氧化时间的延长而持续降低;在相同暴露氧化时间条件下,当温度从 800℃升高至 1 500℃时,材料剩余拉伸强度呈现先降低后增大的趋势,温度升至 1 500℃时材料的拉伸强度达到极大值。考虑到材料的拉伸强度主要取决于 C/C 基材,表面涂层的贡献可忽略。因此,涂覆抗氧化涂层 C/C 材料拉伸强度随着暴露时间的延长而持续降低,表明 C/C 基材发生了氧化损伤,即表明施加于 C/C 表面的抗氧化涂层对基材的防护作用有限,未能完全阻挡空气中的氧分子向材料内部扩散或渗透。

相关研究表明:在 800℃和 1 200℃环境下氧化时,涂层未出现熔融相,原生微裂纹成为氧扩散的快速通道,并且 1 200℃时的氧化速率高于 800℃。相应地,

---

* 1 atm = $1.013\ 25\times10^5$ Pa。

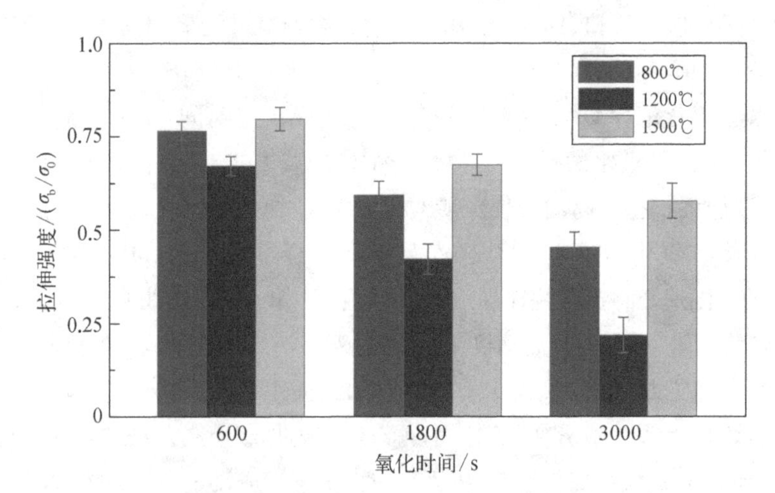

图 3.31 涂覆抗氧化涂层 C/C 材料的剩余拉伸强度

在相同暴露氧化时间条件下，材料在 1 200℃下的氧化损伤更为显著，剩余拉伸强度也相对较低。在 1 500℃下氧化时，涂层表面形成了完整覆盖的熔融相，可以有效地愈合涂层内的原生微裂纹，抑制了氧分子的扩散，氧化损伤相应地减小。因此，在相同时间氧化后，剩余拉伸强度更大。

图 3.32 所示为涂覆抗氧化涂层 C/C 材料 30%σ_b预载大气环境不同温度与暴露时间后的剩余拉伸强度。对比图 3.31 所示的结果可以发现，30%σ_b拉伸预应力并未改变材料剩余强度随温度和氧化时间的变化趋势。另外，亦可发现在暴露氧化时间 600~3 000 s 范围内，30%σ_b拉伸预应力对涂覆抗氧化涂层 C/C

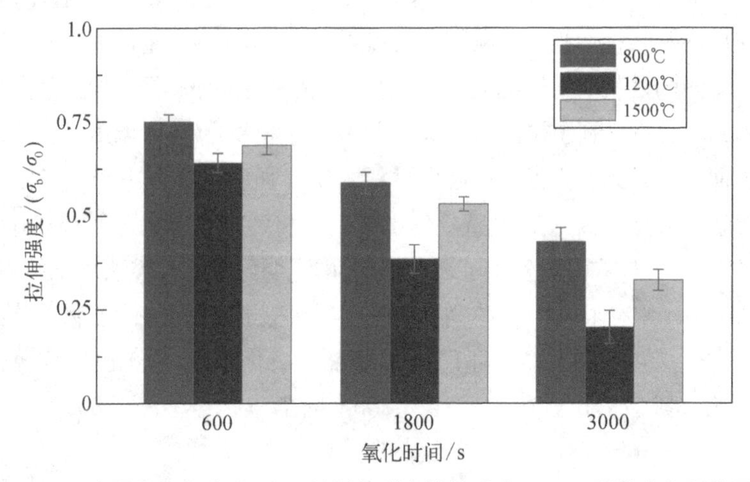

图 3.32 涂覆抗氧化涂层 C/C 材料的剩余拉伸强度 30%σ_b预载大气环境下

在 800℃和 1 200℃下的剩余拉伸强度影响较小，而显著降低了 1 500℃的剩余拉伸强度。

图 3.33 所示为涂覆抗氧化涂层 C/C 材料在 1 200℃大气环境下氧化暴露 1 800 s 后的表面形貌，从图中可以看出，1 200℃氧化后的材料表面依然存在大量的裂纹，与未施加载荷条件下氧化后的涂层表面形貌没有明显的区别。

(a) 无拉伸预应力

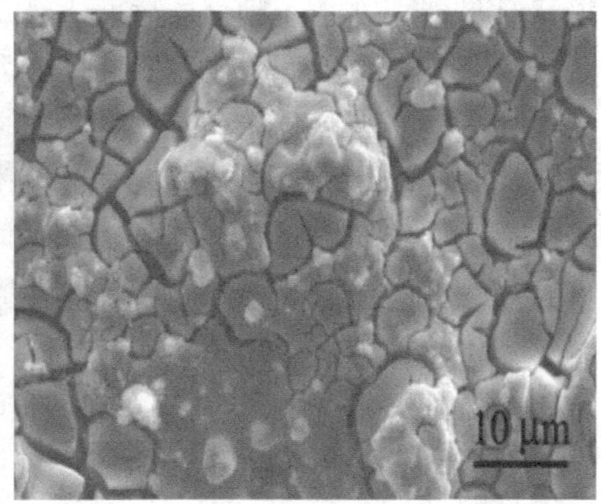

(b) 30% σ_b拉伸预应力

图 3.33　涂覆抗氧化涂层 C/C 材料氧化暴露 1 800 s 后的表面形貌(1 200℃)

图 3.34 所示为涂覆抗氧化涂层的 C/C 材料在 1 500℃大气环境下氧化暴露 1 800 s 后的表面形貌，从图中可以发现，施加拉伸预应力试样涂层表面存在大量的微裂纹和孔洞，这与未施加预应力状态下的情况完全不同。分析表明，在 1 500℃氧化时，涂层中玻璃相将熔融，熔融相完整地覆盖了涂层表面，从而可以

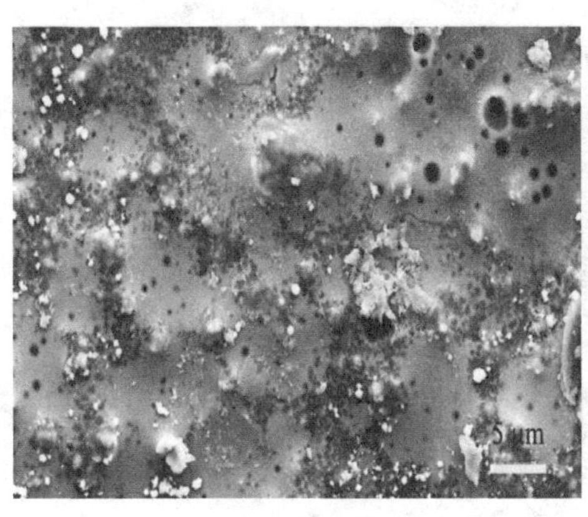

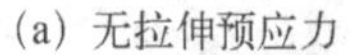
(a) 无拉伸预应力

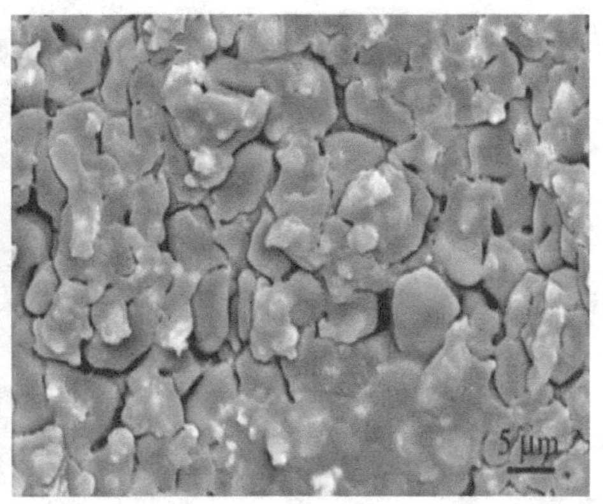

(b) 30% σ_b拉伸预应力

图 3.34　涂覆抗氧化涂层 C/C 材料氧化暴露 1 800 s 后的表面形貌(1 500℃)

愈合涂层中的裂纹,进而可以有效地阻挡氧分子向内扩散。但在有外加载荷作用时,受拉伸应力的作用涂层中可能产生新的裂纹。新裂纹的形成和玻璃相蔓延至裂纹内形成填充是一个动态过程,在这个过程中氧会通过新形成的裂纹和孔洞向内快速扩散,从而导致基体材料氧化的加剧。而在 800℃ 和 1 200℃ 条件下,涂层表面本身存在大量微裂纹,并且在 1 200℃ 以下时并不能形成自愈合的玻璃相,即使外加载荷造成涂层形成新的裂纹,这些新裂纹的存在对环境中氧分子向内传输的贡献不大,因此对氧化速率的影响也较不明显。

图 3.35 所示为温度为 1 500℃ 时,涂覆抗氧化涂层的 C/C 材料在不同预载水平和压力环境下暴露 3 000 s 后的剩余拉伸强度。从图中可以看出,材料的剩余拉伸强度随着气体压力的降低而急剧升高;附加 30%σ_b 拉伸预应力降低了材料的剩余拉伸强度,从趋势上看,环境压力越大影响效果越显著。

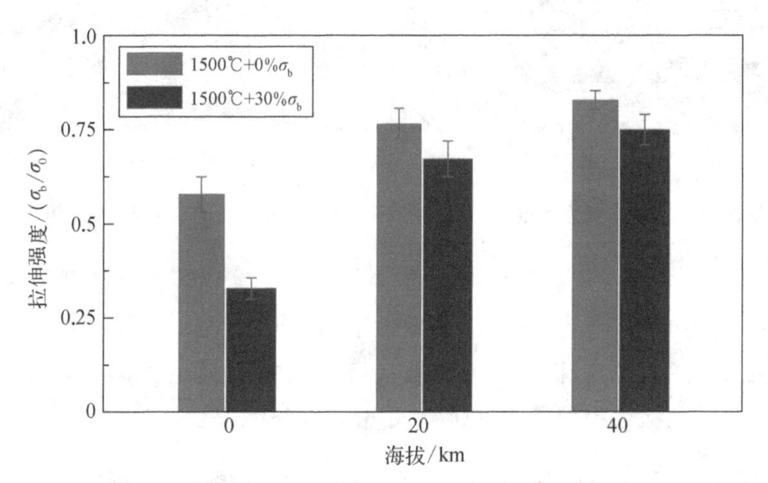

图 3.35 涂覆抗氧化涂层的 C/C 材料的剩余拉伸强度

3.4 基于数字图像相关方法的高温应变测试技术

3.4.1 数字图像相关方法概述

数字图像相关(digital image correlation, DIC)方法是一种非接触式全场光学测量方法,于 20 世纪 80 年代初由日本的 Yamaguchi 和美国的 Peters、Ranson 同时独立提出[46, 47]。美国的 Sutton 教授是最早从事该方法的研究人员之一,二十多年来一直致力于数字图像相关方法的研究和应用,发表了一系列的重要论文,被国际公认为该研究领域的权威学者。数字图像相关方法本质上属于一种基于现代数字图像处理和分析技术的新型光测技术,它通过分析变形前后物体表面的散斑图像灰度获得被测物体表面的变形信息。与以往其他的光测方法相比,数字图像相关方法具有一些特殊的优点,具体如下所述。

(1) 实验设备和过程非常简单,即只需要在物体表面制作散斑,利用一个 CCD 采集变形前后的图片即可。

(2) 对隔振条件要求不高,对测量环境没有苛刻要求,容易实现现场测量。

(3) 测量范围和测量精度可以根据实际需要进行调整。

(4) 数据处理自动化程度高。

3.4.2　数字图像相关方法基本原理

数字图像相关方法处理的是变形前和变形后物体表面的数字图像,它的基本原理如图 3.36 所示,在参考图像中取以某待求点(x, y)为中心的$(2M+1)\times(2M+1)$像素大小正方形参考图像子区,在变形后图像中通过一定的搜索方法按预先定义的相关函数来进行相关计算寻找与参考图像子区的相关系数为极值的以(x', y')为中心的目标图像子区以确定参考图像子区中心点在 x、y 和 z 轴方向的位移分量 u、v 和 w。

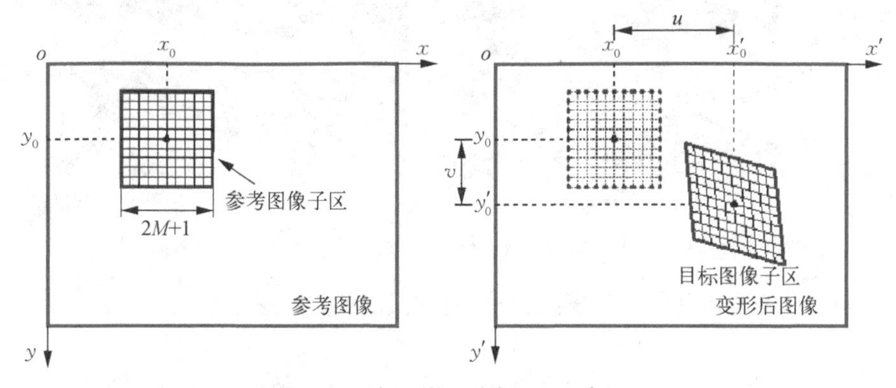

图 3.36　变形前后图像子区示意图

数字图像相关方法试验过程为用黑白 CCD 相机摄被测物体在变形过程的表面图像,变形前的图像称为参考图像,变形后的图像称为变形后图像,将参考图像上待计算区域划分成虚拟网格形式(图像子区),比对变形后的图像与变形前的参考图像,计算每个网格节点在 x、y、z 轴方向的位移获得全场位移信息,图 3.37 所示为数字图像相关方法追踪定位示意图。数字图像相关方法图像比对的标的是被测物体表面的灰阶特征(grey value),或说是斑点特征(speckle pattern)。灰阶图像上,每一像素(pixel)亮暗的不同,分成 0~255 数值。分析时,在参考图像内取一子方格(图像子区),此子方格就像一片应变规,其内包含一些斑点特征,只要在变形后的图像(deformed image)中找出对应的子方格(图像子区),也就是其格内的特征点一模一样,计算变形后图像中的子方格与变形前图像中具同样斑点特征的子方格在三维方向的位移,可得知被测物体表面该子方格的位移[48, 49]。

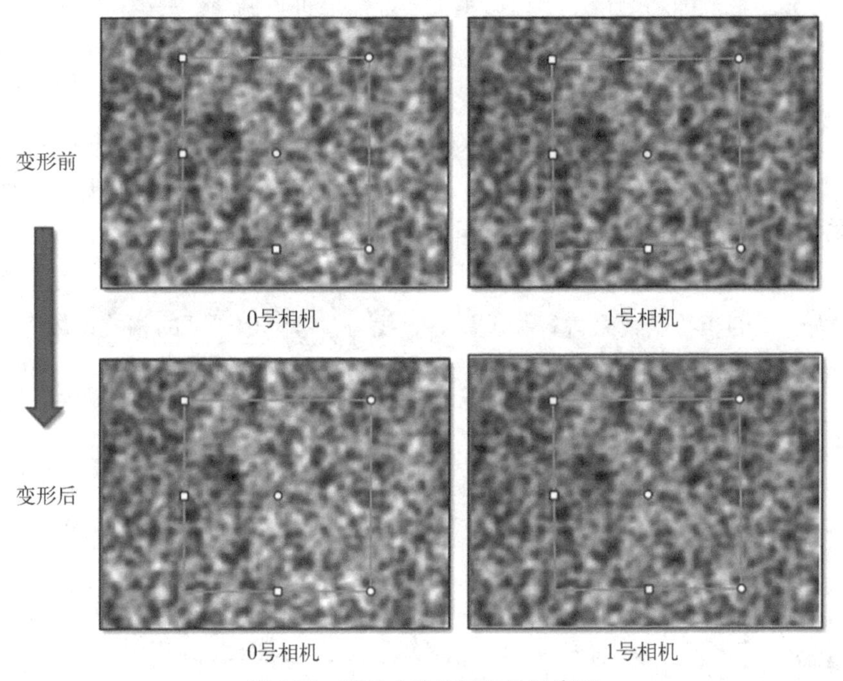

图 3.37 DIC 方法追踪定位示意图

为了评价变形前后图像子区的相似程度,需要定义一个相关函数:

$$C_{f,\, g(\vec{P})} = \frac{\sum_{x=-M}^{M}\sum_{y=-M}^{M}[f(x,\, y) - f_m] \times [g(x',y') - g_m]}{\sqrt{\sum_{x=-M}^{M}\sum_{y=-M}^{M}[f(x,\, y,\, z) - f_m]^2}\sqrt{\sum_{x=-M}^{M}\sum_{y=-M}^{M}[g(x',y',z') - g_m]^2}} \tag{3.22}$$

$$f_m = \frac{1}{(2M+1)^2}\sum_{x=-M}\sum_{y=-M}[f(x,\, y)]^2 \tag{3.23}$$

$$g_m = \frac{1}{(2M+1)^2}\sum_{x=-M}\sum_{y=-M}[g(x',y')]^2 \tag{3.24}$$

$$\vec{P} = (u,\ u_x,\ u_y,\ u_z,\ v,\ v_x,\ v_y,\ v_z)^{\mathrm{T}} \tag{3.25}$$

式中，$f(x, y)$ 为参考图像子区中坐标为(x, y)点的灰度；$g(x',y')$ 为目标图像子区中点(x, y)的灰度。

变形后的图像子区不仅其中心位置会发生变化，而且其形状也可能改变。因此，变形前后图像子区中对应点的坐标(x, y)和(x', y')可以由形函数和待定参数矢量$\vec{P}$来描述：

$$\begin{cases} x' = x + u + u_x\Delta x + u_y\Delta y \\ y' = y + v + v_x\Delta x + v_y\Delta y \end{cases} \tag{3.26}$$

式(3.26)给出的一阶形函数是最为常用的形函数，它允许变形后的图像子区出现刚体转动、剪切或伸缩变形或其组合。数字图像相关方法的关键步骤就是通过对 $C_{f,\ g(\vec{P})}$ 求极值算得 $\vec{P}$。在数字图像相关算法中，如何建立变形前后图像间的对应关系将会影响计算精度，这是二维算法的一个关键步骤。对应关系的建立通常是基于如下两个前提条件：物体表面上的同一个点在变形前后图像上的灰度保持不变；随机分布的散斑使得图像上的任一个包含有足够多的像素点的子集在灰度分布上具有唯一性。

3.4.3　数字图像相关方法的关键问题

数字图像相关方法的基本原理是相当简单的，即通过精确匹配变形前后的图像子区确定参考图像子区中心点的位移。但提高数字图像相关方法测量的准确性和精度始终是研究人员追求的主要目标，影响数字图像相关方法测量精度的主要因素见表 3.5。

表 3.5　影响数字图像相关方法测量精度的主要因素

硬　件	软　件
散斑模式	相关函数的选择
CCD 噪声	图像子区大小
成像镜头畸变	亚像素位移测量算法
照明光源的均匀性	图像子区形函数的选择
摄像机光轴与物面相对位置	灰度插值算法

在硬件方面,提高散斑图的对比度,对于图像对比度较大的散斑图像采用较小的图像子区就可得到相当高的位移测量精度,而对于图像对比度较差的散斑图像则需要利用更大的图像子区才能获得同样的位移测量精度。因此,在制作物体表面的散斑图像时,应该尽可能提高图像的对比度,这样使用较小的图像子区就能获得较高的计算精度;尽量使用高质量、低噪声的 CCD 图像传感器;摄像系统应该使用畸变较小的长焦距镜头,对于畸变较大的镜头在必要的时候需对其进行畸变校正;保持照明光源均匀和稳定,最好选择光源均匀的发光二极管灯作为照明光源。

在软件方面,在实际的实验环境中,在加载过程中通过图像采集系统获得的物体表面数字图像会经常会出现曝光过度、照明光强不均匀以及照明光强随时间波动等不希望出现的情况,选择的相关函数应对目标图像子区的灰度线性变换不敏感,对于目标和参考图像子区之间存在线性畸变的情况,仍能较好地评价它们之间的相似程度,抗干扰能力强。

3.4.4 数字图像相关方法在高温应变测试的拓展

在数字图像相关方法在向材料高温变形测试拓展中将会遇到如下问题:黑体辐射,物体加热后辐射出来的光线会改变其表面的灰度,随着温度的增加,这会使得对物体表面的分辨越来越困难。① 高分辨 CCD 相机对红外辐射非常敏感,所以在使用高分辨 CCD 采集图片时辐射这个问题变得极为重要;② 氧化会直接改变物体表面的灰度和质地,将会影响两张图片之间的相关计算;③ 热气会造成影像扭曲变形,影响取像质量;④ 试件散斑的制作,对于黑体辐射问题,设计在 CCD 镜头前加一滤波系统,让波长为 425~475 nm 的光线通过,而波长大于 480 nm 的红外线则无法通过。此滤波系统同时也会阻挡部分可见光的通过,降低试片表面特征的对比度。选用可通过滤镜的蓝色 LED 光源照射试片,以增加特征对比度。

3.4.5 高温环境下典型材料变形测试试验研究

1) 试验系统

Vic-3D 测量系统包括硬件和软件两个子系统:硬件系统即散斑图像采集系统,主要由 CCD 图像采集相机、光源和计算机等组成,选用高质量、低噪声的 CCD 图像传感器,提高图像的对比度,采用较小的图像子区即可获得较高的计算精度。软件系统即散斑图像分析算法及其实现程序,在硬件系统确定的情况下，DIC 的分辨率、精度等完全由 DIC 算法决定。在本次试验中，硬件子系统选择 2 组分辨率为 2 448×2 048 pixel 的高清黑白 CCD 摄像机；软件子系统选用美国 CSI 公司开发的 Vic－3D 应变分析系统。

高温加载试验在哈尔滨工业大学特种环境复合材料技术国防科技国家重点实验室的材料超高温力学性能测试系统上完成，该系统采用试样直接通电加热方法实现对待测试样的加热。高温变形测试方案示意图如图 3.38。相较于常用的环境辐射加热方法，试样通电加热方法具有试验周期短、环境舱内温度低等优点，可有效避免观察窗口材料的热畸变造成的图像扭曲变形，影响取像质量。试验环境设置为高真空环境，能够消除热气流动造成的影像扭曲变形，影响取像质量。

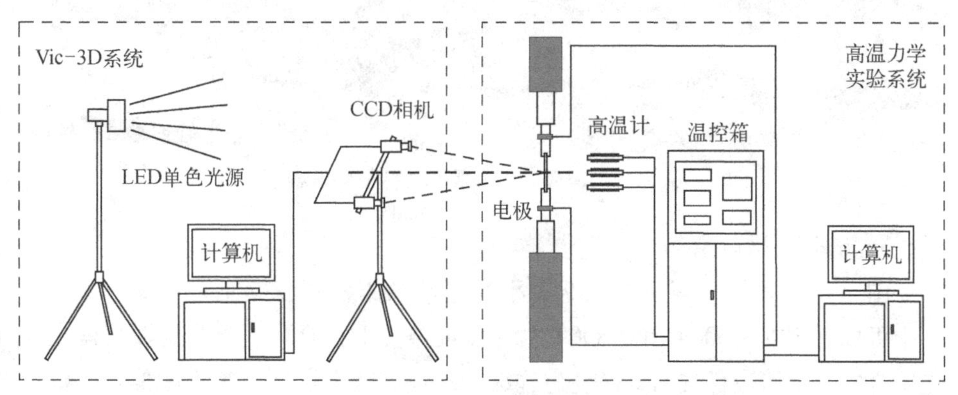

图 3.38　高温变形测试方案示意图

2）试验设计

高温辐射是将数字图像相关方法应用于高温变形测量的一个重要技术难点，一般情况下，当试样表面温度高于 500℃后，位于相机感光传感器可探测接收波长范围内光波的辐射强度显著增加，使得普通光学成像系统所采集的物体表面图像亮度显著增强并可能出现严重的饱和，从而导致参考图像和变形后目标图像出现严重的退相关效应，并最终造成数字图像相关分析失效。本次试验设计了带通光学滤波成像系统，阻隔高温辐射中波长大于 500 nm 的波长较长且辐射强度高的光波进入相机靶面，以消除高温产生的红外干扰。另外，为避免红外滤光后引起的试件表面光强不足，使用蓝色 LED 光源进行光照补偿，使相机能获得高温试样表面无退化的高质量数字图像。与此同时，采用接触电子式引伸计同步测量试样的平均拉伸应变，检验和校准 DIC 方法在高温环境下的应变测试分辨率和精度。

散斑的制作是将数字图像相关方法应用于高温变形测量的又一个重要技术

难点，本次试验选用一种以氧化铝为集料的高温耐火涂料作为散斑材料。该高温耐火涂料由液体结合剂和粉体两部分构成，使用时粉体与液体按质量比 3：1 均匀混合。由于该高温涂料较黏稠，不适合喷枪喷涂，采用毛刷喷溅的方式将其喷涂至试件表面；喷涂完成后将待测试样放入真空干燥箱，在 93℃ 温度环境下干燥 2 小时，最后在大气环境下自然冷却至室温。图 3.39 所示为制备完成的试样，光学显微镜检测散斑分布随机性，散斑平均直径约为 400 μm。

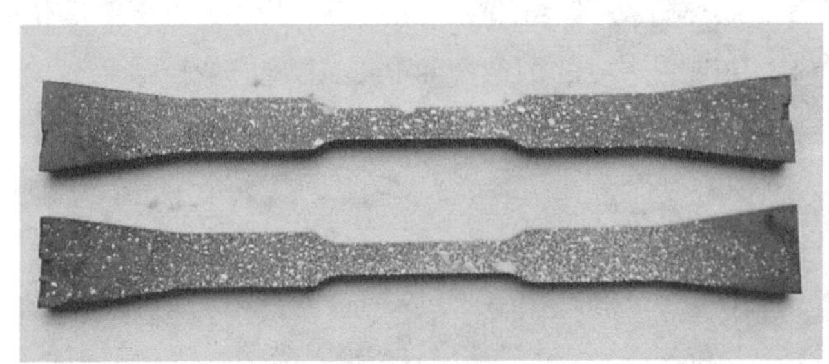

图 3.39 超高温陶瓷复合材料拉伸试样

3）试验结果讨论

图 3.40 所示为在某一载荷状态下的超高温陶瓷高温拉伸应变场分布。从图中可以看出在 1 600℃ 和 1 800℃ 两个温度条件下：① 带通光学滤波与蓝光补光结合的方案可以保证 CCD 相机获取高质量、低噪声的试样表面图像；② 耐火涂料散斑与试样粘结较好，未见显著的散斑脱落现象和化学反应发生，表明选用的散斑材料在高温下具有良好的附着力和化学稳定性，不会对被测试样产生高

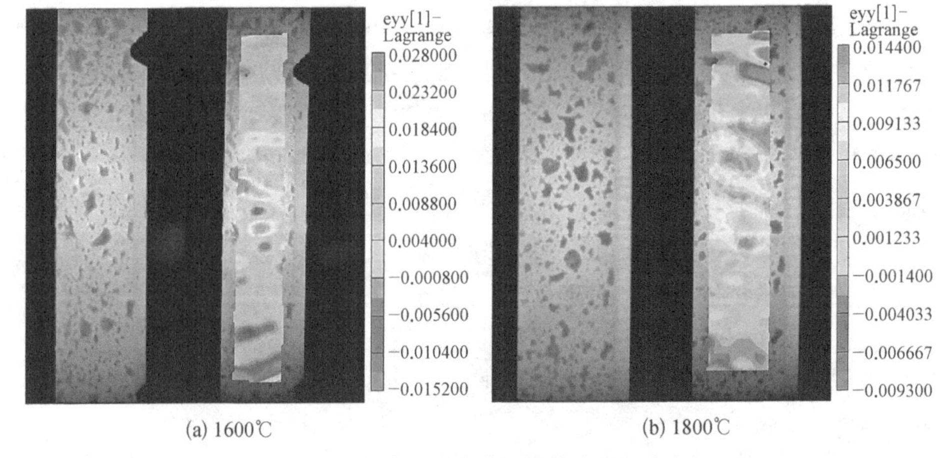

(a) 1600℃ (b) 1800℃

图 3.40 超高温陶瓷高温拉伸应变场分布

温腐蚀;③ 超高温陶瓷试样基体呈亮白色,耐火涂料散斑呈灰黑色,散斑图像具有高的对比度。另外,对比试样表面应变场分布,可以发现整体试样的应变分布较均匀,在散斑点尺寸较大的区域出现了局部应变集中。

试验中提取试样标距区的平均应变,绘制材料拉伸应力-应变曲线,如图3.41所示。在图3.41中对比接触式引伸计同步测试的应变结果,分析认为两者之间的误差在可接受范围内,两种方法给出的应变变化规律和在较大应变范围获取的弹性模量基本一致。从图3.41中还可以看出,在小应变区DIC和接触式引伸计测试的应变差别较大,分析认为该差别主要来源于DIC测试的应变误差。散斑的质量对测量结果具有显著影响[50, 51],在本次试验中采用毛刷喷溅方法制备的散斑形状不规则,粒径尺寸较大,显著影响了应变测试的分辨率和精度。对比图3.41所示的应变场分布,可以确定大尺寸散斑是引起局部应变集中的原因。因此,为提高DIC在高温小变形测量中的精度,需要优化散斑制作方法,提高散斑质量。

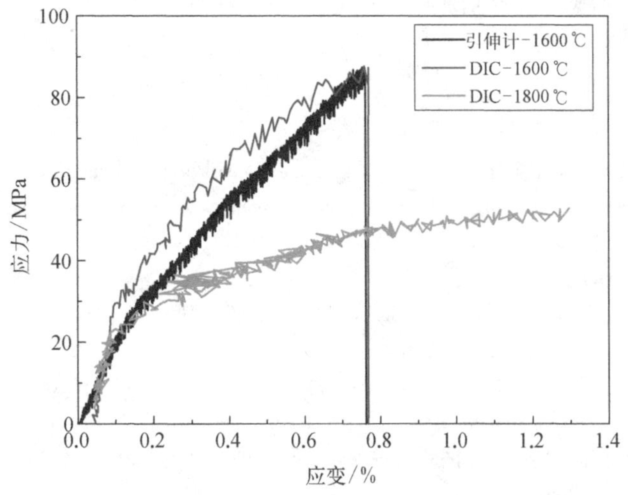

图3.41 超高温陶瓷的高温拉伸应力-应变曲线

3.5 本章小结

认识材料行为、获取真实可靠的材料性能数据的最重要途径就是科学的材料测试、表征和评价方法。国内外虽已经建立起温度可达3 000℃以上的材料高温力学性能测试技术,但无论是从测试方法还是从测试能力上,仍难以满足未来新型空天飞行器的发展需求。例如,目前采用包括电阻辐射、红外辐射、感应耦合、直接通电、激光等多种手段,与实际服役工况相比,在材料热响应历程、热响应分布、响应机制上都存在很大的局限性,其等效性和有效性需要进一步验证。缺乏普适的、统一的力学性能测试标准与评价体系。目前关于碳基和陶瓷基材料力学性能的测试标准尚不健全,参考的标准主要源自陶瓷基或树脂基复合材料的国家标准或美国、欧洲标准。对于已经发展的二维织物缝合、针刺、三向正交、细编穿刺、轴棒多向编织复合材料来说,由于不同材料本质特性的不同,尺寸效应和失效机制的影响还难以把握,测试结果不能完全真实反映材料性能,性能数据难于横向比较和共享。

许多高温材料的工艺特点决定其组分性能具有强烈的"就位性能"特征,难以用原材料进行测试和表征,组分材料的高温性能测试技术亟待发展;如薄壁材料厚度性能、高脆性材料泊松比、低膨胀材料热膨胀系数等常温条件下难测的性能,如何获取高温性能更具挑战;同时高温动态特性、高温复杂应力材料性能也急需发展有效的方法。

参考文献

[1] Kennedy J M, Barbett T R, Farley G L. Experimental and analytical evaluation of a biaxial test for determining in-plane shear properties of composites [J]. Sampe Quarterly, 1992, 24 (1): 28-37.

[2] Brieu M, Diant J, Bhatnagar N. A new biaxial tension test fixture for uniaxial testing machine—a validation for hyperelastic behavior of rubber-like materials [J]. Journal of testing and evaluation, 2007, 35(4): 1-9.

[3] Bhatnagar N, Bhardwaj R, Selvakumar P, et al. Development of a biaxial tension test fixture for reinforced thermoplastic composites [J]. Polymer Testing, 2007, 26: 154-161.

[4] 任家陶,李冈陵.双向拉伸试验的进展与钛板双向拉伸的强化研究[J].实验力学,2001, 16(2): 196-206.

[5] 史晓辉.复合材料层压板渐进失效计算方法与双轴加载试验研究[D].上海:上海交通大学,2013.

[6] Gning P B, Delsart D, Mortier J M, et al. Through-thickness strength measurements using Arcan's method [J]. Composites: Part B, 2010, 41: 308-316.

[7] Cognard J Y, Sohier L, Davies P. A modified Arcan test to analyze the behavior of composites and their assemblies under out-of-plane loadings [J]. Composites: Part A, 2011, 42: 111-121.

[8] 王翔,王波,矫桂琼,等.平纹编织 C/SiC 材料复杂应力状态的力学行为试验研究[J].机械强度,2010, 32(1): 35-39.

[9] Aubard X. Mechanical of the mechanical behavior of a 2D SiC/SiC composites at a meso-scale[J]. Composites Science and Technology, 1995, 54: 371-378.

[10] Genin G M, Hutchinson J W. Composite laminates in plain stress: Constitutive modeling and stress redistribution due to matrix cracking[J]. Journal of the American Ceramic Society, 1997, 80(5): 1245-1255.

[11] Welsh J S, Mayes J S, Key C T. Damage initiation mechanics in glass fabric composites[C]. Denver: 43rd AIAA/ASME/ASCE/AHS/ASC Structure, Structural Dynamics, and Materials Conference, 2002.

[12] Hemelrijck D V, Makris A, Ramault C, et al. Biaxial testing of fiber reinforced composites [C]. Kyoto: 16th International Conference on Composite Materials, 2007.

[13] Makris A, Vandenbergh T, Ramault C, et al. Shape optimization of a biaxial loaded cruciform specimen [J]. Polymer Testing, 2010, 29: 216-223.

[14] 顾震隆,高群跃,张蔚波.三向碳/碳材料的非线性双模量力学模型和强度准则[J].复合材料学报,1989, 6(2): 9-14.

[15] 谢仁华,唐羽章.复合材料平板复杂应力试验的试样研究[J].固体火箭技术,1992(4): 88-94.

[16] Xu D H, Song L, Zhu H X, et al. Experimental investigation on the mechanical behaviour of 3D carbon/carbon composites under biaxial compression[J]. Composite Structures, 2018, 188: 7-14.

[17] Xiao R, Li X X, Lang L H, et al. Biaxial tensile testing of cruciform slim superalloy at elevated temperatures [J]. Materials and Design, 2016, 94: 286-294.

[18] Smits A, Hemelrijck D V, Philippidis T P. Design of a cruciform specimen for biaxial testing of fiber reinforced composite laminates [J]. Composite Science and Technology, 2006, 66(7-8): 964-975.

[19] 邓国红,余雄鹰,汤爱华.十字形双向拉伸试验有限元模拟及分析[J].重庆工学院学报(自然科学版),2007, 21(5): 15-16.

[20] 王颖晖,方岱宁.功能材料双轴拉伸十字板试件的优化设计[J].力学学报,2002, 34(5): 705-714.

[21] Xu C H, Han X X, Song L Y, et al. A modified anti-symmetric four-point bending method for testing C/C composites under biaxial shear and compression [J]. Experimental Mechanics, 2018, 515: 515-525.

[22] 李毅然.石墨超高温机械性能测试炉[J].炭素技术,1995(3): 31-35.

[23] Negovskii A N, Drozdov A V, Kutnyak V V, et al. Experimental equipment for the evaluation of the strength characteristics of carbon-carbon composite materials within the temperature range 20-2 200℃ [J]. Strength of Materials, 1999, 31(3): 99-325.

[24] Glass D, Dirling R, Croop H. Materials development for hypersonic flight vehicles [C]. Canberra: 14th AIAA/AHI Space Planes and Hypersonic Systems and Technologies Conference, 2006.

[25] Dzyuba V S, Oksiyuk S V. Investigation of strength of carbon-carbon composite materials at temperatures from 293 to 3 300 K under high-rate heating[J]. Strength of Materials, 2005,

37(1)：99－104.

[26] 韩杰才，赫晓东，杜善义，等.多向碳/碳复合材料超高温力学性能测试技术研究[J].宇航学报，1994，15(4)：17－23.

[27] 赵稼祥.炭素材料高温性能测试技术[J].新型碳材料，1993(3)：27－35.

[28] Holmes J W. A technique for tensile fatigue and creep testing of fiber-reinforced ceramics [J]. Journal of Composite Materials, 1992, 26(6): 916－933.

[29] Codrington J, Nguyen P, Ho S Y, et al. Induction heating apparatus for high temperature testing of thermo-mechanical properties [J]. Applied Thermal Engineering, 2009, 29: 2783－2789.

[30] 刘震涛，潘俊，尹旭.感应加热线圈参数对被试件温度场的影响分析[J].机电工程，2015，32(3)：317－323.

[31] Akiyama S, Amada S. Thermal shock strength of Al_2O_3 by laser irradiation method [J]. Ceramics International, 2001, 27(2): 171－177.

[32] Hua J, Song H M, Zhang X H, et al. Oxidation of ZrB_2－SiC－graphite composites under low oxygen partial pressures of 500 and 1500 Pa at 1 800℃ [J]. Journal of the American Ceramic Society, 2016, 99(7): 2474－2480.

[33] 欧东斌，陈连中，董永晖，等.抗氧化碳/碳复合材料受力条件下烧蚀试验[C].西安：中国力学大会，2013.

[34] Larry H, Craig S. Thermal-mechanical testing of hypersonic vehicle structures [R]. NASA－2008－13159.

[35] Sawyer J W, Hodge J, Moore B. Aero thermal test of thermal protection system for X－33 reusable launch vehicle [C]. Melville: AIP Conference Proceeding, 1999, 458: 1087－1100.

[36] Anfimov N A, Kislykh V V, Zemlyansky B A. Methods and means for studying flying vehicles heat transfer at hypersonic velocities [R]. AIAA－1999－4891.

[37] Kratz W, Dienz M. Application of a flexible digital control and data acquisition system for thermomechanical hot structure testing [R]. AIAA－1993－5134.

[38] 吴大方，潘兵，郑力铭，等.高超声速飞行器材料与结构气动热环境模拟方法及试验研究[J].航天器环境工程，2012，29(3)：250－258.

[39] 王铁军，江鹏，范学领，等.一种基于卤素灯共聚焦加热技术的梯度热冲击试验装置[P]. CN105699235A，2016.

[40] 余仲奎，宗权英.适用于材料科学研究的3000℃热源——高温太阳炉[J].太阳能学报，1980，1(1)：109－111.

[41] 孟松鹤，易法军，朱燕伟，等.高热流密度太阳能全谱辐射加热装置[P]. ZL201310145961.7,2013.

[42] 时圣波.高硅氧/酚醛复合材料的烧蚀机理及热——力学性能研究[D].哈尔滨：哈尔滨工业大学，2013.

[43] Xiang M C, Zhao L Q, Rujie He, et al. An ultra-high temperature testing instrument under oxidation environment up to 1 800℃ [J]. Review of Scientific Instruments, 2016, 87: 045108.

[44] Filippis F D, Savino R, Martucci A. Numerical-experimental correlation of stagnation point heat flux in high enthalpy hypersonic wind tunnel[C]. Capua: 13th International Space Planes and Hypersonics Systems and Technologies, 2005.

[45] 栾新刚.3D C/SiC 在复杂耦合环境中的损伤机理与寿命预测[D].西安：西北工业大学,2007.

[46] Yamaguchi I. Speckle displacement and decor relation in the diffraction and image fields for small object deformation [J]. Optica Acta, 1981, 28(10): 1359-1376.

[47] Peters W H, Ranson W F. Digital imaging techniques in experimental stress analysis [J]. Optical Engineering, 1982, 21(3): 427-431.

[48] Chu T, Ranson W, Sutton M. Applications of digital-image-correlation techniques to experimental mechanics [J]. Experimental Mechanics, 1985, 25(3): 232-244.

[49] Poissant J, Barthelat F. A novel "subset splitting" procedure for digital image correlation on discontinuous displacement fields [J]. Experimental Mechanics, 2010, 50(3): 353-364.

[50] Lecompte D, Smits A, Bossuyt Sven, et al. Quality assessment of speckle patterns for digital image correlation [J]. Optics and Lasers in Engineering, 2006, 44: 1132-1145.

[51] 王志勇,王磊,郭伟,等.数字图像相关方法最优散斑尺寸[J].天津大学学报,2010, 43(8): 674-678.

第 4 章

高温结构复合材料宏观本构理论与模型

复合材料的非线性一方面缘于材料本身的基体相非线性和增强相形态所蕴含的非线性;另一方面是因为材料或结构所受的载荷状态的不同,以及加载历程的不同,造成材料内部损伤,从而引起非线性。这是一个复合材料本构关系的问题,是通过应力-应变的非线性响应表现出来的。

从 20 世纪 60 年代末开始,有很多学者致力于复合材料非线性理论的研究,提出了各种非线性理论,但是由于现有实验条件和理论方面的欠缺,还很难从微/细观层次上系统地描述整个材料的力学行为,无法形成统一模式。因此,能否通过简单实验来预报处于复杂应力状态下复合材料的宏观非线性本构关系,已成为工程设计部门所关注的问题。运用连续介质力学方法所建立的本构关系理论可归结为如下四类: ① 非线性弹性理论;② 弹性损伤理论;③ 经典增量塑性理论;④ 内时塑性理论。后三类理论带有比较强的针对性,且多采用微、细观力学方法或有限元方法,计算繁杂,不便于工程应用。在宏观非线性本构关系研究中,较常用的理论模型主要有 Richard-Blacklock 的非线性模型、Hahn-Tsai 剪切非线性模型、Hahn-Tsai 横向非线性修正模型和 Jones-Nelson-Morgan(J－N－M)非线性模型等,其中 J－N－M 非线性理论被认为是解决这类问题的佼佼者。

4.1 热结构复合材料力学行为特性概述

4.1.1 C/C 复合材料的力学行为特征

C/C 复合材料由于其耐高温、轻质,并具有良好的力学性能,是一种深受重视并广泛应用的材料。由多向编织或插棒技术制成的 3D、4D、5D 及 6D 等碳纤维预制体,经过后续工艺制成的 C/C 复合材料表现出良好的各向同性、抗分层能力及对厚结构的适应性，在国防、航空、航天及其他工业领域得到了高度重视和快速发展[1, 2]。美国主要使用3D编织C/C材料，采用软编织或混合编织法成型。法国则比较多使用4D编织C/C材料，刚性棒编织，纤维体积分数可达到68%，欧洲动力装备公司研制出富有特色的4D复合材料，形成了SEPCARB系列产品。大多数发表的文献多关注材料组分、工艺和编织参数等因素对C/C材料性能的影响，例如Hiroshi Hatta等研究了2D和3D C/C复合材料拉伸和纤维/基体界面性质，发现两种C/C材料的断裂应变随材料密度的增加而下降，由于界面强度较低，相同密度下3D C/C材料的断裂应变高于2D C/C材料[3, 4]。

从大量的文献和研究动态报道中可以看出，美、俄、法、日等国对C/C材料的力学性能测试和表征方法给予了极高的重视，并制定了大量的计划来开展这方面的研究工作[5-9]。C/C复合材料的力学行为表现出很强的脆性，“尺寸效应”影响很大，为弄清这个效应需要测试大量不同尺寸的试件，从中获得试件尺寸对材料性质影响所必需的信息，但C/C材料大尺寸结构试验非常昂贵、有些时候甚至是难以实现的。20世纪90年代，在Air Force System Command的支持下，弗吉尼亚州立理工大学研究了2D C/C复合材料力学性能表征试验方法，进行了拉伸、压缩、面内和层间剪切、切口和非切口四点弯曲梁、带孔和不带孔平板试验，给出了材料性能统计分布和尺寸效应，获得了Weibull分布参数。

欧洲动力装备公司在进行4D SEPCARB C/C材料研究时发现，确定4D C/C材料常数并表征其性能是非常困难的工作，边缘部分的纤维松结和剥离对拉伸性能测试结果影响很大，测试发现边界效应扰乱了拉伸测试的结果，使得很难确定材料的宏观性能，边缘效应在性能测试中应引起足够的重视，需要建立考虑其非均质性和结构复杂性的材料细观分析模型，在此基础上提出一种渐进理论重构材料性能测试试件行为。

综合各相关资料归纳C/C复合材料的拉伸、压缩与剪切不同加载方式下的应力-应变曲线示意图如图4.1所示。从图4.1可见，C/C复合材料的力学行为可大致分为两个阶段。第Ⅰ阶段：弹性阶段，外力和变形之间呈线性关系，试样变形随外力的增加线性增大，外力卸去，试样变形可以消失，基本恢复原状。第Ⅱ阶段：假塑性阶段，外力和变形之间呈非线性关系，试样变形随外力增加而快速增大，若将外力卸去，在卸载过程中，力与变形按照线性规律减小；外力全部卸除后，试样所产生的变形一部分消失，而另一部分则残留下来，试样不能完全恢复原状。根据C/C复合材料的应力-应变曲线特征，在图4.1中各个参数代表的物理意义定义为：σ_s、τ_s分别为弹性极限正应力和剪应力(非线性转变应用)；

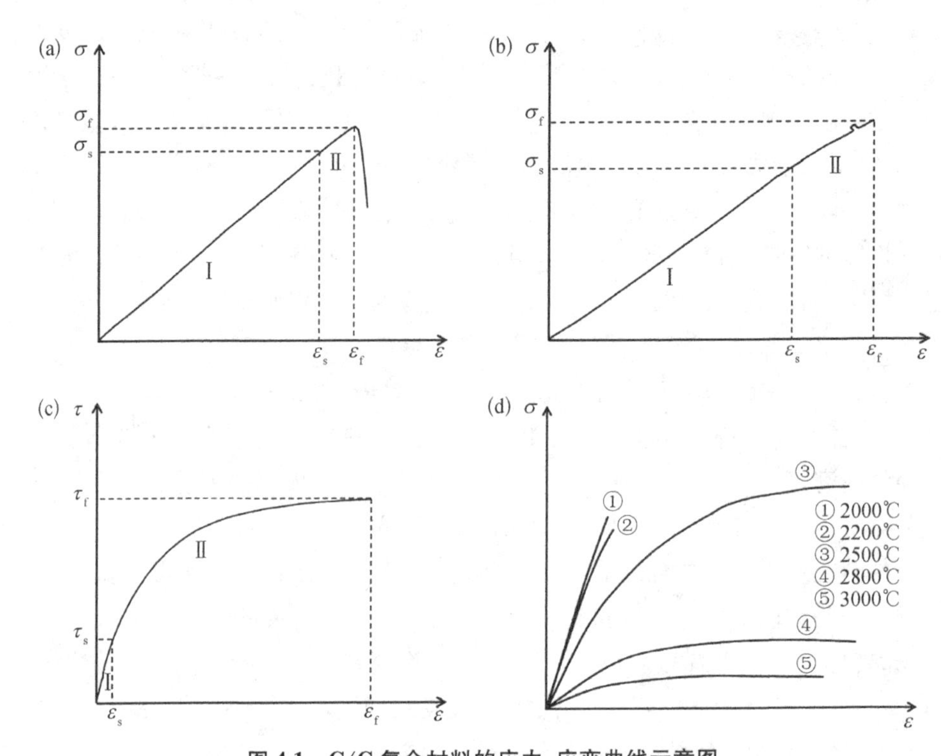

图 4.1 C/C 复合材料的应力-应变曲线示意图

(a) 室温拉伸;(b) 室温压缩;(c) 室温剪切;(d) 高温拉伸

ε_s为弹性极限应变(非线性转变应变);σ_f为复合材料断裂应力;ε_f为复合材料断裂应变。第Ⅰ阶段和第Ⅱ阶段的分界拐点的纵坐标和横坐标分别为σ_s和ε_s;最终断裂点的纵、横坐标为σ_f和ε_f。

图 4.1(d)所示为 C/C 复合材料在不同温度下的拉伸应力-应变曲线。从图中可以看出,当温度高于 2 000℃时,C/C 复合材料的拉伸模量随温度的增加而降低,塑形特征逐渐增强;当温度高于 2 800℃时后转变为完全塑性。

4.1.2 C/SiC 复合材料的力学行为特性

C/SiC 复合材料作为耐高温材料,与 C/C 材料相比耐高温性略有逊色,但在抗氧化以及力学性能上有其优势。C/SiC 复合材料的力学性能报道的比较多,特别是一维、二维复合材料的室温力学性能相对研究得更为深入[10-14]。综合各相关资料报道可发现 C/SiC 复合材料的拉伸、压缩与剪切不同加载方式应力-应变曲线示意图如图 4.2 所示。从图 4.2 可知,C/SiC 材料在拉伸或剪切载荷作用下,应力-

应变关系表现出显著的非线性、韧性断裂行为，在较低拉应力状态下即发生非线性转变，非线性效应显著。C/SiC 复合材料拉伸应力-应变曲线大体可分为三个部分，每一部分都对应于不同的损伤机制和破坏过程。第Ⅰ部分对应的是任何有影响的微观损伤产生之前的线弹性行为，外力和变形之间呈线性关系，试样变形随外力的增加线性增大，外力卸去，试样变形可以消失，基本恢复原状。第Ⅱ部分对应的主要是横向裂纹的增加及扩展并逐渐达到饱和的过程。应力-应变曲线显示材料的切线模量不断减小，卸载后亦可观测到类似金属塑性应变的非弹性应变，反映出材料性质随损伤演化的逐步劣化过程。第Ⅲ部分，基体由于其中的裂纹达到饱和而不能承受更大的载荷，基体形成一系列的由纤维桥联的基体块，此阶段内发生基体与纤维之间界面的脱黏和滑动，并伴随有部分纤维的逐渐失效，最终导致材料的断裂。面内剪切应力-应变曲线表现出与拉伸应力-应变曲线类似的非线性特征，剪切断裂应变数值相对较大，表现出良好的韧性断裂特征。

在简单压缩加载条件下，C/SiC 复合材料表现出准脆性材料的力学行为。与非线性拉伸应力-应变关系曲线截然不同，图 4.2(b) 显示材料的压缩应力-应

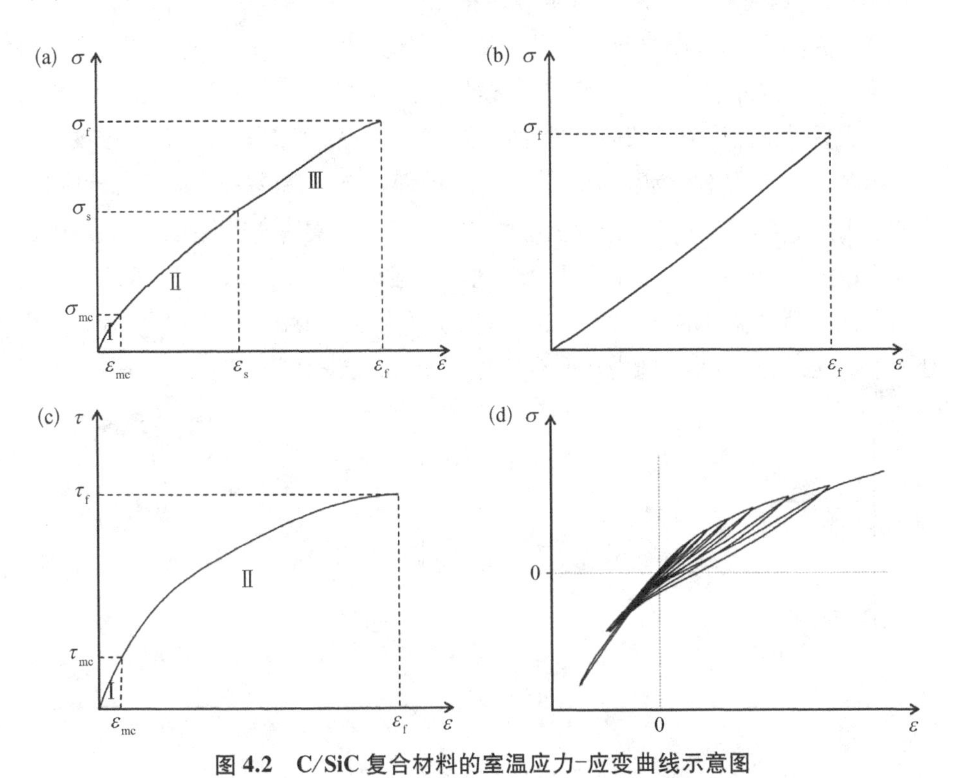

图 4.2　C/SiC 复合材料的室温应力-应变曲线示意图

(a) 拉伸；(b) 压缩；(c) 剪切；(d) 拉伸/压缩渐进加卸载

变关系在失效前近似保持为线弹性，且一般情况下压缩强度要高于拉伸强度，反映出材料的力学行为具有显著的单边特征。另外，从图 4.2(d) 中对比可知，材料在拉伸加载后，再反向加载至压缩状态，应力-应变曲线的刚度逐渐恢复，在一定的压缩应力值下多个循环的曲线近似交于一点，该试验结果证实了微裂纹闭合点的存在，即因拉伸产生的基体微裂纹在压缩应力状态下逐步闭合，表现出压缩损伤钝化行为。

根据 C/SiC 复合材料应力-应变曲线特征，图 4.2 中各个参数代表的物理意义定义如下：σ_{mc}、τ_{mc} 分别为基体开裂正应力和剪应力；ε_{mc} 为基体开裂应变；σ_s 为基体裂纹饱和应力；ε_s 为基体裂纹饱和应变；σ_f 为复合材料断裂应力；ε_f 为复合材料断裂应变。第Ⅰ阶段和第Ⅱ阶段分界拐点的纵坐标和横坐标分别为 σ_{mc} 和 ε_{mc}；第Ⅱ阶段和第Ⅲ阶段分界拐点的纵坐标和横坐标分别为 σ_s 和 ε_s；最终断裂点的纵、横坐标为 σ_f 和 ε_f。

4.1.3 超高温陶瓷材料力学行为特性

在研究高温、超高温材料应用时，超高温陶瓷，特别是超高温陶瓷基复合材料很受重视。国内外学者对超高温陶瓷材料的力学性能开展了较为系统的研究，已积累了大量力学性能数据，其中包括高温弹性模量、高温断裂韧性和高温强度等多个指标参量，对其力学行为特性理解更为深入[15-18]。超高温陶瓷的高温拉伸应力-应变曲线如图 4.3 所示。从图 4.3 中可见，在室温下超高温陶瓷表现出典型的线弹性行为；当温度高于 1 400℃时，拉伸行为表现出明显的非线性，温度越高，非线性程度越明显，而且随着温度的升高，最大拉伸应变逐渐增大；当温度达到 1 800℃时，在应变大于 1%后，试件的承载能力几乎不变化，说明材料已进入完全塑性变形阶段。

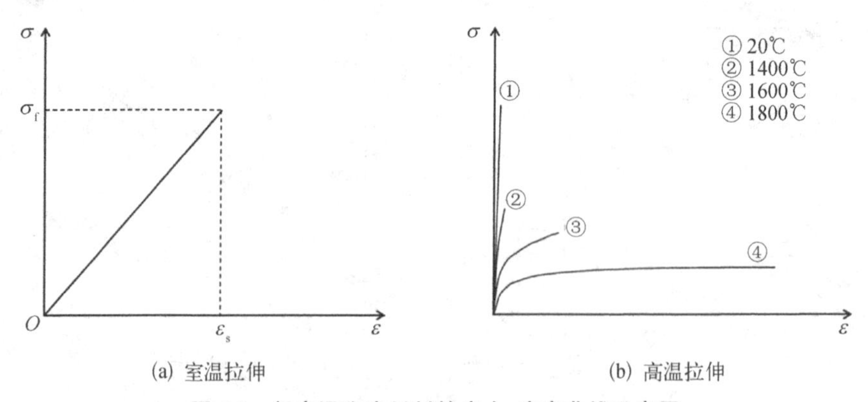

(a) 室温拉伸　　(b) 高温拉伸

图 4.3 超高温陶瓷材料的应力-应变曲线示意图

4.2　弹性本构模型

4.2.1　各向异性材料应力-应变关系的一般表达

在单轴应力状态下,当应力小于材料的弹性极限时(即 $\sigma < \sigma_s$),材料的变形是弹性的,即一般认为其应力与应变之间存在简单的线性关系,如图 4.4(a)所示。

$$\sigma = E\varepsilon \tag{4.1}$$

式中,E 为弹性模量,此公式即是人们所熟悉的 Hooke 定律,这类材料称为线弹性体。但也有一些材料,如橡胶,该材料的应力-应变之间从一开始就是非线性的,在应力小于弹性极限时卸载,它将沿着原来的加载曲线返回到初始状态,如图 4.4(b),这类材料称为非线性弹性体。

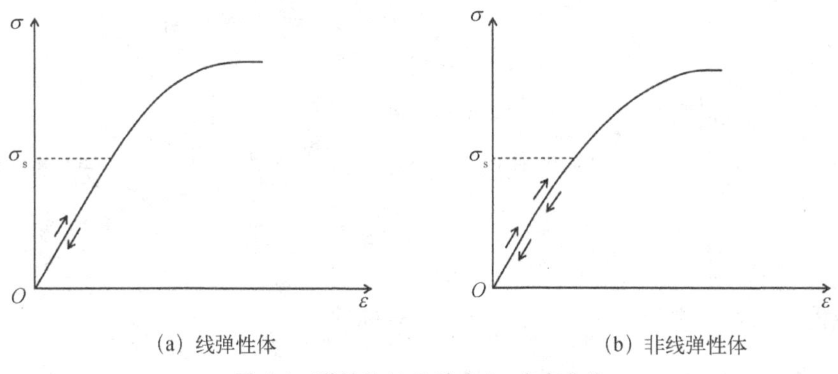

(a) 线弹性体　　(b) 非线弹性体

图 4.4　弹性体的单轴应力-应变曲线

在一般三维应力状态下,对于弹性体,一点的应力取决于该点的应变状态,即应力是应变的函数。由于应力张量与应变张量的对称性 $\sigma_{ij} = \sigma_{ji}$ 和 $\varepsilon_{ij} = \varepsilon_{ji}$,只需要讨论 6 个应力分量与 6 个应变分量的关系。在数学上,弹性体的本构方程可以一般地表示为

$$\begin{cases} \sigma_x = \sigma_x(\varepsilon_x, \varepsilon_y, \varepsilon_z, \gamma_{yz}, \gamma_{zx}, \gamma_{xy}) \\ \sigma_y = \sigma_y(\varepsilon_x, \varepsilon_y, \varepsilon_z, \gamma_{yz}, \gamma_{zx}, \gamma_{xy}) \\ \cdots \\ \tau_{zx} = \tau_{zx}(\varepsilon_x, \varepsilon_y, \varepsilon_z, \gamma_{yz}, \gamma_{zx}, \gamma_{xy}) \end{cases} \tag{4.2}$$

对于线弹性材料，式(4.2)的函数关系应为线性关系，可一般地表述为

$$
\begin{aligned}
\sigma_x &= c_{11}\varepsilon_x + c_{12}\varepsilon_y + c_{13}\varepsilon_z + c_{14}\gamma_{yz} + c_{15}\gamma_{zx} + c_{16}\gamma_{xy} \\
\sigma_y &= c_{21}\varepsilon_x + c_{22}\varepsilon_y + c_{23}\varepsilon_z + c_{24}\gamma_{yz} + c_{25}\gamma_{zx} + c_{26}\gamma_{xy} \\
\sigma_z &= c_{31}\varepsilon_x + c_{32}\varepsilon_y + c_{33}\varepsilon_z + c_{34}\gamma_{yz} + c_{35}\gamma_{zx} + c_{36}\gamma_{xy} \\
\tau_{yz} &= c_{41}\varepsilon_x + c_{42}\varepsilon_y + c_{43}\varepsilon_z + c_{44}\gamma_{yz} + c_{45}\gamma_{zx} + c_{46}\gamma_{xy} \\
\tau_{zx} &= c_{51}\varepsilon_x + c_{52}\varepsilon_y + c_{53}\varepsilon_z + c_{54}\gamma_{yz} + c_{55}\gamma_{zx} + c_{56}\gamma_{xy} \\
\tau_{xy} &= c_{61}\varepsilon_x + c_{62}\varepsilon_y + c_{63}\varepsilon_z + c_{64}\gamma_{yz} + c_{65}\gamma_{zx} + c_{66}\gamma_{xy}
\end{aligned}
\tag{4.3}
$$

式中，$c_{mn}(m,\ n=1\sim6)$是取决于材料弹性性质的一组数据，共有 36 个。

式(4.3)用张量形式表示如下：

$$\sigma_{ij} = C_{ijkl}\varepsilon_{kl} \tag{4.4}$$

式中，C_{ijkl}称为弹性张量，其为一个四阶张量，共有 81 个分量。

根据应力张量和应变张量的对称性，C_{ijkl}关于指标 i 和 j 对称，关于指标 k 和 l 也对称，即

$$C_{ijkl} = C_{jikl},\ C_{ijkl} = C_{ijlk} \tag{4.5}$$

于是独立的分量数量由 81 个降为 36 个。

从弹性应变能角度可证明弹性张量 C_{ijkl}关于前后两个自由度指标 ij 和 kl 也应对称，即

$$C_{ijkl} = C_{klji} \tag{4.6}$$

相应地，式(4.3)中弹性系数 c_{mn}也应具有对称性：

$$c_{mn} = c_{nm} \tag{4.7}$$

因此，线弹性体在最一般的各向异性情况下，独立的弹性常数共有 21 个。

弹性体本构方程式(4.3)和式(4.4)的一般表达式为

$$
\begin{bmatrix} \sigma_x \\ \sigma_y \\ \sigma_z \\ \tau_{xy} \\ \tau_{yz} \\ \tau_{zx} \end{bmatrix}
=
\begin{bmatrix}
c_{11} & c_{12} & c_{13} & c_{14} & c_{15} & c_{16} \\
c_{21} & c_{22} & c_{23} & c_{24} & c_{25} & c_{26} \\
c_{31} & c_{32} & c_{33} & c_{34} & c_{35} & c_{36} \\
c_{41} & c_{42} & c_{43} & c_{44} & c_{45} & c_{46} \\
c_{51} & c_{52} & c_{53} & c_{54} & c_{55} & c_{56} \\
c_{61} & c_{62} & c_{63} & c_{64} & c_{65} & c_{66}
\end{bmatrix}
\begin{bmatrix} \varepsilon_x \\ \varepsilon_y \\ \varepsilon_z \\ \gamma_{xy} \\ \gamma_{yz} \\ \gamma_{zx} \end{bmatrix}
\tag{4.8}
$$

$$\begin{bmatrix} \sigma_x \\ \sigma_y \\ \sigma_z \\ \tau_{xy} \\ \tau_{yz} \\ \tau_{zx} \end{bmatrix} = \begin{bmatrix} c_{1111} & c_{1122} & c_{1133} & c_{1112} & c_{1123} & c_{1131} \\ c_{2211} & c_{2222} & c_{2233} & c_{2212} & c_{2223} & c_{2231} \\ c_{3311} & c_{3322} & c_{3333} & c_{3312} & c_{3323} & c_{3331} \\ c_{1211} & c_{1222} & c_{1233} & c_{1212} & c_{1223} & c_{1231} \\ c_{2311} & c_{2322} & c_{2333} & c_{2312} & c_{2323} & c_{2331} \\ c_{3111} & c_{3122} & c_{3112} & c_{3112} & c_{3123} & c_{3131} \end{bmatrix} \begin{bmatrix} \varepsilon_x \\ \varepsilon_y \\ \varepsilon_z \\ \gamma_{xy} \\ \gamma_{yz} \\ \gamma_{zx} \end{bmatrix} \tag{4.9}$$

弹性体本构方程式(4.3)和式(4.4)用矩阵表述为

$$[\sigma] = [C][\varepsilon] \tag{4.10}$$

式中,$[\sigma]$为应力张量;$[\varepsilon]$为应变张量;$[C]$为弹性刚度矩阵。

$$[\sigma] = [\sigma_x,\ \sigma_y,\ \sigma_z,\ \tau_{yz},\ \tau_{zx},\ \tau_{xy}]^{\mathrm{T}} \tag{4.11}$$

$$[\varepsilon] = [\varepsilon_x,\ \varepsilon_y,\ \varepsilon_z,\ \gamma_{yz},\ \gamma_{zx},\ \gamma_{xy}]^{\mathrm{T}} \tag{4.12}$$

$$[C] = \begin{bmatrix} c_{11} & c_{12} & c_{13} & c_{14} & c_{15} & c_{16} \\ c_{21} & c_{22} & c_{23} & c_{24} & c_{25} & c_{26} \\ c_{31} & c_{32} & c_{33} & c_{34} & c_{35} & c_{36} \\ c_{41} & c_{42} & c_{43} & c_{44} & c_{45} & c_{46} \\ c_{51} & c_{52} & c_{53} & c_{54} & c_{55} & c_{56} \\ c_{61} & c_{62} & c_{63} & c_{64} & c_{65} & c_{66} \end{bmatrix} = \begin{bmatrix} c_{1111} & c_{1122} & c_{1133} & c_{1112} & c_{1123} & c_{1131} \\ c_{2211} & c_{2222} & c_{2233} & c_{2212} & c_{2223} & c_{2231} \\ c_{3311} & c_{3322} & c_{3333} & c_{3312} & c_{3323} & c_{3331} \\ c_{1211} & c_{1222} & c_{1233} & c_{1212} & c_{1223} & c_{1231} \\ c_{2311} & c_{2322} & c_{2333} & c_{2312} & c_{2323} & c_{2331} \\ c_{3111} & c_{3122} & c_{3112} & c_{3112} & c_{3123} & c_{3131} \end{bmatrix} \tag{4.13}$$

将式(4.10)求逆,可反演出应力表示应变的逆本构关系:

$$[\varepsilon] = [S][\sigma] \tag{4.14}$$

式中,$[S]$是$[C]$的逆矩阵。

式(4.14)的张量表示形式为

$$\varepsilon_{ij} = S_{ijkl}\sigma_{kl} \tag{4.15}$$

式中,S_{ijkl}称为弹性柔度张量,它是弹性张量 C_{ijkl}的逆,或者说它们是互为逆张量,满足如下关系:

$$S_{ijkl}C_{ijkl} = \frac{1}{2}(\delta_{ip}\delta_{jp} + \delta_{iq}\delta_{jq}) \tag{4.16}$$

下面给出一些常见的特殊情况。

(1) 如果材料体内存在一个这样的对称面,相对于该对称面的任意两个方向具有相同的弹性关系,则该平面称为材料的弹性对称面,垂直该对称面的方向,称为弹性主方向。若将坐标轴 x、y 取在弹性对称面内,z 轴沿弹性主轴方向,当坐标系由 x、y、z 改为 x、y、$-z$ 时,材料的弹性关系保持不变,该类材料称为单对称材料,独立弹性常数减少至 13 个。材料本构方程式(4.8)可简化为

$$\begin{bmatrix}\sigma_x\\ \sigma_y\\ \sigma_z\\ \tau_{yz}\\ \tau_{zx}\\ \tau_{xy}\end{bmatrix}=\begin{bmatrix}c_{11} & c_{12} & c_{13} & 0 & 0 & c_{16}\\ c_{21} & c_{22} & c_{23} & 0 & 0 & c_{26}\\ c_{31} & c_{32} & c_{33} & 0 & 0 & c_{36}\\ 0 & 0 & 0 & c_{44} & c_{45} & 0\\ 0 & 0 & 0 & c_{54} & c_{55} & 0\\ c_{61} & c_{62} & c_{63} & 0 & 0 & c_{66}\end{bmatrix}\begin{bmatrix}\varepsilon_x\\ \varepsilon_y\\ \varepsilon_z\\ \gamma_{yz}\\ \gamma_{zx}\\ \gamma_{xy}\end{bmatrix} \tag{4.17}$$

(2) 如果材料体内存在两个正交的对称面,则对于和这两个平面垂直的第三个平面也具有对称性,该类材料称为正交各向异性材料,独立弹性常数减少至 9 个。取弹性主方向为坐标轴方向,本构方程式(4.8)可简化为

$$\begin{bmatrix}\sigma_x\\ \sigma_y\\ \sigma_z\\ \tau_{yz}\\ \tau_{zx}\\ \tau_{xy}\end{bmatrix}=\begin{bmatrix}c_{11} & c_{12} & c_{13} & 0 & 0 & 0\\ c_{21} & c_{22} & c_{23} & 0 & 0 & 0\\ c_{31} & c_{32} & c_{33} & 0 & 0 & 0\\ 0 & 0 & 0 & c_{44} & 0 & 0\\ 0 & 0 & 0 & 0 & c_{55} & 0\\ 0 & 0 & 0 & 0 & 0 & c_{66}\end{bmatrix}\begin{bmatrix}\varepsilon_x\\ \varepsilon_y\\ \varepsilon_z\\ \gamma_{yz}\\ \gamma_{zx}\\ \gamma_{xy}\end{bmatrix} \tag{4.18}$$

(3) 如果材料的每一个点有一个各个方向的力学性能都相同的平面,那么该类材料称为横观各向同性材料,独立弹性常数减少至 5 个。假设 xy 平面为该特殊的各向同性平面,本构方程式(4.8)可简化为

$$\begin{bmatrix}\sigma_x\\ \sigma_y\\ \sigma_z\\ \tau_{yz}\\ \tau_{zx}\\ \tau_{xy}\end{bmatrix}=\begin{bmatrix}c_{11} & c_{12} & c_{13} & 0 & 0 & 0\\ c_{21} & c_{22} & c_{23} & 0 & 0 & 0\\ c_{31} & c_{32} & c_{33} & 0 & 0 & 0\\ 0 & 0 & 0 & c_{44} & 0 & 0\\ 0 & 0 & 0 & 0 & c_{44} & 0\\ 0 & 0 & 0 & 0 & 0 & (c_{11}-c_{12})/2\end{bmatrix}\begin{bmatrix}\varepsilon_x\\ \varepsilon_y\\ \varepsilon_z\\ \gamma_{yz}\\ \gamma_{zx}\\ \gamma_{xy}\end{bmatrix} \tag{4.19}$$

(4) 如果材料有无穷多个力学性能对称面,本构方程式(4.8)将简化为各向同性材料的形式,此时只有 2 个独立弹性常数。

$$\begin{bmatrix} \sigma_x \\ \sigma_y \\ \sigma_z \\ \tau_{yz} \\ \tau_{zx} \\ \tau_{xy} \end{bmatrix} = \begin{bmatrix} c_{11} & c_{12} & c_{12} & 0 & 0 & 0 \\ c_{12} & c_{11} & c_{12} & 0 & 0 & 0 \\ c_{12} & c_{12} & c_{12} & 0 & 0 & 0 \\ 0 & 0 & 0 & (c_{11}-c_{12})/2 & 0 & 0 \\ 0 & 0 & 0 & 0 & (c_{11}-c_{12})/2 & 0 \\ 0 & 0 & 0 & 0 & 0 & (c_{11}-c_{12})/2 \end{bmatrix} \begin{bmatrix} \varepsilon_x \\ \varepsilon_y \\ \varepsilon_z \\ \gamma_{yz} \\ \gamma_{zx} \\ \gamma_{xy} \end{bmatrix} \tag{4.20}$$

五种最常用的材料性能对称情形的应变-应力关系式如式(4.21)~式(4.25)所示。

各向异性材料(21 个独立常数):

$$\begin{bmatrix} \varepsilon_x \\ \varepsilon_y \\ \varepsilon_z \\ \gamma_{xy} \\ \gamma_{yz} \\ \gamma_{zx} \end{bmatrix} = \begin{bmatrix} s_{11} & s_{12} & s_{13} & s_{14} & s_{15} & s_{16} \\ s_{21} & s_{22} & s_{23} & s_{24} & s_{25} & s_{26} \\ s_{31} & s_{32} & s_{33} & s_{34} & s_{35} & s_{36} \\ s_{41} & s_{42} & s_{43} & s_{44} & s_{45} & s_{46} \\ s_{51} & s_{52} & s_{53} & s_{54} & s_{55} & s_{56} \\ s_{61} & s_{62} & s_{63} & s_{64} & s_{65} & s_{66} \end{bmatrix} \begin{bmatrix} \sigma_x \\ \sigma_y \\ \sigma_z \\ \tau_{xy} \\ \tau_{yz} \\ \tau_{zx} \end{bmatrix} \tag{4.21}$$

单对称材料(13 个独立常数,对于 $z=0$ 的平面对称):

$$\begin{bmatrix} \varepsilon_x \\ \varepsilon_y \\ \varepsilon_z \\ \gamma_{xy} \\ \gamma_{yz} \\ \gamma_{zx} \end{bmatrix} = \begin{bmatrix} s_{11} & s_{12} & s_{13} & 0 & 0 & s_{16} \\ s_{21} & s_{22} & s_{23} & 0 & 0 & s_{26} \\ s_{31} & s_{32} & s_{33} & 0 & 0 & s_{36} \\ 0 & 0 & 0 & s_{44} & s_{45} & 0 \\ 0 & 0 & 0 & s_{54} & s_{55} & 0 \\ s_{61} & s_{62} & s_{63} & 0 & 0 & s_{66} \end{bmatrix} \begin{bmatrix} \sigma_x \\ \sigma_y \\ \sigma_z \\ \tau_{xy} \\ \tau_{yz} \\ \tau_{zx} \end{bmatrix} \tag{4.22}$$

正交各向异性材料(9 个独立常数):

$$
\begin{bmatrix} \varepsilon_x \\ \varepsilon_y \\ \varepsilon_z \\ \gamma_{xy} \\ \gamma_{yz} \\ \gamma_{zx} \end{bmatrix} = \begin{bmatrix} s_{11} & s_{12} & s_{13} & 0 & 0 & 0 \\ s_{21} & s_{22} & s_{23} & 0 & 0 & 0 \\ s_{31} & s_{32} & s_{33} & 0 & 0 & 0 \\ 0 & 0 & 0 & s_{44} & 0 & 0 \\ 0 & 0 & 0 & 0 & s_{55} & 0 \\ 0 & 0 & 0 & 0 & 0 & s_{66} \end{bmatrix} \begin{bmatrix} \sigma_x \\ \sigma_y \\ \sigma_z \\ \tau_{xy} \\ \tau_{yz} \\ \tau_{zx} \end{bmatrix} \tag{4.23}
$$

横观各向同性材料(5 个独立常数):

$$
\begin{bmatrix} \varepsilon_x \\ \varepsilon_y \\ \varepsilon_z \\ \gamma_{xy} \\ \gamma_{yz} \\ \gamma_{zx} \end{bmatrix} = \begin{bmatrix} s_{11} & s_{12} & s_{13} & 0 & 0 & 0 \\ s_{21} & s_{22} & s_{23} & 0 & 0 & 0 \\ s_{31} & s_{32} & s_{33} & 0 & 0 & 0 \\ 0 & 0 & 0 & s_{44} & 0 & 0 \\ 0 & 0 & 0 & 0 & s_{44} & 0 \\ 0 & 0 & 0 & 0 & 0 & 2(s_{11} - s_{12}) \end{bmatrix} \begin{bmatrix} \sigma_x \\ \sigma_y \\ \sigma_z \\ \tau_{xy} \\ \tau_{yz} \\ \tau_{zx} \end{bmatrix} \tag{4.24}
$$

各向同性材料(2 个独立常数):

$$
\begin{bmatrix} \varepsilon_x \\ \varepsilon_y \\ \varepsilon_z \\ \gamma_{yz} \\ \gamma_{zx} \\ \gamma_{xy} \end{bmatrix} = \begin{bmatrix} s_{11} & s_{12} & s_{12} & 0 & 0 & 0 \\ s_{12} & s_{11} & s_{12} & 0 & 0 & 0 \\ s_{12} & s_{12} & s_{12} & 0 & 0 & 0 \\ 0 & 0 & 0 & 2(s_{11} - s_{12}) & 0 & 0 \\ 0 & 0 & 0 & 0 & 2(s_{11} - s_{12}) & 0 \\ 0 & 0 & 0 & 0 & 0 & 2(s_{11} - s_{12}) \end{bmatrix} \begin{bmatrix} \sigma_x \\ \sigma_y \\ \sigma_z \\ \tau_{yz} \\ \tau_{zx} \\ \tau_{xy} \end{bmatrix} \tag{4.25}
$$

4.2.2 正交各向异性材料的工程常数

工程常数是指广义的弹性模量、泊松比和剪切模量等,这些常数可用简单试验如单轴拉伸和纯剪切试验来确定。因而具有明显的物理解释,这些常数比 4.2.1 小节中使用的比较抽象的柔度和刚度矩阵更为直观。

对正交各向异性材料,用工程常数表示的柔度矩阵为

$$[s_{ij}] = \begin{bmatrix} \frac{1}{E_1} & -\frac{\upsilon_{21}}{E_2} & -\frac{\upsilon_{31}}{E_3} & 0 & 0 & 0 \\ -\frac{\upsilon_{12}}{E_1} & \frac{1}{E_2} & -\frac{\upsilon_{32}}{E_3} & 0 & 0 & 0 \\ -\frac{\upsilon_{13}}{E_1} & -\frac{\upsilon_{23}}{E_2} & \frac{1}{E_3} & 0 & 0 & 0 \\ 0 & 0 & 0 & \frac{1}{G_{23}} & 0 & 0 \\ 0 & 0 & 0 & 0 & \frac{1}{G_{31}} & 0 \\ 0 & 0 & 0 & 0 & 0 & \frac{1}{G_{12}} \end{bmatrix} \tag{4.26}$$

式中,E_1、E_2、E_3分别为 1、2、3 方向上的弹性模量;G_{23}、G_{31}、G_{22}依次为 2-3、3-1、1-2 平面的剪切模量;υ_{ij}为应力在 i 方向作用时 j 方向的横向应变的泊松比。

对于正交各向异性材料,只有 9 个对立常数,因为

$$s_{ij} = s_{ji} \tag{4.27}$$

当用工程常数代入方程式(4.27)时,可得

$$\frac{\upsilon_{ij}}{E_i} = \frac{\upsilon_{ji}}{E_j} \quad (i, j=1, 2, 3) \tag{4.28}$$

这样,正交各向异性材料必须满足这三个互等关系,只有 υ_{12}、υ_{13}、υ_{23}需要进一步研究,因为 υ_{21}、υ_{31}、υ_{32}可用前三个泊松比和弹性模量来表达。

由于刚度矩阵和柔度矩阵是互为逆阵的,由矩阵代数可得正交各向异性材料的矩阵之间的关系为

$$\begin{aligned} c_{11} &= \frac{s_{22}s_{33} - s_{23}^2}{s},\ c_{12} = \frac{s_{13}s_{23} - s_{12}s_{33}}{s},\ c_{22} = \frac{s_{33}s_{11} - s_{13}^2}{s} \\ c_{13} &= \frac{s_{12}s_{23} - s_{13}s_{22}}{s},\ c_{33} = \frac{s_{11}s_{22} - s_{12}^2}{s},\ c_{23} = \frac{s_{12}s_{13} - s_{23}s_{11}}{s} \\ c_{44} &= \frac{1}{s_{44}},\ c_{55} = \frac{1}{s_{55}},\ c_{66} = \frac{1}{s_{66}} \end{aligned} \tag{4.29}$$

式中,

$$s = s_{11}s_{22}s_{33} - s_{11}s_{23}^2 - s_{22}s_{13}^2 - s_{33}s_{12}^2 + 2s_{12}s_{23}s_{13} \tag{4.30}$$

用工程常数表示的正交各向异性材料的刚度矩阵 c_{ij} 可由式(4.26)表示的柔度矩阵 s_{ij} 的求逆得到,式(4.18)中的非零刚度为

$$\begin{aligned}
&c_{11} = \frac{1 - v_{23}v_{32}}{E_2E_3\Delta},\ c_{12} = \frac{v_{21} + v_{31}v_{23}}{E_2E_3\Delta} = \frac{v_{12} + v_{32}v_{13}}{E_1E_3\Delta} \\
&c_{13} = \frac{v_{31} + v_{21}v_{32}}{E_2E_3\Delta} = \frac{v_{13} + v_{12}v_{23}}{E_1E_2\Delta},\ c_{22} = \frac{1 - v_{13}v_{31}}{E_1E_3\Delta} \\
&c_{23} = \frac{v_{32} + v_{12}v_{31}}{E_1E_3\Delta} = \frac{v_{23} + v_{21}v_{13}}{E_1E_2\Delta},\ c_{33} = \frac{1 - v_{12}v_{21}}{E_1E_2\Delta} \\
&c_{44} = G_{23},\ c_{55} = G_{31},\ c_{66} = G_{12}
\end{aligned} \tag{4.31}$$

式中,

$$\Delta = \frac{1 - v_{12}v_{21} - v_{23}v_{32} - v_{13}v_{31} - 2v_{21}v_{32}v_{13}}{E_1E_2E_3} \tag{4.32}$$

4.2.3 材料弹性常数的限制

对于各向同性材料,弹性常数必须满足某些关系,如剪切模量可由弹性模量 E 和泊松比 v 确定:

$$G = \frac{E}{2(1 + v)} \tag{4.33}$$

为了使 E 和 G 总是正值,即正的正应力或剪切应力乘上对应的正应变或剪切应变产生正功,于是:

$$v > -1 \tag{4.34}$$

同样,如果各向同性体承受静压力 P 的作用,体积应变(即三个正应变或拉伸应变之和)定义为

$$\theta = \varepsilon_x + \varepsilon_y + \varepsilon_z = \frac{P}{\dfrac{E}{3(1 - 2v)}} = \frac{P}{K} \tag{4.35}$$

于是体积模量为

$$K = \frac{E}{3(1 - 2v)} \tag{4.36}$$

若 E 是正值,则

$$\upsilon < \frac{1}{2} \tag{4.37}$$

如果体积模量是负值,静压力将引起各向同性材料体积膨胀。因此,对于各向同性材料,为使剪切或静压力不产生负的应变能,泊松比的范围为

$$-1 < \upsilon < \frac{1}{2} \tag{4.38}$$

对于正交各向异性材料,弹性常数之间的关系较为复杂,首先应力分量和对应的应变分量的乘积表示应力所做的功,所有应力分量所做的功的和必须是正值,以避免产生能量,该条件提供了弹性常数数值上的热力学限制。

这个数学条件可由下述物理论证来代替,如果每次只有一个正应力作用,对应的应变由柔度矩阵对角线元素决定,于是这些元素必须是正的,即

$$s_{11},\ s_{22},\ s_{33},\ s_{44},\ s_{55},\ s_{66} > 0 \tag{4.39}$$

或用工程常数表示为

$$E_1,\ E_2,\ E_3,\ G_{23},\ G_{31},\ G_{12} > 0 \tag{4.40}$$

同样,在适当的限制下,可能只有一个拉伸应变的变形。再则,功只是由相应应力产生的。这样,由于所有的功是由刚度矩阵的对角线元素决定的,这些元素必须是正的,即

$$c_{11},\ c_{22},\ c_{33},\ c_{44},\ c_{55},\ c_{66} > 0 \tag{4.41}$$

由式(4.31)得

$$(1 - \upsilon_{23}\upsilon_{32}),(1 - \upsilon_{13}\upsilon_{31}),(1 - \upsilon_{12}\upsilon_{21}) > 0 \tag{4.42}$$

同时,因为正定矩阵的行列式必须是正的,得

$$\bar{\Delta} = 1 - \upsilon_{12}\upsilon_{21} - \upsilon_{23}\upsilon_{32} - \upsilon_{13}\upsilon_{31} - 2\upsilon_{21}\upsilon_{32}\upsilon_{13} > 0 \tag{4.43}$$

由式(4.30),根据刚度矩阵的正值导出:

$$\begin{aligned} |s_{23}| &< (s_{22}s_{33})^{1/2} \\ |s_{13}| &< (s_{11}s_{33})^{1/2} \\ |s_{12}| &< (s_{11}s_{22})^{1/2} \end{aligned} \tag{4.44}$$

利用柔度矩阵的对称性,得

$$\frac{v_{ij}}{E_i}=\frac{v_{ji}}{E_j}\quad (i,\ j=1,\ 2,\ 3) \tag{4.45}$$

于是式(4.42)可以写为

$$\begin{aligned}
|v_{21}| &< \left(\frac{E_2}{E_1}\right)^{1/2},\quad |v_{12}| < \left(\frac{E_1}{E_2}\right)^{1/2}\\
|v_{32}| &< \left(\frac{E_3}{E_2}\right)^{1/2},\quad |v_{23}| < \left(\frac{E_2}{E_3}\right)^{1/2}\\
|v_{13}| &< \left(\frac{E_1}{E_3}\right)^{1/2},\quad |v_{31}| < \left(\frac{E_3}{E_1}\right)^{1/2}
\end{aligned} \tag{4.46}$$

如果 s_{ij} 用工程常数表示,式(4.46)也可以由式(4.44)得到。同样,式(4.43)可以表示为

$$v_{21}v_{32}v_{13} < \frac{1-v_{21}^2\left(\frac{E_1}{E_2}\right)-v_{32}^2\left(\frac{E_2}{E_3}\right)-v_{13}^2\left(\frac{E_3}{E_1}\right)}{2} < \frac{1}{2} \tag{4.47}$$

工程常数的限制可以用来解决实际的工程分析问题。例如,考虑一个有几个解的微分方程,这些解依赖于微分方程中系数的相对值。在变形体物理问题中的这些系数包含着弹性常数,于是弹性常数的限制可用来决定微分方程的哪些解是适用的。

4.2.4 超高温陶瓷复合材料弹性本构模型

图 4.5 与图 4.6 所示为超高温陶瓷材料拉伸与压缩的典型应力-应变曲线,图 4.7 所示为超高温陶瓷材料室温渐进加载压缩应力-应变曲线。从图中可见,超高温陶瓷材料在室温环境下表现为弹性行为,除加载初期的非线性弹性特征外,基本表现为线弹性行为。

归纳超高温陶瓷材料室温试验数据发现:拉伸模量约为 305±25 GPa,压缩模量约为 307±5 GPa,泊松比为 0.10~0.14。因此,可将超高温陶瓷材料简化为各向同性、线弹性材料。建立材料线弹性本构模型为

$$\sigma = E\varepsilon \tag{4.48}$$

式中,E 为弹性模量,$E=305\pm25$ GPa。

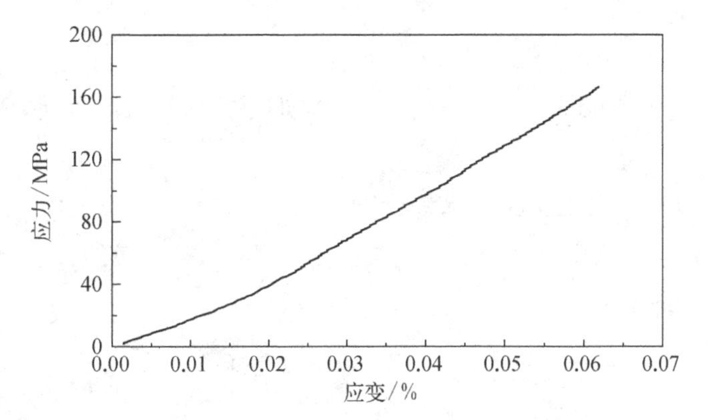

图 4.5　超高温陶瓷典型室温拉伸应力-应变曲线

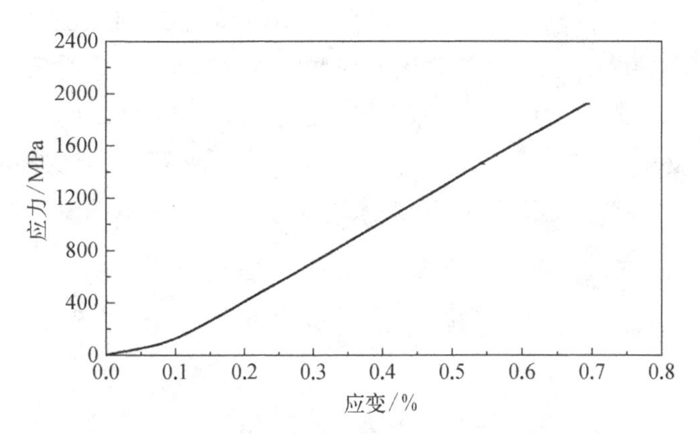

图 4.6　超高温陶瓷典型室温压缩应力-应变曲线

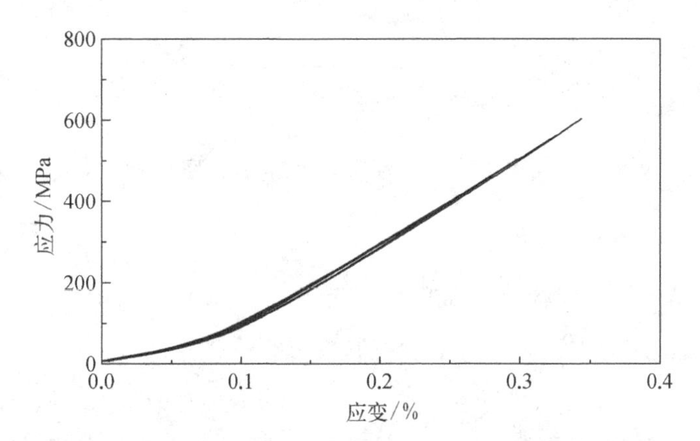

图 4.7　超高温陶瓷室温压缩渐进加/卸载应力-应变曲线

4.3 基于能量法的J－N－M 宏观非线性本构模型

4.3.1 J－N－M 非线性本构模型

Jones 等[19~21]采用材料弹性性能与应变能之间一一对应的关系，如图 4.8 所示，提出了 Jones-Nelson-Morgan(J－N－M)模型，即

$$E_i = A_i\left[1 - B_i\left(\frac{U}{U_0}\right)^{C_i}\right] \tag{4.49}$$

$$U = (\sigma_x\varepsilon_x + \sigma_y\varepsilon_y + \sigma_z\varepsilon_z + \tau_{yz}\gamma_{yz} + \tau_{zx}\gamma_{zx} + \tau_{xy}\gamma_{xy})/2 \tag{4.50}$$

式中，E_i 为材料的非线性力学性能，通常是弹性模量或泊松比；A_i 为第 i 条应力-应变曲线初始斜率；B_i 第 i 条应力-应变曲线初始曲率；C_i 为第 i 条应力-应变曲线曲率变化率；U 为应变能密度；U_0 为使 U/U_0 成为无量纲的常量。

该模型没有限定非线性力学性能的个数，材料的每一个非线性力学性能都可以由多轴应力状态所积累的应变能来表示，并且与坐标系的变化无关。

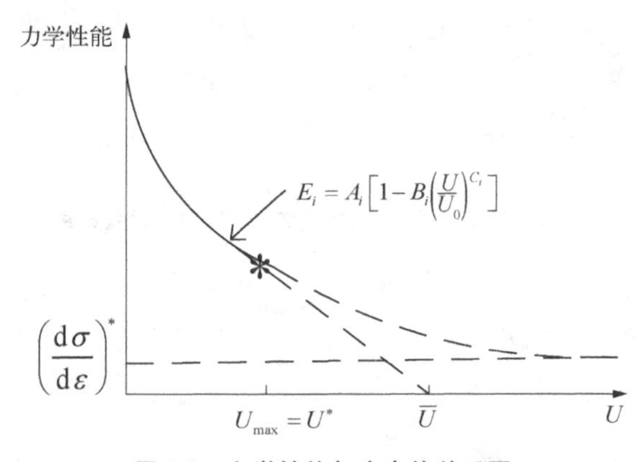

图 4.8　力学性能与应变能关系图

4.3.2 J－N－M 模型参数的确定方法

Jones 提出用简单试验的三个点解联立方程来确定 J－N－M 模型中的 A_i、B_i、C_i 值。其中，A_i 是弹性力学性能，B_i 和 C_i 由 $E_i - U$ 曲线上最后一点(即破坏点)及 $U_{max}/2$ 所对应的点确定。但这是不尽合理的，因为这两点相对于所有的试

验点,不可能准确地描绘出 B_i 和 C_i 值,它受试验的偶然误差及人为选点的随机因素影响较大,不同的选点就会产生不同的 B_i 和 C_i 值。因此,推进采用非线性最小二乘极值原理,将对所有的试验点进行回归拟合来确定 B_i 和 C_i 值,使得 E_i-U 预测曲线与实测曲线之间的拟合程序大幅度提高。将式(4.49)转化为如下形式:

$$1 - E_i/A_i = B_i(U/U_0)^{C_i} \tag{4.51}$$

对式(4.51)两边取对数,可得

$$\ln(1 - E_i/A_i) = \ln B_i + C_i(\ln U - \ln U_0) \tag{4.52}$$

令 $U_0 = 1$, $x = \ln U$, $y = \ln(1 - E_i/A_i)$ 和 $b = \ln B_i$, 则式(4.52)可转化为 $y = ax + b$ 的线性表达形式,那么利用最小二乘法,由 n 个试验点得到相应曲线 C_i 值和 b 值,再将 b 转化为 B_i 的形式, B_i 和 C_i 的具体表达形式如下:

$$B_i = \exp\left[\frac{\sum y}{n} - \frac{1}{n}\left(\sum xC_i\right)\right] \tag{4.53}$$

$$C_i = \frac{n\sum(xy) - \left(\sum x\right)\left(\sum y\right)}{n\sum(x^2) - \left(\sum x\right)^2} \tag{4.54}$$

式中, $\sum$ 为求和符号; A_i 为复合材料主轴方向上的弹性常数。

4.3.3　J－N－M 模型的扩充理论

J－N－M 模型中所用到的材料破坏点,即应变能 $U = U_{i\max}$, 往往是在简单试验下得到的。实际上,对于高各向异性复合材料来说,在复杂载荷条件下,材料内的 U 值必定会大大高于简单的应变能极限 $U_{i\max}$, 这种材料强化的现象已被众多试验所证实。Jones 又提出了模型的扩充理论。将简单试验下主轴方向的 $\sigma_i - \varepsilon_i$ 曲线在破坏点处沿切线加以扩充,如图 4.9 所示。设 σ_i^* $(i = x, y, z)$ 应力状态时刻,应变能 U 达到 i 方向的极限值 $U_{i\max}$, 随着应力继续增加,即 $\sigma_i \geqslant \sigma_i^*$ 时所对应的弹性常数为

$$E_i = \frac{m_i\sigma_i}{\sigma_i - \sigma_{i0}} \tag{4.55}$$

式中, σ_{i0} 为材料常量,是在破坏点处沿切线对纵轴作投影得到的应力值; m 为切点处的斜率。

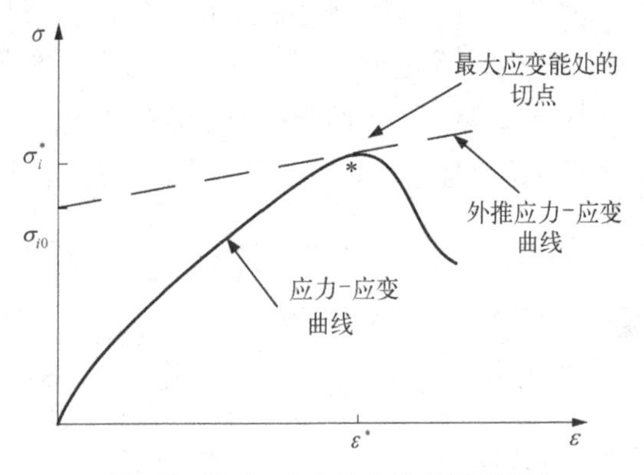

图 4.9　应力-应变扩充曲线示意图

通过对试验得出的应力-应变数据点进行多项式拟合,可以得到应力-应变相对应的函数关系式(可以选择最小二乘或多项式拟合),即

$$\sigma=f(\varepsilon) \tag{4.56}$$

对拟合后的关系式 $\sigma=f(\varepsilon)$ 进行求导,得到求导后的关系式,即

$$\frac{\mathrm{d}\sigma}{\mathrm{d}\varepsilon}=f'(\varepsilon) \tag{4.57}$$

将应变能达到最大值 $U_{\max}$ 时的应变值代入式(4.57)中,即可求出切点处的斜率 m。

$$\sigma=m\varepsilon+\sigma_{i0} \tag{4.58}$$

ε 应变能最大值 $U_{\max}$ 时的应变,代入式(4.58)后,进行相应移项计算,可求出 σ_{i0}。

上述模型的扩充理论十分简单,对于各向异性复合材料也较为适用。因为在复合材料中纤维的体积分数较大,占主导地位,虽然复杂载荷作用下,某个单向应变能 U 达到 i 方向的 $U_{i\max}$ 值,但是材料并没有像简单试验那样发生破坏,这时基体中的损伤已经饱和,纤维也发生部分断裂,外载荷全部由剩余纤维承担,因而应力-应变曲线基本呈线性关系,以切线加以扩充较为合理。当承载纤维最终发生断裂,引起材料刚度的明显下降,由于这个非线性破坏过程较为短暂,这里没考虑。

4.3.4　J-N-M 模型的加权修正

纤维织物增强复合材料往往具有拉压双模量的特点,即在单轴拉伸或压缩条件下,可以得到不同的应力-应变曲线,在任意拉压混合载荷作用下,准确地预报出材料的有效弹性常数,是解决问题的关键所在。Jones[19] 曾对 ATJ - S 石墨材料不同的拉压特性提出过加权柔度模型,现将它推广到高各向异性的编织复合材料中在沿着材料主方向坐标系(1, 2, 3)中,正交各向异性复合材料的本构关系为

$$\begin{bmatrix} \varepsilon_{11} \\ \varepsilon_{22} \\ \varepsilon_{33} \\ \varepsilon_{23} \\ \varepsilon_{13} \\ \varepsilon_{12} \end{bmatrix} = \begin{bmatrix} S_{11} & S_{12} & S_{13} & 0 & 0 & 0 \\ S_{21} & S_{22} & S_{23} & 0 & 0 & 0 \\ S_{31} & S_{32} & S_{33} & 0 & 0 & 0 \\ 0 & 0 & 0 & S_{44} & 0 & 0 \\ 0 & 0 & 0 & 0 & S_{55} & 0 \\ 0 & 0 & 0 & 0 & 0 & S_{66} \end{bmatrix} \begin{bmatrix} \sigma_{11} \\ \sigma_{22} \\ \sigma_{33} \\ \sigma_{23} \\ \sigma_{13} \\ \sigma_{12} \end{bmatrix} \tag{4.59}$$

式中, S_{ij} 为材料的柔度分量,它们存在 $S_{12} = S_{21}$, $S_{13} = S_{31}$, $S_{23} = S_{32}$ 的对称关系,假设柔度加权后的分量如表 4.1 所示。

表 4.1　加权后的柔度分量

应力状态	柔度分量	应力状态	柔度分量
$\sigma_{11} > 0$	$S_{11} = S_{11t}$	$\sigma_{11} < 0$ 和 $\sigma_{22} > 0$	$S_{12} = K_{12}S_{12c} + K_{21}S_{12t}$
$\sigma_{22} > 0$	$S_{22} = S_{22t}$	$\sigma_{11} > 0$ 和 $\sigma_{33} > 0$	$S_{13} = S_{13t}$
$\sigma_{33} > 0$	$S_{33} = S_{33t}$	$\sigma_{11} < 0$ 和 $\sigma_{33} < 0$	$S_{13} = S_{13c}$
$\sigma_{11} < 0$	$S_{11} = S_{11c}$	$\sigma_{11} > 0$ 和 $\sigma_{33} < 0$	$S_{13} = K_{13}S_{13t} + K_{31}S_{13c}$
$\sigma_{22} < 0$	$S_{22} = S_{22c}$	$\sigma_{11} < 0$ 和 $\sigma_{33} < 0$	$S_{13} = K_{13}S_{13c} + K_{31}S_{13t}$
$\sigma_{33} < 0$	$S_{33} = S_{33c}$	$\sigma_{22} > 0$ 和 $\sigma_{33} > 0$	$S_{23} = S_{23t}$
$\sigma_{11} > 0$ 和 $\sigma_{22} > 0$	$S_{12} = S_{12t}$	$\sigma_{22} < 0$ 和 $\sigma_{33} < 0$	$S_{23} = S_{23c}$
$\sigma_{11} < 0$ 和 $\sigma_{22} < 0$	$S_{12} = S_{12c}$	$\sigma_{22} > 0$ 和 $\sigma_{33} < 0$	$S_{23} = K_{23}S_{23t} + K_{32}S_{23c}$
$\sigma_{11} > 0$ 和 $\sigma_{22} < 0$	$S_{12} = K_{12c}S_{12t} + K_{21}S_{12c}$	$\sigma_{22} < 0$ 和 $\sigma_{33} > 0$	$S_{23} = K_{23}S_{23c} + K_{32}S_{23t}$

$$K_{12} = |\sigma_{11}| / (|\sigma_{11}| + |\sigma_{22}|),\ K_{21} = |\sigma_{22}| / (|\sigma_{11}| + |\sigma_{22}|)$$

$$K_{13} = |\sigma_{11}| / (|\sigma_{11}| + |\sigma_{33}|),\ K_{31} = |\sigma_{33}| / (|\sigma_{11}| + |\sigma_{33}|)$$

$$K_{23} = |\sigma_{22}| / (|\sigma_{22}| + |\sigma_{33}|),\ K_{32} = |\sigma_{33}| / (|\sigma_{22}| + |\sigma_{33}|)$$

式中，S_{ijt} 为拉伸载荷下的柔度分量；S_{ijc} 为压缩载荷下的柔度分量；K_{ij} 为加权系数，它既保证柔度矩阵的对称性，同时又反映出不同加载路径下的柔量变化。S_{44}、S_{55}、S_{66} 分别是剪切模量 G_{23}、G_{31}、G_{12} 的倒数，G_{23}、G_{31}、G_{12} 为通过试验测得的。

4.3.5 J－N－M 模型的高温扩充理论

在已建立的常温本构方程的基础上，考虑材料弹性模量与温度的关系，建立材料的高温本构关系模型，即

$$E(\varepsilon) = e^{-\beta\Delta T}A\left[1 - B\left(\frac{U}{U_0}\right)^C\right] \tag{4.60}$$

式中，$\Delta T = T - 20$，β 与 ΔT 近似成线性关系：

$$E(\varepsilon) = e^{-a\Delta T-b}A\left[1 - B\left(\frac{U}{U_0}\right)^C\right] \tag{4.61}$$

式中，a、b 是通过试验数据计算得到的系数。

4.3.6 3D C/C 复合材料的 J－N－M 模型建模

通过试验获取某一典型 3D C/C 复合材料在简单载荷状态下主轴方向的应力-应变曲线如图 4.10(a)所示。运用材料主轴方向简单载荷状态下的应力-应变试验结果拟合该材料 J－N－M 本构模型参数，如表 4.2 所列。

表 4.2 3D C/C 复合材料室温 J－N－M 本构方程参数拟合

载荷 \ 参量	A	B	C	U_{max}	m	σ_0
拉伸	4.70×10^{10}	3.975×10^{-18}	3.450	8.160×10^4	9.682×10^9	5.554×10^7
压缩	3.65×10^{10}	7.890×10^{-5}	0.584	1.102×10^5	2.9316×10^9	7.750×10^7

利用拟合 J－N－M 模型，计算偏轴 30°和 45°拉伸作用下的应力-应变曲线如图 4.10(b)所示。从图中可以看出，在 30°偏轴载荷作用下的应力-应变曲线所表现出的强度要比材料在与 45°偏轴载荷作用下的强度高，并且相应的弹性性能也更高。这表明，在一定角度下，随着偏轴角度增高，材料的剪切应力分量也会增大，而材料在单轴作用下的剪切性能较拉伸和压缩性能低，材料才会出现

随偏轴角度增大而弹性性能和强度值都随之降低的变化趋势。

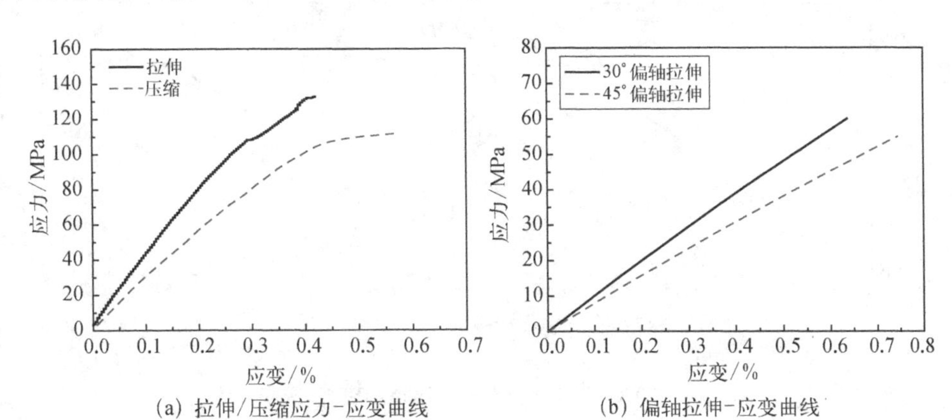

(a) 拉伸/压缩应力-应变曲线　　(b) 偏轴拉伸-应变曲线

图4.10　3D C/C复合材料室温不同应力状态下的典型应力-应变曲线

图4.11(a)所示为前述3D C/C复合材料主方向的高温单轴拉伸应力-应变曲线。运用主轴方向的单轴加载应力-应变试验结果拟合该材料的高温J-N-M本构模型参数，如表4.3所示。利用拟合得到的模型参数，分别计算得到在1 000℃和1 500℃下该3D C/C复合材料的应力-应变关系曲线，如图4.11(b)所示。

表4.3　3D C/C复合材料的高温J-N-M本构方程参数拟合

参数＼温度	a	b
1 000℃	-1.073×10^{-4}	6.291×10^{-2}
1 500℃	2.323×10^{-4}	-3.270×10^{-1}

借鉴以往不同C/C复合材料的高温力学性能研究结果，碳基复合材料的力学性能往往会随着温度升高而增大。这主要与材料的碳纤维组分相性能有关，碳纤维的性能会出现在不同的温度时，随温度先增大后减小的变化规律，所以C/C复合材料的宏观力学性能也会表现出上述的高温性能关系。因此，材料的组分性能决定了材料的宏观力学性能，但是材料的组分性能虽然会随温度出现先增大后减小的关系，由于碳纤维的力学性能在高温的有效性能变化与室温相比较变化并不大，因而高温下的材料应力-应变关系与常温作用下相比区别不大。

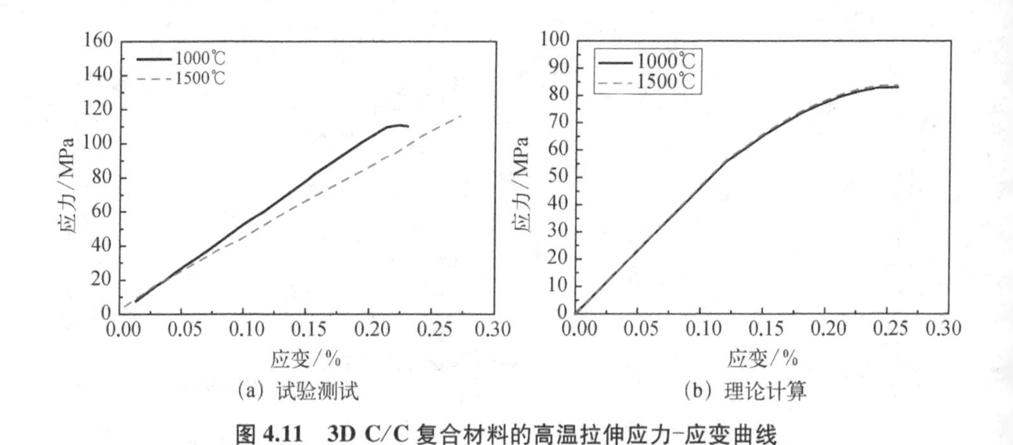

(a) 试验测试 (b) 理论计算

图 4.11 3D C/C 复合材料的高温拉伸应力-应变曲线

4.4 基于连续介质损伤理论的宏观非线性本构模型

4.4.1 损伤与残余应变演化建模

依据不可逆热力学框架和连续介质损伤力学理论,来构建描述热结构材料损伤演化的本构模型[22-25]。在进行本构建模之前,先给出如下假设和近似:① 小变形假设,材料在等温条件下受静态载荷产生小变形;② 面内损伤假设,面外载荷对面内损伤的影响可以忽略;③ 正交各向异性假设,损伤后的材料仍以纤维编织方向为坐标轴,保持正交各向异性;④ 损伤-弹性材料假设,在损伤不发生扩展的条件下,材料保持为线弹性。此外,本书采用 Voigt 记法,下标 1 对应张量的 11 分量,下标 2 对应 22 分量,下标 6 对应工程方法表示的 12 分量;采用粗体表示张量,常规字体表示标量或张量的分量,下标 $\underline{i}$ i 表示哑标不求和。

依据前文的试验可知,在特定的名义应力 σ 下,材料的应变可以分为弹性应变 ε^{e} 和塑性应变 ε^{p} 两部分,如式(4.62)所示,这将本构建模问题分解成了损伤建模与非弹性应变建模两部分:

$$\varepsilon = \varepsilon^{e} + \varepsilon^{p} \tag{4.62}$$

1. 损伤演化

在上述假设下,采用一组标量 ω_i $(i=1,\ 2,\ 6)$ 来表征材料的损伤,利用复合材料主轴方向的柔度变化定义,即

$$\omega_i = \frac{\Delta S_{\underline{ii}}}{S_{\underline{ii}}^0} = \frac{S_{\underline{ii}}^{\mathrm{d}} - S_{\underline{ii}}^0}{S_{\underline{ii}}^0} \tag{4.63}$$

式中，$S_{\underline{ii}}^0$ 为材料的初始柔度系数；$S_{\underline{ii}}^{\mathrm{d}}$ 为损伤后材料的柔度系数，两者的关系为

$$S_{\underline{ii}}^{\mathrm{d}} = S_{\underline{ii}}^0 + \Delta S_{\underline{ii}} = (1 + H(\hat{\sigma}_i)\,\omega_i)\,S_{\underline{ii}}^0 \tag{4.64}$$

式中，$H(x)=1,\ x\geqslant 0$；$H(x)=0,\ x<0$，用来表征压缩载荷下的损伤钝化效应；$\hat{\sigma}_i$ 为损伤钝化指示应力，与材料内的残余热应力水平 σ^{r} 相关，定义为

$$\hat{\sigma}_i = \sigma_i - \sigma^{\mathrm{r}} \tag{4.65}$$

柔度系数交叉项与材料泊松比相关，其变化不伴随能量的耗散，故不为其定义损伤状态变量，认为其在材料损伤中保持为常数。材料发生损伤后，其刚度系数与柔度系数互逆，即

$$C^{\mathrm{d}} = [S^{\mathrm{d}}]^{-1} \tag{4.66}$$

定义等效损伤参数为损伤退化后的弹性模量与初始模量之比：

$$d_i = \frac{E_i^{\mathrm{d}}}{E_i^0},\ i = 1,\ 2;\ d_6 = \frac{G_{12}^{\mathrm{d}}}{G_{12}^0} \tag{4.67}$$

依据应变能等效假设，给出材料的名义应力及损伤状态变量表达的 Gibbs 自由能为

$$\begin{aligned}\Phi = \frac{1}{2}[&S_{11}^0(1 + H(\hat{\sigma}_1)\,\omega_1)\,\sigma_1^2 + 2S_{12}^0\sigma_1\sigma_2 \\ &+ S_{22}^0(1 + H(\hat{\sigma}_2)\,\omega_2)\,\sigma_2^2 + S_{66}^0(1 + \omega_6)\,\sigma_6^2]\end{aligned} \tag{4.68}$$

将自由能对名义应力求导，可以得到材料的本构关系，即

$$\varepsilon^{\mathrm{e}} = \left.\frac{\partial \Phi}{\partial \sigma}\right|_{\omega_i} = S^{\mathrm{d}} : \sigma \tag{4.69}$$

将自由能对损伤状态变量求导，可以给出损伤的热力学驱动力，如式(4.70)所示。热力学力表达了损伤扩展中每单位体积释放的能量，损伤与热力学力必须满足热力学不可逆定律，即如式(4.71)所示的克劳修斯不等式。

$$Y_i = \left.\frac{\partial \Phi}{\partial \omega_i}\right|_{\sigma_i} \tag{4.70}$$

$$\sum Y_i \cdot \mathrm{d}\omega_i \geqslant 0 \tag{4.71}$$

克劳修斯不等式限定了材料的损伤耗散势必须为外凸函数，损伤耗散势函数定义为

$$F = F(Y_i,\ \omega_i) \tag{4.72}$$

利用试验数据拟合给出损伤准则，对每个变量，定义如下损伤演化准则：

$$F_i = \omega_i - f_i(\langle \underline{Y_i^*} - Y_i^0 \rangle) \tag{4.73}$$

式中，$\underline{x}$ 表示所有加载历程中的最大值，用来考虑损伤不可逆效应；$\langle x \rangle = (x + |x|)/2$；$Y_i^0$ 为损伤萌生所对应的热力学力，用以考虑材料初始的线弹性特征；Y_i^* 为考虑损伤之前的耦合而建立的等效热力学力。

在建立等效热力学力的过程中，本章首先参考了文献[25]的建模方法（记为模型Ⅰ），给出等效热力学力的表达式如下：

$$Y_i^* = \tilde{Y}_i + \sum_{j=1,\ 2,\ 6,\ j\neq i} (g_{ij}(\underline{Y_j})\ \tilde{Y}_j),\ i = 1,\ 2 \tag{4.74}$$

$$Y_6^* = \tilde{Y}_6 + \sum_{j=1,\ 2} (g_{6j}(\underline{Y_j})\ \tilde{Y}_j) - g_c(|Z|)\ Y_c \tag{4.75}$$

式中，标量函数 g_{ij} 量化了 j 方向的热力学力对 i 方向热力学力的贡献，即损伤模式之间的耦合效应；标量函数 f_c 量化了体积静水压力 $Z = \sigma_1 + \sigma_2$ 对剪切损伤演化的抑制作用，Y_c 是对应的热力学力，定义为

$$Y_C = \frac{1}{2} H(-Z)\ Z^2 S_{11}^0 \tag{4.76}$$

$\tilde{Y}_i$ 为有效热力学力，定义如式(4.77)所示，主要考虑正应力部分，避免负应力下的材料伪损伤扩展。

$$\begin{aligned} \tilde{Y}_i &= H(\sigma_i)\ Y_i,\ i = 1,\ 2 \\ \tilde{Y}_6 &= Y_6 \end{aligned} \tag{4.77}$$

复合材料损伤演化往往还与应力比例存在关联，这也是复杂应力状态下准确描述复合材料本构行为相对困难的原因所在。在模型Ⅰ的基础上，提出了改进模型（记为模型Ⅱ），考虑损伤在不同材料方向上演化出现的各向异性，将损伤耦合效应定义为载荷方向的函数，进而提升复杂应力状态下模型预测的准确性。具体如下：对于 1 方向与 2 方向损伤的耦合效应，定义双轴载荷比例因子

l_{12} 为

$$l_{12} = \frac{\sigma_1 + \sigma_2}{\sqrt{\sigma_1^2 + \sigma_2^2}} \tag{4.78}$$

类似地,定义

$$l_{16},\ l_{61} = \frac{\sigma_1 + \sigma_2 + \sigma_6}{\sqrt{\sigma_1^2 + \sigma_2^2 + \sigma_6^2}} \tag{4.79}$$

并将损伤耦合效应函数定义为载荷比例因子的函数,即

$$g_{ij} = g_{ij}(l_{ij}) \tag{4.80}$$

2. 非弹性应变演化

利用有效应力 $\tilde{\sigma}$ 的概念来建立非弹性应变与外载荷之间的关系。依据有效应力假设,给出有效应力与名义应力之间的关系为

$$\tilde{\sigma} = C^0 : \varepsilon^{\mathrm{e}} \tag{4.81}$$

依据非弹性应变的屈服面满足各向同性硬化,将限制弹性域的屈服面表达为

$$y_{\mathrm{s}} = \sqrt{r_1^2\tilde{\sigma}_1^2 + r_2^2\tilde{\sigma}_2^2 + r_6^2\tilde{\sigma}_6^2} - \kappa(\bar{\varepsilon}^{\mathrm{p}}) \tag{4.82}$$

式中,$\kappa(\bar{\varepsilon}^{\mathrm{p}})$ 为应变硬化函数,$\bar{\varepsilon}^{\mathrm{p}}$ 为等效塑性应变。

依据塑性流动法则,非弹性应变的演化可以定义为

$$\mathrm{d}\varepsilon_i^{\mathrm{p}} = \mathrm{d}\lambda \frac{\partial y_{\mathrm{s}}}{\partial \tilde{\sigma}_i} \tag{4.83}$$

式中,$\mathrm{d}\lambda$ 采用式(4.84)所示的一致性条件导出:

$$y_{\mathrm{s}} = \mathrm{d}y_{\mathrm{s}} = 0 \tag{4.84}$$

塑性加载条件为

$$\mathrm{d}\lambda > 0 \tag{4.85}$$

加载过程中的塑性耗散为

$$\mathrm{d}W^{\mathrm{p}} = \mathrm{d}\tilde{\sigma} : \mathrm{d}\varepsilon^{\mathrm{p}} = \bar{\tilde{\sigma}}\mathrm{d}\bar{\varepsilon}^{\mathrm{p}} \tag{4.86}$$

式中，$\bar{\tilde{\sigma}}$ 为等效有效应力，即 $\bar{\tilde{\sigma}} = \sqrt{r_1^2\tilde{\sigma}_1^2 + r_2^2\tilde{\sigma}_2^2 + r_6^2\tilde{\sigma}_6^2}$。将式(4.83)代入公式(4.86)并化简，可得

$$d\bar{\varepsilon}^p = d\lambda \tag{4.87}$$

将式(4.83)自相乘，可得

$$d\bar{\varepsilon}^p = \sqrt{\sum_{i=1,2,6}\left(\frac{d\varepsilon_i^p}{r_i}\right)^2} \tag{4.88}$$

参数 r_i 的引入是为了考虑剪切载荷引起的塑性屈服面出现的各向异性，定义 r_i 为应力空间中加载方向与剪切轴之间的夹角的函数：

$$\theta_6 = \arccos\left(\frac{|\sigma_6|}{\sqrt{\sigma_1^2 + \sigma_2^2 + \sigma_6^2}}\right) \tag{4.89}$$

$$r_i = r_i(\theta_6) \tag{4.90}$$

且考虑材料的对称性，r_1 与 r_2 具有相同的表达形式。

4.4.2 本构模型的参数辨识

1. 损伤演化函数

利用试验数据来辨识本构模型中的参数。首先采用简单载荷下的力学试验结果，来拟合损伤演化函数 f_1 与 f_6。利用名义应力计算热力学力，利用卸载模量的变化计算损伤状态变量，给出热力学力与损伤状态变量之间的关系。利用数据拟合可以给出损伤演化函数的表达式如式(4.91)和式(4.92)所示，其中 sign(x)为符号函数，以引入体积压缩状态下的剪切模量强化效应。

$$\omega_1 = a_1\left(\langle \underline{Y_i^*} - Y_i^0\rangle / Y^s\right)^{b_1} \tag{4.91}$$

$$\omega_6 = a_6\left(\langle \underline{Y_i^*} - Y_i^0\rangle / Y^s\right)^{b_6} \times \text{sign}(g_c) \tag{4.92}$$

式中，$Y^s = 1$ MPa。

利用偏轴加载试验结果来拟合损伤耦合函数 g_{ij}，具体方法为利用式(4.74)与式(4.75)计算等效热力学力，利用式(4.91)和式(4.92)计算对应的损伤，利用式(4.69)计算对应的弹性应变，利用计算得出的弹性应变与不同偏轴角度下的试验结果之间的差异最小化作为目标函数，将参数 g_{ij} 作为优化变量，利用优化算法对参数 g_{ij} 进行求解；利用式(4.78)和式(4.79)求解对应的载荷因子，给出 g_{ij} 与载荷因子间的关系。利用多项式拟合给出依赖于应力状态的损伤耦合函数

表达式,损伤耦合系数与应力比例因子近似呈线性关系:

$$g_{12} = a_{12}l_{12}^2 + b_{12}l_{12} + c_{12} \tag{4.93}$$

$$g_{16} = b_{16}l_{16} + c_{16},\ g_{61} = b_{61}l_{61} + c_{61} \tag{4.94}$$

2. 非弹性应变演化函数

利用简单拉伸与面内剪切试验来获取复合材料的等效塑性屈服面函数,利用试验中得出的弹性应变结合式(4.81)计算等效应力,给出非弹性应变与等效应力的关系,数据拟合给出塑性屈服面的表达式:

$$\kappa(\bar{\varepsilon}^{\mathrm{p}}) = \sigma_0^{\mathrm{p}} + \beta(\bar{\varepsilon}^{\mathrm{p}})^{\gamma} \tag{4.95}$$

为分析非弹性应变演化在有效应力空间中的各向异性,利用偏轴加载试验(或双轴加载试验)的弹性应变,计算试验对应的等效应力;进而利用屈服面函数式(4.82)可以对非弹性应变分量进行求解;利用求解结果与试验结果间的差异最小化,优化参数 r_i;利用式(4.89)求解 θ_6,给出两者的关系,进而利用二次函数进行数据拟合。

4.4.3　2D C/SiC 复合材料非线性损伤模型建模

试验获取某一典型 2D C/SiC 复合材料主轴方向简单载荷状态下的应力应变曲线如图 4.12 所示。从图中可以看出,简单载荷下所研究的 C/SiC 复合材料力学行为具备如下特征:① 两种载荷下材料随着载荷的增加均表现出明显的软化与非线性特征,仅在材料的第一个加载循环内(20 MPa),加卸载曲线曲率基本一致,表现出一定的线弹性特征,依据图 4.12 所示的模量估计方法,材料在受

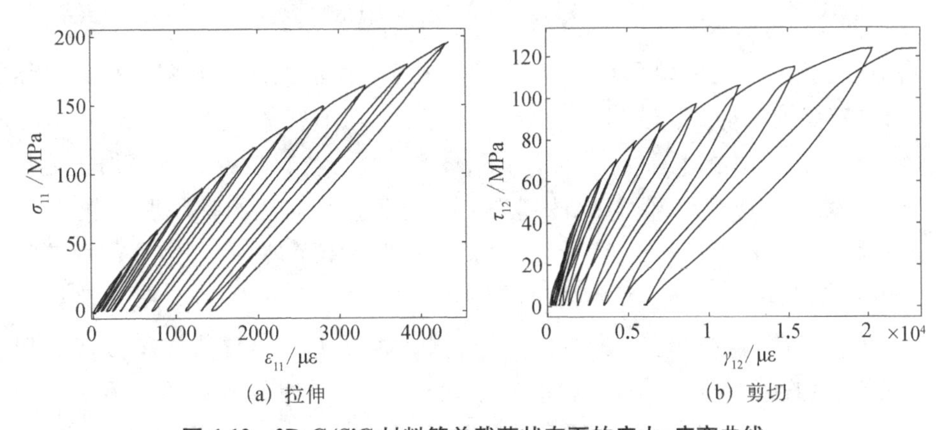

图 4.12　2D C/SiC 材料简单载荷状态下的应力-应变曲线

载过程中模量不断降低;② 材料在卸载后出现明显的不可逆塑性应变,该应变随着载荷的增加而逐渐增加,且塑性应变的增量随着载荷的增加而增加;③ 加载卸载中,应力-应变曲线构成了一个滞回环,广大学者认为这是由张开的微裂纹相互摩擦导致的能量耗散引起的;④ 加载卸载后,重新加载曲线能够包络原曲线,说明损伤在卸载过程中并未发生扩展;⑤ 材料剪切非线性特征强于拉伸,其破坏应变也高于拉伸破坏。在邻近材料破坏时,应力应变曲线趋向于水平,说明材料发生滑移失稳破坏。

基于简单载荷下的力学试验结果,利用名义应力计算热力学力,利用卸载模量的变化计算损伤状态变量,给出两者之间的关系,如图 4.13 所示。

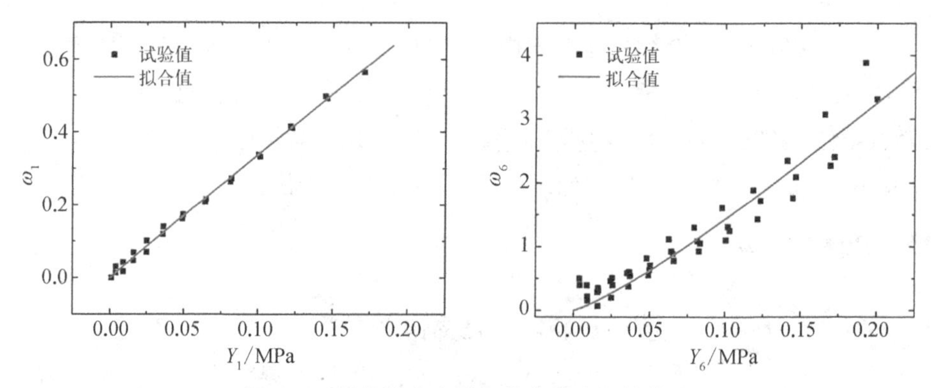

图 4.13　损伤状态变量与热力学力间的关系

利用数据拟合可以给出损伤演化函数的表达式:

$$\omega_1 = a_1 (\langle \underline{Y_i^*} - Y_i^0 \rangle / Y^s)^{b_1},\ a_1 = 3.548,\ b_1 = 1.027 \tag{4.96}$$

$$\omega_6 = a_6 (\langle \underline{Y_i^*} - Y_i^0 \rangle / Y^s)^{b_6},\ a_6 = 21.89,\ b_6 = 1.185 \tag{4.97}$$

试验获取上述典型 2D C/SiC 复合材料 10°偏轴拉伸、30°偏轴拉伸与压缩和 45°偏轴拉伸载荷下各应力分量与应变关系曲线如图 4.14~图 4.16 所示。从图中可以看出偏轴载荷作用下,C/SiC 复合材料具备如下损伤演化特征:① 偏轴拉伸载荷下,材料的损伤演化与非弹性应变的扩展明显快于 0°拉伸及面内剪切,材料在更低的载荷水平下即发生了破坏,多轴拉伸载荷的作用下,损伤扩展加快;② 在偏轴拉伸载荷下,2 方向上应力水平较低,但也已经出现了明显的退化与非弹性变形,据此判断 1 方向载荷对 2 方向损伤演化起到加速的作用;③ 在压/剪耦合状态下,材料的剪切破坏载荷明显高于拉/剪状态。体积压力作用下,剪切损伤受到了抑制。与此同时,材料 1、

2 方向仍发生了损伤与非弹性变形，说明剪切载荷对材料主轴方向的损伤也起到了促进作用。

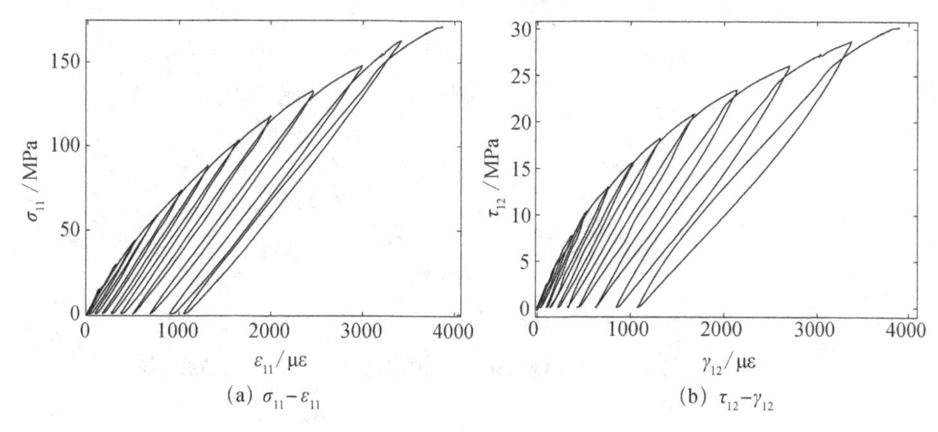

(a) $\sigma_{11}-\varepsilon_{11}$　　(b) $\tau_{12}-\gamma_{12}$

图 4.14　2D C/SiC 材料 10°偏轴拉伸应力-应变曲线

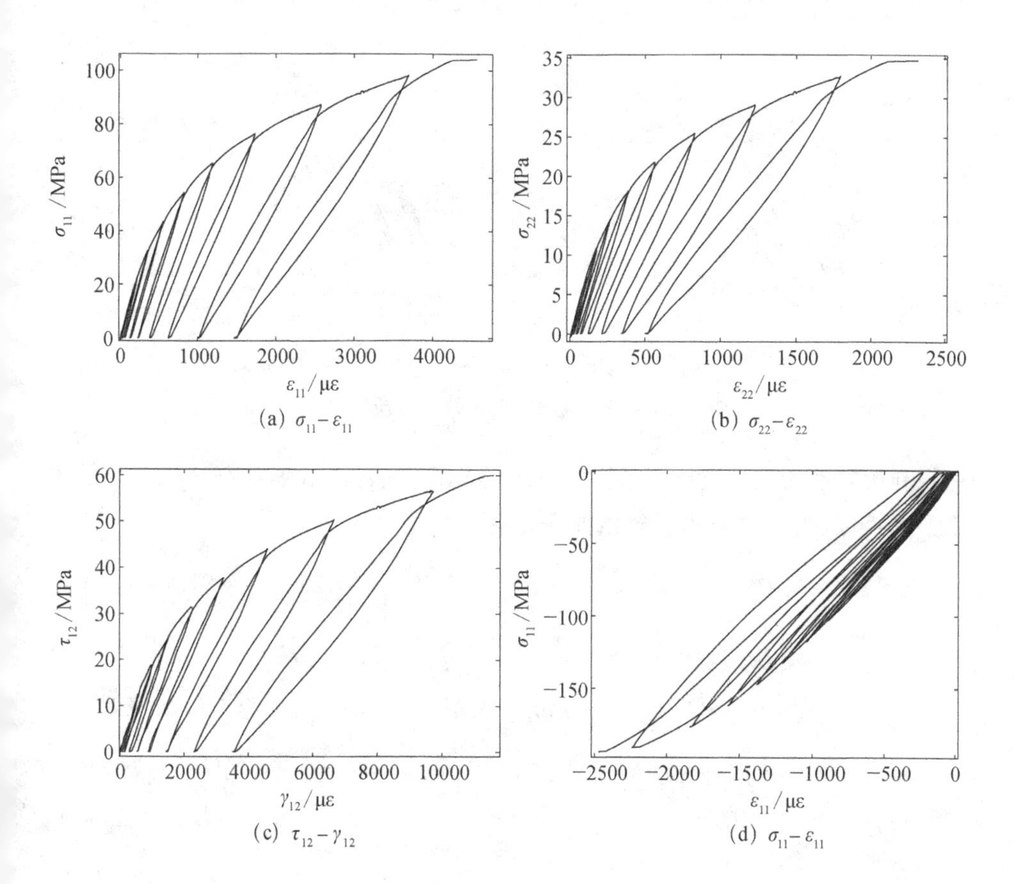

(a) $\sigma_{11}-\varepsilon_{11}$　　(b) $\sigma_{22}-\varepsilon_{22}$

(c) $\tau_{12}-\gamma_{12}$　　(d) $\sigma_{11}-\varepsilon_{11}$

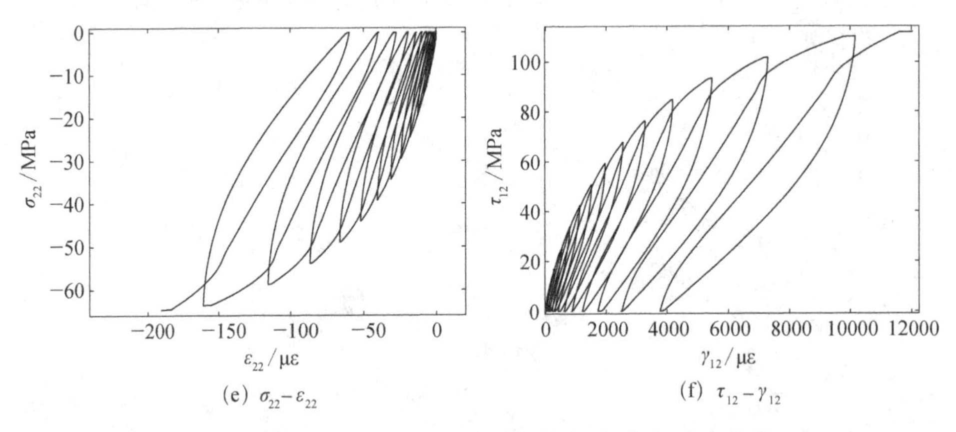

(e) $\sigma_{22}-\varepsilon_{22}$ (f) $\tau_{12}-\gamma_{12}$

图 4.15 2D C/SiC 材料 30°偏轴拉伸/压缩应力-应变曲线

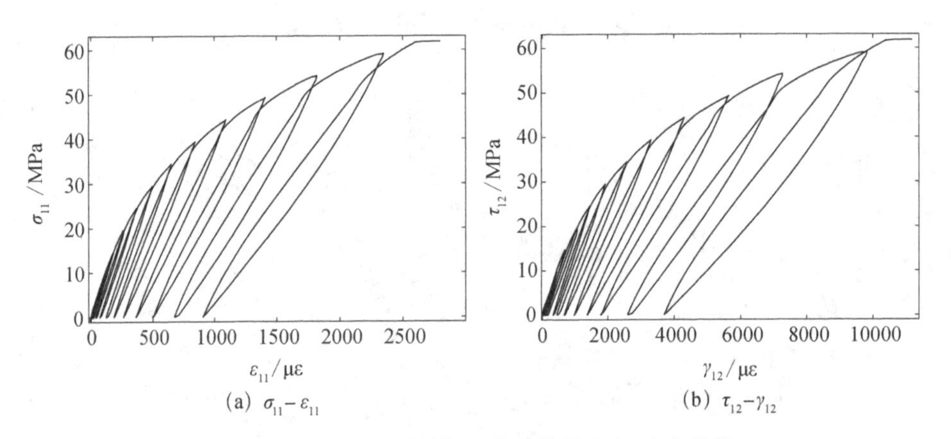

(a) $\sigma_{11}-\varepsilon_{11}$ (b) $\tau_{12}-\gamma_{12}$

图 4.16 2D C/SiC 材料 45°偏轴拉伸应力-应变曲线

利用偏轴加载试验结果来拟合损伤耦合函数 g_{ij}，给出 g_{ij} 与载荷因子间的关系如图 4.17 所示，数据拟合给出如下关系：

$$g_{12}=a_{12}l_{12}^2+b_{12}l_{12}+c_{12},\ a_{12}=22.95,\ b_{12}=97.28,\ c_{12}=97.58 \tag{4.98}$$

$$g_{16}=b_{16}l_{16}+c_{16},\ b_{16}=4.713,\ c_{16}=-0.7191 \tag{4.99}$$

$$g_{61}=b_{61}l_{61}+c_{61},\ b_{61}=5.772,\ c_{61}=-5.762 \tag{4.100}$$

利用试验得出的弹性应变及式(4.81)计算等效应力，并给出简单拉伸与面内剪切载荷下，两者的关系如图 4.18 所示。利用该数据，可以给出塑性屈服面的表达式：

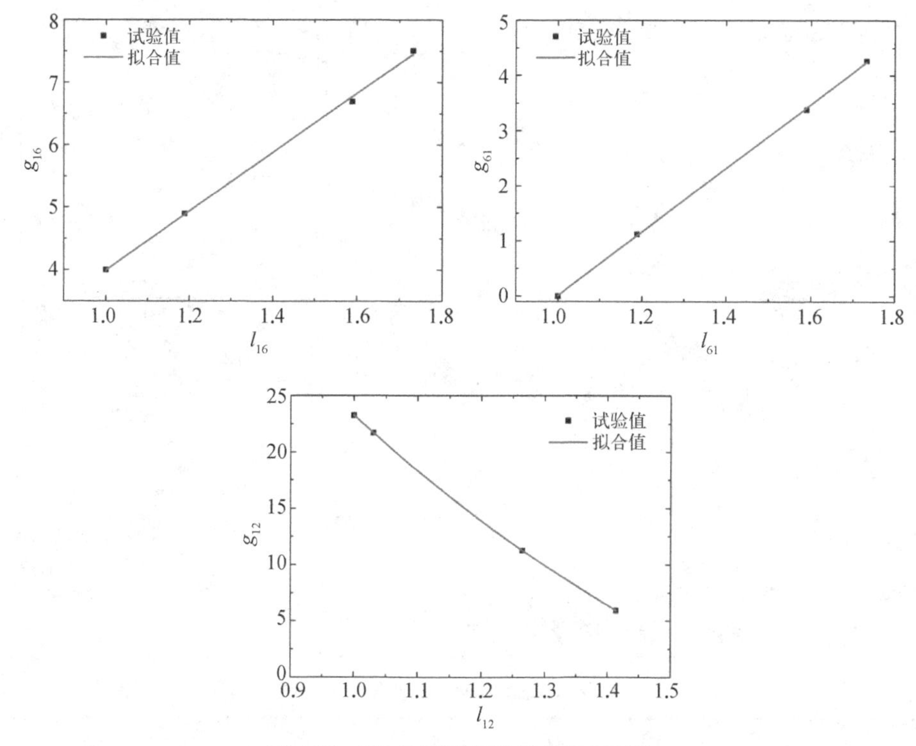

图 4.17　2D C/SiC 材料损伤耦合函数

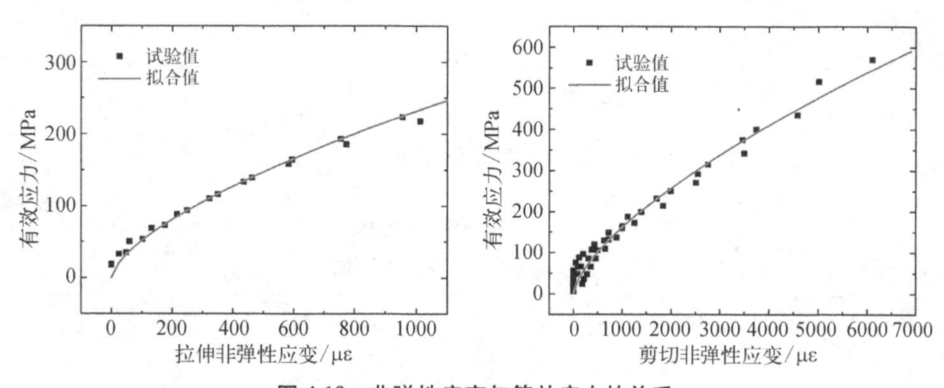

图 4.18　非弹性应变与等效应力的关系

$$\kappa(\bar{\varepsilon}^{\mathrm{p}}) = \sigma_0^{\mathrm{p}} + \beta(\bar{\varepsilon}^{\mathrm{p}})^{\gamma} \tag{4.101}$$

针对偏轴加载试验，已知试验对应的等效应力，利用屈服面函数可以对非弹性应变分量进行求解，利用求解结果与试验结果间的差异最小化，优化参数 r_i，利用公式求解 θ_6，给出两者的关系如图 4.19 所示。利用二次函数进行数据拟合

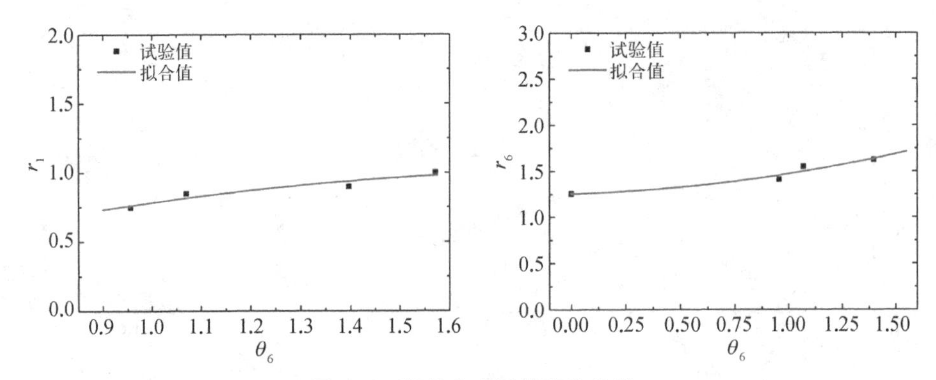

图 4.19 塑性各向异性演化参数

给出：

$$r_1 = a_{mm}\theta_6^2 + b_{mm}\theta_6 + c_{mm} \tag{4.102}$$

$$r_6 = a_{nn}\theta_6^2 + b_{nn}\theta_6 + c_{nn} \tag{4.103}$$

2D C/SiC 复合材料模型参数汇总如表 4.4 所示。

表 4.4 2D C/SiC 材料的损伤本构模型参数汇总表

函数	参数	数值	单位
f_1	a_1	3.548	1
	b_1	1.027	1
f_6	a_6	21.89	1
	b_6	1.185	1
g_{12}	a_{12}	22.95	1
	b_{12}	97.27	1
	c_{12}	97.58	1
g_{16}	b_{16}	4.713	1
	c_{16}	0.719 1	1
g_{61}	b_{61}	5.772	1
	c_{61}	5.762	1
κ	σ_0^{p}	35.00	MPa
	β	3.938×10^4	MPa
	γ	0.774 4	1

（续表）

函　数	参　数	数　值	单　位
r_1	a_{mm}	−0.280 7	1
	b_{mm}	1.064	1
	c_{mm}	0	1
r_6	a_{nn}	0.143 7	1
	b_{nn}	0.722×10^{-1}	1
	c_{nn}	1.256	1

将简单载荷和 30°偏轴拉伸载荷的应力-应变模型计算结果与试验结果对比如图 4.20 和图 4.21 所示，两种载荷条件下，试验结果与模拟结果均吻合良好。

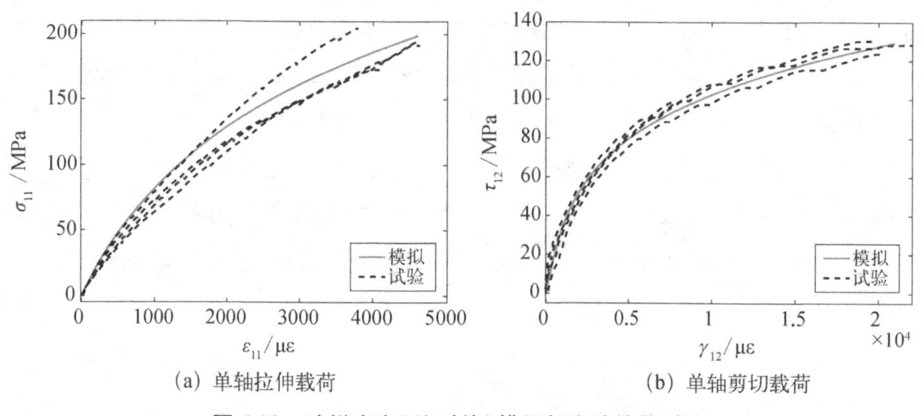

（a）单轴拉伸载荷　　（b）单轴剪切载荷

图 4.20　试样应变（绝对值）模拟与实验结果对比

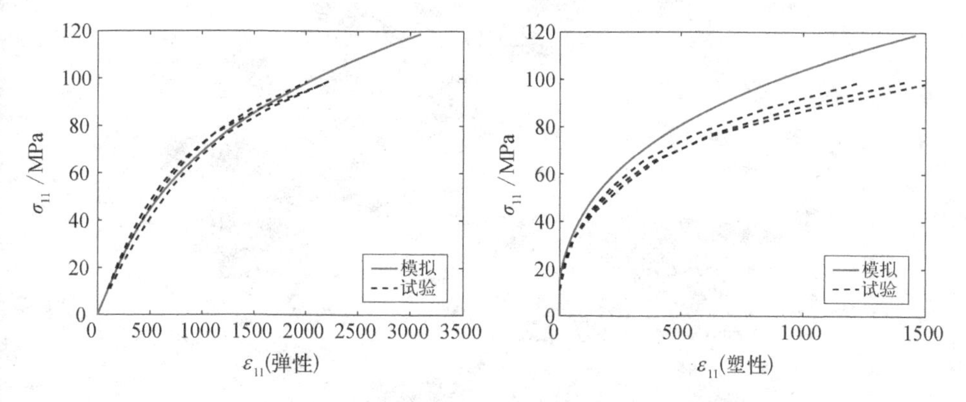

图 4.21　偏轴拉伸载荷试样应变（绝对值）模拟与实验结果对比

4.4.4 2D C/SiC 复合材料非线性损伤模型的试验验证

在梁的纯弯曲试验中，C/SiC 梁试样的一侧受拉伸应力，材料发生损伤退化；另一侧受压缩应力，材料不损伤。这导致 C/SiC 材料在同一个试样中表现出拉压弹性模量不等的特征，进而影响两侧的应变响应。利用这种特性，开展材料的弯曲试验和模拟，进而完成本构模型的有效性验证。

1. 试验方法

为验证所建立的本构模型在预测复杂载荷条件下的有效性，利用尺寸为 4 mm×9 mm×36 mm 的 C/SiC 梁进行了四点弯曲试验。试验中支撑跨距为 30 mm，加载压头跨距为 15 mm。在试样的中部上下表面粘贴了电阻应变片，以获取试样应变响应。

2. 有限元模型

依据试验方法，利用商业有限元软件 ABAQUS 建立 C/SiC 梁的有限元分析模型，如图 4.22 所示。考虑对称性建立了 C/SiC 梁的 1/2 模型，采用刚体模拟压头，压头与试样之间采用无摩擦硬接触模拟，在底部的两个压头施加固定约束边界，在上方两个压头使用位移加载，加载条件与实验一致。C/SiC 梁采用 C3D20R 二次减缩积分单元划分，在接触位置与上下表面进行了网格细化，共划分 14 256 个单元。网格无关性研究表明该网格密度已足够满足分析要求。利用该模型，获取试验条件下的应变与加载载荷的模拟数据。

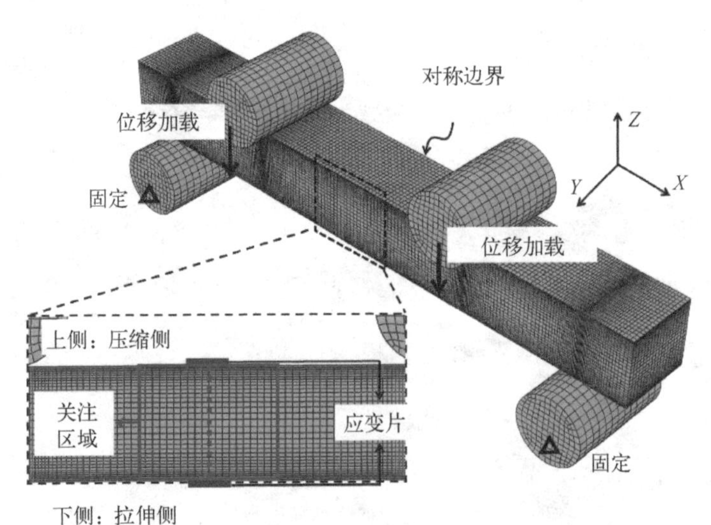

图 4.22 C/SiC 四点弯曲梁有限元分析模型

3. 分析结果

提取图 4.22 所示位置的试样拉伸侧与压缩侧的应变模拟结果,与试验数据的对比如图 4.23 所示(利用#S 表示模拟结果),从图中可以看出: ① 拉伸应变响应随着载荷增加表现出了明显的非线性特征,说明材料发生软化;压缩应变也表现出非线性,与拉伸侧模量退化相关;② 模拟结果与试验结果吻合良好,可以验证分析结果的有效性。

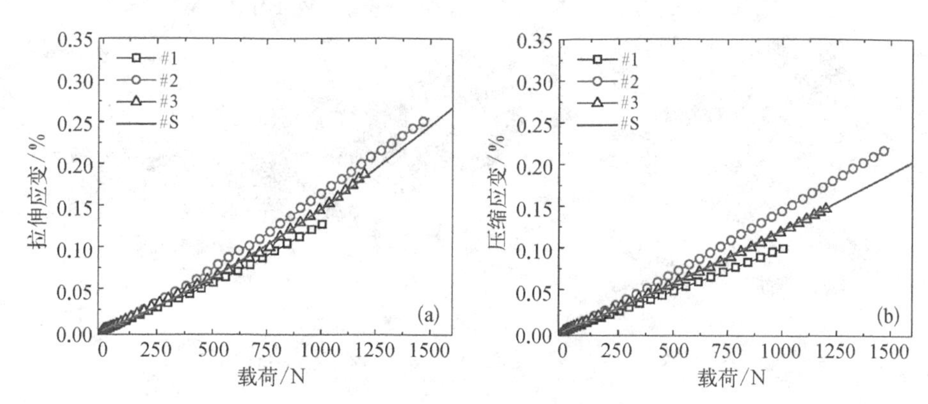

图 4.23　试样应变(绝对值)模拟与实验结果对比

图 4.24 给出了图 4.22 所示中心线位置上的材料模量与载荷之间的关系。随着载荷的增加,拉伸侧模量逐渐降低,损伤逐渐向压缩侧扩展。并且,在材料中的拉压界面转换位置,材料的层间剪切应力达到最高。由于二维 C/SiC 材料层间性能较弱,层间破坏的位置即指示了材料的中性面位置。将模拟得出的中性面位置与试验中破坏位置对比,如图 4.25 所示。模拟表明材料中性面逐渐向压缩侧移动,外载荷为 1 200 N 时,中性面约占试样厚度的 43.2%,试验结果约为 46.6%,两者之间的差异在二维 C/SiC 材料单层碳布的厚度内,可以认为模型准确地模拟了 C/SiC 材料在弯曲载荷下表现出的双模量特征。

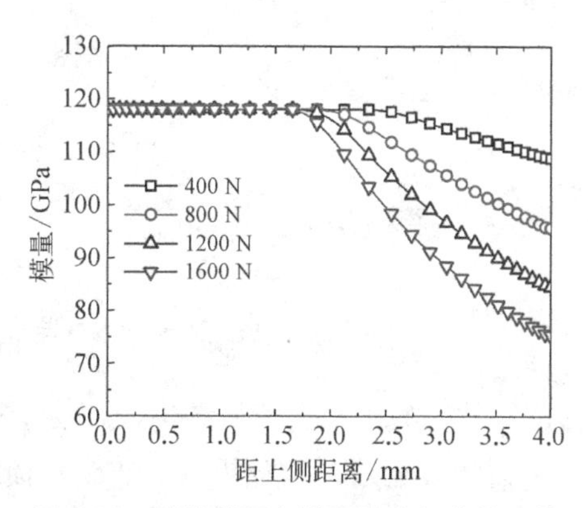

图 4.24　试样截面上模量随着加载的退化

利用上述模型,对中心线上的应力进行了分析,并与线弹性模拟预测的结果进行了对比分析,结果如图 4.26 所示。从图 4.26 可以看出,线弹性模量低估了压缩侧的应力水平,而高估了拉伸侧的应力水平。这带来了两方面的影响:

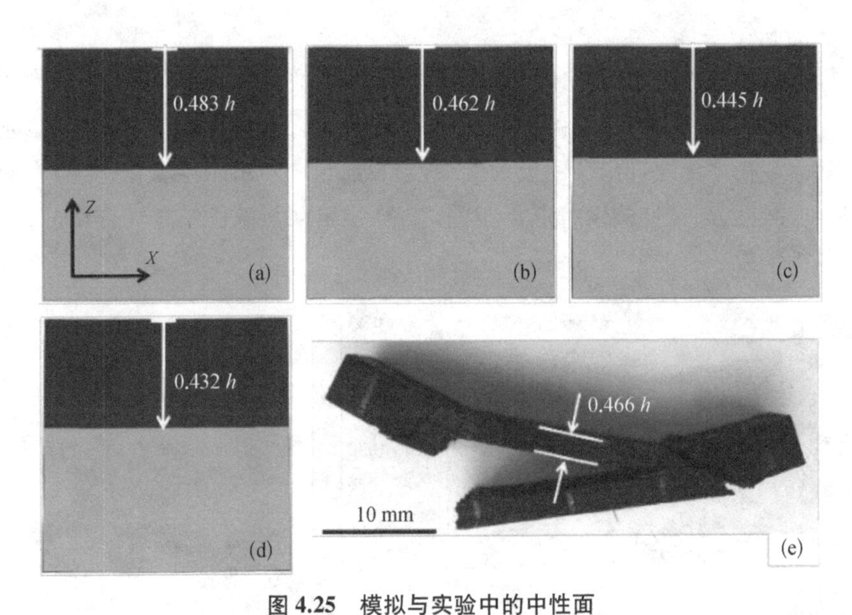

图 4.25　模拟与实验中的中性面

(a) 400 N;(b) 800 N;(c) 1 200 N;(d) 1 600 N;(e) 试样破坏

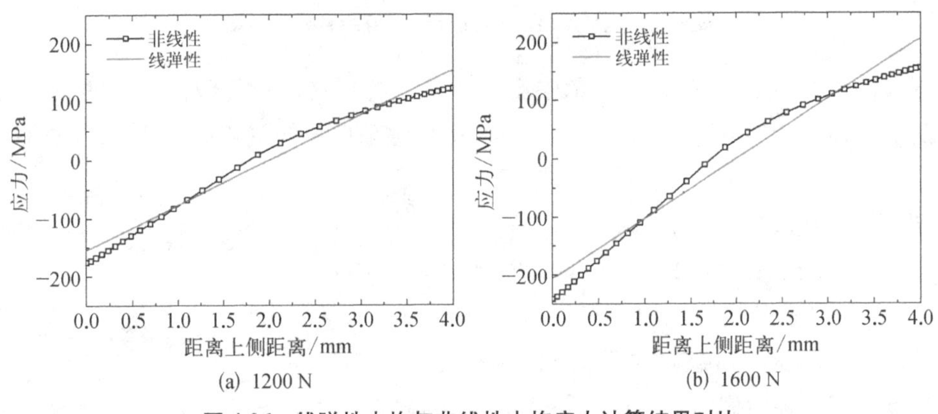

图 4.26　线弹性本构与非线性本构应力计算结果对比

① 高估应力水平会使得结构设计趋于保守,不利于结构的减重;② 应力估计的差异,也表明对结构分析发展非线性损伤本构模型的必要性。

4.5　本章小结

早在 20 世纪 50 年代,人们就能够获取关键耐高温材料的高温力学性能,现已将测试温度拓展到 3 000℃ 以上，材料高温力学行为表现出强烈的非线性，甚至高温蠕变行为，但现在还只能从宏观唯象上描述其本构关系，尤其是高温损伤演化对新型高温复合材料本构行为带来的影响更需进一步研究。

参考文献

[1] Sheehan J E, Buesking K W, Sullivan B J. Carbon-carbon composites [J]. Annual Review of Materials Science, 1994, 24: 19 - 44.

[2] 苏君明，周绍建，李瑞珍，等.工程应用 C/C 复合材料的性能分析与展望[J].新型炭材料，2015, 30(2): 106 - 114.

[3] Aly-Hassan M S, Hatta H, Wkayama S, et al. Comparison of 2D and 3D carbon/carbon composites with respect to damage and fracture resistance [J]. Carbon, 2003, 41: 1069 - 1078.

[4] Hatta H, Taniguchi K, Kogo Y. Compressive strength of three-dimensionally reinforced carbon/carbon composite[J]. Carbon, 2005, 43(2): 351 - 358.

[5] Heller R A, Thangjitham S, Rantis T, et al. Experimental determination of mechanical properties for a Carbon-Carbon composite[R]. AD - A257 - 459, 1992.

[6] Heller R A, Thangjitham S, Yeo I. Reliability and failure analyses of 2-D carbon-carbon structural components[R]. AD - A257 - 460, 1992.

[7] Xavier A, Christophe C, Laurent G, et al. Damage modelling of a 4D carbon/carbon composite for high temperature application [J]. Ceramics International, 2000, 26: 631 - 637.

[8] Ken G, Hiroshi H, Masato O, et al. Tensile strength and deformation of a two-dimensional carbon-carbon composite at elevated temperatures [J]. Journal of the American Ceramic Society, 2003, 86(12): 2129 - 2135.

[9] Virgil'Ev Y S, Kalyagina I P. Carbon-carbon composite materials[J]. Inorganic Materials, 2004, 40(1): 33 - 49.

[10] Wang Y Q, Zhang L T, Cheng LF, et al. Characterization of tensile behavior of a two-dimensional woven carbon/silicon carbide composite fabricated by chemical vapor infiltration [J]. Materials Science and Engineering A, 2008, 497: 295 - 300.

[11] Keith W P, Kedward K T. Shear damage mechanisms in a woven, nicalon-reinforced ceramic-matrix composite [J]. Journal of the American Ceramic Society, 1997, 80(2): 357 - 364.

[12] 牛学宝，张程煜，乔生儒，等.2D - C/SiC 复合材料在空气中的高温压缩强度研究[J].航空材料学报，2011, 31(6): 92 - 95.

[13] 李刚.二维编织 C/SiC 复合材料力学性能的试验研究[D].西安：西北工业大学，2007.

[14] Milman Y V, Chugunova S I, Goncharova I V. Temperature dependence of hardness in silicon-carbide ceramics with different porosity [J]. International Journal of Refractory Metal & Hardness Materials, 1999, 17(5): 361 - 368.

[15] Ramirez-Rico J, Bautista M A, Martinez-Fernandez J. Compressive strength degradation in

ZrB_2 - based ultra-high temperature ceramic composites [J]. Journal of the European Ceramic Society, 2011, 31(7): 1345 - 1352.

[16] Hu P, Wang Z. Flexural strength and fracture behavior of ZrB_2 - SiC ultra-high temperature ceramic composites at 1 800℃ [J]. Journal of the European Ceramic Society, 2010, 30(4): 1021 - 1026.

[17] Zhang P, Hu P, Zhang X H. Processing and characterization of ZrB_2 - SiCw ultra-high temperature ceramics [J]. Journal of Alloys and Compounds, 2009, 472(1 - 2): 358 - 362.

[18] Wang L L, Fang G D, Liang J, et al. Formation mechanism and high temperature mechanical property characterization of SiC depletion layer in ZrB_2/SiC ceramics [J]. Materials Characterization, 2014, 95: 245 - 251.

[19] Jones R M, Nelson D A R. A new material model for the nonlinear biaxial behavior of ATJ - S graphite [J]. Journal of Composite Materials, 1975, 9: 10 - 27.

[20] Robert M Jones. Stress-strain relations for materials with different moduli in tension and compression [J]. AIAA Journal, 1977, 18(1): 16 - 131.

[21] Jones M R. Modeling nonlinear deformation of carbon-carbon composite materials [J]. AIAA Journal, 1980, 15(8): 995 - 1001.

[22] Matzenmiller A, Lubliner J, Taylor R L. A constitutive model for anisotropic damage in fiber-composites [J]. Mechanics of Materials, 1995, 20: 125 - 152.

[23] Pailhes J, Camus G, Lamon J. A constitutive model for the mechanical behavior of a 3D C/C composite[J]. Mechanics of Materials, 2002, 34(3): 161 - 177.

[24] Shojaei A, Li G Q, Fish J, et al. Multi-scale constitutive modeling of ceramic matrix composites by continuum damage mechanics [J]. International Journal of Solids and Structures, 2014, 51: 4068 - 4081.

[25] Chang Y J, Jiao G Q, Zhang K S, et al. Application and theoretical analysis of C/SiC composites based on continuum damage mechanics [J]. Acta Mechanica Solida Sinica, 2013, 26(5): 491 - 497.

第5章

高温结构复合材料强度理论

5.1 概述

根据《中国大百科全书·力学卷》和《力学词典》关于强度理论的定义:“强度理论是判断材料在复杂应力状态下是否破坏的理论”“屈服理论是物体中某点在复杂应力状态下由弹性状态转变到塑性状态时各应力分量组合应满足的条件”,广义的破坏包括材料由弹性状态到塑性状态的转变。因此,强度理论包括屈服理论和破坏理论。更广义的强度理论还包括多轴疲劳理论、多轴蠕变条件,以及计算力学和计算程序中的材料模型等。强度理论在理论研究、工程应用和有效利用材料等方面都具有很重要的意义。特别是在各种结构设计中,对多轴应力状态合理的强度预计是一个实际问题。如今,强度理论或屈服理论和破坏理论在物理、力学、材料科学和工程中得到了广泛的应用[1-3]。

材料的强度是一个较为复杂的问题,它与促使材料破坏的许多因素有关。强度特性不仅仅取决于材料本身的固有性质,而且还同材料或构件所处的载荷条件及环境因素有关。例如,载荷是静载还是动载;是一维的简单载荷还是二维或三维的复杂载荷;所处环境的湿热条件、腐蚀介质情况及其他各种因素都对材料的强度有一定影响。而复合材料的破坏机理更是涉及材料在载荷、介质、环境等因素作用下的细观甚至微观结构的变化,如纤维与基体的裂纹产生及其扩展;纤维与基体的界面状态变化;吸湿受热后的物理化学反应以及层间分层;纤维屈曲等因素。因此,目前人们虽然对复合材料的刚度特性可以做到较为准确的计算与设计,但对复合材料的强度仍然还不能精确控制。复合材料的“破坏理论”仅仅作为一种“判据”,仅仅是对材料的破坏或失效的一种现象的描述,尚无法准确反映材料的破坏机理。

自从20世纪40年代中期,复合材料问世以来,已有许多研究者从事复合材料强度理论方面研究工作,在各向同性材料强度理论的基础上,提出过很多以不同数学形式表达的强度理论方程。Goldenblad 和 Kopnov 在1968年提出了强度理论的四条基本原则: ① 强度理论必须不受坐标变换的影响,即当坐标系改变时强度理论仍然成立;② 强度理论在应力空间所确定的空间曲面(或平面应力状态下的平面曲线)必须是有界的;③ 强度理论应尽可能简单,便于使用;④ 强度理论要能反映出不同材料各自的特色。

目前对复合材料强度特性的研究大体上归纳为两种方法,一是以细观力学为基础,对复合材料进行某些简化,建立计算模型,而后利用理论或数值仿真方法对材料的强度进行分析与计算,并与实验结果相比较;另一种方法是宏观唯象方法,针对复合材料的特点提出安全破坏"理论",利用某些简单试验结果,预测材料的安全-破坏状态。前一种方法由于计算机技术的快速发展,近年来发展较快;后一种方法易于被设计工作者所接受,应用比较普遍,问题在于需要找到合适的理论方程。Hinton、Soden 和 Kaddour 在英国的工程与自然科学研究委员会和机械工程师协会联合组织下,曾于1991年起开始组织了一次世界范围内的复合材料强度理论研究现状的研讨会——World Wide Failure Exercise (WWFE)[4-6]。该研讨会历时14年,汇集了当时较具影响力的15个专家(组)的19种复合材料宏观、细观强度理论,其中细观强度理论3种,宏观强度理论16种。由于组织者在规则制定、考题设计、评分标准、专家参与等方面卓有成效的工作,使得该研讨会在国际复合材料界产生了很大影响,西方学术界高度地称之为"破坏分析奥运会"。WWFE 评估结果表明: ① 整体精度排名前5的均为宏观强度理论分别为 Zinoviev 理论[7]、Bogetti 理论[8]、Puck 理论[9]、Cuntze 理论[10]和 Liu-Tsai 理论[11],细观力学强度理论虽然具有一些宏观强度理论难以比拟的优势,但是在计算精度上不一定高于宏观强度理论,存在一定的局限性;② 强度理论的预测结果尚无与试验结果很好吻合,复合材料强度理论只有相对的合理性,尚无绝对的正确。

5.2 复合材料的强度概念

强度是指材料或构件在外力作用下抵抗破坏的能力。破坏则是材料或构件达到屈服或断裂两种极限状态而丧失正常功能。对于正交各向异性复合材料,材料的基本强度不止一个,如果材料拉伸和压缩强度是相等的,它具有6个基本强度。复合材料主方向如图 5.1 所示。

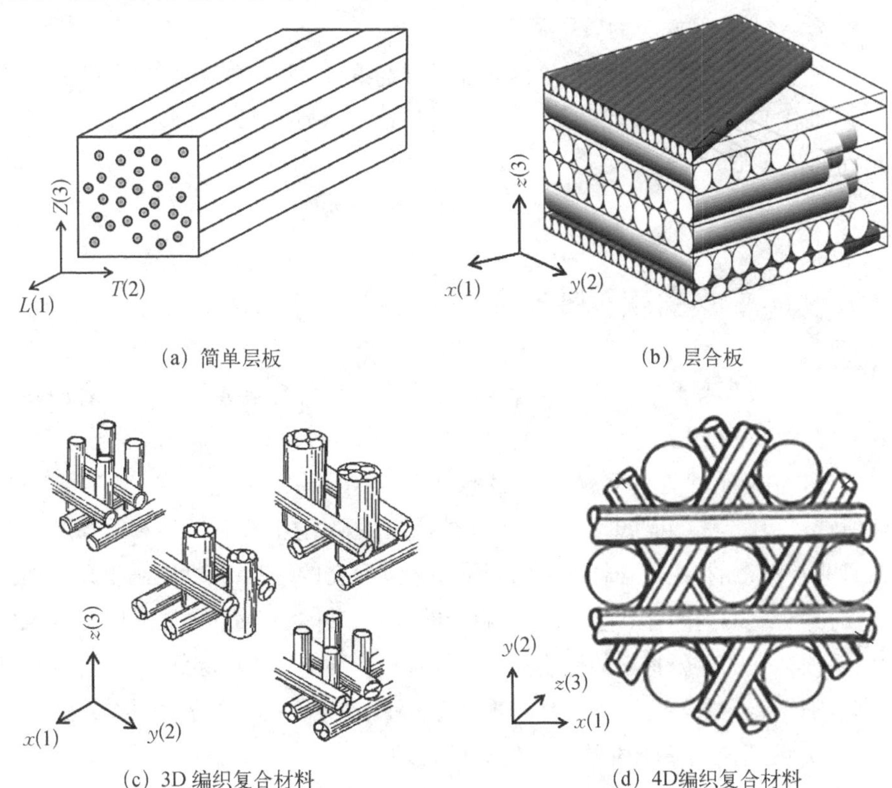

图 5.1　复合材料主方向示意图

定义在材料主方向上的六个基本强度如下：

X 为材料在 x 方向的强度；

Y 为材料在 y 方向的强度；

Z 为材料在 z 方向的强度；

S_{xy} 为材料在 xy 方向的剪切强度；

S_{yz} 为材料在 yz 方向的剪切强度；

S_{zx} 为材料在 zx 方向的剪切强度。

如果材料的拉伸和压缩强度不相等(大多数复合材料都是如此)，则具有 9 个基本强度。定义在材料主方向上的 9 个基本强度如下：

X_t 为材料在 x 方向的拉伸强度；X_c 为材料在 x 方向的压缩强度；

Y_t 为材料在 y 方向的拉伸强度；Y_c 为材料在 y 方向的压缩强度；

Z_t 为材料在 z 方向的拉伸强度；Z_c 为材料在 z 方向的压缩强度；

S_{xy}为材料在 xy 方向的剪切强度；S_{yz}为材料在 yz 方向的剪切强度；

S_{zx}为材料在 zx 方向的剪切强度。

材料主方向的剪切强度和拉伸与压缩性能的差别无关，它必须由纯剪应力确定。即对于拉伸和压缩呈不同性能的材料，无论剪应力是正的还是负的，都具有相同的最大值。

5.3 复合材料宏观唯象强度理论

C/C、C/SiC 和 SiC/SiC 等连续纤维增强复合材料与均质各向同性、各向异性材料之间既存在着共性，又存在着特殊性问题，在研究复合材料的强度理论时，需要正确处理共性和个性的问题，既应注意共性、规律性以此作为出发点、参考点，又要注意特性，和具体的问题相结合；复合材料的微观结构、细观结构和宏观结构的构造是非常复杂的，在复合材料中的纤维和单独存在的纤维，其性能是不完全相同的，有时是明显不同的，因此在复合材料中的纤维、基体、界面的强度实际上是就位强度；单独存在的组分材料的性能只能在复合材料性能分析中起到参考的作用。

归纳现有纤维增强复合材料宏观力学强度理论，大致可分为三类：极限理论、相互关系理论和基于失效模式的分离式理论。

5.3.1 极限类型强度理论

极限强度理论：该类强度理论通过比较某一方向外载荷与材料相应极限强度的关系预报结构失效，如最大应力理论、最大应变理论等。

(1) 最大应力理论：材料某一主轴方向的应力分量达到一个临界值时，材料就发生与之相应的破坏模式，而与其他方向的应力分量的存在与否无关。

对于拉伸应力：

$$
\begin{aligned}
&\sigma_{11} < X_t \\
&\sigma_{22} < Y_t \\
&\sigma_{33} < Z_t \\
&|\tau_{12}| < S_{xy} \\
&|\tau_{23}| < S_{yz} \\
&|\tau_{31}| < S_{zx}
\end{aligned}
\tag{5.1}
$$

对于压缩应力：

$$\begin{aligned} \sigma_{11} &> X_c \\ \sigma_{22} &> Y_c \\ \sigma_{33} &> Z_c \end{aligned} \tag{5.2}$$

（2）最大应变理论：最大应变理论非常相似于最大应力理论，在这里受到限制的是应变而不是应力。理论的表达式中有一个或几个不满足，即可认为材料发生了破坏。

$$\begin{aligned} \varepsilon_{11} &< X_\varepsilon \\ \varepsilon_{22} &< Y_\varepsilon \\ \varepsilon_{33} &< Z_\varepsilon \\ |\gamma_{12}| &< S_{\gamma xy} \\ |\gamma_{23}| &< S_{\gamma yz} \\ |\gamma_{31}| &< S_{\gamma zx} \end{aligned} \tag{5.3}$$

对于各向异性材料的极限理论，均假定某一应力（或应变）分量达到其临界值时，材料发生相应形式的破坏。这种因果关系不受其他因素的影响，其他的应力（或应变）分量的存在及大小与这种破坏模式无关，也就是说各种破坏模式是相互独立的。因此，该类型理论的表达式常是互不相关的几个方程式。几何上，强度包络曲面是应力空间中的一个分段光滑的曲面，每一块曲面都是凸曲面。然而，在这些曲面块的连接部分，一般地说，法线方向会出现间断，并且有可能不满足凸曲面的条件。

5.3.2　多项式类型强度理论

这类破坏理论属于一种近似理论，并不考虑具体的破坏模式，而是根据试验数据，通过构建基于材料主轴方向上应力分量 σ_1、σ_2、σ_3、τ_{12}、τ_{23}和 τ_{31}的函数来近似地表示。一般来讲，对于任意材料，在应力空间中的破坏条件应该是所有应力分量的函数，Tsai 和 Wu 于 1971 年提出了一般形式的张量多项式[12]：

$$f(\sigma_i) = F_i\sigma_i + F_{ij}\sigma_i\sigma_j + F_{ijk}\sigma_i\sigma_j\sigma_k + \cdots = 1 \tag{5.4}$$

式中，σ_i为一点的应力分量；F_i、F_{ij}、F_{ijk} 分别为二阶、四阶及六阶张量，它们的分量称为强度参量。当 $f(\sigma_i) < 1$ 时，材料完好；当 $f(\sigma_i) > 1$ 时，材料破坏；当

$f(\sigma_i)=1$ 时,材料处于临界状态。

张量多项式理论是现有成熟理论中对复合材料破坏的描述最全面的理论,破坏理论公式不会受到坐标变化的影响,由于其简单、易用,并且具有一定的准确性,工程上广泛应用 Tsai-Wu、Tsai-Hill 和 Hoffman 理论等都可以根据特定的加载和受力条件将这一理论予以简化而得到。例如,Tsai-Wu 强度理论是取式(5.4)中前二、四阶强度张量来表示应力空间中的破坏曲面,Tsai-Hill 屈服理论取的是应力分量的二阶齐次方程式,并且假设屈服函数不受等压力的影响,Hoffman 理论是为了考虑材料的拉压强度不同,在 Tsai-Hill 屈服理论表达式上增加线性项而得到的。

从理论上说,式(5.4)中多项式的项数越多,精度越高,但确定张量系数所需的试验难度和费用也越大,因而在实际应用中一般取到二阶张量。另外,该类型的理论公式不是基于复合材料破坏的物理机理,只是从多项式中各应力分量的组合,以及各应力组合项的系数出发来尽量符合破坏包络线,在某些材料的使用方面,仍然会造成较大的误差。

1. Tsai-Hill 强度理论[13]

Hill 将针对各向同性材料的 von-Mises 屈服理论推广到各向异性材料的情况。同时,Tsai 认为对于纤维增强树脂基复合材料的“破坏”与塑形材料进入“塑性”状态相似,并以此制定了复合材料强度的 Tsai-Hill 理论,理论数学表达式为

$$F(\sigma_2-\sigma_3)^2+G(\sigma_3-\sigma_1)^2+H(\sigma_1-\sigma_2)^2+2L\sigma_{23}^2+2M\sigma_{31}^2+2N\sigma_{12}^2=1 \tag{5.5}$$

式中,参数 F、G、H、L、M、N 可由三个主轴方向的拉伸以及三个材料对称面内的纯剪切试验确定。

对于在材料主轴方向拉压强度相等的材料,有

$$\begin{aligned}
&F=\frac{1}{2}\left(-\frac{1}{X^2}+\frac{1}{Y^2}+\frac{1}{Z^2}\right),\ G=\frac{1}{2}\left(\frac{1}{X^2}-\frac{1}{Y^2}+\frac{1}{Z^2}\right)\\
&H=\frac{1}{2}\left(\frac{1}{X^2}+\frac{1}{Y^2}-\frac{1}{Z^2}\right),\ L=\frac{1}{2S_{23}^2}\\
&M=\frac{1}{2S_{31}^2},\ N=\frac{1}{2S_{12}^2}
\end{aligned} \tag{5.6}$$

对于横观各向同性复合材料，Tsai-Hill 理论可简化为

$$\left(\frac{\sigma_1}{X}\right)^2+\left(\frac{\sigma_2}{Y}\right)^2-\frac{\sigma_1\sigma_2}{X^2}+\left(\frac{\sigma_{12}}{S}\right)^2=1 \tag{5.7}$$

Tsai-Hill 理论是建立在材料主轴坐标系内的，因此这一理论只适用正交异性材料。表达式中只含应力分量的二次项，不包含应力分量的线性项，因此无法考虑材料拉伸和压缩强度性能的不同。其次，它是应力分量的一般二次形式（即所有二次项系数均是独立的），是在材料塑性不可压缩的假设下导出的。而塑性不可压缩假设是指三向等压应力不会引起屈服和强度破坏。

2. Hoffman 强度理论[14]

Hoffman 理论是在 Tsai-Hill 理论基础上提出的，它针对 Tsai-Hill 理论的不足之处做出了改进，该理论在 Tsai-Hill 理论基础上增加了一次应力项，用于预测脆性正交各向异性材料的破坏，并且考虑到复合材料拉压强度的不等，其数学表达式为

$$\begin{aligned}&C_1(\sigma_2-\sigma_3)^2+C_2(\sigma_3-\sigma_1)^2+C_3(\sigma_1-\sigma_2)^2+C_4\sigma_1\\&\quad+C_5\sigma_2+C_6\sigma_3+C_7\sigma_{23}^2+C_8\sigma_{31}^2+C_9\sigma_{12}^2=1\end{aligned} \tag{5.8}$$

$$\begin{aligned}&C_1=\frac{1}{2}\left(\frac{1}{Y_tY_c}+\frac{1}{Z_tZ_c}+\frac{1}{X_tX_c}\right),\ C_4=\frac{1}{X_t}-\frac{1}{X_c},\ C_7=\frac{1}{T^2}\\&C_2=\frac{1}{2}\left(\frac{1}{Z_tZ_c}+\frac{1}{X_tX_c}+\frac{1}{Y_tY_c}\right),\ C_5=\frac{1}{Y_t}-\frac{1}{Y_c},\ C_8=\frac{1}{R^2}\\&C_3=\frac{1}{2}\left(\frac{1}{X_tX_c}+\frac{1}{Y_tY_c}+\frac{1}{Z_tZ_c}\right),\ C_6=\frac{1}{Z_t}-\frac{1}{Z_c},\ C_9=\frac{1}{S^2}\end{aligned} \tag{5.9}$$

考虑横观各向同性复合材料（单向复合材料）处于平面应力状态，$Y_t=Z_t$，$Y_c=Z_c$，则

$$\frac{\sigma_1^2}{X_tX_c}+\frac{\sigma_2^2}{Y_tY_c}-\frac{\sigma_1\sigma_2}{X_tX_c}+\frac{X_c-X_t}{X_tX_c}\sigma_1+\frac{Y_c-Y_t}{Y_tY_c}\sigma_2+\frac{\sigma_{12}^2}{S^2}=1 \tag{5.10}$$

3. Tsai-Wu 张量强度理论[12]

为了把材料破坏阐述得更全面，Tsai-Wu 进一步推广 Hoffman 理论。Tsai-Wu 理论的基本假设是近似地取式（5.4）中的一次项和二次项来建立强度曲面方程，即

$$F_i\sigma_i + F_{ij}\sigma_i\sigma_j = 1 \tag{5.11}$$

对于正交各向异性材料,由于在材料主方向坐标系内剪应力的正负号改变对破坏状态无影响,理论的数学表达式为

$$\begin{aligned} &F_1\sigma_1 + F_2\sigma_2 + F_3\sigma_3 + F_{11}\sigma_1^2 + F_{22}\sigma_2^2 + F_{33}\sigma_3^2 \\ &\quad + 2(F_{12}\sigma_1\sigma_2 + 2F_{23}\sigma_2\sigma_3 + 2F_{31}\sigma_3\sigma_1) \\ &\quad + F_{44}\sigma_4^2 + F_{55}\sigma_5^2 + F_{66}\sigma_6^2 = 1 \end{aligned} \tag{5.12}$$

式中,共有 12 个强度张量系数,可分别确定如下。

主方向一阶强度张量系数 F_i:

$$F_1 = \frac{1}{X_t} - \frac{1}{X_c},\ F_2 = \frac{1}{Y_t} - \frac{1}{Y_c},\ F_3 = \frac{1}{Z_t} - \frac{1}{Z_c} \tag{5.13}$$

主方向二阶强度张量系数 F_{ii}:

$$F_{11} = \frac{1}{X_tX_c},\ F_{22} = \frac{1}{Y_tY_c},\ F_{33} = \frac{1}{Z_tZ_c} \tag{5.14}$$

主应力交互作用强度张量系数 F_{ij}的确定是比较复杂的,其确定往往需要双轴应力状态试验。

在 Tsai-Wu 强度理论中,应力的一次项对拉、压强度不同的材料是有考虑的;应力的二次项对描述应力空间中的椭球面时,是常见的项;F_{12}、F_{23}、F_{31}项用于描述 1、2 和 3 方向正应力之间的相互作用。

对于平面应力状态下的正交各向异性材料,由于在材料主方向坐标系内剪应力的正负号改变对破坏状态无影响,理论可以简化为

$$F_1\sigma_1 + F_2\sigma_2 + F_{11}\sigma_1^2 + F_{22}\sigma_2^2 + 2F_{12}\sigma_1\sigma_2 + F_{66}\sigma_6^2 = 1 \tag{5.15}$$

式中,

$$\begin{aligned} &F_1 = \frac{1}{X_t} - \frac{1}{X_c},\ F_2 = \frac{1}{Y_t} - \frac{1}{Y_c} \\ &F_{11} = \frac{1}{X_tX_c},\ F_{22} = \frac{1}{Y_tY_c},\ F_{66} = \frac{1}{S^2} \end{aligned} \tag{5.16}$$

4. Wu-Scheublein 失效理论[15]

对于平面应力状态下的正交各向异性材料,考虑到剪应力与正应力的耦合

效应，有

$$F_1\sigma_1 + F_2\sigma_2 + F_{11}\sigma_1^2 + F_{22}\sigma_2^2 + F_{66}\sigma_6^2 + 2F_{12}\sigma_1\sigma_2 + 3F_{112}\sigma_1^2\sigma_2 + 3F_{221}\sigma_2^2\sigma_1 + 3F_{166}\sigma_1\sigma_6^2 + 3F_{266}\sigma_2\sigma_6^2 = 1 \tag{5.17}$$

该理论方程中组合应力二次项、三次项耦合系数的确定——一个既重要又困难的问题，目前尚未找到一种理想方法，甚至连取值范围的依据都没有。

5.3.3　基于失效模式类型的强度理论

从构成复合材料的组元(简单层板或纤维束)入手，将纤维和基体的破坏分离开来，根据纤维、基体的不同失效模式，通过定义材料的组元失效来判断材料的整体失效，如 Hashin-Rotem、Hashin、Puck、LaRC04 和双剪强度理论等。

1. Hashin-Rotem 强度理论[16]

Hashin 和 Rotem 认为复合材料简单层板(或纤维束)中纤维和基体中的应力状态是不同的，所以它们各自的破坏也由不同的应力状态和破坏机理决定。将复合材料的破坏分为两种破坏模式：一种是基于纤维的破坏，另一种是基于基体的破坏。

纤维破坏主要受到纤维方向应力，由 σ_{11} 控制：

$$\frac{\sigma_{11}}{X} = 1 \quad (X = X_t,\ X_c) \tag{5.18}$$

基体破坏主要受横向应力和剪应力，由 σ_{22} 和 τ_{12} 控制：

$$\left(\frac{\sigma_{22}}{Y}\right)^2 + \left(\frac{\tau_{12}}{S}\right)^2 = 1 \quad (Y = Y_t,\ Y_c) \tag{5.19}$$

当其中任何一个等式满足时，即表示破坏。当式(5.18)满足时，表示纤维断裂破坏；当式(5.19)满足时，表示基体破坏。

2. Hashin 强度理论[17]

Hashin 在 Hashin-Rotem 失效理论的基础上，于 1980 年提出了一种基于失效机理的新强度理论。该理论中考虑了简单层板的纤维失效和基体失效状态下的不同失效模式和机理，并经过大量试验数据验证，总结出在拉伸和压缩状态下区分复合材料面内不同失效模式的失效判据。三维应力状态下，Hashin 失效理论可表述如下。

纤维拉伸失效：

$$\left(\frac{\sigma_{11}}{X_t}\right)^2 + \frac{\tau_{12}^2 + \tau_{13}^2}{S_{12}^2} \geqslant 1, \ \sigma_{11} \geqslant 0 \tag{5.20}$$

纤维压缩失效:

$$\frac{\sigma_{11}}{X_c} \geqslant 1, \ \sigma_{11} \leqslant 0 \tag{5.21}$$

基体拉伸失效:

$$\left(\frac{\sigma_{22} + \sigma_{33}}{Y_t}\right)^2 + \frac{\tau_{23}^2 - \sigma_{22}\sigma_{33}}{S_{23}^2} + \frac{\tau_{12}^2 + \tau_{13}^2}{S_{12}^2} \geqslant 1, \ \sigma_{22} + \sigma_{33} > 0 \tag{5.22}$$

基体压缩失效:

$$\begin{aligned} &\left[\left(\frac{Y_c}{2S_{23}}\right)^2 - 1\right]\left(\frac{\sigma_{22} + \sigma_{33}}{-Y_c}\right) + \left(\frac{\sigma_{22} + \sigma_{33}}{2S_{23}}\right)^2 \\ &+ \frac{\tau_{23}^2 - \sigma_{22}\sigma_{33}}{S_{23}^2} + \frac{\tau_{12}^2 + \tau_{13}^2}{S_{12}^2} \geqslant 1, \ \sigma_{22} + \sigma_{33} < 0 \end{aligned} \tag{5.23}$$

分层失效:

$$\left(\frac{\sigma_{33}}{Z_t}\right)^2 + \left(\frac{\sigma_{13}}{S_{13}}\right)^2 + \left(\frac{\sigma_{23}}{S_{23}}\right)^2 \geqslant 1 \tag{5.24}$$

式中,X_t和X_c分别为简单层板(或纤维束)纵向拉伸和压缩强度;Y_t和Y_c分别为简单层板(或纤维束)横向拉伸与压缩强度;S_{12}和S_{23}分别是层内剪切强度和层间剪切强度。

Hashin失效理论由于其形式简单、计算结果准确等优点已被植入多款商业有限元软件,并在复合材料失效分析中得以广泛应用。

3. Puck强度理论[9]

Puck理论是另一类较常用可以区分不同损伤模式的失效理论。Puck强度理论第一次考虑了纤维之间的破坏对材料强度的影响,计算结果与实验值具有较好的吻合度,唯一的缺点是该理论需要明确多个组分材料的性能参数,这些参数需要结合大量的、特定的实验才能测得。因此,Puck强度理论虽然预报结果准确,但由于过于复杂,在工程应用中很少被使用。

纤维拉伸失效理论表达式为

$$\frac{\sigma_{11}}{X_{\mathrm{t}}} \geqslant 1,\ \sigma_{11} \geqslant 0 \tag{5.25}$$

纤维压缩失效理论为

$$\frac{\sigma_{11}}{-X_{\mathrm{c}}} \geqslant 1,\ \sigma_{11} \leqslant 0 \tag{5.26}$$

对于基体失效的三种不同状态如图 5.2 所示，式(5.27)~式(5.29)分别对应图 5.2 中的 A、B 和 C 三种基体损伤模式：

$$\sqrt{\left(\frac{\tau_{12}}{S_{12}}\right)^2 + \left(1 - p_{\perp\parallel}^{(+)} \frac{Y_{\mathrm{t}}}{S_{12}}\right)^2 \left(\frac{\sigma_{22}}{Y_{\mathrm{t}}}\right)^2} + p_{\perp\parallel}^{(+)} \frac{\sigma_{22}}{S_{12}} = 1 - \left|\frac{\sigma_{11}}{\sigma_{1D}}\right|,\ \sigma_{22} \geqslant 0 \tag{5.27}$$

$$\frac{1}{S_{12}}\sqrt{(\tau_{12})^2 + (p_{\perp\parallel}^{(-)}\sigma_{22})^2} + p_{\perp\parallel}^{(-)} \frac{\sigma_{22}}{S_{12}} = 1 - \left|\frac{\sigma_{11}}{\sigma_{1D}}\right|, \tag{5.28}$$

$$\sigma_{22} \leqslant 0,\ 0 \leqslant \left|\frac{\sigma_{22}}{\tau_{12}}\right| \leqslant \left|\frac{R_{\perp\perp}^{A}}{\tau_{12}^{c}}\right|$$

$$\frac{1}{[2(1 + p_{\perp\perp}^{(-)})]}\left[\left(\frac{\tau_{12}}{S_{12}}\right)^2 + \left(\frac{\sigma_{22}}{R_{\perp\perp}^{A}}\right)^2\right] \frac{R_{\perp\perp}^{A}}{(-\sigma_{22})} = 1 - \left|\frac{\sigma_{11}}{\sigma_{1D}}\right|, \tag{5.29}$$

$$\sigma_{22} \leqslant 0,\ 0 \leqslant \left|\frac{\tau_{12}}{\sigma_{22}}\right| \leqslant \left|\frac{\tau_{12}^{c}}{R_{\perp\perp}^{A}}\right|$$

式中，$p_{\perp\parallel}^{(-)}$ 和 $p_{\perp\parallel}^{(+)}$ 为(σ_{22}, τ_{12})基体断裂包络线的斜率，Puck 和 Mannigal 推荐：对于碳纤维增强树脂基复合材料，$p_{\perp\parallel}^{(-)}$ 和 $p_{\perp\parallel}^{(+)}$ 可以近似取为 0.3 和 0.35；对于碳纤维增强陶瓷基复合材料(C/C、C/SiC 和 SiC/SiC)，$p_{\perp\parallel}^{(-)}$ 和 $p_{\perp\parallel}^{(+)}$ 的取值尚未见报导；$R_{\perp\perp}^{A}$ 的表达式：

$$R_{\perp\perp}^{A} = \frac{S_{12}}{2p_{\perp\parallel}^{(-)}}\left(\sqrt{1 + 2p_{\perp\parallel}^{(-)} \frac{Y_{\mathrm{c}}}{S_{12}}} - 1\right) \tag{5.30}$$

τ_{12}^{c} 定义为

$$\tau_{12}^{c} = S_{12}\sqrt{1 + 2p_{\perp\parallel}^{(-)}} \tag{5.31}$$

σ_{1D} 是一个“退化”应力，引入这个应力是为了在评估基体损伤时充分考虑材料

内随机分布的纤维损伤对于材料的影响,其表达式为

$$\sigma_{1D} = \frac{\sigma_{11}}{(\sigma_{11}/\sigma_{1d})^n} \tag{5.32}$$

根据 Puck 在其研究中的推荐,式中的指数 n 一般取为 6。根据应力 σ_{11} 符号的不同,按照经验,σ_{1d} 近似等于 $1.1X_t$ 或者 $-1.1X_c$。

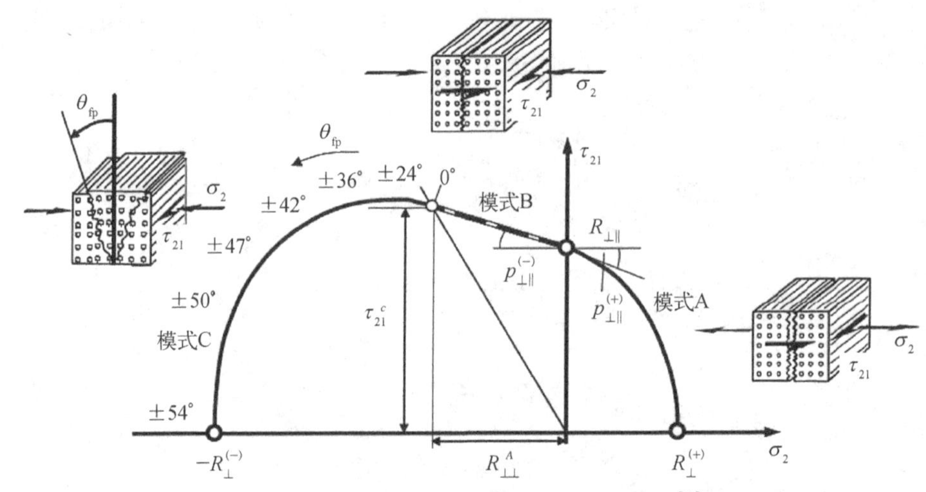

图 5.2 Puck 理论基体失效模式与失效曲线[9]

4. LaRC04 强度理论[18]

Dávila、Camanho 和 Pinho 等研究者提出了一套基于材料实际损伤物理机制的损伤理论,用于判断连续纤维增强复合材料层内损伤,命名为 LaRC04 理论。LaRC04 理论对于纤维扭折损伤判断时充分考虑了三维状态下扭折平面上各不同方向应力的相互作用。另外,其在判断失效情况时,利用了材料简单层板的就位(in-situ)强度,这样处理可以提高模型在不同厚度和铺层情况下模型对于失效判断的准确性。

基体拉伸失效(LaRC04 #1):

$$(1-g)\left(\frac{\sigma_{22}}{Y_t^{is}}\right) + g\left(\frac{\sigma_{22}}{Y_t^{is}}\right)^2 + \frac{\Lambda_{23}^0 \tau_{23}^2 + \chi(\gamma_{12})}{\chi(\gamma_{12}^{uis})} \geqslant 1 \tag{5.33}$$

$$g = \frac{G_{\mathrm{I}c}}{G_{\mathrm{II}c}} = \frac{\Lambda_{22}^0}{\Lambda_{44}^0}\left(\frac{Y_t^{is}}{S_{12}^{is}}\right)^2 \tag{5.34}$$

式中, Y_t^{is} 为横向就位拉伸强度; S_{12}^{is} 为纵向就位剪切强度。

基体压缩失效(LaRC04 #2)：

$$\left(\frac{\tau_{23}^{\text{eff}}}{S_{23}-\eta_T\sigma_n^m}\right)^2+\left(\frac{\tau_{12}^{\text{eff}}}{S_{12}^{\text{is}}-\eta_L\sigma_n^m}\right)^2\geqslant 1 \tag{5.35}$$

式中，τ_{12}^{eff}、τ_{23}^{eff} 分别为单层自然坐标系下基体压缩断裂面上的有效应力；η_L 为纵向影响系数。

$$\frac{\eta_L}{S_L}=\frac{\eta_T}{S_T} \tag{5.36}$$

$$\eta_T=-\frac{1}{\tan(2\alpha_0)} \tag{5.37}$$

式中，α_0为复合材料单轴横向压缩纤维间断裂角。

纤维拉伸失效(LaRC04 #3)：

$$\frac{\sigma_{11}}{X_{\text{t}}}\geqslant 1,\ \sigma_{11}\geqslant 0 \tag{5.38}$$

纤维压缩失效：

(LaRC04 #4)

$$\frac{|\tau_{12}^m|}{S_{12}^{\text{is}}-\eta_L\sigma_{22}^m}\geqslant 1 \tag{5.39}$$

式中，σ_{22}^m 和 τ_{12}^m 分别为纤维弯曲局部坐标系下的横向正应力和纵向剪切应力。

(LaRC04 #5)

$$\left(\frac{\tau_{23}^m}{S_{23}-\eta_T\sigma_n^m}\right)^2+\left(\frac{\tau_{12}^m}{S_{12}-\eta_L\sigma_n^m}\right)^2\geqslant 1 \tag{5.40}$$

式中，τ_{23}^m 为纤维弯曲局部坐标系下的横向剪切应力。

(LaRC04 #6)

$$(1-g)\left(\frac{\sigma_{22}^m}{Y_{\text{t}}^{\text{is}}}\right)+g\left(\frac{\sigma_{22}^m}{Y_{\text{t}}^{\text{is}}}\right)^2+\frac{\Lambda_{23}^0\tau_{2m3\psi}^2+\chi(\gamma_{1m2m})}{\chi(\gamma_{12}^{\text{uis}})}\geqslant 1 \tag{5.41}$$

5. 双剪失效理论[19]

俞茂宏[20]从岩土材料在双轴压缩条件下的破坏模式出发，基于双轴压缩失效机理，引入了主剪应力 τ_{13}、τ_{12}、τ_{23}和主剪应力面上的正应力 σ_{13}、σ_{12}、σ_{23}，从而将众多强度理论划分为单剪强度理论、双剪强度理论和八面体剪应力强度理论三大系列。在双剪强度模型坐标系中，如图 5.3 所示，2 和 3 方向分别对应材料双轴载荷的 x 轴和 y 轴，1 方向对应材料的厚度方向。考虑不同方向的剪切应力对材料失效的影响，构建双剪强度理论表达式为

$$\begin{cases} F = \tau_{13} + b\tau_{12} + \beta(\sigma_{13} + b\sigma_{12}) = C, \ (\tau_{12} + \beta\sigma_{12} \geqslant \tau_{23} + \beta\sigma_{23}) \\ F' = \tau_{13} + b\tau_{23} + \beta(\sigma_{13} + b\sigma_{23}) = C, \ (\tau_{12} + \beta\sigma_{12} \leqslant \tau_{23} + \beta\sigma_{23}) \end{cases} \tag{5.42}$$

式中，τ_{13}、τ_{12}和 τ_{23}和分别为材料的三个主剪应力；σ_{13}、σ_{12}和 σ_{23}分别为作用在三个主剪应力面上的正应力；参数β 反映正应力对材料破坏的影响；参数 C 反映材料强度参量；参数 b 反映中间主剪应力和中间正应力对材料破坏的影响。

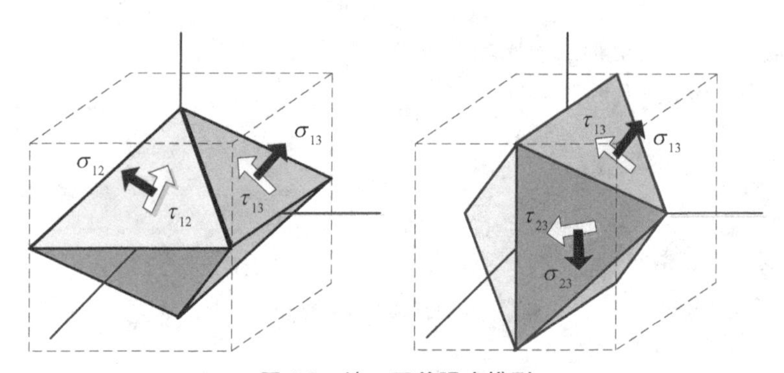

图 5.3 统一双剪强度模型

对于复合材料层合板，某一单层板的破坏不一定等同于整个层合板的破坏。虽然由于某个或某几个单层板破坏带来层合板的刚度降低，但层合板仍可能承受更高的载荷，继续加载直到层合板全部破坏。基于失效模式类型的强度理论正是基于复合材料层合板的这一特性，利用经典层板理论计算每层的应力或应变状态，通过分析每层单层板直到破坏的响应，逐步迭代计算确定层合板的总体性能。

然而，对于 C/C、C/SiC 以及 SiC/SiC 等防热或热结构复合材料，受其独特制备工艺限制，导致对于基于失效模式类型的强度理论中涉及的组分就位特性、协同效应、叠层效应、非均匀随机本征缺陷等问题尤为突出。此外，C/C、C/SiC 及 SiC/SiC 等复合材料采用的三维编织纤维预型体比层合板具有更优良的整体性能。因此，类似于 Hahin-Rotem、Hashin、Puck、LaRC04 的这类基于失效模式类型的强度理论难以直接应用于三维编织复合材料的强度校核，不便于工程应用。

5.3.4　强度理论参数确定方法

1. 宏观唯象强度理论基本参数的确定方法

宏观唯象强度理论在本质上是根据某些一般的力学概念,假定一个强度准则,其中包括一些参数,这些参数由某些简单试验确定,常用的试验有单向拉伸和压缩、纯剪切等简单应力状态试验。

在极限型最大应力强度理论,多项式型 Tsai-Hill、Hoffman 和 Tsai-Wu 等强度理论中用于相应参数计算的参量(X_t/X_c、Y_t/Y_c、Z_t/Z_c、S_{xy}、S_{yz}和S_{zx}等)均取值宏观材料主轴方向上的单向拉伸和压缩、纯剪切基本强度。对于基于失效模式类型 Hashin、Puck 和 LaRC04 等强度理论中用于相应参数计算的参量(X_t/X_c、Y_t/Y_c、S_{12}和S_{23})均取值复合材料组元(简单层板或纤维束)主轴方向上的单向拉伸和压缩、纯剪切基本强度。

2. 多项式类型强度理论相互作用系数的实验确定方法[21-23]

假设在 1－2 面内平面应力状态下,当仅存在正应力 σ_1、σ_2作用时,多项式理论方程(5.12)简化为

$$F_1\sigma_1 + F_2\sigma_2 + F_{11}\sigma_1^2 + F_{22}\sigma_2^2 + 2F_{12}\sigma_1\sigma_2 = 1 \tag{5.43}$$

令试验用的双轴加载应力比为

$$B = \frac{\sigma_1}{\sigma_2} \tag{5.44}$$

将式(5.18)代入式(5.17)整理得

$$F_{12} = \frac{1}{2B\sigma_2^2(1 - F_{11}B^2\sigma_2^2 - F_{22}\sigma_2^2 - F_1B\sigma_2 - F_2\sigma_2)} \tag{5.45}$$

或

$$\sigma_2 = \frac{-(F_1B + F_2) \pm\sqrt{(F_1B + F_2)^2 + 4(F_{11}B^2 + 2F_{12}B + F_{22})}}{2(F_{11}B^2\sigma_2^2 + 2F_{12}B + F_{22})} \tag{5.46}$$

将 $F_{12} = \pm\sqrt{F_{11}F_{22}}$ 代入式(5.45),可以得到在双轴应力作用下 σ_2的取值范围,若应力 σ_2超过这一限制,包络线将不再是椭圆,在 σ_2的限定范围内取不同的应力比 B,可以做出 F_{12}与破坏应力 σ_2的关系曲线。当加载比取得过大或过小都将使得 F_{12}-σ_2曲线几乎成为一条竖直线,显然在这种情况下破坏应力稍有变化时,对 F_{12}的影响都很大。对于另外一些应力比,曲线比较平缓,研究表明最为平缓

的曲线所取的双轴应力比和材料两个主方向的强度比值更为一致。

另外,考察 $\partial F_{12}/\partial\sigma_2$ 与 σ_2 的关系,这是反映 σ_2 对 F_{12} 影响的关系,基本上只有与两个单轴强度比相当的那条曲线的斜率最小。

同理,确定 F_{13} 和 F_{23} 的参数值。

3. 多项式类型强度理论相互作用系数的数学力学确定方法

假设纤维增强复合材料受三个沿材料主轴方向的正应力 σ_1、σ_2、σ_3 作用,将张量多项式理论仅取到二次项,则

$$F_1\sigma_1 + F_2\sigma_2 + F_3\sigma_3 + F_{11}\sigma_1^2 + F_{22}\sigma_2^2 + F_{33}\sigma_3^2 + 2(F_{12}\sigma_1\sigma_2 + F_{13}\sigma_1\sigma_3 + F_{23}\sigma_2\sigma_3) = 1 \tag{5.47}$$

利用主方向上的单向拉伸、压缩及纯剪切试验可以确定其中的部分参量:

$$F_1 = \frac{1}{X_t} - \frac{1}{X_c},\ F_2 = \frac{1}{Y_t} - \frac{1}{Y_c},\ F_3 = \frac{1}{Z_t} - \frac{1}{Z_c}$$
$$F_{11} = \frac{1}{X_tX_c},\ F_{22} = \frac{1}{Y_tY_c},\ F_{33} = \frac{1}{Z_tZ_c} \tag{5.48}$$

式(5.47)可以改写成矩阵形式:

$$[\sigma]^{T}[A][\sigma] + 2[\sigma]^{T}[B] - 1 = 0 \tag{5.49}$$

式中,

$$[A] = \begin{bmatrix} F_{11} & F_{12} & F_{13} \\ F_{12} & F_{22} & F_{23} \\ F_{13} & F_{23} & F_{33} \end{bmatrix} \tag{5.50}$$

$$[B] = \begin{bmatrix} F_1 \\ F_2 \\ F_3 \end{bmatrix} \tag{5.51}$$

$$[\sigma] = \begin{bmatrix} \sigma_1 \\ \sigma_2 \\ \sigma_3 \end{bmatrix} \tag{5.52}$$

式(5.47)对应于应力空间的二次曲面,根据 F_1、F_2 和 F_3 的取值不同可分为单叶双曲面、双叶双曲面、椭圆抛物面及双曲抛物面等形状,材料在静水压力

$(-\sigma_1=-\sigma_2=-\sigma_3)$作用下的压缩强度趋于无限大,即材料的强度包络面与静水应力轴只能有一个交点,且此交点在三轴拉力空间内,从而可以推出强度包络面只能是椭圆抛物面,其开口朝向三轴压缩应力空间方向,进而可推知该椭圆抛物面的主轴与静水压力轴平行,否则就会出现包络面与静水压力轴相交于两点的情况,这与上述推论有矛盾。

根据二次曲面为椭圆抛物面的条件,有

$$|A|=0 \tag{5.53}$$

将式(5.50)代入式(5.53)整理得

$$F_{11}F_{22}F_{33}+2F_{12}F_{23}F_{13}-(F_{11}F_{23}^2+F_{22}F_{13}^2+F_{33}F_{12}^2)=0 \tag{5.54}$$

由式(5.53)可知矩阵$[A]$有一个特征值$\lambda=0$,若对应的特征向量为r,则有

$$[A]\cdot r=0 \tag{5.55}$$

特征向量与静水压力轴平行,故有

$$r=\begin{bmatrix} r_1 \\ r_2 \\ r_3 \end{bmatrix}=k\begin{bmatrix} 1 \\ 1 \\ 1 \end{bmatrix} \tag{5.56}$$

式中,k为任意不为零的常数。将式(5.50)和式(5.56)代入式(5.55)整理得

$$\begin{bmatrix} F_{11} & F_{12} & F_{13} \\ F_{12} & F_{22} & F_{23} \\ F_{13} & F_{23} & F_{33} \end{bmatrix}\begin{bmatrix} 1 \\ 1 \\ 1 \end{bmatrix}=0 \tag{5.57}$$

式(5.57)中仅有两个方程式独立的,将其中任意两个方程和式(5.54)联立,即可以求得

$$\begin{cases} F_{12}=-\dfrac{1}{2}(F_{11}+F_{22}-F_{33}) \\ F_{13}=-\dfrac{1}{2}(F_{11}+F_{33}-F_{22}) \\ F_{23}=-\dfrac{1}{2}(F_{22}+F_{33}-F_{11}) \end{cases} \tag{5.58}$$

将式(5.48)代入式(5.58)中,整理得三个主应力的相互作用系数:

$$\begin{cases} F_{12} = -\dfrac{1}{2}\left(\dfrac{1}{X_t X_c} + \dfrac{1}{Y_t Y_c} - \dfrac{1}{Z_t Z_c}\right) \\ F_{13} = -\dfrac{1}{2}\left(\dfrac{1}{X_t X_c} + \dfrac{1}{Z_t Z_c} - \dfrac{1}{Y_t Y_c}\right) \\ F_{23} = -\dfrac{1}{2}\left(\dfrac{1}{Y_t Y_c} + \dfrac{1}{Z_t Z_c} - \dfrac{1}{X_t X_c}\right) \end{cases} \tag{5.59}$$

4. 多项式类型强度理论相互作用系数的几何确定方法

这是一个确定相互作用系数的近似方法。在 1－2 面内平面应力状态下，当仅存在正应力 σ_1、σ_2作用时，多项式理论方程(5.12)简化为

$$F_1\sigma_1 + F_2\sigma_2 + F_{11}\sigma_1^2 + F_{22}\sigma_2^2 + 2F_{12}\sigma_1\sigma_2 = 1 \tag{5.60}$$

若式(5.60)为椭圆形方程时，椭圆长轴相对于横坐标 σ_1的夹角为

$$\theta = \frac{1}{2}\text{arccot}\,\frac{F_{11} - F_{22}}{2F_{12}} \tag{5.61}$$

椭圆中心的坐标 $P(h, k)$的值为

$$\begin{cases} h = \dfrac{F_1 F_{22} - F_2 F_{12}}{2(F_{12}^2 - F_{11}F_{22})} \\ k = \dfrac{-F_1 F_{12} + F_2 F_{11}}{2(F_{12}^2 - F_{11}F_{22})} \end{cases} \tag{5.62}$$

在以坐标 $P(h, k)$为原点并旋转 2θ 后的新坐标下，椭圆方程为

$$\frac{\sigma_1'^2}{a_2} + \frac{\sigma_2'^2}{b_2} = 1 \tag{5.63}$$

式中，

$$\begin{aligned} a &= \sqrt{\frac{8F_{11}F_{12} - 4F_{12}F_1F_2 + 2F_{22}F_1^2 + 2F_{11}F_2^2 - 8F_{12}^2}{(4F_{11}F_{22} - 4F_{12}^2)[F_{11} + F_{22} - \sqrt{(F_{11} - F_{22})^2 + 4F_{12}^2}]}} \\ b &= \sqrt{\frac{8F_{11}F_{22} - 4F_{12}F_1F_2 + 2F_{22}F_1^2 + 2F_{11}F_2^2 - 8F_{12}^2}{(4F_{11}F_{22} - 4F_{12}^2)[F_{11} + F_{22} - \sqrt{(F_{11} - F_{22})^2 + 4F_{12}^2}]}} \end{aligned} \tag{5.64}$$

对于一些典型复合材料的强度包络图，按式(5.61)计算得的椭圆倾角甚小，

一般不超过5°，由式(5.62)计算的纵向移距也很小，此时可认为式(5.62)表征的椭圆只是沿着横轴(σ_1轴)平移，椭圆在横轴上的截距X_t(即材料的纵向强度)与长轴a和移距h有如下几何关系：

$$a = X_t + |h| \tag{5.65}$$

式(5.65)可以作为寻找比较准确的F_{12}值的依据。

由于在参数a、h中均含有F_{12}，可以先按式(5.62)和式(5.64)求得($F_{12} \sim h$)和($F_{12} \sim a$)的关系并作曲线，由此可得(a+h)与F_{12}的关系，在此曲线上取(a+h)= X_t，其对应的F_{12}值即是所要求的值。

同理，确定F_{13}和F_{23}的参数值。

5.4　复合材料细观力学强度理论

细观力学强度理论仅根据组分材料(纤维和基体)的基本性能参数、纤维几何数据(纤维体积含量、纤维排布角度、铺层参数)即能预报复合材料的整体宏观力学性能，如桥联理论[24, 25]，并且Mayes[26]、Chamis[27]等学者都建立了各自的较为成熟的细观强度理论模型，其中尤以桥联理论发展较为迅速。在2008年，桥联理论预报层合板强度取得重要进展，建立了一个新的极限破坏判据和部分刚度衰减格式，导出了引入纤维后基体中的各应力集中系数，使得桥联理论预报精度显著提升[28, 29]。

桥联理论由黄争鸣教授创建，其从复合材料强度研究中的如下三个关键问题入手：① 任意载荷作用下纤维和基体中的应力准确计算；② 基于纤维和基体内应力，建立针对简单层板和层合板的有效破坏判据，即细观力学强度理论；③ 能够根据独立测试的组分(即纤维和基体)材料性能数据准确定义纤维和基体的现场性能(即就位性能)输入参数，顺序展开实现由原始组分性能预报复合材料受任意载荷作用的极限强度。

5.4.1　纤维和基体的应力计算

桥联理论中考虑复合材料在微/细观尺度上的非均匀性，在代表性体积元(representative volume element, RVE)内取平均后定义一点的应力和应变增量：

$$d\sigma_i = \left(\int_{V'} d\tilde{\sigma}_i dV\right)/V' \tag{5.66}$$

$$d\varepsilon_i = \left(\int_{V'} d\tilde{\varepsilon}_i dV\right)/V' \tag{5.67}$$

式中，V' 为 RVE 的体积；带"~"的表示逐点量。

定义复合材料的瞬态柔度矩阵为

$$[S_{ij}] = (V_f[S_{ij}^f] + V_m[S_{ij}^m][A_{ij}])(V_f[I_{ij}] + V_m[A_{ij}])^{-1} \tag{5.68}$$

式中，V_f 为纤维体积含量，$V_m = 1 - V_f$，上下标 f 或 m 表示于纤维和基体有关的量，无此则表示与复合材料的对应量；$[S_{ij}^f]$ 和 $[S_{ij}^m]$ 分别为纤维和基体的瞬态柔度矩阵；$[I_{ij}]$ 为单位矩阵；$[A_{ij}]$ 为与纤维和基体性能有关的桥联矩阵，当纤维和基体蜕化为相同材料时，$[A_{ij}]$ 转变为单位矩阵。

考虑热应力时，纤维和基体中的应力计算如下所示：

$$\{d\sigma_i^f\} = (V_f[I_{ij}] + V_m[A_{ij}])^{-1}\{d\sigma_j\} - V_m\{b_i^m\}dT/V_f \tag{5.69}$$

$$\{d\sigma_i^m\} = [A_{ij}](V_f[I_{ij}] + V_m[A_{ij}])^{-1}\{d\sigma_j\} + \{b_i^m\}dT \tag{5.70}$$

$$\{b_i^m\} = ([I_{ij}] - [A_{ij}](V_f[I_{ij}] + V_m[A_{ij}])^{-1})([S_{ij}^f] - [S_{ij}^m])^{-1}(\{\alpha_j^m\} - \{\alpha_j^f\}) \tag{5.71}$$

式中，$\{d\sigma_j\}$ 为纤维和基体中的总应力；$\{\alpha_j^f\}$ 和 $\{\alpha_j^m\}$ 分别是纤维和基体的热膨胀系数；$dT_0 = T_1 - T_0$，T_1 为工作温度，T_0为参考温度。

5.4.2 纤维和基体的破坏判据

(1) 纤维破坏：纤维为细长结构，类似梁，主要承受轴向载荷，采用修正的最大正应力破坏判据，即

$$\sigma_{eq,t}^f \geqslant \sigma_{u,t}^f \tag{5.72}$$

$$\sigma_{eq,t}^f = \begin{cases} \sigma_f^1, & \sigma_f^3 < 0 \\ [(\sigma_f^1)^q + (\sigma_f^2)^q]^{1/q}, & \sigma_f^3 = 0 \end{cases} \tag{5.73}$$

$$\sigma_{eq,c}^f \geqslant -\sigma_{u,c}^f \tag{5.74}$$

$$\sigma_{eq,c}^f = \begin{cases} \sigma_f^3, & \sigma_f^1 > 0 \\ \sigma_f^3 - \sigma_f^1, & \sigma_f^1 \leqslant 0 \end{cases} \tag{5.75}$$

式中，$\sigma_{u,t}^{f}$ 和 $\sigma_{u,c}^{f}$ 分别为纤维沿轴向的拉伸和压缩强度；σ_{f}^{1}，σ_{f}^{2} 和 σ_{f}^{3} 为纤维的主应力（$\sigma_{f}^{1} \geqslant \sigma_{f}^{2} \geqslant \sigma_{f}^{3}$）；幂指数 q 一般取 3，式(5.73)和式(5.75)分别计入了多轴拉伸和多轴压缩对材料强度的降低和提升作用。

（2）基体破坏：基体为连续相，添加纤维后的基体强度表现为各向异性，采用含不同方向强度参数的判据如 Tsai-Wu 判据更合理。于是，一旦下述条件满足，就认为基体发生了破坏。

$$F_1(\sigma_{11}^{m})^2 + F_2(\sigma_{22}^{m})^2 + F_3\sigma_{11}^{m}\sigma_{22}^{m} + F_4(\sigma_{12}^{m})^2 + F_5\sigma_{11}^{m} + F_6\sigma_{22}^{m} \geqslant 1 \tag{5.76}$$

$$\begin{cases} F_1 = \dfrac{1}{X_m X'_m},\ F_2 = \dfrac{1}{Y_m Y'_m},\ F_3 = -\sqrt{F_1 F_2},\ F_4 = \dfrac{1}{S_m^2} \\ F_5 = \dfrac{X'_m - X_m}{X_m X'_m},\ F_6 = \dfrac{Y'_m - Y_m}{Y_m Y'_m} \end{cases} \tag{5.77}$$

式中，X_m、X'_m、Y_m 和 Y'_m 分别表示基体的现场轴向（与纤维方向一致）拉伸、轴向压缩、横向拉伸、横向压缩及面内剪切强度。基体的破坏模式由 3 个主应力之和判定，同时也告知当前的基体材料参数究竟是取拉伸还是压缩的试验数据。

基体受等效拉伸：

$$\sigma_m^1 + \sigma_m^2 + \sigma_m^3 \geqslant 0 \tag{5.78}$$

基体受等效压缩：

$$\sigma_m^1 + \sigma_m^2 + \sigma_m^3 < 0 \tag{5.79}$$

5.4.3　纤维和基体的现场性能

1. 纤维的现场强度

桥联理论中假定纤维和基体直到破坏都呈线弹性，并且基体强度足够高，使得单向复合材料受轴向拉伸时纤维首先破坏。纤维现场（或就位）强度由理论公式反演确定：

$$\sigma_{u,t}^{f} = \frac{E_{11}^{f}\sigma_{11}^{u,t}}{V_f E_{11}^{f} + V_m E^{m}} \tag{5.80}$$

$$\sigma_{u,c}^{f} = \frac{E_{11}^{f}\sigma_{11}^{u,c}}{V_f E_{11}^{f} + V_m E^{m}} \tag{5.81}$$

式中，$\sigma_{11}^{u;\,t}$ 和 $\sigma_{11}^{u;\,c}$ 分别为单向复合材料的轴向拉伸和压缩强度；E_{11}^{f} 为纤维的轴向弹性模量；E^{m} 为基体的弹性模量。

2. 基体的现场强度

桥联理论中推断基体现场(或就位)强度异于原始强度的根本原因是添入纤维后导致了应力集中。忽略添入纤维对基体的现场(或就位)轴向强度和面内剪切强度的影响,横向拉压强度则由原始强度除以对应的应力集中系数得到,则基体的现场(或就位)强度表示为

$$X_{m}=\sigma_{u,\,t}^{m},\ X'_{m}=\sigma_{u,\,c}^{m},\ S_{m}=\sigma_{u,\,s}^{m},\ Y_{m}=\sigma_{u,\,t}^{m}/K_{22}^{t},\ Y'_{m}=\sigma_{u,\,c}^{m}/K_{22}^{c} \tag{5.82}$$

基体横向拉伸应力集中系数为

$$K_{22}^{t}=\left[1+\frac{\sqrt{V_{f}}}{2}A+\frac{\sqrt{V_{f}}}{2}(3-V_{f}-\sqrt{V_{f}})B\right]\left[\frac{(V_{f}+V_{m}\beta)E_{22}^{f}+V_{m}(1-\beta)E^{m}}{\beta E_{22}^{f}+(1-\beta)E^{m}}\right] \tag{5.83}$$

基体横向压缩应力集中系数为

$$\begin{aligned}K_{22}^{c}=&\left(1-\frac{\sqrt{V_{f}}}{2}A\frac{\sigma_{u,\,c}^{m}-\sigma_{u,\,t}^{m}}{2\sigma_{u,\,c}^{m}}+\frac{B}{2(1-\sqrt{V_{f}})}\left\{-V_{f}^{2}\left[1-2\left(\frac{\sigma_{u,\,c}^{m}-\sigma_{u,\,t}^{m}}{2\sigma_{u,\,c}^{m}}\right)^{2}\right]\right.\right.\\&+\frac{(\sigma_{u,\,c}^{m}-\sigma_{u,\,t}^{m})V_{f}}{\sigma_{u,\,c}^{m}}\left(1+\frac{\sigma_{u,\,c}^{m}-\sigma_{u,\,t}^{m}}{\sigma_{u,\,c}^{m}}\right)\\&\left.\left.-\sqrt{V_{f}}\left[\frac{\sigma_{u,\,c}^{m}-\sigma_{u,\,t}^{m}}{\sigma_{u,\,c}^{m}}+1-2\left(\frac{\sigma_{u,\,c}^{m}-\sigma_{u,\,t}^{m}}{\sigma_{u,\,c}^{m}}\right)^{2}\right]\right\}\right)\\&\times\left[\frac{(V_{f}+V_{m}\beta)E_{22}^{f}+V_{m}(1-\beta)E^{m}}{\beta E_{22}^{f}+(1-\beta)E^{m}}\right]\end{aligned} \tag{5.84}$$

式中,A 和 B 的取值为

$$A=\frac{[1-\upsilon^{m}-2(\upsilon^{m})^{2}]E_{22}^{f}-[1-\upsilon_{23}^{f}-2(\upsilon_{23}^{f})^{2}]E^{m}}{E_{22}^{f}(1+\upsilon^{m})+E^{m}[1-\upsilon_{23}^{f}-2(\upsilon_{23}^{f})^{2}]} \tag{5.85}$$

$$B=\frac{E^{m}(1+\upsilon_{23}^{f})-(1+\upsilon^{m})E_{22}^{f}}{E_{22}^{f}[\upsilon^{m}+4(\upsilon^{m})^{2}-3]-E^{m}(1-\upsilon_{23}^{f})} \tag{5.86}$$

式中，$\sigma_{u,\,c}^{m}$ 和 $\sigma_{u,\,t}^{m}$ 为基体的原始拉伸和压缩强度；υ_{23}^{f} 为纤维的横向泊松比,满足 $G_{23}^{f}=0.5E_{22}^{f}/(1+\upsilon_{23}^{f})$ ；β 为桥联参数,用于调整纤维排列对复合材料横向性

能的影响,若缺少实验数据可取值为 0.35~0.45。

5.5　热结构复合材料的宏观唯象强度理论

5.5.1　3D C/C 复合材料宏观多项式强度理论

强度理论的实用性和有效性在于方便应用且能与试验结果吻合较好。利用第 3 章中图 3.8 所示的 3D C/C 复合材料双轴载荷状态力学性能数据,构建该材料正应力空间宏观唯象强度理论,绘制强度包络线如图 5.4 所示。

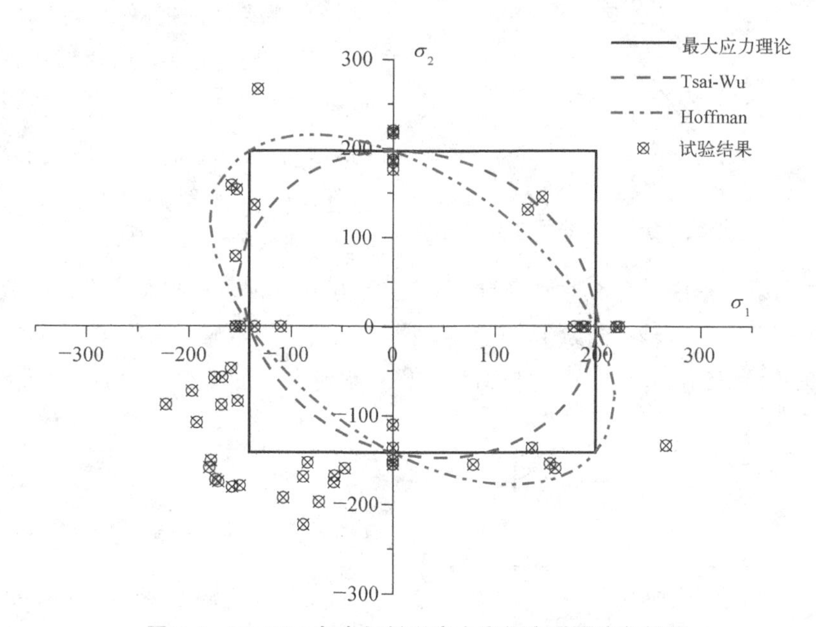

图 5.4　3D C/C 复合材料正应力空间宏观强度包络线

从图 5.4 中可以看出,最大应力(max stress)理论形式最为简单,在工程界广泛使用,在第Ⅱ和第Ⅳ象限预测精度相对较高,在第Ⅰ和第Ⅲ象限预报精度较低,在第Ⅰ象限未能预测出双轴拉伸应力的弱化效应,预报结果偏于危险;在第Ⅲ象限内未能预测出三维编织纤维预型体在双轴压缩应力下的强化效应,预报结果偏于保守。Hoffman 强度理论预报精度较最大应力理论偏低,在第Ⅰ、第Ⅲ象限预报结果偏于保守,在第Ⅱ和Ⅲ象限预报结果偏于危险。Tsai-Wu 强度理论在第Ⅰ、第Ⅱ和第Ⅳ象限均具有较高的预报精度,仅在第Ⅲ象限预报误差较大,整体来看预报结果偏于安全。

对于 Tsai-Wu 强度理论,探讨强度包络线形状与 F_{12} 的关系示意图如图 5.5 所示。F_{12}<0 时,椭圆倾斜方向沿第Ⅰ、第Ⅲ象限,且随着 F_{12} 减小,椭圆长轴增大、短轴减小,椭圆变得“扁而狭长”;当 F_{12}>0 时,椭圆倾斜方向沿第Ⅱ、第Ⅳ象限,且随着 F_{12} 减小增大,椭圆长轴增大,椭圆变得“狭长”且向第四象限延伸。随着 F_{12} 绝对值的增加,椭圆包络线不同程度地超出了材料主方向单轴基本强度值,表明准则的预测结果越来越危险。对比图 3.8 所示的 3D C/C 复合材料力学性能随双轴应力状态的变化规律,可以判断为了实现材料失效性能的准确预测,应根据材料特性在不同应力象限 F_{12} 的取值有所不同。

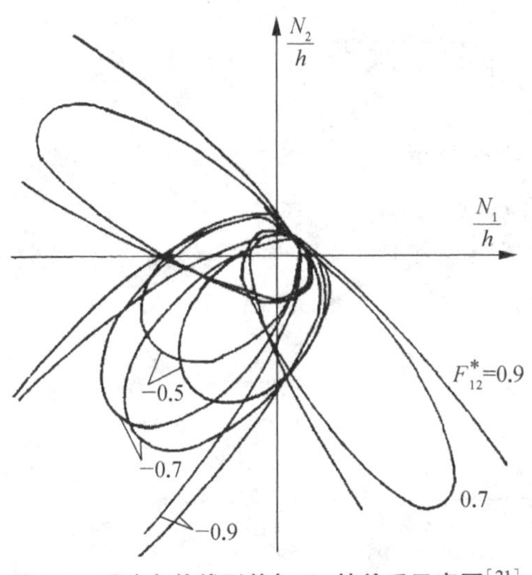

图 5.5 强度包络线形状与 F_{12} 的关系示意图[21]

利用第 3 章中图 3.8 所示的 3D C/C 复合材料双轴载荷状态力学性能数据,分别采用等比例双轴拉-拉(T－T)、双轴压-压(C－C)双轴拉-压(T－C)失效应力计算 F_{12} 的取值,并绘制强度包络线如图 5.6 所示。图 5.6 中的 D－Q 曲线为

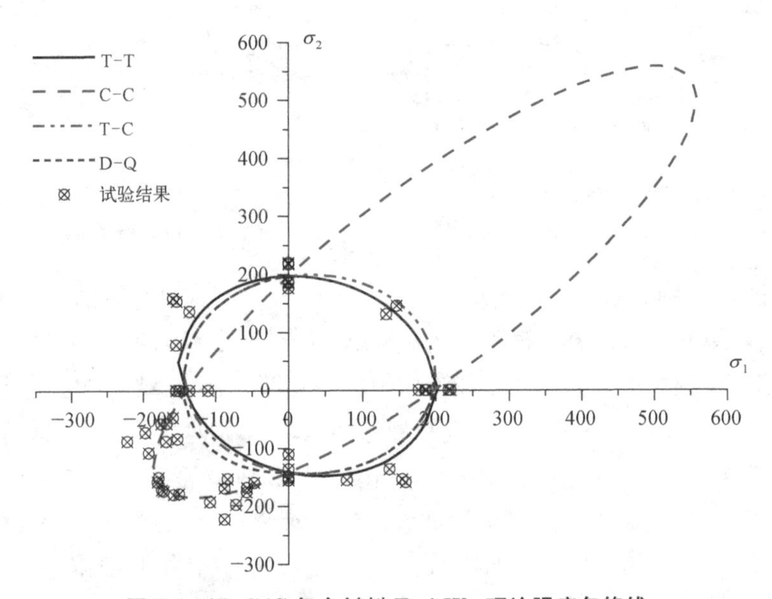

图 5.6 3D C/C 复合材料 Tsai-Wu 理论强度包络线

分象限拟合的强度包络线，即在第Ⅰ象限 F_{12} 取值等比例双轴拉伸、第Ⅱ、第Ⅳ象限 F_{12} 取值等比例双轴拉压、第Ⅲ象限 F_{12} 取值等比例双轴压缩应力状态。从图 5.7 所示的强度包络线可以看出，分象限拟合 Tsai-Wu 强度理论的预报值精度优于 F_{12} 单一取值时的精度。

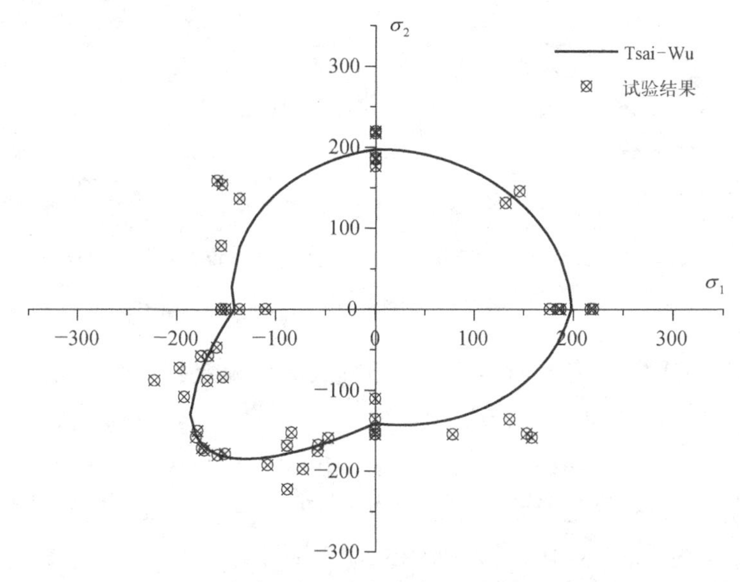

图 5.7　3D C/C 复合材料分象限拟合 Tsai-Wu 理论强度包络线

建立该 3D C/C 复合材料室温正-剪应力空间宏观唯象强度理论，绘制强度包络线如图 5.8 所示。最大应力理论在正-剪应力空间的预报精度较差，预报结果显著高于试验结果，未能有效表征正-剪应力耦合引起的弱化效应。在正-剪应力空间，Tsai-Wu 和 Hoffman 强度理论具有相同的表达式，故此两种理论绘制

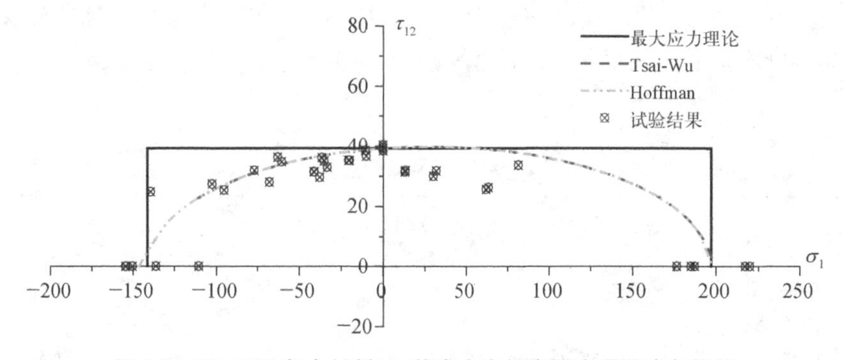

图 5.8　3D C/C 复合材料正-剪应力空间室温宏观强度包络线

的强度包络线完全重合,表现出较优异的预报精度。图 5.9 所示为绘制的 3D C/C 复合材料高温正-剪应力空间 Tsai-Wu 理论强度包络线。

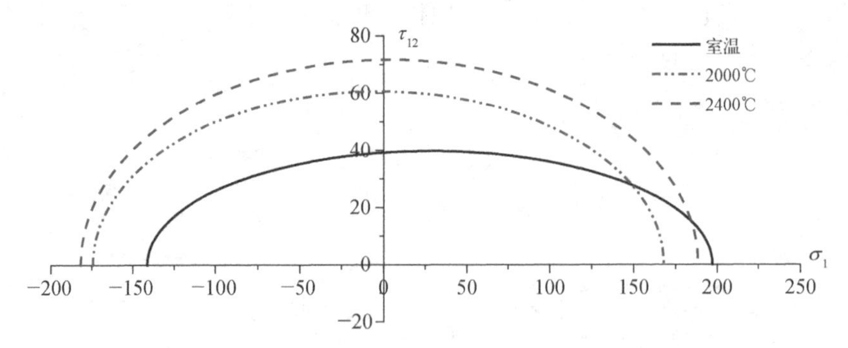

图 5.9　3D C/C 复合材料正-剪应力空间高温 Tsai-Wu 强度包络线

5.5.2　3D C/C 复合材料基于失效模式的压缩双剪强度理论

由图 5.6 可以发现,3D C/C 复合材料双轴压缩的失效模式主要以面外剪切为主,材料最先在基体内部产生裂纹,随着中心区域应力的增加,裂纹逐渐偏向面外 45°方向扩展,最终导致纤维束在面外方向产生屈曲破坏。随着双轴压缩比例逐渐增加到等比例加载,破坏形貌由单侧面外剪切转变为双面外剪切,两个剪切破坏断面分别与各自的加载轴 x、y 轴垂直。

双轴压缩试样在等比例加载时呈现的面外双剪现象,可以通过分析试样内部剪切应力随加载比例的变化进行。通过对双轴压缩试样的应力场进行有限元计算,比较试样在不同加载比例形式下的面内剪切应力和面外剪切应力的大小,如表 5.1 所示,可以发现随着双轴压缩应力逐渐趋于等比例加载,试样内部的面外剪切应力增加显著,由 $R=1:2$ 时的 8.7 MPa 增加到 $R=1:1$ 时的 20.8 MPa;与此同时,面内剪应力基本保持不变。因此,结合双轴压缩失效模式可以发现,面外剪切应力对 3D C/C 复合材料的双轴压缩失效起主导作用。

表 5.1　双轴压缩试样剪切应力

R	σ_x/MPa	σ_y/MPa	σ_{xy}/MPa	σ_{xz}/MPa
1 : 2	100	50	53.0	8.7
3 : 4	100	75	53.2	14.5
1 : 1	100	100	54.0	20.8

由式(5.42)所示的双剪强度理论通过不同方向的剪应力表征材料的压缩强度,但只适用于单轴压缩强度和双轴压缩强度相等的材料。考虑到 3D C/C 复合材料存在明显的双轴压缩强化效应,其单轴强度 σ_c(141.17 MPa)明显小于等比例双轴压缩强度 σ_{cc}(177.61 MPa)。对于单轴和双轴压缩强度不等的材料,需要引入更多的强度参数。本节通过引入静水压力 σ_m 来构建三参数的双剪强度理论,表达式为

$$\begin{cases} F = \tau_{13} + b\tau_{12} + \beta(\sigma_{13} + b\sigma_{12}) + a\sigma_m = C, \ (\tau_{12} + \beta\sigma_{12} \geqslant \tau_{23} + \beta\sigma_{23}) \\ F' = \tau_{13} + b\tau_{23} + \beta(\sigma_{13} + b\sigma_{23}) + a\sigma_m = C, \ (\tau_{12} + \beta\sigma_{12} \leqslant \tau_{23} + \beta\sigma_{23}) \end{cases} \tag{5.87}$$

式中,a 为静水压力对材料破坏的影响参数;β、a、C 分别为双剪强度理论的三个参数,可以由单轴拉伸强度 σ_t、单轴压缩强度 σ_c 和等比例双轴压缩强度 σ_{cc} 通过以下三种应力状态来确定,即

$$\begin{cases} \sigma_1 = \sigma_t, \ \sigma_2 = \sigma_3 = 0 \\ \sigma_1 = \sigma_2 = 0, \ \sigma_3 = -\sigma_c \\ \sigma_1 = 0, \ \sigma_2 = \sigma_3 = -\sigma_{cc} \end{cases} \tag{5.88}$$

令 $\alpha = \sigma_t/\sigma_c$, $\bar{\alpha} = \sigma_{cc}/\sigma_c$, 则由式(5.87)可以推导出:

$$\beta = \frac{\bar{\alpha} + 2\alpha - 3\bar{\alpha}\alpha}{\bar{\alpha}(1 + \alpha)}, \ a = \frac{3\alpha(1 + b)(\bar{\alpha} - 1)}{\bar{\alpha}(1 + \alpha)}, \ C = \frac{1 + b}{1 + \alpha}\sigma_t \tag{5.89}$$

因此,三参数双剪强度理论表达式为

$$\begin{cases} F = \dfrac{1 + b}{2}(1 + \beta)\sigma_1 - \dfrac{1 - \beta}{2}(b\sigma_2 + \sigma_3) + \dfrac{a}{3}(\sigma_1 + \sigma_2 + \sigma_3) = C, \\ \qquad \text{当 } \sigma_2 \leqslant \dfrac{1}{2}(\sigma_1 + \sigma_3) + \dfrac{\beta}{2}(\sigma_1 - \sigma_3) \\ F' = \dfrac{1 + \beta}{2}(\sigma_1 + b\sigma_2) - \dfrac{1 + b}{2}(1 - \beta)\sigma_3 + \dfrac{a}{3}(\sigma_1 + \sigma_2 + \sigma_3) = C, \\ \qquad \text{当 } \sigma_2 \geqslant \dfrac{1}{2}(\sigma_1 + \sigma_3) + \dfrac{\beta}{2}(\sigma_1 - \sigma_3) \end{cases} \tag{5.90}$$

参量 b 作为反映中间主剪应力和中间正应力对材料破坏的影响参数,取值

范围在 0 到 1 之间，表 5.2 为 b 取不同值时对应的 β、a 和 C 的取值。

表 5.2 双轴压缩试样剪切应力

b	β	a	C
0	−0.4	0.36	82.27
0.3	−0.4	0.47	106.95
0.5	−0.4	0.54	123.40
0.7	−0.4	0.61	139.86
1.0	−0.4	0.72	164.54

例如，当 $b=0$、0.5 和 1 时，则表达式(5.90)可表示为式(5.91)、式(5.92)和式(5.93)：

$$\begin{cases} F = 0.3\sigma_1 + 0.12\sigma_2 - 0.58\sigma_3 = 82.27, & \text{当 } \sigma_2 \leqslant \dfrac{1}{2}(\sigma_1 + \sigma_3) - 0.2(\sigma_1 - \sigma_3) \\ F' = 0.42\sigma_1 + 0.12\sigma_2 - 0.58\sigma_3 = 82.27, & \text{当 } \sigma_2 \geqslant \dfrac{1}{2}(\sigma_1 + \sigma_3) - 0.2(\sigma_1 - \sigma_3) \end{cases} \tag{5.91}$$

$$\begin{cases} F = 0.45\sigma_1 - 0.17\sigma_2 - 0.52\sigma_3 = 123.40, & \text{当 } \sigma_2 \leqslant \dfrac{1}{2}(\sigma_1 + \sigma_3) - 0.2(\sigma_1 - \sigma_3) \\ F' = 0.48\sigma_1 + 0.33\sigma_2 - 0.87\sigma_3 = 123.40, & \text{当 } \sigma_2 \geqslant \dfrac{1}{2}(\sigma_1 + \sigma_3) - 0.2(\sigma_1 - \sigma_3) \end{cases} \tag{5.92}$$

$$\begin{cases} F = 0.8\sigma_1 - 0.46\sigma_2 - 0.46\sigma_3 = 164.54, & \text{当 } \sigma_2 \leqslant \dfrac{1}{2}(\sigma_1 + \sigma_3) - 0.2(\sigma_1 - \sigma_3) \\ F' = 0.54\sigma_1 + 0.54\sigma_2 - 1.16\sigma_3 = 164.54, & \text{当 } \sigma_2 \geqslant \dfrac{1}{2}(\sigma_1 + \sigma_3) - 0.2(\sigma_1 - \sigma_3) \end{cases} \tag{5.93}$$

当 $b=1$ 时，强度准则简化为典型的双剪失效判据，可以认为两个剪切应力对材料破坏起相同的作用；当 $b=0$ 时，三参数准则就简化为单剪准则，Mohr-Coulomb 强度理论和 Tresca 屈服准则均可由此推导得出。通过之前分析 3D C/C 复合材料在双轴压缩下的破坏模式可以发现，随着载荷比的增加，中间面外剪切应力(对应较小的加载轴，y 轴)对材料破坏时的贡献程度也不断变化。绘制 $b=0$、0.5 和 1 时 3D C/C 复合材料在第三象限的双剪失效包络线如图 5.10 所示，发现 $b=0.5$ 时具有较好的预报精度。

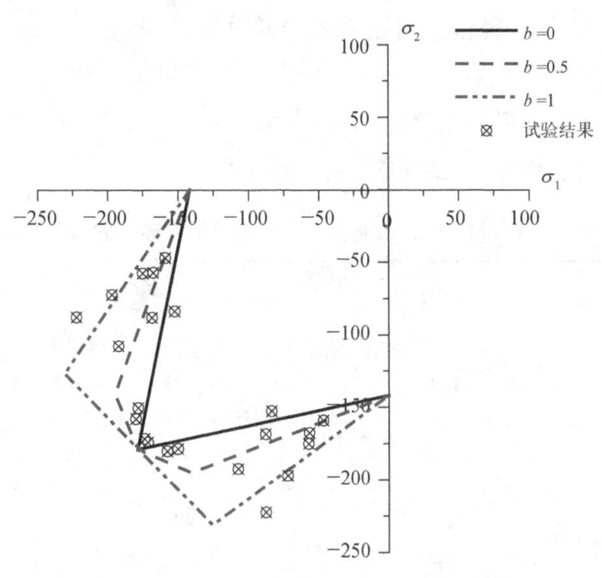

图 5.10　3D C/C－SiC 复合材料的双剪强度包络线

综上分析，选取 $b=0.5$ 绘制 3D C/C 复合材料在第三象限的双剪失效包络线，并分别与最大应力理论、Tsai-Wu 理论和双轴压缩试验值进行对比，如图 5.11 所示。可以发现，相比于最大应力准则，Tsai-Wu 和三参数双剪强度理论的包络线（$b=0.5$）与试验值更为接近，均具有较好的预报精度。

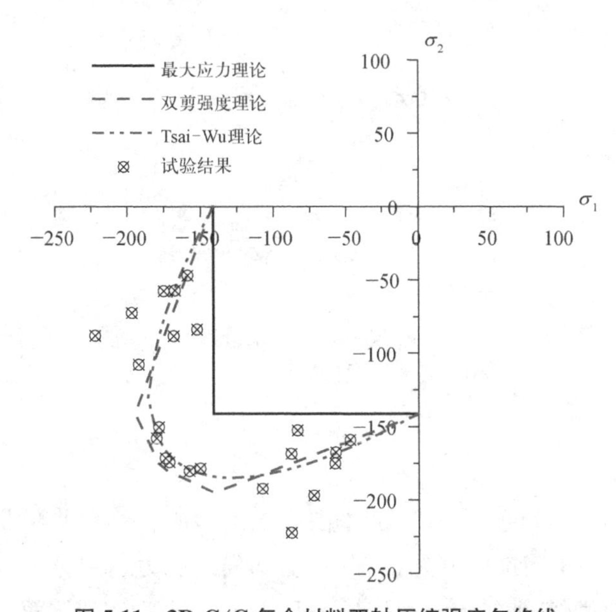

图 5.11　3D C/C 复合材料双轴压缩强度包络线

5.5.3 2D C/SiC 复合材料宏观多项式强度理论

管国阳、王翔等[31-34]利用 Arcan 方法完成了 2D C/SiC 复合材料拉剪、压剪加载试验研究，获得材料在正应力-剪应力耦合状态下的失效应力，如表 5.3 所示，结果表明适当的压应力能提高抗剪切破坏能力。

表 5.3 2D C/SiC 材料在正应力-剪应力耦合应力状态下的失效应力[31-34]

应力状态	应力比 R $R=\sigma/\tau$	失效应力/MPa	
		正应力	剪应力
简单应力状态	拉伸	246.63	—
	压缩	-389.63	—
	剪切	—	128.49
拉-剪耦合应力	2.41	170.49	70.62
	1	98.27	98.27
	0.41	48.92	118.11
压-剪耦合应力	-2.41	-232.77	96.42
	-1	-126.26	126.26
	-0.41	-54.15	130.73

考虑到 2D C/SiC 复合材料压缩强度高于拉伸强度，引入正应力偏移量，建立椭圆形失效判据[33]，即

$$A\left(\sigma+\sigma_0\right)^2+B\tau^2=1 \tag{5.94}$$

式中，

$$\begin{aligned} A &= \frac{4}{\left(X_c+X_t\right)^2} \\ \sigma_0 &= \frac{1}{2}\left(X_c-X_t\right) \\ B &= \frac{4X_cX_t}{\left(X_c+X_t\right)^2}\frac{1}{S^2} \end{aligned} \tag{5.95}$$

与 Tsai-Wu、Hoffman 等强度理论相比，椭圆形的失效判据在形式上包含了常数项，其意义在于当正应力为 σ_0时，抗剪切失效能力达到最大值。从物理意义上讲，对脆性材料，裂纹引起剪切强度下降，但是当垂直裂纹面适当给材料加

压使裂纹面闭合,微裂纹面之间的摩擦导致裂纹的削弱作用减小或完全消失,剪切强度得到部分或完全恢复,剪切失效应力略大于无附件压缩应力时的剪切强度。

利用表5.2所示的2D C/SiC复合材料双轴载荷状态力学性能数据,建立该材料的正应力-剪应力空间宏观唯象强度理论,绘制强度包络线如图5.12所示。如图5.12所示,椭圆形失效判据与Hoffman强度理论的预报结果基本一致,在第Ⅱ象限内,根据材料主方向的拉伸、压缩、剪切试验数据确定的失效准则可以较好地预测2D C/SiC材料的失效应力,能够反映拉压强度不等的特性,以及压缩应力对剪切强度的恢复作用。然而,在第Ⅰ象限内,理论预报结果误差偏大,未能有效反映拉伸应力对剪切强度的劣化效应。从式(5.8)与式(5.94)所示的Hoffman强度理论和椭圆失效判据表达式可以发现,在正-剪耦合应力状态下试验结果仅能用于强度理论模型的预报结果有效性验证,并不能实现理论模型修正。

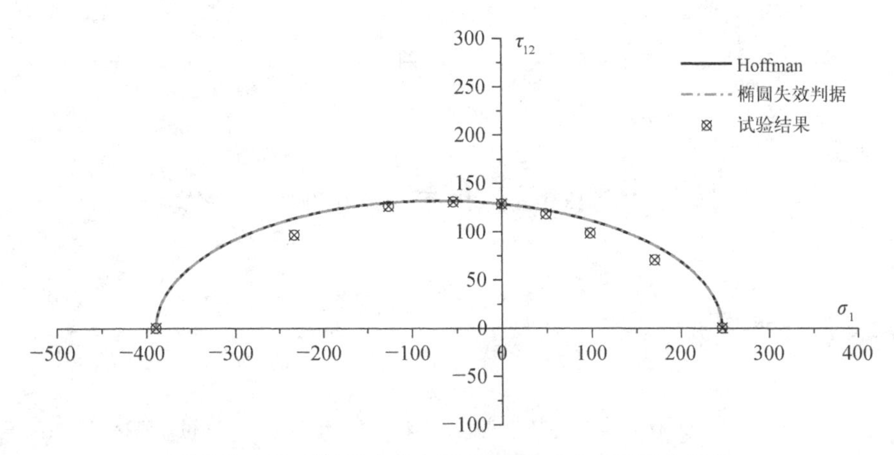

图5.12　2D C/SiC复合材料正-剪应力空间强度包络线

Sun等[35]从复合材料层板失效机理出发,考虑正应力对剪切失效的影响,在Hashin-Rotem的基体失效模型式(5.19)基础上,提出了强度理论模型,即

$$\begin{aligned}&\left(\frac{\sigma}{X_t}\right)^2+\left(\frac{\tau}{S-\eta_1\sigma}\right)^2=1,\ \sigma>0\\&\left(\frac{\sigma}{X_c}\right)^2+\left(\frac{\tau}{S-\eta_2\sigma}\right)^2=1,\ \sigma<0\end{aligned}\tag{5.96}$$

式中,η_1、η_2为材料的内摩擦系数。

与 Tsai-Wu、Hoffman 和椭圆形强度理论相比，Sun 失效判据不仅包含了正应力修正项，而且通过 η_1、η_2系数来分别表征拉伸应力的弱化效应和压缩应力的强化效应。Yang 等[36] 根据 2D C/SiC 材料的特性，分别取 $\eta_1 = 0.2$ 和 $\eta_2 = 0.15$，绘制材料强度包络线如图 5.13 中的 Sun 曲线所示。在本书中，基于 Yang 的研究结果，利用拉-剪耦合试验结果修正 η_1、压-剪耦合试验结果修正 η_2、绘制强度包络线如图 5.13 中的 Sun* 曲线所示。从图 5.13 所示的强度包络线可以看出，修正后的 Sun 失效判据的预报值精度显著提高。

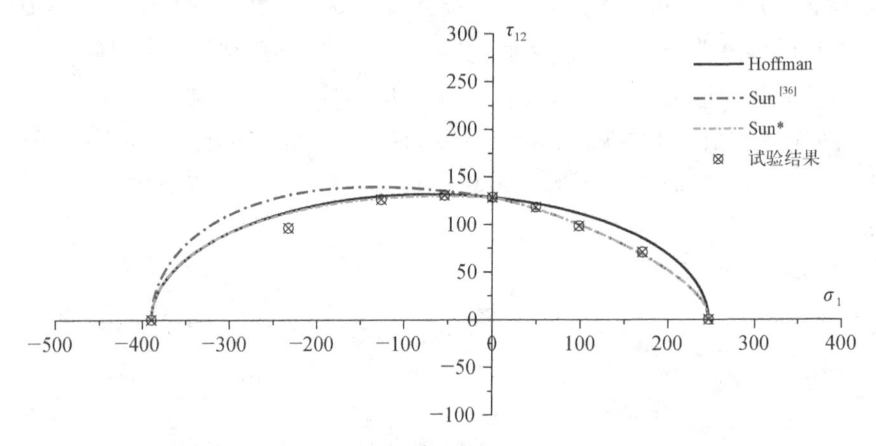

图 5.13　2D C/SiC 复合材料正-剪应力空间强度包络线

5.6　本章小结

在复杂应力状态下复合材料往往表现出一定的非线性特征、显著的强刚度性能各向异性劣化效应、多样的损伤与失效模式耦合。然而，“温度”+“复杂应力”的耦合必将使得这一多重失效模式更加复杂。在现有工程设计中往往采取的是常温试验获得的简单二向强度模型和一些有限的高温试验结果，未能建立适用的失效模型，虽然加大安全系数，仍难保可靠性，且降低了结构效率，对于热结构材料急需基础研究的突破，研究基于不同失效机制、分象限拟合的强度包络线，或建立适用于新型材料的强度理论。

参考文献

[1] 俞茂宏.强度理论百年总结[J].力学进展，2004, 34(4)：529－560.

[2] Yu M H. Advances in strength theories for materials under complex stress state in the 20th century [J]. Applied Mechanics Reviews, 2002, 55(3): 169 - 218.
[3] 王宝来,吴世平,梁军.复合材料失效及其强度理论[J].失效分析与预防,2006, 1(2): 13 - 19.
[4] Soden P D, Hinton M J, Kaddour A S. A comparison of the predictive capabilities of current failure theories for composite laminates [J]. Composite Science and Technology, 1998, 58 (7): 1225 - 1254.
[5] Hinton M J, Kaddour A S, Soden P D. A comparison of the predictive capabilities of current failure theories for composite laminates, judged against experimental evidence [J]. Composites Science and Technology, 2002, 62(12 - 13): 1725 - 1797.
[6] Hinton M J, Kaddour A S, Soden P D. A further assessment of the predictive capabilities of current failure theories for composite laminates: comparison with experimental evidence [J]. Composites Science and Technology, 2004, 64(3 - 4): 549 - 588.
[7] Zinoviev P A, Grigoriev S V, Lebedeva O V. The Strength of multilayered composites under a plane-stress state [J]. Composites Science and Technology, 1998, 68(7): 1209 - 1223.
[8] Bogetti T A, Hoppel C P R, Harik V M. Predicting the nonlinear response and progressive failure of composite laminates [J]. Composites Science and Technology, 2004, 64(3 - 4): 329 - 342.
[9] Puck A, Schurmann H. Failure analysis of FRP laminates by means of physically based phenomenological models [J]. Composites Science and Technology, 1998, 58(7): 1045 - 1067.
[10] Cuntze R G, Freund A. The predictive capability of failure mode concept-based strength criteria for multidirectional laminates [J]. Composites Science and Technology, 2004, 64(3 - 4): 343 - 377.
[11] Liu K, Tsai S W. A progressive quadratic failure criterion for a laminate [J]. Composites Science and Technology, 1998, 58 (7): 1023 - 1032.
[12] Tsai S W, Wu E M. A general theory of strength for anisotropic materials [J]. Journal of Composite Materials, 1971, 5(1): 58 - 80.
[13] Tsai S W. Strength characteristics of composite materials [R]. NASA CR - 224, 1965.
[14] Hoffman O. The brittle strength of orthotropic materials [J]. Journal of Composite Materials, 1967, 1: 200 - 206.
[15] Wu E M, Scheublein J K. Laminate strength — a direct characterization procedure [J]. ASTM Special Technical Publication, 1974.
[16] Hashin Z, Rotem A. A fatigue failure criterion for fiber reinforced materials [J]. Journal of Composite Materials, 1973, 7: 448 - 464.
[17] Hashin Z. Failure criteria for unidirectional fiber composites [J]. Journal of Applied Mechanics, 1980, 47(2): 329 - 334.
[18] Pinho S T, Dávila C G, Camanho P P. Failure models and criteria for FRP under in-plane or three-dimensional stress states including shear non-linearity [R]. NASA/TM - 2005 - 213530, 2005.

[19] 俞茂宏,何丽南,宋凌宇.广义双剪应力强度理论及其推广[J].中国科学(A),1985, 28(12): 1113-1121.

[20] 俞茂宏.岩上类材料的统一强度理论及其应用[J].岩土工程学报,1994, 16(2): 1-10.

[21] 王兴业.复合材料张量多项式强度准则试验研究[J].复合材料学报,1986, 3(2): 54-64.

[22] 谢仁华,唐羽章.张量多项式强度准则相互作用系数试验确定方法[J].试验力学,1992, 7(1): 75-79.

[23] 王启天.复合材料强度准则中耦合系数取值范围的研究[J].华南理工大学学报(自然科学版),1995, 23(4): 36-39.

[24] Huang Z M. Simulation of the mechanical properties of fibrous composites by the bridging micromechanics model [J]. Composites Part A: Applied Science and Manufacturing, 2001, 32(2): 143-172.

[25] Huang Z M. A Bridging model prediction of the ultimate strength of composite laminates subjected to biaxial loads [J]. Composites Science and Technology, 2004, 64(3-4): 395-448.

[26] Mayes S J, Hansen A C. Composite laminate failure analysis using multicontinuum theory [J]. Composites Science and Technology, 2004, 64: 379-394.

[27] Gotsis P K, Chamis C C, Minnetyan L. Prediction of composite laminate fracture: Micromechanics and progressive fracture [J]. Composites Science and Technology, 1998, 58(7): 1137-1149.

[28] 黄争鸣.由组份材料性能计算复合材料强度的理论与实践[J].力学与实践,2013, 35(5): 9-16.

[29] 黄争鸣.桥联理论研究的最新进展[J].应用数学和力学,2015, 36(6): 563-581.

[30] 芦冠达,黄争鸣.应用桥联理论与有限元模型的航空复合材料结构失效分析[J].航空学报,2018, 39(6): 1-13.

[31] 管国阳,矫桂琼,张增光.2D C/SiC 复合材料的宏观拉压特性和失效分析[J].复合材料学报,2005, 22(4): 81-85.

[32] 管国阳,矫桂琼,张增光.平纹编织 C/SiC 复合材料的剪切性能[J].机械科学与技术,2005, 24(5): 515-517.

[33] 管国阳,矫桂琼,张增光,等.平纹编织 C/SiC 复合材料的失效判据[J].硅酸盐学报,2005, 33(9): 1100-1104.

[34] 王翔,王波,矫桂琼,等.平纹编织 C/SiC 材料复杂应力状态的力学行为试验研究[J].机械强度,2010, 32(1): 35-39.

[35] Sun C T, Quinn B J, Tao J. Comparative evaluation of failure analysis methods for composite laminates [R]. DOT/FAA/AR-95/109, 1996.

[36] Yang C P, Jiao G Q, Guo H B. Failure criteria for C/SiC composites under plane stress state [J]. Theoretical & Applied Mechanics Letters, 2014(4): 021007.

第6章

高温结构复合材料随机微结构统计描述与虚拟试验

6.1 概述

性能离散性较大、质量稳定性较差及成本问题几乎是所有复合材料在应用过程中面临的主要问题。对经历最多可达三十几道工序,超过十次的高温、高压工艺才能获得的C/C、C/SiC和SiC/SiC等高温结构复合材料而言,这一问题就显得更加突出。

C/C、C/SiC和SiC/SiC等高温结构复合材料及其构件的全寿命周期经历了这样几个阶段:原材料、编织成型、复合工艺、加工、运输与储存、模拟测试、飞行试验及服役等。导致材料性能波动大的原因非常复杂,究竟是哪些因素对材料性能的波动有决定性影响,还是由一系列非确定性因素引起的累积效应,目前还不是很清楚。例如,构成C/C、C/SiC等复合材料增强相的碳纤维本身具有一定的离散性;利用编织工艺形成三维编织增强预制体时会引起纤维的损伤、非均匀弯曲等问题;尤其对于材料的致密化复合过程,漫长、多周期的热解、碳化及石墨化工艺特点决定了材料中存在着不同种类和分布形式的多相体结构,在纤维束之间、纤维束与基体或热解/沉积/浸渍基体之间存在着复杂的不同种类和性质的界面,同时工艺过程累积产生纤维损伤,在基体中不可避免地会产生大量的裂纹、孔隙等缺陷;工艺参数一定范围内的波动导致的不同形态C、SiC基体的结构难以定量表征,材料中基体的相结构、分布和结合方式在不同程度上直接影响材料的物理化学和力学性能。上述过程的累积效应,致使C/C、C/SiC和SiC/SiC等复合材料是一个典型的多相体、随机、非均匀微结构构成的复杂材料体系,材料性能的波动是由于材料复杂的宏、细、微观层次上的结构差异决定的。

如图6.1所示,对于连续纤维增强的C/C、C/SiC和SiC/SiC等复合材料多

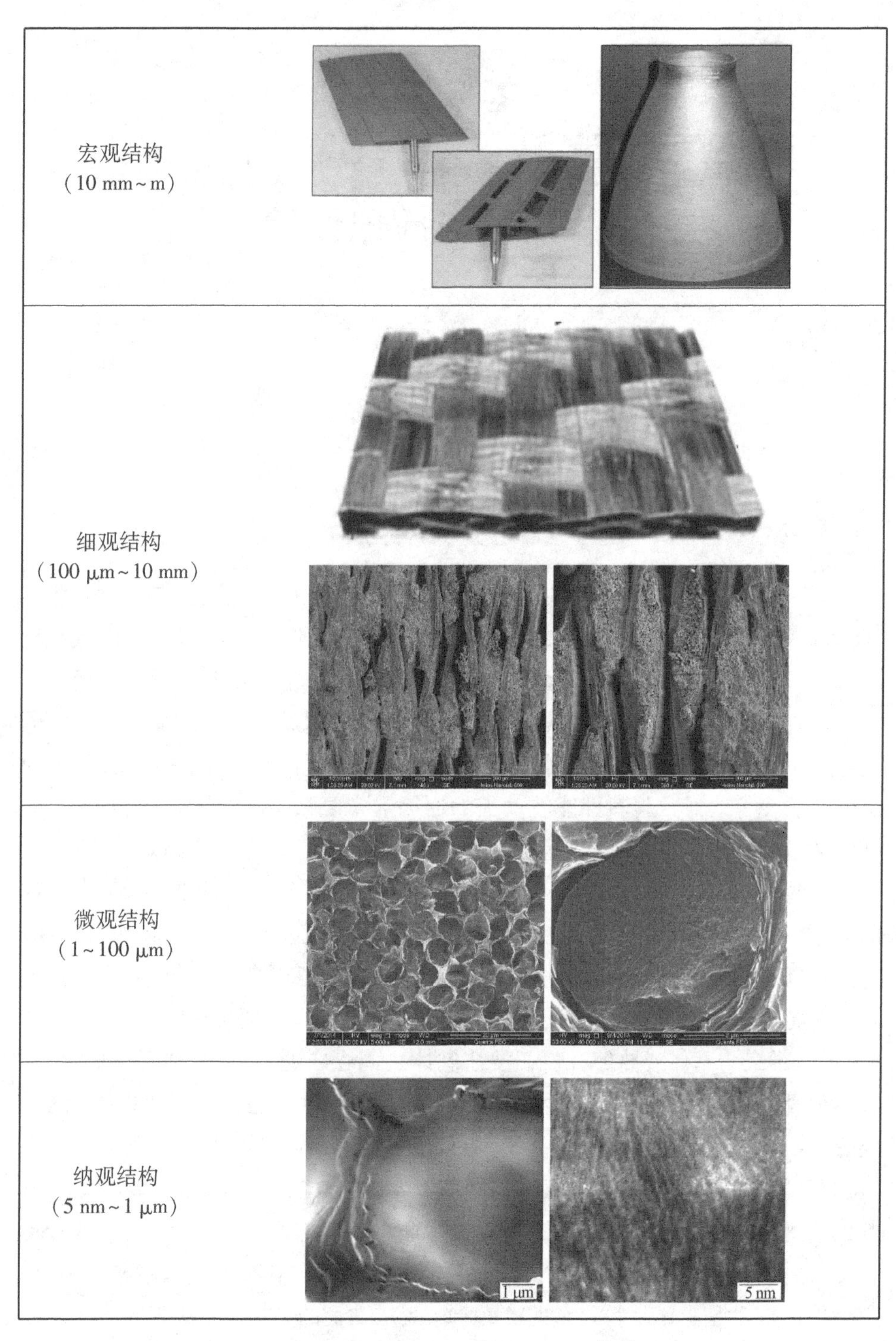

图 6.1　热结构复合材料多尺度结构[1-8]

样的微结构可以分尺度来讨论,大体上分为5个层次:宏观结构、介观结构、细观结构、微观结构和纳观结构,尺度从纳米级跨度到厘米或米级别,整体表现出宏观均匀性、细观周期性、细/微观非均匀、随机性形态特征。

C/C、C/SiC和SiC/SiC等复合材料制备工艺决定了其制备周期长、成本昂贵的特点,从分析试验结果、查找原因、制定改进方案、开展材料制备、基本性能测试、模拟试验到飞行试验验证一个循环周期,短则需要一年,多则需要几年。一旦出现问题,会对整个武器型号的研制和生产进度产生严重影响。对于各种试验中出现的性能波动性大和异常的现象,能否及时找出原因并给出合理的解决措施是最为关键的环节,实质是基本数据是否完善、基础研究是否充分、对产生这些现象的根源能否准确把握的必然反映。

虚拟试验结合了先进的物理试验技术和计算理论来解决材料的物理、力学和工程应用以及失效预测。复制C/C、C/SiC和SiC/SiC等高温结构复合材料真实的微结构特征、利用计算机仿真技术代替真实的物理试验,复现材料损伤事件的演化过程,获取更丰富的破坏机理,构建微结构与宏观力学性能之间的关系,提高超声速飞行器与先进推进系统关键热端部件的设计与生产能力、结构可靠性分析与评价精准度。

6.2 复合材料的微结构低损伤制样与观测技术

6.2.1 复合材料的微结构低损伤制样技术

C/C、C/SiC和SiC/SiC等高温结构复合材料的微、细观结构测试要求样品尺寸较小,一般在毫米至厘米范围,对于给定复合材料,其测试样品要经历"从大到小""从粗到细"的制样流程,也就是要将材料先粗加工成较大样品,后精细加工成可供观测的微小样品,一般包括四个步骤:切割、磨光、抛光和减薄。C/C、C/SiC和SiC/SiC等材料中各相及各种缺陷的分布、取向、体积含量等微/细结构特征在很大程度上决定了材料的本征特性,由于复合材料本身呈现脆性特征,且其界面结合力较弱,在取样过程中极易造成对其微观结构的破坏,进而影响对材料真实微结构特征的评价,通过设计合理的材料微结构低损伤取样工艺,以获得未破坏的、真实反映材料实际微结构形态特征。

1. 切割

C/C、C/SiC和SiC/SiC等高温结构复合材料试样切割可概括为常规和特种方法。常规加工方法基本沿用对金属的一套加工工艺和设备，具有工艺简单、加工效率高的优势。同时存在试样表面受到机械应力作用，容易在试样表面产生凹坑、毛刺、撕裂等问题。目前用于复合材料切割的特种加工方法主要有高压水射流加工、电火花加工、超声波加工、电子束加工和电化学加工等。

高压水射流加工中应采用硅砂等硬度较小的磨料，能够克服传统机械加工的部分缺点，对加工样品的厚度几乎没有限制，且加工阻力较小，不易出现撕裂和分层现象。西北工业大学超高温结构复合材料重点实验室发展了 CMC－SiC 材料的高速磨料流加工技术，解决了 CMC－SiC 材料切割、打孔的加工速度和效率问题。焦健等[9]系统研究了高压水射流法对 SiC/SiC 复合材料的切削和打孔加工，结果表明，在加工中通过调整工艺参数能够获得预期的试验结果。但同时在研究中发现，高压水射流法在加工工件厚度增加时容易在表面出现毛刺，且容易出现纤维拔出现象和崩边现象，对复合材料的加工质量产生极大影响。由此可见，该方法不适用于显微结构特性观测试样的切取工作。

超声振动加工是超声波发生器通过将电能转变为超声电频振荡，并固定在振幅扩大工具上，产生超声振动，利用工作液中的悬浮颗粒对试样表面进行撞击和抛磨来实现材料加工，其优点在于能够加工各种硬脆材料和绝缘材料，且不受材料硬度限制，同时具有加工速度快和无热效应的特性。

电火花加工方法是采用电解液法和高电压法来创造产生火花放电的条件，通过悬浮于电介质中的高能等离子体的刻蚀作用，使表层材料发生熔化、蒸发或热剥离从而达到加工材料的目的。由于加工过程中模具未与试样直接接触，故无机械应力作用于材料表面，因此电火花加工是一种无接触式精细热加工技术。考虑到 C/C、C/SiC、SiC/SiC 和超高温陶瓷等复合材料的高硬度、良好导电特性，推荐采用超声振动加工或电火花加工方法完成显微结构特性观测试样的低损伤切取。

2. 磨光

磨光是试样制备程序中重要的阶段，因为由切割带来的损伤必须在此阶段消除。磨光通常采用不同粒度的水砂纸，在磨盘直径为 200～250 mm，转速设定为 300 r/min 左右的磨光机上进行，水砂纸号通常为 600#、800#、1 000#、1 500#。磨光一般采用水湿磨，一方面能够冷却和润滑磨面，另一方面还能将磨面上的松散磨料和磨屑冲走，降低其嵌入试样表面的倾向。

磨光时稳定均匀地施以适当的压力，每换一道砂纸，试样转向 90°，目测样品表面，保证将前道工序留下的划痕全部磨掉，每道磨光时间为 10 min 左右，并且每完成一道砂纸的磨光，试样用清水或含清洁剂的溶液进行超声波清洗。

3. 抛光

试样抛光分为粗抛光和精抛光两道工序。粗抛光使用帆布，精抛光选用多绒毛织物。粗抛光常采用铸铁盘，抛光时握稳试样，手势应随试样磨面并使之平行于抛光盘平面，磨面均衡地压在旋转的磨盘上。开始抛光时，试样由中心向边缘移动，压力不大；结束时试样从边缘移向中心，压力逐渐减小。粗抛光时只需加水冷却，不加抛光磨料。由于抛光盘上的湿度对抛光的质量影响很大，所以控制在当试样离开抛光盘后试样磨面上的水膜在1~5 s内蒸发。粗抛光时间采用5 min左右，直至试样表面上磨光工序产生的划痕全部去掉，粗抛光完成后用水或含清洗剂的溶液清洗样品。

精抛光通常选用粒径2.5 μm金刚石研磨膏和粒径1 μm的氧化铝悬浮液进行抛光。先选用粒径为2.5 μm的金刚石悬浮液或研磨膏均匀洒在中等绒毛的布上，加合适的被乳化的润滑剂，在转速为200 r/min的抛光机上抛光3 min，直至粗抛光产生的划痕全部去掉。抛光后用水或含清洗剂的溶液清洗试样抛光面。用粒径1 μm的氧化铝抛光时，把氧化铝悬浮液均匀分布在长绒毛的绒布上，加入适量的润滑剂抛光。抛光时间为5~10 min，抛光机转速100~200 r/min，抛光后用水或含清洁剂的溶液清洗试样。

试样经过精抛光后光亮无痕，在100倍显微镜下基本观察不到任何细微划痕，观察不到曳尾现象，被树脂填充的孔隙完全被展现且反映真实相貌，由于碳材料比树脂的反光强很多，因此光学显微镜下反差很大。

4. 减薄

透射电子显微镜的观测工作能否顺利地达到预期目的，也就是说所观察的样品是否有足够的薄区并能反映材料中的微观结构和获得好的透射电镜形貌，关键就是能否具有好的透射电镜样品。目前，制备透射电镜样品最广泛的两种办法是双喷电解抛光技术和离子减薄技术，对于脆性或非导电性质的材料多应用离子减薄技术。C/C、C/SiC和SiC/SiC等高温结构复合材料属于典型的脆性材料，建议采用离子减薄技术。

利用热熔胶固定样品在凹坑载物台上，当凹坑仪减薄样品中心到10 μm左右时，加热取下凹坑后的样品，再利用离子减薄仪的双电子束对样品纤维束凹坑区域进一步减薄。在较低的真空环境下，电子束的电流控制在5~12 μA，电压控制为5 kV左右，调整双电子束与样品角度为8°减薄5小时，再把电子束与样品角度调整为4°减薄3小时，控制减薄测试区域在100 nm以下以备透射电镜观察，取下样品，在干燥器内保存待测。

6.2.2 复合材料的微结构观测技术

传统意义上的材料显微结构观测方法主要包括金相显微镜、体视显微镜、扫描电镜、透射电镜以及偏光显微镜等，无损检测手段包括超声检测、声发射及X线检测等。通常需要综合运用多种方法来观测分析材料的微细观结构。

1. 复合材料微结构的传统观测技术

偏光显微镜(polarization microscope, PM)是光学显微镜的光学系统中插入了起偏振镜和检偏振器，用以检查样品的各向异性和双折射性的显微镜。起偏振镜和检偏振器都是由偏光棱镜或偏光板的尼科耳(nicol)棱镜制成，前者安装在光源与样品之间，后者安装在接物镜与接目镜之间或接目镜之上。凡是具有双折射性的物质，在偏光显微镜下都能分辨得清楚，这些物质还可用染色法来进行观察，也可借检偏振板造成的相加相减现象而利用其干涉色进行观测。C/C、C/SiC和SiC/SiC等复合材料中的很多结构也具有双折射性，所以可用偏光显微镜对材料的内部结构特征进行观测，主要用来观测材料内部沉积PyC的组织结构[10-12]。

扫描电子显微镜(scanning electron microscope, SEM)利用电子束扫描样品表面从而获得样品信息，它能产生样品表面的高分辨率图像。SEM试样制备简单，放大倍数可调范围大(几十倍到几十万倍连续可调)，景深长、视野大，分辨率高，还可以对式样进行综合分析和动态观察。因此，SEM在C/C、C/SiC和SiC/SiC等复合材料的显微结构观测分析中有着重要的作用，用来分析材料的表面状态、破坏断面的形貌以及纤维束内部单丝的结构等[13, 14]。

透射电镜(transmission electron microscope, TEM)是利用电子束透过具有一定晶相结构的样品发生衍射现象获取材料内部晶相结构的相关信息，其分辨率为0.1~0.2 nm，放大倍数为几万~百万倍。电子易散射或被物体吸收，故穿透力低，样品的密度、厚度等都会影响到最后的成像质量，必须将试样制备成超薄的切片，其厚度通常为50~100 nm。C/C、C/SiC和SiC/SiC等复合材料属于脆性材料，很难将其进行超薄切片，故透射电镜在C/C、C/SiC和SiC/SiC复合材料上应用较少[15, 16]。图6.2所示为利用偏光显微镜和扫描电子显微镜观测的C/C复合材料微结构图像。

2. 基于micro-CT技术的无损原位材料微结构观测技术

X线断层扫描技术(micro-CT)能够在不破坏样品的情况下，对材料的内部结构和缺陷进行高分辨率(微米级甚至纳米级)X线成像，获取材料内部详尽的

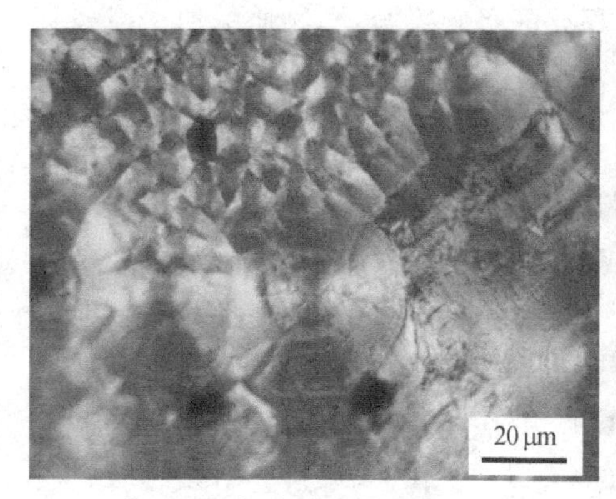

(a) 偏光显微镜图像

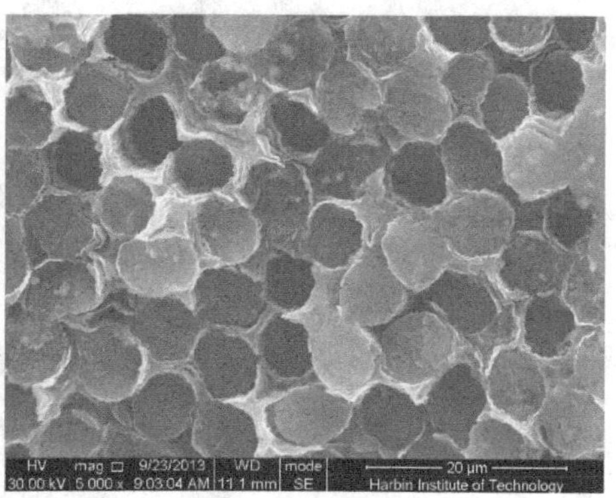

(b) SEM图像

图 6.2　C/C 复合材料显微图像

三维结构信息,从而显示各部分的三维图像。利用强大的图像处理软件,用户可以观察任意角度的断层图像/三维图像,定义任意数量和三维形状的关注区(region of interest, ROI),分割或合并多个的三维图像,定量计算材料内部选定区域的体积、面积、孔隙率、连接密度、结构模型指数、各向异性程度等[17-19]。

X 线进入物质后主要发生光电吸收效应、康普顿散射效应。光电吸收效应中,X 线把自身能量全部给予了物质,而自身消失。在康普顿散射效应中,X 线把自身能量一部分传给物质,自身能量减少,同时方向也一定程度地发生改变。总之,X 线进入物质后,会被物质部分吸收,导致强度减弱。X 线的吸收公式为

$$I = I_0 \exp(-\mu d) \tag{6.1}$$

式中,I_0为 X 线初始强度;d 为吸收物质的厚度;μ 为吸收常数;I 为 X 线透过物质后的强度。

对于由较轻原子组成的物质,X 线透过时很少有所减弱;对于由较重原子组成的物质如金属,X 线就不能透过,几乎全部被吸收了。对于 C/C、C/SiC 等复合材料,纤维和基体的主要成分都是碳,但是由于其厚度和致密度不同,并且含有裂纹和缺陷,可以用 micro-CT 来观测复合材料的内部显微结构。

在 micro-CT 成像过程中,由于材料的组分是非均匀的,某种组分的厚度以及吸收常数都会与周围相比出现突变性的不同,也就是对 X 线的吸收出现了突变性质的不同,成像片上的感光也因此有突变。用 CT 数来反映样品的断层上的密度信息:

$$H = H_0 \exp(\mu - \mu_w)/\mu_w \tag{6.2}$$

式中，μ_w为纯水的吸收系数；μ 为待测体积元的吸收系数，与物质的原子组分和密度相关；H_0为标准条件下的 CT 数。

micro-CT 机扫描部分主要由 X 线管和不同数目的探测器组成，用来收集信息。探测器将收集到 X 线信号转变为电信号，经模/数转换器(A/D converter)转换成数字，输入计算机储存和处理，从而得到该层面各单位容积的 CT 数(CT number)，并排列成数字矩阵(digital matrix)。数字矩阵经数/模(D/A)转换器在监视器上转为图像，即为该层的横断图像。CT 图像由某一定数目的由黑到白不同灰度的小方块组成，每一方格为图像的最小单位称为像素(pixel)，Bruker Skyscan 1272 见图 6.3。利用高分辨率 micro-CT 观测的 C/C、C/SiC 复合材料内部微结构如图 6.4 所示。

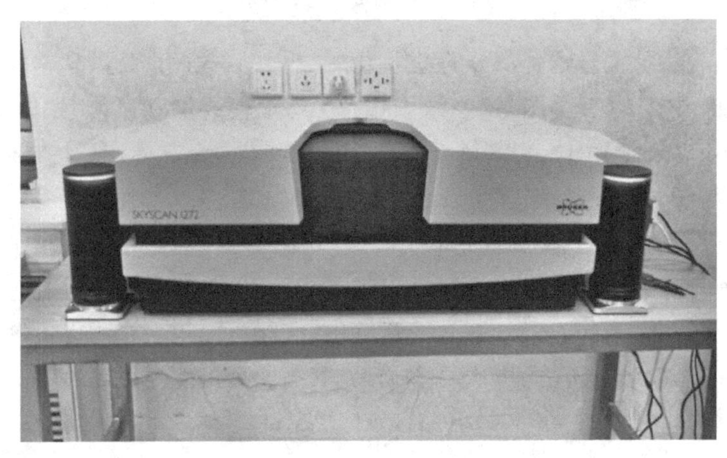

图 6.3 Bruker Skyscan 1272

高分辨 micro-CT 系统的观测精度已经由厘米级发展到微米级甚至纳米级，使得 micro-CT 系统可以适用于纤维增强复合材料内部微观结构观测，对编织复合材料的内部结构进行三维重构，获得材料内部原位微观结构，从而有望基于微观结构来分析编织复合材料的有效性能[20-24]。高温结构复合材料显微结构原位观测实验的一个重要步骤是进行物体三维重建，即从三维图像中重建出物体的三维结构。首先要确定物体的边界，即对原始图像进行分割，然后用适当的数字表示方法来描述物体的表面，最后用三角拟合出各种结构的图像。

6.2.3 复合材料微结构的显微图像重构

考虑到试样制备质量和观测仪器分辨率等因素影响，直接拍摄的图像对比

(a) 3D C/C 复合材料

(b) 2D C/SiC复合材料

图 6.4　高温结构复合材料 micro-CT 扫描图像

度不高，且纤维(或纤维束)和基体的边界不清晰、相互粘连，图像存在大量的噪声，这些噪声会在识别边界和统计特征时造成干扰，导致识别困难。因此，需要在尽量不破坏原有信息的前提下，通过图像处理实现纤维或纤维束边界的分割与识别[25, 26]。

1. 图像二值化

在图像处理的过程中，为了提高图像增强和轮廓提取等操作的效率，首先需要对图像进行二值化处理。灰度图像的二值化处理就是对图像进行分割，对于 C/C 或 C/SiC 复合材料的显微图像，就是将纤维(或纤维束)与基体进行分割。由于其灰度值存在差异，可以通过阈值分割将纤维(或纤维束)从图像中分离出来。在阈值分割中，最重要的就是确定阈值的极限。阈值极限的确定方法主要有灰度直方图法、最大类间方差分割法以及最大熵值法等。

例如，最大熵值法的形式简单、意义明确，是关注度最高、使用最多的方法。在熵值较大的地方，图像灰度相对较均匀；在熵值较小的地方，图像灰度离散性较大，根据图像的最大化熵值可把灰度相对均匀的目标分割出来。运用最大熵对图像进行二值化的具体算法可概况如下：首先，以原始图像(L 个灰度级)中各像素及其 4 领域的四个像素为一个区域，计算出区域灰度均值图像(L)，使得原始图像中的每一个像素对应于一个点灰度。区域灰度均值对，这样的数据对存在 $L×L$ 种可能的取值。设 $n_{i,j}$为图像中灰度为 i 及其领域灰度均值为 j 的像素点数，$p_{i,j}$为点灰度。区域灰度均值对(i, j)发生的概率，则

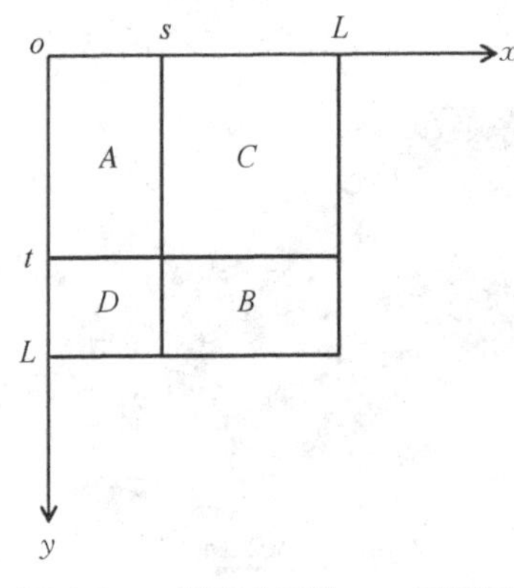

图 6.5 二维直方图的 xoy 平面图

$$p_{i,j} = \frac{n_{i,j}}{N \times N} \tag{6.3}$$

式中,$N \times N$ 为图像的大小。

那么,$\{p_{i,j} \mid i, j = 0, 1, \cdots, L-1\}$ 就是该图像关于点灰度。区域灰度均值的二维直方图。图 6.5 为二维直方图的 xoy 平面图,沿对角线分布的 A 区和 B 区分别代表目标和背景,沿对角线分布的 C 区和 D 区代表边界和噪声,所以应该在 A 区和 B 区上用点灰度。区域灰度均值二维最大熵法确定最佳的阈值,使真正代表目标和背景的信息量最大。

设 A 区和 B 区各自具有不同的概率分布,用 A 区和 B 区的后验概率对各区域的概率 $p_{i,j}$ 进行归一化处理。如果阈值设在(s, t),则

$$P_A = \sum_i \sum_j p_{i,j} \tag{6.4}$$

式中,$i = 0, 1, \cdots, s$; $j = 0, 1, \cdots, t$。

$$P_B = \sum_i \sum_j p_{i,j} \tag{6.5}$$

式中,$i = s+1, s+2, \cdots, L-1$; $j = t+1, t+2, \cdots, L-1$。

A 区和 B 区的二维熵分别为

$$H(A) = -\sum_i \sum_j \frac{p_{i,j}}{P_A} \lg \frac{p_{i,j}}{P_A} = \lg P_A + \frac{H_A}{P_A} \tag{6.6}$$

式中,$H_A = -\sum_i \sum_j p_{i,j} \lg p_{i,j}$; $i = 0, 1, \cdots, s$; $j = 0, 1, \cdots, t$。

$$H(B) = -\sum_i \sum_j \frac{p_{i,j}}{P_B} \lg \frac{p_{i,j}}{P_B} = \lg P_B + \frac{H_B}{P_B} \tag{6.7}$$

式中,$H_B = -\sum_i \sum_j p_{i,j} \lg p_{i,j}$; $i = s+1, s+2, \cdots, L-1$; $j = t+1, t+2, \cdots, L-1$。

由于 C 区和 D 区包含的是关于噪声和边缘的信息,将其忽略不计,可得

$$P_B = 1 - P_A \tag{6.8}$$

$$H_A = H_L - H_A \tag{6.9}$$

式中，$H_L=-\sum_i\sum_j p_{i,j}\lg p_{i,j}$；$i=0,1,\cdots,L-1$；$j=0,1,\cdots,L-1$。

$$H(B)=\lg(1-P_A)+\frac{H_L-H_A}{1-P_A} \tag{6.10}$$

熵的判别函数定义为

$$\phi(s,t)=H_A+H_B=\lg[P_A(1-P_A)]+\frac{H_A}{P_A}+\frac{H_L-H_A}{1-P_A} \tag{6.11}$$

选取的最佳阈值向量(s,t)满足：

$$\phi(s,t)=\max\{\phi(s,t)\} \tag{6.12}$$

2. 中值滤波-降噪

经过最大熵值法二值化处理，纤维（或纤维束）基本被识别了出来，但是纤维（或纤维束）内部存在许多白点，通常称这种白点为白色噪声，符合椒盐噪声特点，这种椒盐噪声会对后续边界轮廓提取造成影响，必须给予识别与清除。目前，主要有空间域方法和变换域方法两大类的降噪方法。从处理范围来分，空间域图像降噪方法又可分为局部与非局部降噪方法。局部空间域上图像降噪方法是在像素的邻域内，直接对像素灰度值进行操作，主要有均值滤波、中值滤波等。非局部降噪方法是基于局部降噪的改进，适用性更强，但其算法也相对复杂。

中值滤波是非线性的空域滤波方法，输入像素的灰度值由此像素为中心的窗口内像素灰度值的中间值来代替，中值滤波能够很好地减少椒盐噪声而不引起边缘信息丢失。中值滤波是将模板中对应图像像素的灰度值按大小顺序排列，处于中间的数值称为中值。用中值代替(x,y)处的灰度值为中值滤波，其算法思想为，设有一个一维数列f。取窗口长度（像素点个数）为m（m为奇数），对此一维序列进行中值滤波，就是从输入的数列中相继抽出m个数，再将这m个点值按其数值大小排序，取其序号为中心点那个数作为滤波输出，用数学公式表示为

$$y_i=\mathrm{Med}\{f_{i-v},\cdots,f_i,\cdots,f_{i+v}\} \tag{6.13}$$

式中，$i\in Z$；$v=\dfrac{m-1}{2}$。

二维中值滤波可用式(6.14)表示：

$$f(x,y)=\underset{(s,t)\in S_{xy}}{\mathrm{Med}}\{g(s,t)\} \tag{6.14}$$

式中，$g(s, t)$为窗口S_{xy}中的像素。

二维中值滤波的窗口形状和尺寸对滤波效果的影响较大，不同的图像内容和不同的应用要求，往往采用不同的窗口形状和尺寸。常用的二维中值滤波窗口形状有线状、方形、圆形、十字形等，在本例中采用3点方形窗口。

3. 图像腐蚀

腐蚀是一种消除边界点，使边界向内收缩的过程，通过腐蚀操作，可以消除小而且没有意义的物体。图像腐蚀的原理用式(6.15)表示：

$$E(x) = \{a | S_a \subset A\} = A \odot S \tag{6.15}$$

式中，$E(x)$表示腐蚀的结果，由点组成的集合，这些点需要满足的条件是：图像A将腐蚀图像的结构元素S在平移了a之后仍被包含的点。

用图像表示被腐蚀的过程如图6.6所示，图6.6(a)中A代表要进行腐蚀的图像，图6.6(b)中用结构元素S来进行腐蚀图像，图6.6(c)中阴影部分即为腐蚀的位置。O表示结构元素的位置，以O点为坐标控制点和A上的点一个一个地对比，如果S上所有的点均落在A范围内，则该点保留，否则将该点去掉。图6.6(c)中的阴影部分是腐蚀后的结果，可以看出，它仍在原来A的范围内，且比A包含的点要少，就像A被腐蚀掉了一层。

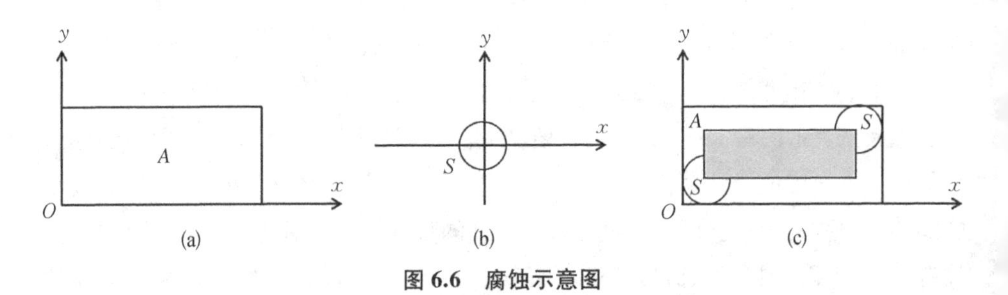

图6.6 腐蚀示意图

4. 图像膨胀

膨胀操作可以将其看作腐蚀操作的对偶运算。膨胀是将与物体接触的所有背景点结合到该物体中，使边界向外部扩张的过程。通过膨胀，可以填充图像中的小孔以及在图像边缘处的小凹陷部分。图像膨胀的原理如式(6.16)所示：

$$E(x) = \{a | S_a \subset A\} = A \oplus S \tag{6.16}$$

式中，$E(x)$表示膨胀的结果，由点组成的集合，这些点需要满足的条件是：图像A将膨胀图像的结构元素S在平移了a之后仍被包含的点。

图 6.7 可以用来直观解释膨胀算法,图 6.7(a)是被处理的图像 A(图中为二值图像的部分像素点,针对的是黑点),图 6.7(b)的是结构元素 S。膨胀的方法是:拿 S 的中心点和 A 上的点及 A 周围的点一个一个地对,如果 S 上有一个点落在 A 的范围内,则该点保留,否则将该点去掉。如图 6.7(c)中阴影部分是膨胀后的结果,可以看出,它包括 A 的所有范围,就像 A 膨胀了一圈。

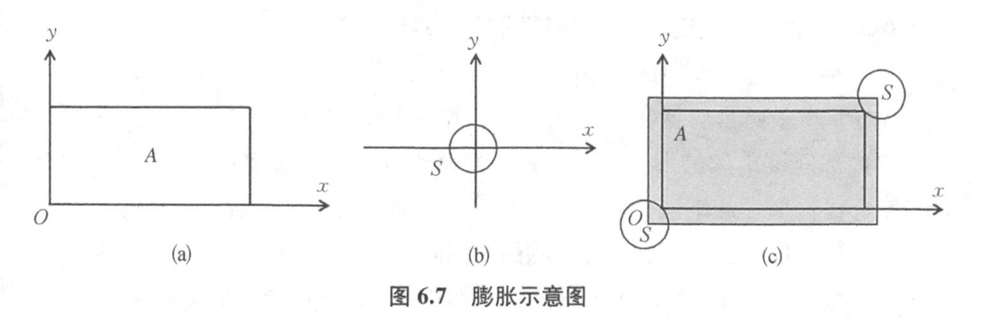

图 6.7　膨胀示意图

图 6.8 所示为 C/C 复合材料纤维束内的碳纤维显微图像在二值化-降噪-边

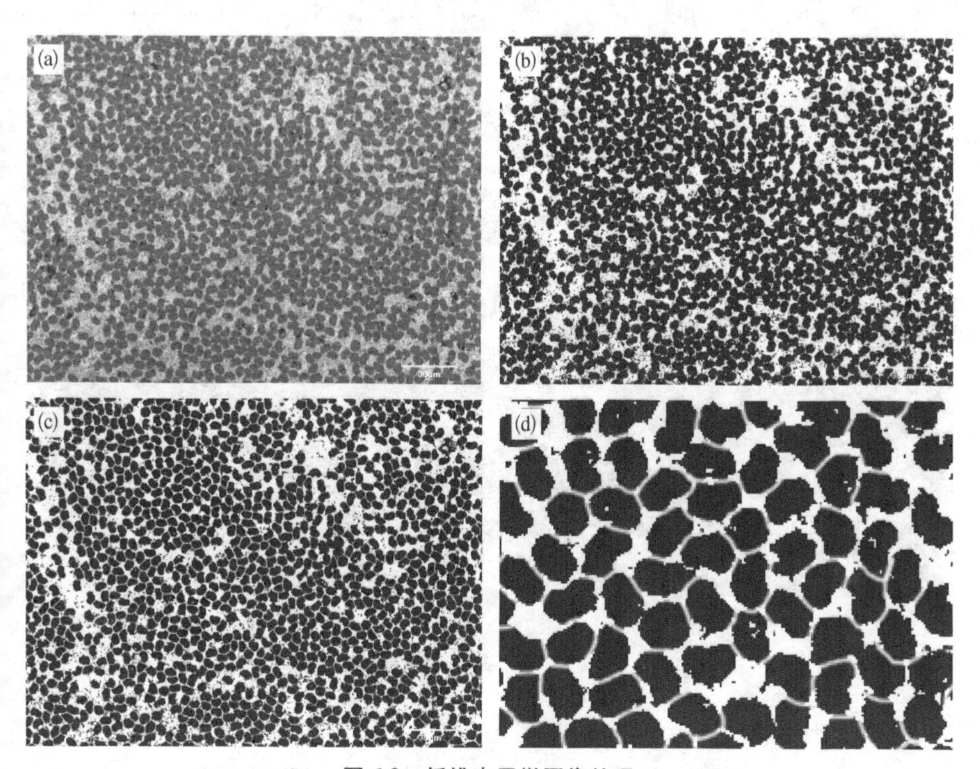

图 6.8　纤维束显微图像处理

(a) 原始灰度图;(b) 二值化和降噪;(c) 边界分割;(d) 局部放大

界分割-局部放大处理过程中的变化过程。

6.3 复合材料多尺度结构特征分析与统计描述

6.3.1 复合材料的微观结构的非均匀随机特性与统计描述

1. 复合材料微观结构特征分析

基于图 6.1 所示的复合材料显微结构尺度划分策略,在微观尺度上主要研究材料内部纤维单丝的形状、尺寸及位置分布等。图 6.9(a)所示为某一典型 C/C 复合材料增强纤维束截面激光共聚焦显微镜照片。从图中可以看出,纤维单丝绝大部分呈现"腰果"形状,少部分近似为椭圆形,仅有极少数可以近似为圆形;纤维在横截面内的分布也非正方形或六边形排布,而是呈现随机、非均匀的特征,纤维的分布同时存在"聚合"和"分散"的两种极端情况。在横截面内,"腰果"形纤维截面的取向也各不相同,基本为无序状态;纤维周围紧密环绕着碳基体,没有发现明显的界面和孔洞、裂纹,由于纤维的"聚合"和"分散",相应地在附近区域内形成"贫基体区"和"富基体区"。图 6.9(b)为纤维束截面 SEM 照片,与激光共聚焦观测结果类似,纤维束内单丝横截面基本为"腰果"形,少数近似为椭圆形,极少数近似为圆形;纤维周围是碳基体,没有明显的界面层,断口处纤维略呈松散趋势。

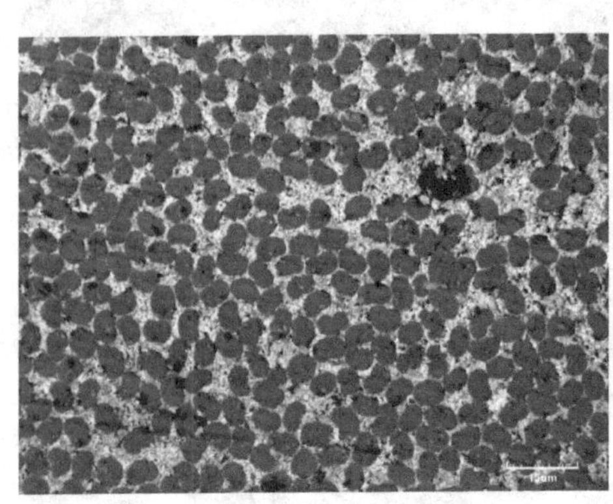

(a) 激光共聚焦显微镜图像

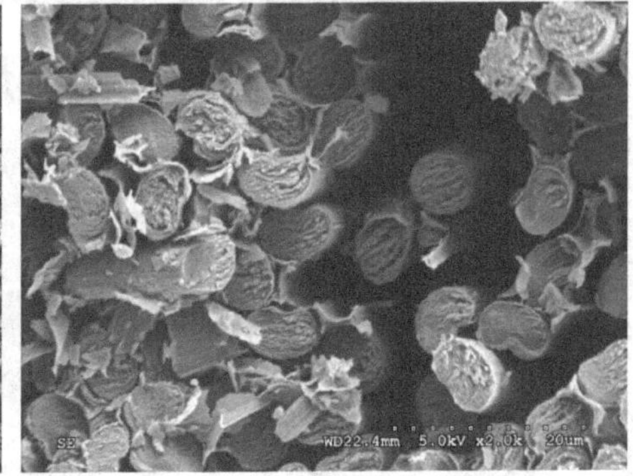

(b) SEM图像

图 6.9 C/C 复合材料纤维束内显微形貌

2. 复合材料微观结构统计描述

为了定量表征纤维束内各纤维的形状、尺寸和分布规律,需要将观测得到的图像窗口内每一根纤维准确识别出来并统计其周长、半径、面积、取向角、位置坐标、长短轴比例等参数。

统计信息前首先根据图像内标尺进行尺寸校正，将显微图像的像素值转化为长度值，经统计，图 6.9(a)图像的分辨率为 1 024×768 像素，像素长度值为 4.10 像素/μm。由于绝大部分纤维截面呈现“腰果”形，为简化计算，将其形状近似为椭圆形，其中纤维单丝最大横截面积为 61.56 μm²，长轴最大值为 12.59 μm，短轴最大值为 6.38 μm，纤维含量为 1 400 根，纤维面积总和为 26 804.14 μm²。假设纤维束为横观各向同性材料，沿轴向没有发生偏转且处处截面均与一致，纤维在空间的分布可以视为其平面分布在轴向的延长。统计得到纤维的体积分数 $V_f=57.03\%$。

纤维的截面面积和面积比率统计直方图如图 6.10 所示，可见纤维的截面积大部分集中为 15~25 μm²，纤维面积分布符合 Laplace 分布。

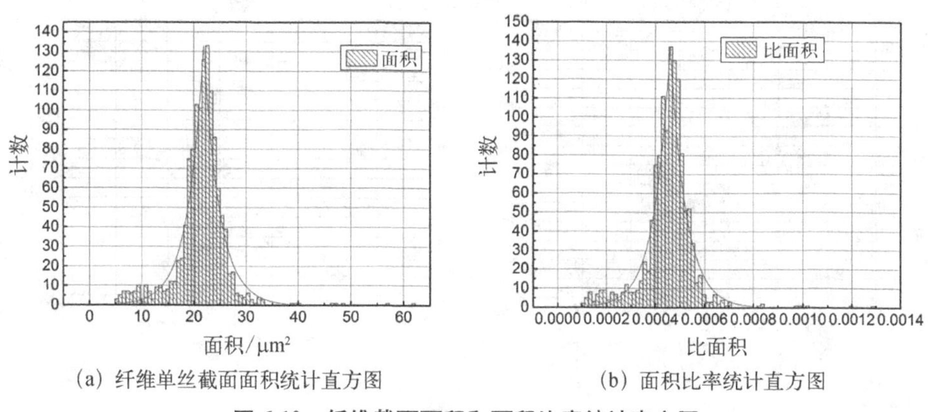

(a) 纤维单丝截面面积统计直方图　　(b) 面积比率统计直方图

图 6.10　纤维截面面积和面积比率统计直方图

纤维的半长轴和半短轴统计直方图如图 6.11 所示，与面积分布类似，这两项参数也基本服从 Laplace 分布。

纤维单丝中心 x、y 坐标分布直方图如图 6.12 所示，纤维在平面内的位置分布是非均匀的，呈现一定的随机性。纤维在 xoy 平面内的取向角(长轴和 x 轴夹角)统计直方图见 6.13(a)，从 0°到 180°，沿各个角度的分布数量基本相当，为 15~20 个，这表示纤维在平面内的取向基本呈现随机的特征；图 6.13(b)为长短轴比率统计直方图，可见平面内纤维的长短轴比率绝大部分集中在 2.0~3.0。

Laplace 分布的概率密度函数为

$$f(x|\mu,\ b)=\frac{1}{2b}\exp\left(-\frac{|x-u|}{b}\right) \tag{6.17}$$

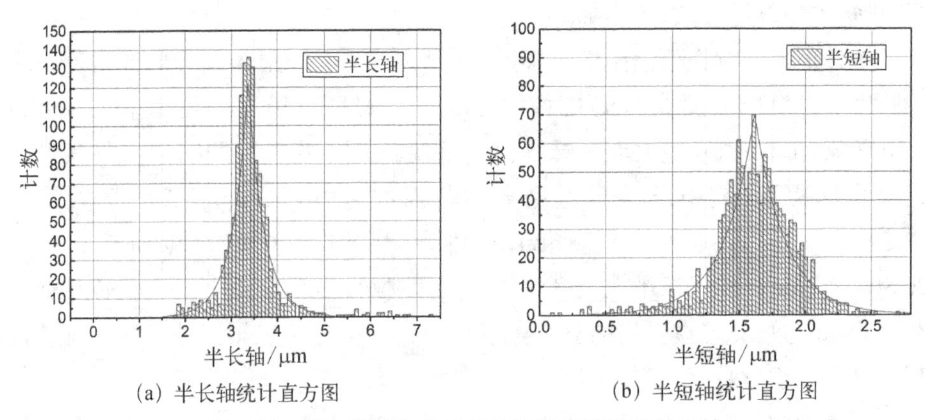

(a) 半长轴统计直方图 (b) 半短轴统计直方图

图 6.11 纤维横截面的半长轴和半短轴统计直方图

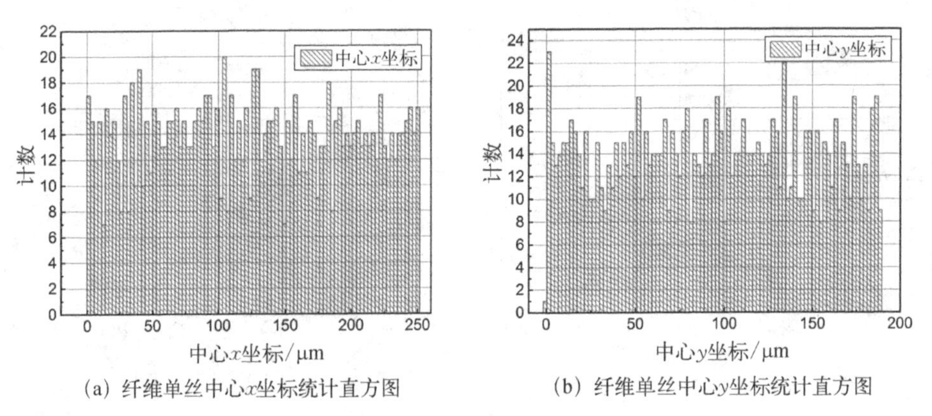

(a) 纤维单丝中心x坐标统计直方图 (b) 纤维单丝中心y坐标统计直方图

图 6.12 纤维横截面中心坐标分布统计直方图

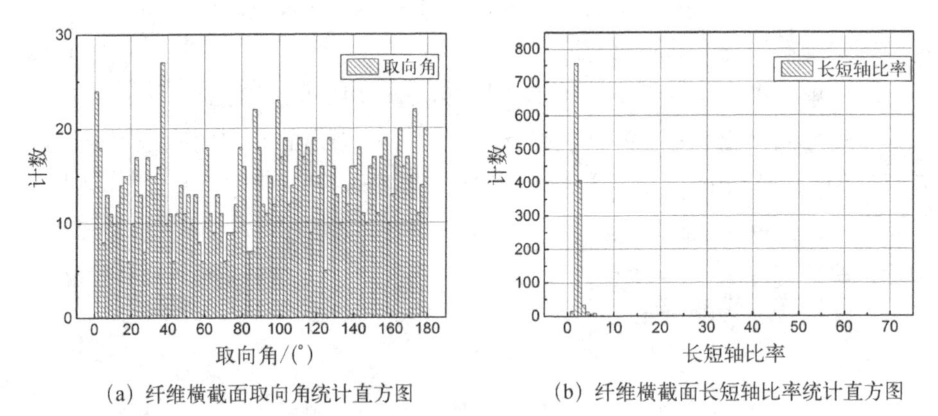

(a) 纤维横截面取向角统计直方图 (b) 纤维横截面长短轴比率统计直方图

图 6.13 纤维单丝横截面的取向角和长短轴比率统计直方图

纤维单丝在纤维束横截面内的分布呈现非均匀、随机的特征，局部出现“聚合”和“分散”的情况，这种空间随机分布情况可以用统计学描述来进行分析，常用的空间统计描述有一阶描述 K 近邻（K-nearest neighbor）算法，二阶描述 Ripley's $K(r)$ 函数和径向分布函数（也称对分布函数）$g(r)$。

K 近邻算法最早是由 Cover 和 Hart 于 1967 年提出的，用于对样本进行分类，它的算法思想为，选取样本中的一个点作为基准点，计算其余各点到这个基准点的距离，基准点的选取遍历所有点，将所有距离进行排序，统计距离基准点第 K 最近的点和距离值，采用欧氏距离，在二维空间内欧氏距离的定义就是两点之间的真实距离，即

$$d_{12} = \sqrt{(x_1 - x_2)^2 + (y_1 - y_2)^2} \tag{6.18}$$

取 $K = 2$，即考察第 1 近邻（1st-nearest neighbor）和第 2 近邻（2nd-nearest neighbor）分布情况。

Ripley's $K(r)$ 函数是 Ripley 于 1977 年提出的，也称为二阶密度函数（second-order intensity function），通常用来表征某点周围环形区域内点的聚合程度，在二维情况下，$K(r)$ 函数的定义如下：以某点（指纤维横截面的形心）为圆心，以 r 为半径的圆盘内部包括的点（指其他纤维截面的形心）的平均数目与分析目标区域内点的密度之比，随着 r 增大，$K(r)$ 也会迅速增加。

为了避免边界效应，考虑到靠近半径为 r 的圆边界附近可能出现的目标中心在圆盘内而目标的一部分在圆盘外的情况，Ripley's $K(r)$ 函数经过修正后的估计值表示如下[27]：

$$K(r) = \frac{A}{N^2} \sum_{k=1}^{N} \frac{I_k(r)}{\omega_k} \tag{6.19}$$

式中，A 为分析区域的面积；N 为分析区域内纤维的总数目；ω_k 为第 k 个目标被包含在 A 区域内的面积比例，目标（纤维）全部包含于区域内时，ω_k 取 1，形心在圆盘内而纤维一部分落在圆盘外时，ω_k 为落在圆盘内的面积和自身总面积之比；$I_k(r)$ 表示将第 k 个点选为圆盘的中心，环绕在以第 k 个点为中心，r 为半径的圆盘内包含的点的数量。

另外一种常用的表征点分布随机性的统计描述是径向分布函数（radial distribution function）$g(r)$，也称为对分布函数（pair distribution function），它与某一根纤维落在以某点为圆心，内半径为 r、外半径为 $r+\mathrm{d}r$ 的微小圆环区域 $\Omega_i(r)$

内的概率有关。$g(r)$由式(6.20)给出[28, 29]：

$$2\pi r\lambda g(r)\,\mathrm{d}r = \frac{1}{N}\sum_{i=1}^{N} n_i(r) \tag{6.20}$$

式中，N仍为分析区域内的纤维总数目；λ表示单位面积内纤维的数目；$n_i(r)$表示第i个点周围圆环形区域$\Omega_i(r)$内包含的点的数量。

已有相关文献[30]证明$g(r)$函数可以由$K(r)$函数得到，它们之间有如下关系：

$$g(r) = \frac{1}{2\pi}\frac{\mathrm{d}K(r)}{\mathrm{d}r} \tag{6.21}$$

运用计算机编程实现统计量Knn、$K(r)$、$g(r)$函数的计算，输入某一观察区域内所有点（纤维的中心）的坐标和观察区域的范围，计算得到Knn、$K(r)$、$g(r)$随r变化的分布曲线。将由图像处理统计得到的纤维坐标信息输入，得到基于真实结构观测图像的上述三种函数分布。

如图6.14所示为基于真实结构图像的纤维单丝第1近邻和第2近邻分布，横坐标表示纤维形心之间的距离，纵坐标表示概率，可以看到，两种分布都比较集中，第1近邻分布在5.0~5.5 μm附近的概率最大，第2近邻分布在5.5~6.0 μm附近的概率最大。

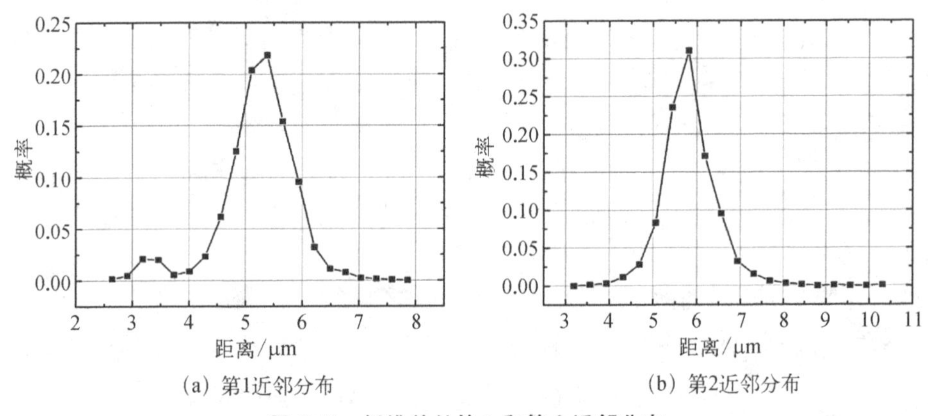

(a) 第1近邻分布　　(b) 第2近邻分布

图6.14　纤维单丝第1和第2近邻分布

图6.15为基于真实结构图像的$K(r)$和$g(r)$函数曲线，随着r增大，$K(r)$值迅速上升；而$g(r)$的变化趋势为在$r=0$附近，$g(r)$值接近于0；随着r增大，$g(r)$迅速上升，在$r=6$ μm附近，$g(r)$出现最大值约为1.1，之后迅速下降至0.8附近，在多次波动后趋近于0.8，并作上下微小波动。

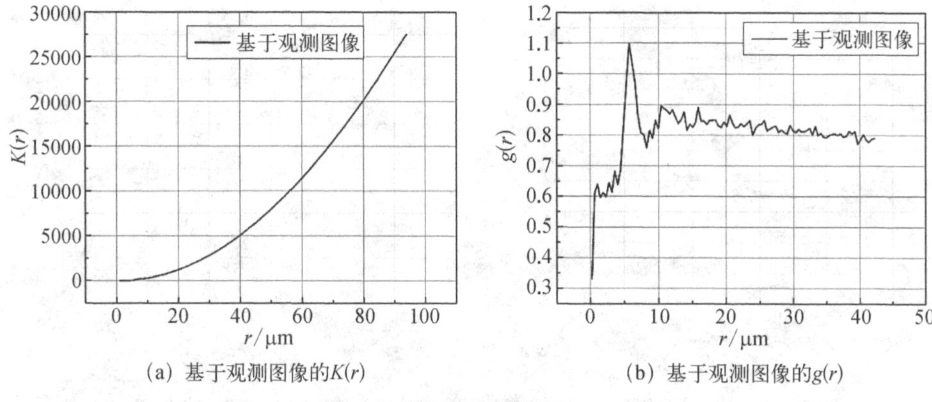

(a) 基于观测图像的$K(r)$　　(b) 基于观测图像的$g(r)$

图 6.15　基于真实结构观测图像的 $K(r)$ 和 $g(r)$

6.3.2　复合材料细观结构的非均匀随机特性分析与统计描述

1. 复合材料细观结构特征分析

纤维编织复合材料是由重复排列的代表性单胞构成的,代表性单胞的种类与纤维预制体方法及织物的剖面形状有关,代表性单胞数则取决于预制体织物几何尺度的大小。如图 6.16 所示为三种典型织物结构示意图。

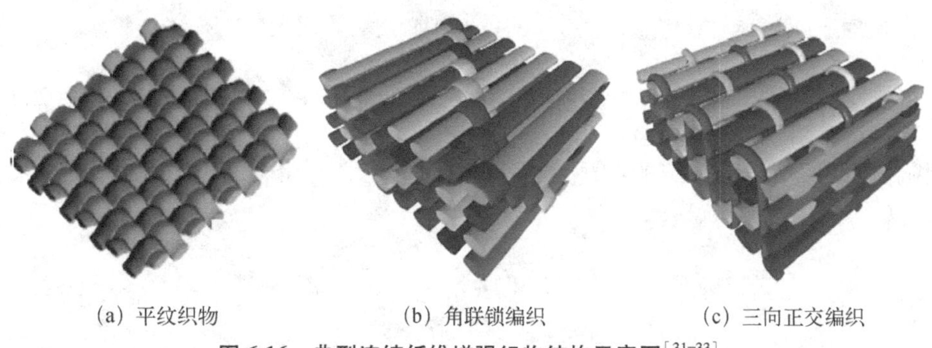

(a) 平纹织物　　(b) 角联锁编织　　(c) 三向正交编织

图 6.16　典型连续纤维增强织物结构示意图[31-33]

例如,图 6.17 所示 2D C/SiC 复合材料的细观形貌,采用平纹织物纤维布随机堆叠预制体结构,经 CVI 工艺致密,整个复合材料在空间上由三个区域组成,即空洞和沉积有 SiC 基体的经向纤维束、纬向纤维束。经纬向纤维束在轴向成波浪状,横截面近似于椭圆形、菱形、凸透镜形等多种类椭圆形状。

2. 复合材料细观结构统计描述

在材料制备过程中,由于纤维束在不同位置受到的挤压情况不同,不同纤维

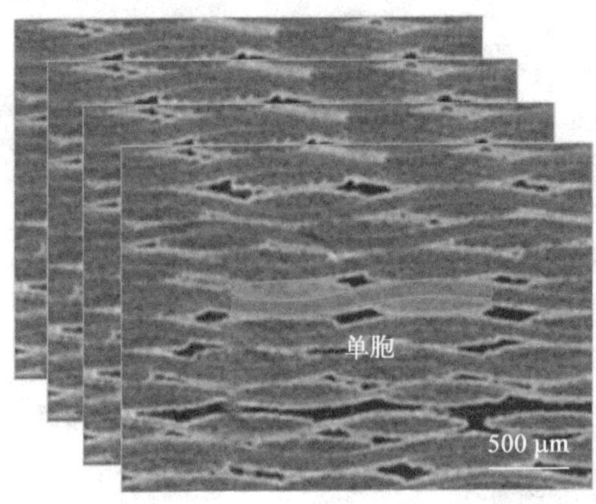

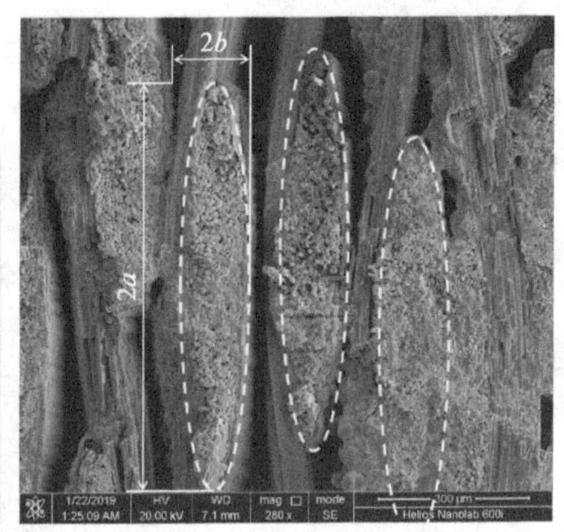

图 6.17　2D C/SiC 复合材料的细观形貌

束或同一根纤维束在不同位置的横截面形状变化较大。在周期性织物结构中，基于纤维束几何特征的空间变化分解，纤维束的截面形状和位置可以由非随机的织物结构周期性变化和织物中随机出现的偏离平均趋势的随机误差来表征[34, 35]。

对于典型纤维束横截面的凸出或凹陷，采用图像函数 $\Omega(y, z)$ 几何矩展开是个很好的通用描述方法[36]。图像几何矩的定义是以直角坐标系的基本集为基础，对于灰度函数 $\Omega(y, z)$，图像的 $(p+q)$ 阶二维几何矩的定义为

$$\omega_{pq} = \iint y^p z^q \Omega(y, z)\,\mathrm{d}y\mathrm{d}z \ (p, q = 0, 1, 2\cdots) \tag{6.22}$$

图像的几何矩具有一定的物理含义，由前面的定义可得，图像 $\Omega(y, z)$ 的零阶矩为

$$\omega_{00} = \iint \Omega(y, z)\,\mathrm{d}y\mathrm{d}z \tag{6.23}$$

对于灰度图像，图像的零阶矩等于图像灰度值的总和。如果是二值图，零阶矩等于图像的面积。

灰度函数 $\Omega(y, z)$ 存在两个一阶矩 ω_{01} 和 ω_{10}，通过这两个一阶矩可以确定图像的质心位置。即图像的质心坐标为 $(\bar{y}, \bar{z})$：

$$\bar{y} = \frac{\omega_{10}}{\omega_{00}},\ \bar{z} = \frac{\omega_{01}}{\omega_{00}} \tag{6.24}$$

式中，$(\bar{y}, \bar{z})$ 在二值图中表示图像的几何中心坐标，如果图像的几何中心与坐

标系原点一致($\bar{y}=0$, $\bar{z}=0$),则求得的图像矩值称作中心矩。

中心矩就是图像相对于质心求得的几何矩,具有独立于图像坐标系的优点,可定义为

$$\omega_{pq}=\iint(y-\bar{y})^p(z-\bar{z})^q\Omega(y,z)\,\mathrm{d}y\mathrm{d}z\ (p,q=0,1,2,\cdots) \tag{6.25}$$

图像的二阶几何中心矩 ω_1、ω_{02}和 ω_{02}被称为惯性矩,可以表征图像的几个重要特性,例如主轴方向角、图像椭圆的长半轴和短半轴等。

图像目标的主轴可以通过二阶中心矩确定,目标的主轴与横坐标轴之间的夹角 θ,即主轴方向角,可由式(6.26)获得:

$$\theta=\frac{1}{2}\arctan\left(\frac{2\omega_{11}}{\omega_{20}-\omega_{02}}\right) \tag{6.26}$$

图像椭圆的长半轴 a 和短半轴 b 可以通过式(6.27)和式(6.28)得到:

$$a=\left(\frac{2\left(\omega_{20}+\omega_{02}+\sqrt{(\omega_{20}-\omega_{02})^2+4\omega_{11}^2}\right)}{\omega_{00}}\right)^{1/2} \tag{6.27}$$

$$b=\left(\frac{2\left(\omega_{20}+\omega_{02}-\sqrt{(\omega_{20}-\omega_{02})^2+4\omega_{11}^2}\right)}{\omega_{00}}\right)^{1/2} \tag{6.28}$$

如图6.17所示2D C/SiC复合材料micro-CT细观形貌,设与纤维束横截面垂直方向为 x 轴,图像灰度函数如式(6.29)所示:

$$\Omega(y,z)=\begin{cases}1, & (y,z)\ \text{在纤维束内}\\ 0, & (y,z)\ \text{在纤维束外}\end{cases} \tag{6.29}$$

当纤维束横截面不存在凹陷特征时,矩展开式可以通过拟合椭圆信息得到(即使纤维束横截面可能并不是椭圆的)。拟合的椭圆可以确定6个参量中的5个,第6个相对于其他5个是固定的,因为椭圆形状是特定的。纤维束横截面椭圆拟合将产生以下数据集:

$$\{y^{(m)},\ z^{(m)},\ A^{(m)},\ ar^{(m)},\ \theta^{(m)}\} \tag{6.30}$$

式中,$y^{(m)}$, $z^{(m)}$为纤维束截面 m 的形心坐标;$A^{(m)}$, $ar^{(m)}$, $\theta^{(m)}$分别为截面 m 的面积、纵横比和方向。

如果截面形状极度扭曲,比如强烈的凹陷特征,特征描述应该基于更高阶的

矩扩展或其他形状。

$$(y,\ z)^{(m)} = \langle (y,\ z)^{(m)} \rangle + (\delta y,\ \delta z)^{(m)} \tag{6.31}$$

$$A^{(m)} = \langle A^{(m)} \rangle + \delta A^{(m)} \tag{6.32}$$

$$ar^{(m)} = \langle ar^{(m)} \rangle + \delta ar^{(m)} \tag{6.33}$$

$$\theta^{(m)} = \langle \theta^{(m)} \rangle + \delta\theta^{(m)} \tag{6.34}$$

式中，$\langle \cdots \rangle$ 表示平均值。

运用编织材料名义上的平动不变性将周期性的趋势信息收集起来：整个试样的名义等效纤维束点的数据都被整理到某一种类型纤维束（径向或纬向纤维束）的周期循环上，该过程被称为参比期检验，该过程可以在大分辨率下将相对小的试样信息重构。周期性趋势的随机偏离包含一系列横截面的特征标准差 $\delta_y^{(k)}$ 等。

6.3.3 复合材料长程有序周期结构特征与统计描述

1. 复合材料长程有序随机结构特征分析

利用周期性可以从相对较小的 Micro-CT 图像中得出有关纤维束几何形状的周期性（或“系统性”）变化以及与随机偏差的信息。但是，假设纤维织物在空间平均意义上具有周期性是一种很强的假设，需要进行独立测试。它要求织物的长度尺度上没有变形，该变形远大于重复结构的单胞。通过分析线性尺寸比单胞大数十倍或一百倍的样品的光学图像，确认纤维预制体中所需的长程均匀性代表性单胞[37, 38]。

如图 6.18 和图 6.19 所示的平纹编织体系结构预制体。首先根据纤维束的方向给予分类，所有的经向纤维束属于一类，所有纬向纤维束属于另一类。如图 6.20 所示，编织结构的单元包含两根经向纤维束和两根纬向纤维束，经向纤维束在经向上的周期为 λ_x，并在纬向纤维束方向上以标称间隔 $\lambda_y/2$ 隔开，连续的经向纤维束（x 坐标增加的丝束）沿经纱（正 x）方向移动 $-\lambda_x/2$。纬向纤维束在纬向上的周期为 λ_y，在经向上均以 $\lambda_x/2$ 间隔，连续的纬向纤维束（y 坐标增加的丝束）在纬纱方向上偏移 $-\lambda_y/2$。

如果没有随机偏差，则可以通过将其平移到某个矢量 $(r\lambda_x/2,\ s\lambda_y/2)$ 上，使任何经向或纬向纤维束与同一类型的任何其他纤维束重合，并具有与正交的纬纱相同的交叉模式，r 和 s 为整数。因此，可以通过确定每个纤维束类型的单个

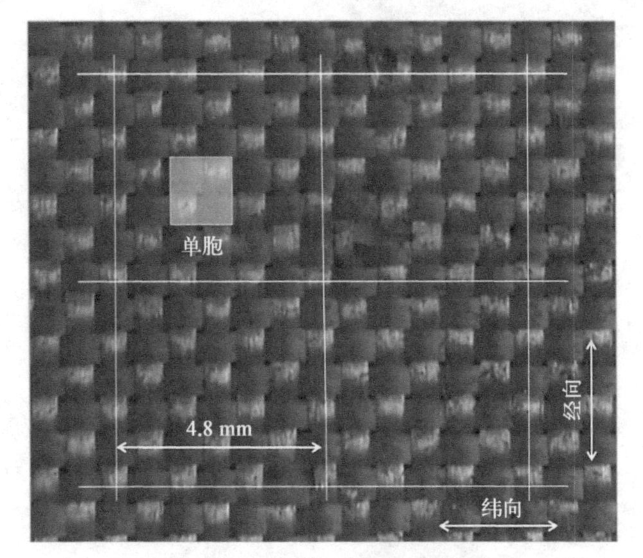

图 6.18　2D C/SiC 复合材料的宏观形貌

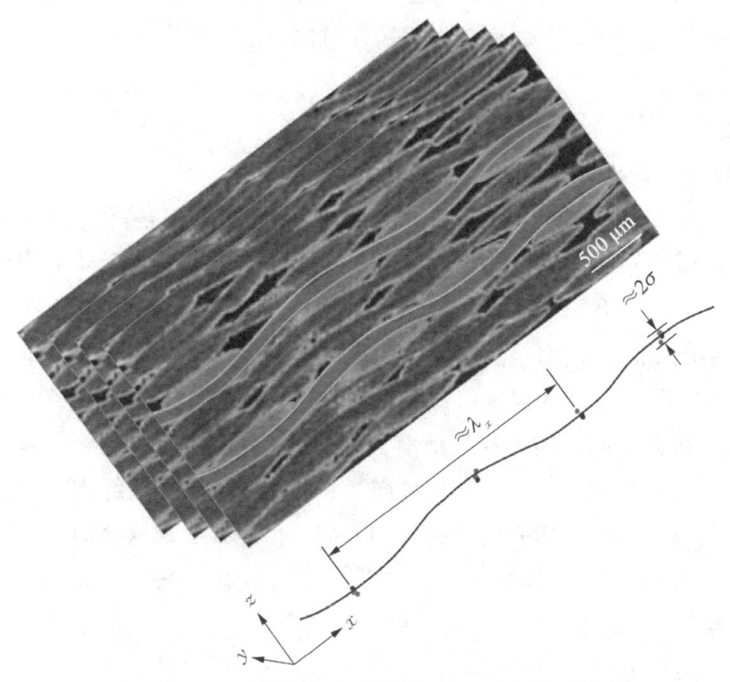

图 6.19　2D C/SiC 复合材料的 Micro-CT 细观形貌

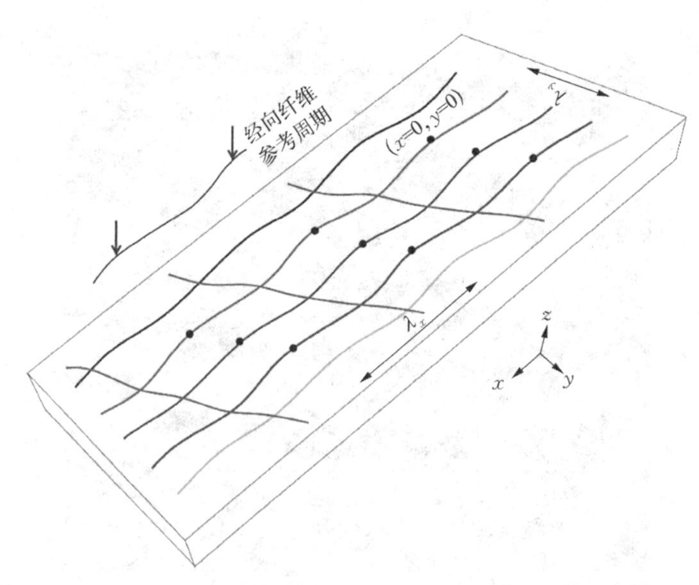

图 6.20　2D C/SiC 复合材料显纤维束截面质心位置示意图

“参考”周期的系统变体来完全指定纤维束的系统变体。由于织物结构是周期性的,在可用数据中选择参考周期亦是任意的,图 6.20 中所示的经向纤维束的一种可用选择。

2. 复合材料长程有序随机结构特征统计描述

1）材料全局坐标和代表性单胞的确定

在进行统计分析之前,确定一个与平均纤维束方向对齐的全局坐标系(x, y, z),校正试样相对于织物的任何未对齐,这是可以通过分析纤维束位点的极值来完成的,也可以使用纤维束交叠点的系统模式来完成,但是这些与极值相关,因此会给出非常相似的结果。

将 x 轴,即 $\bar{x}$, 定义为经向纤维束方向,首先确定为位于同一经向纤维束上的任意两个极值之间可能形成的所有向量的平均值。接下来,将材料 z 轴定义为正交于 $\bar{x}$ 的向量,即第二个向量,该向量具有位于不同经向纤维束上的任意两个极值之间可以形成的所有向量的平均方向。但是要限制这些向量在纬向纤维束方向上具有正投影,并连接名义上位于同一 z 平面中的极值。材料 y 轴,即 $\bar{y}$,由叉积 $\bar{y}=\bar{z}\times\bar{x}$ 定义。根据材料坐标系统的上述定义,如果织物具有整体面内剪切变形,则纬向纤维束将不会与 y 轴对齐。

将数据转换为对齐的系统(x, y, z)后,周期参数 λ_x 是通过计算纬向纤维束的平均 x 坐标的平均差确定。周期参量 λ_y 是通过计算连续经向纤维束的平均 y

坐标的平均差确定，如表6.1所示。

表6.1　2D C/SiC复合材料代表性单胞尺寸（图6.17）

径向波长 λ_x	1 850 μm
纬向波长 λ_y	1 850 μm

2）数据网格的定义

在统计分析中，每个纤维束的特性都表示在沿其轴线等距离分布的多个离散质点上。利用下面为经向纤维束的截面质心轨迹说明的过程，为每个纤维束准备该离散网格相关的数据。对于纬向纤维束，采用类似的程序来完成纤维束的截面质心坐标、截面积长宽比和方向等数据。

首先，从可用数据中选择一个长度间隔 λ_x 作为参考周期，如图6.18中的箭头所示。沿着该间隔定义了一个 N_ϕ 间距相等的栅格点的栅格，第一个栅格位于一端，另一个栅格距另一个端点的距离为 λ_x/N_ϕ。因此，在纤维束特性的周期性结构中，点 $N_\phi+1$ 将等效于点1。所有经向纤维束上的所有数据点都可以与参考中的 N_ϕ 网格点之一相关联，通过将点平移到具有 r 和 s 整数的某个向量（$r\lambda_x/2$, $s\lambda_y/2$）中来调整周期。在本例中，一个比较满意的选择是 $N_\phi=24$，因为它提供的网格间距小于所有统计数据中系统变化的周期被分析的数量，并且也小于相关长度的偏差，所有纤维束使用相同数量的参考周期网格点。

假设micro-CT图像（或显微镜图像）的数据集中有 N_w 个经向纤维束。每个经向纤维束的质心数据包括坐标 $\{x^{(n,j,w)}, n=1, \cdots, n_j^{(w)}\}$，其中 $j=1, \cdots, N_w$ 是该纤维束的标识，$n_j^{(w)}$ 是沿其轴线长度的数据点数，上标 w 表示纤维束类型。向量 $x^{(n,j,w)}$ 包含两个法线分量到纤维束轴的位置，例如，经向纤维束质心的 y 和 z 坐标。令紧凑表示法 (n, j) 引用纤维束 j 上的第 n 个数据点。在参考期间，所有经向纤维束数据点将与 N_ϕ 点之一相关联。令 $\Omega_\varphi^{(w)}$ 表示属于参考点（$\phi^{(w)}=1, \cdots, N_\phi$）的纤维束数据点集。

3）纤维束位点周期性特征的确定

为了得到micro-CT图像（或显微镜图像）的数据集中纤维束质心的系统性（平均周期性）特征，将纤维束上任意点 (n, j) 的质心坐标 (x, y, z) 分解为系统性和随机性的两部分：

$$(x, y, z)^{n,j,w} = \langle (x, y, z)^{n,j,w} \rangle + (\delta x, \delta y, \delta z)^{n,j,w} \tag{6.35}$$

$$\langle (x,\ y,\ z)^{n,j,w} \rangle = u_{\varphi}^{(w)} + r\frac{\lambda_x}{2}\hat{x} + s\frac{\lambda_y}{2}\hat{y} \tag{6.36}$$

$$u_{\varphi}^{(w)} = \frac{1}{m_{\varphi}}\sum_{\Omega_{\varphi}^{(w)}}\left[(x,\ y,\ z)^{n,j,w} - r\frac{\lambda_x}{2}\hat{x} - s\frac{\lambda_y}{2}\hat{y}\right] \tag{6.37}$$

式中,参量 $u_{\varphi}^{(w)}$ 定义为纤维束质心坐标的系统变化,由于系统变化是周期性的,仅需要为参考周期的每个 N_{ϕ} 网格点指定 $u_{\varphi}^{(w)}$。

式(6.36)是对集合 $\Omega_{\varphi}^{(w)}$ 的所有 m_{ϕ} 成员进行的,r 和 s 是将每个数据点转换为参考点 ϕ 的整数。一个参考点的平移向量示例如图 6.20 所示。

参量 $(\delta x,\ \delta y,\ \delta z)^{(n,j,w)}$ 定义了纤维束质心坐标的偏差,是一个随机变量。由于 x 是经向纤维束的自变量,仅 δx 和 δz 是非零的;y 是纬向纤维束的自变量,只有 δx 和 δz 对于纬线束是非零的。

采用式(6.35)~式(6.37),通过使用 micro-CT 图像(或显微镜图像)的数据集中存在的该点的所有可用数据来定义参考周期中每个点的系统坐标。即使对于可以以高分辨率(约 1 μm)进行检查的小型织物样品,其平均值通常也指 5~10 个数据点,即样品中不同纤维束包含 5~10 个间隔,这等于为任何类型纤维束选择的参考周期。

4) 纤维束位点随机特征的确定

在这里,$(x,\ y,\ z)^{(n,j,w)}$ 是确定的,数据的随机部分由 $(\delta x,\ \delta y,\ \delta z)^{(n,j,w)} = (x,\ y,\ z)^{(n,j,w)} - < (x,\ y,\ z)^{(n,j,w)} >$ 确定。

检查这些偏差的一些统计数据,第一个统计量是关于经向纤维束 $\delta y^{(n,j,w)}$ 的均方根偏差 $\sigma^{(\delta y,w)}$,因为 δy 的均值为零,形式为

$$\sigma^{(\delta y,w)} = \sqrt{\sum \delta y^{(n,j,w)2}/n_{\text{expt}}} \tag{6.38}$$

在经向纤维束上,所有 n_{expt} 可用数据点执行,采用类似过程获得纬向纤维束 $\sigma^{(\delta z,w)}$ 的值。

第二个是皮尔逊(Pearson)相关参数,例如,在同一纤维束上由 k 个网格点分隔的成对数据点上,将其应用于经向纤维束的 δy 值(或类似地,应用于 δz 值)。

$$C^{(\delta y,w)}(k) = \frac{\sum \delta y^{(n,j,w)}\delta y^{(n+k,j,w)}/nn_{\text{expt}}}{(\sigma^{(\delta y,w)})^2} \tag{6.39}$$

式中,对所有经向纤维上的所有 nn_{expt} 可用数据点 $\{(n,j),(n,j+k)\}$ 执行求和。

确保界限 $-1 < C^{(\delta y,\,w)} < 1$ 式(6.38)中的分母必须通过对分子中求和的同一组数据点求和而形成。

对于在相对于数据点分离而言较长的波长范围内持续存在的丝束重心偏差，$C^{(\delta y,\,w)} \to 1$。随着 k 的增加，$C^{(\delta y,\,w)}$ 通常会减小，这表明对于良好分离的点，纤维束上的坐标偏差变得不相关。

对于较小的 k，$C^{(\delta y,\,w)}(k) \approx 1 - kd/\xi^{(\delta y,\,w)}$，$d$ 是连续网格点之间的距离，$\xi^{(\delta y,\,w)}$ 是经向纤维束的质心的 x 坐标的波动的相关长度（不要将其与系统坐标变化的波长相混淆；与系统坐标变化不同的是，坐标偏差不必是周期性的，也不必表现出与织物结构相当的相关长度）。

如图 6.21 所示，径向纤维束质心坐标的系统变化显示出近似正弦变化，正如预期的那样，经向纤维束在 z 方向上的运动在织物结构的每个周期内显示单个周期。如图 6.22 所示，径向纤维束截面面积的系统变化，经向纤维束截面面积的系统变化显示每个周期 4 个周期。

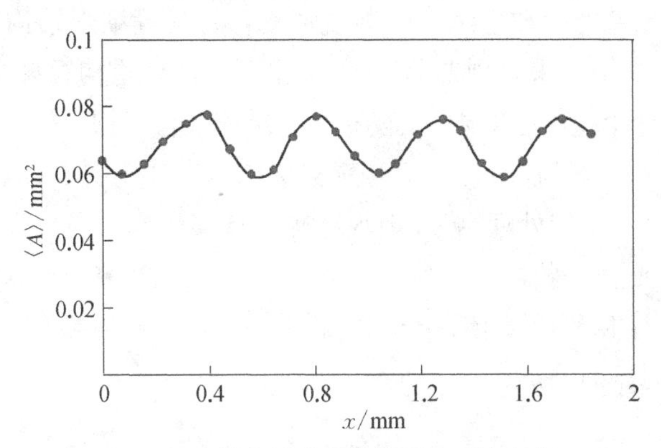

图 6.21　径向纤维束横截面的系统变化

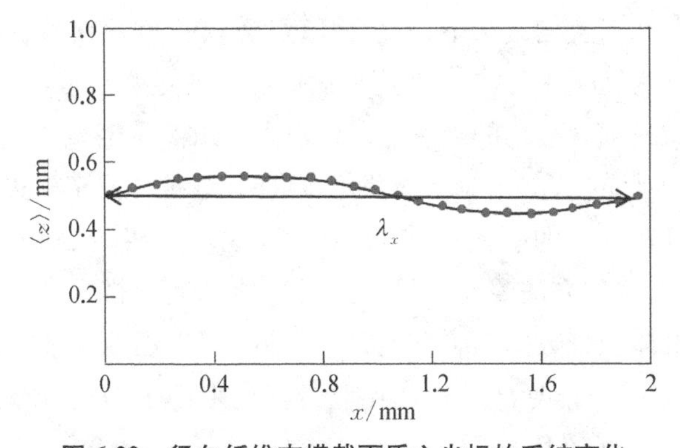

图 6.22　径向纤维束横截面质心坐标的系统变化

6.4 复合材料微细观结构重构与建模

复合材料微细观结构的几何重构方法是指借助数学、图像科学等方法将材料在微细观尺度上的真实结构还原,从而为微细观计算力学分析提供几何模型。几何重构按方法分类,主要包括周期分布几何重构、随机分布几何重构和基于图像的几何重构等。

6.4.1 周期分布重构方法

周期分布几何重构假设复合材料中夹杂相(或增强相)形状统一,并在基体内呈周期分布。这种重构方式定义简单且容易实现。对于编织复合材料等细观结构具有明显规则的复合材料,仍然有很多学者采用这种方式进行几何重构[39-41]。对于颗粒增强和连续长纤维增强复合材料等细观结构并非规则的复合材料,虽然细观结构未呈周期分布,但由于这种几何重构容易实现,也有一些学者用这种方法对该类复合材料的随机几何结构进行重构分析。这样的近似重构虽然在宏观等效弹性模量计算上与真实结果差别并不明显,但是由于周期分布将细观结构完全均匀处理,导致细观结构与真实情况的局部应力分布差别巨大,必将影响对损伤与破坏等行为的预测。同时,一些研究中也发现在塑性变形分析、残余应力计算及断裂角度分析时,利用规则几何重构与真实细观结构计算得到的结果有明显的差别。

6.4.2 随机分布重构方法

在随机分布几何重构方法中,夹杂相(或增强相)的几何特征与在基体中的分布规律被假设为随机函数[42-44]。这一函数可以通过数学假设方法确定,也可以通过对真实材料细观结构的观测与统计得到。虽然重构后的细观结构并不是完全取自真实细观结构,但相对于周期分布重构,这种几何重构更接近于真实材料。由于随机分布函数的引入打破了夹杂相(或增强相)规则的几何特征与分布规律,一般来说这种方法需要大量的迭代来填充夹杂相以满足高体积分数的需求。并且随着体积分数的增大,迭代所需的时间也迅速增加。体积分数一旦超过某个临界值,将可能导致迭代的不收敛。这限制了随机分布重构在含高体积分数夹杂的材料中应用。

例如,对于纤维织物几何结构生成是将纤维束直接表征成线性连续的,无论任何横截面特征的纤维束,都可采用马尔可夫链方程生成沿着纤维束长度方向的波动形式。马尔可夫链中的一个重要环节是概率转换矩阵(probability transition matrix, PTM),这个矩阵决定了变量的偏差与相关长度。PTM 用真实测试的随机数据校核以保证虚拟试样与真实物理试样有相同的统计特征。倘若沿着纤维束方向是主相关,而纤维束之间的相关性相对较弱,在这种情况下,马尔可夫链方程非常高效,且适用于织物重构。

马尔可夫链生成虚拟试样是一种纯实验的方法,因为它仅仅匹配实验中的统计数据。不同于其他生成织物实际几何模型方法,它没有使用纤维束或预制体变形力学模型,不会产生由变形本构模型或制造过程中使用条件(包括载荷边界条件和是否使用润滑剂等)等不确定性导致的误差,无法预测处理条件变化时的影响规律。马尔可夫链方程生成的虚拟试样织物结构如图 6.23 所示。

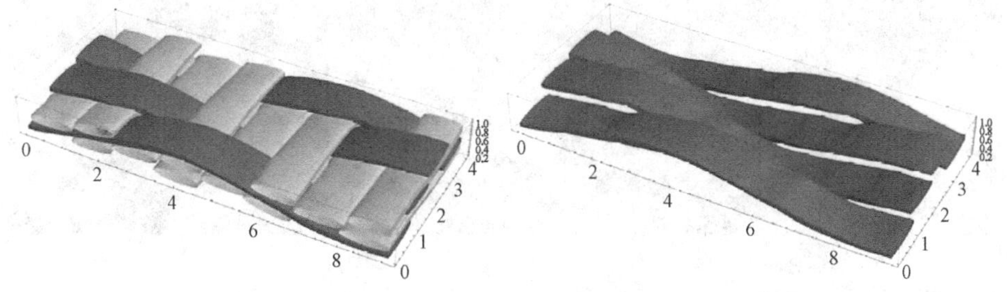

图 6.23　马尔可夫链方程生成的虚拟试样织物结构[44]

6.4.3　基于图像的重构方法

基于图像的几何重构是以数字图像处理为基础的方法,通过对数字图像的处理,提取夹杂相(或增强相)与基体相的几何信息并进行重构。这种方法能够完全还原细观结构的几何特征,并且重构过程不受高体积分数等因素的限制。随着计算机数字图像处理技术的进步,这种方法得到了快速的发展。对于颗粒增强(连续长纤维)等在细观尺度上不呈现理想的周期性分布的材料(或单向纤维束),通过基于图像的重构结果完全依赖于数字图像,因此也失去了几何结构的周期性条件。

6.4.4　三种重构方法的应用范围的比较

对于具有规则细观结构的复合材料(如编织复合材料),一般可以采用周期分布重构，例如在编织复合材料的重构中使用 TexGen、WiseTex 等重构软件完成一个周期或多个周期的细观结构重构。如果需要考虑规则细观结构中的初始缺陷（如纤维的波动等），可以在周期分布的基础上采用基于图像的重构方法进行修正。对于无规则细观结构的复合材料，由于周期重构过于理想化，具有明显缺点的存在，常采用随机分布重构和基于图像重构。图 6.24 是以连续纤维增强单向复合材料（或纤维束）为例的三种重构方式的示意图。在图 6.24（a）中，圆形 x 纤维单丝在基体中呈规则的周期分布。由于所有的纤维单丝几何参数相同且相邻夹杂间距相等，也有一些学者只选用 1 个或 1/4 个纤维单丝与相应的基体部分作为重构结果进行计算。

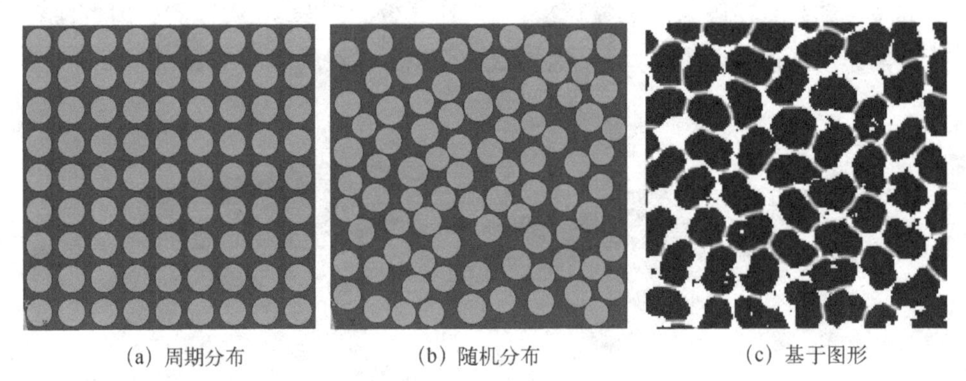
(a) 周期分布　　(b) 随机分布　　(c) 基于图形

图 6.24　连续纤维增强单向复合材料（或纤维束）三种重构方式的比较

随机分布重构方式中采用若干个几何参数对每个纤维单丝进行描述，如纤维的长径比、截面大小和长轴倾斜角等。将这些参数用随机分布函数进行描述即产生了具有随机分布特征的重构结果，如图 6.24（b）所示。可见在随机分布的重构结果中，可以通过边界位置采取映射的方式来保证微细观结构的几何周期性。虽然基于图像重构的结果在边界位置丧失了完美的周期对称性，但是该重构方式以图片中的像素信息为输入参数，能够重构出纤维单丝的真实复杂形状，如图 6.24（c）所示。

对于非无规则细观结构的复合材料，随机分布重构和基于图像重构各有优缺点，需要根据具体分析目的选择适合的重构方式。在关注点为宏观等效属性的研究中，需要细观几何模型上具有周期对称性以施加周期性边界条件，一般选用随机分布重构；对于研究重点在细观尺度上局部的损伤与破坏分析时，则一般采用能更准确地反应细观的几何形貌的基于图像重构方法。

6.5　渐进损伤计算方法

在理论研究方面,复合材料虚拟试验除了实现对材料显微结构的随机特征进行定量表征、建立含随机特征微结构中损伤演化行为外,另一核心内容是发展多尺度渐进损伤分析方法。目前,在如何考虑多尺度上贡献、提高计算效率和处理裂纹问题发展了很多方法。具有代表性的如考虑代表性单元的通用胞元法(generalized method of cells, GMC)、统计等效周期单胞法(statistically equivalent periodic unit cell, SEPUC)方法,考虑算法的内聚力模型(cohesive zone model, CZM)、扩展有限元法(extended finite element method, X - FEM)、虚拟裂纹闭合法(virtual crack closure technique, VCCT)、强化有限单元法(augmented finite element method, A - FEM)方法,以及期望打破连续介质力学局限性的 Peridynamics 方法等。

CZM 最早由 Barenblatt[45] 和 Dugdale[46] 提出,为解决延性金属材料的弹塑性断裂问题。随后,Hillerborg 等[47] 利用有限元应用混凝土的虚拟裂纹模型进一步发展了内聚力模型,从此断裂力学的损伤演化开始了虚拟仿真时代。Needleman[48] 引入内聚力模型解决了单夹杂在金属基体中的脱黏问题,利用力与位移的势函数定义界面力和界面位移之间不连续的关系,从而提供了从初始脱黏到最后完全分开的统一内聚力模型框架,同时,Needleman 把内聚力模型应用到球形夹杂和圆柱形夹杂的脱黏问题中。Tvergaard [49] 提出了和 Needleman 相似的模型,把法向和切向位移耦合在一起来预测材料其他模式的分裂情况,同时对纤维断裂和横向排列的纤维基体脱黏问题和陶瓷内部裂纹桥连问题进行了研究。尽管在复合材料断裂分析中,内聚力模型被广泛使用,特别是在分层问题分析中,但这种方法有个主要的不足,即需要预知裂纹路径,从而在最初网格划分过程中,在裂纹路径上使用内聚力单元。但是,通常复合材料内裂纹路径并不是事先知道的,这很大程度上限制了这种方法的使用。

美国空军发展的 A - FEM 方法可以无需附加外部节点或自由度实现任意多重相互作用非连续问题数值求解(如裂纹、材料边界等),而获得计算精度、效率和稳定性的综合提升,效率可达 X - FEM 的 100 倍,在一个单元内实现弱非连续到强非连续演化的统一处理,集成 CZM 的 A - FEM 可作为一个用户定义单元纳入 ABAQUS 等标准有限单元法求解器[50]。

美国国家高超声速科学研究中心组织(National Hypersonics Science Center

for Materials and Structures, AFOSR)和 Lawrence 国家实验室等单位联合发展了高温加载原位 X 线扫描技术,实现了 C/SiC 复合材料在 1 750℃温度下的材料微观动态破坏行为(分辨率为 0.67 μm),并与 A－FEM 的模拟结果进行了相互比较,取得了很好的一致性,不仅直接获取极端条件下材料破坏行为,而且大大提升了数值模拟的可信度。

6.6 本章小结

虚拟试验技术是近些年来根据复合材料特点,为性能预测和设计所发展起来的一种新技术。它可以实现真实试验数据的内插或外推,至少减少试验次数一个数量级,可考虑不同因素和统计特征影响,实现组合载荷的模拟,用于性能预报和优化设计。一个有效的虚拟试验能够比真实的物理试验获取更丰富的破坏机理、材料微结构与宏观力学性能之间的关系。

虚拟试验必须能够复制材料真实的微结构特征和损伤事件的演化,未来应更注重发展创新性高温测试方法,并高度重视与极端、原位、全场、内部、在线试验和表征技术相结合,以获取更加丰富的信息;充分借助先进的实验和数值技术,发展能够描述高温本构和失效行为的"多物理场、多尺度"建模、分析和优化方法,强调模型的试验验证,不断提高预报方法的置信度和精度;加强与高温材料和服役环境相关的不确定性定量化方法研究,发展材料概率寿命预测和损伤容限分析方法,以达到代替真实物理试验的目的。

参考文献

[1] Meumeisiter J, Jansson S, Leckie F. The effect of fiber architecture on the mechanical properties of carbon/carbon fiber composites [J]. Acta Materialia, 1996, 44(2): 573－585.

[2] Chernikov C N, Kesternich W, Ullmaier H. Macrostructure and microstructure of the carbon fiber composite UAM92－5D－B [J]. Journal of Nuclear Materials, 1997, 244: 1－15.

[3] Reznik B, Guellali M, Gerthsen D, et al. Microstructure and mechanical properties of carbon-carbon composites with multilayered pyrocarbon matrix [J]. Materials Letters, 2002, 52: 14－19.

[4] Lee K J, Chen Z Y. Microstructure study of PAN-pitch-based carbon－carbon composite [J]. Materials Chemistry and Physics, 2003, 82: 428－434.

[5] 王玉泉.C/C 复合材料的显微和精细结构研究[D].北京: 清华大学,2004.

[6] 张美忠.三维整体编织复合材料预制体结构仿真与弹性性能预测[D].西安: 西北工业

大学,2006.

[7] 方光武.复杂预制体陶瓷基复合材料疲劳失效机理及多尺度模拟[D].南京：南京航空航天大学,2016.

[8] 冯薇.核用高导热 SiC/SiC 组成与微结构设计基础[D].西安：西北工业大学,2016.

[9] 焦健,王宇,张文武,等.陶瓷基复合材料不同加工工艺的表面形貌分析研究[J].航空制造技术,2014(6)：89－92.

[10] Pawlak A. Galeski A. Measurements of characteristic parameters in polymer composites by means of a micropolariscope [J]. Optical Engineering. 1995, 34(12)：3398－3404.

[11] 张保法,阮宏武,李东生.偏光观察 C/C 复合材料[J].材料工程,2006, 1：32－34.

[12] 谢志勇,黄启忠,梁逸曾,等.CVI 炭/炭复合材料微观结构和生长模型[J].中国有色金属学报,2007, 17(7)：1096－1100.

[13] 张福勤,黄伯云,黄启忠,等.C/C 复合材料断口热解炭及其界面形貌 SEM 分析[J].矿冶工程,2002, 2(2)：93－95.

[14] 李崇俊,金志浩.碳纤维表面状态对 C/C 复合材料性能影响的研究[J].宇航材料工艺,2000, 3：25－29.

[15] 于翘.C/C 复合材料的界面层[J].宇航材料工艺,1992, 2：1－8.

[16] Pfrang A, Reznik B, Gerthsen D, et al. Comparative study of differently textured pyrolytic carbon layers by atomic force, transmission electron and polarized light microscopy [J]. Carbon, 2003, 41：179－198.

[17] Noel M H, Pat F M, Denis C O. Heterogeneous linear elastic trabecular bone modelling using micro-CT attenuation data and experimentally measured heterogeneous tissue properties [J]. Journal of Biomechanics, 2008, 41(11)：2589－2596.

[18] Tokudome Y, Ohshima H, Otsuka M. Non-invasive and rapid analysis for observation of internal structure of press-coated tablet using X－ray computed tomography [J]. Drug development and industrial pharmacy, 2009, 35(6)：678－682.

[19] Yamashita T, Suzuki K, Adachi H. Effect of microscopic internal structure on sound absorption properties of polyurethane foam by X－ray computed tomography observations [J]. Materials transactions, 2009, 50(2)：373－380.

[20] Martin H J, Germain Ch. Microstructure reconstruction of fibrous C/C composites from X－ray microtomography [J]. Carbon, 2007, 45：1242－1253.

[21] 桂建保,胡战利.高分辨显微 CT 技术进展[J]. CT 理论与应用研究,2009, 18(2)：106－116.

[22] Abdul A A, Saury C, Bui X V, et al. On the material characterization of a composite using micro CT image based finite element modeling [J]. Proceedings of SPIE, 2006, 6175(5)：1－8.

[23] Martín-Herrero J, Germain C H. Microstructure reconstruction of fibrous C/C composites from X－ray microtomography[J]. Carbon, 2007, 45(6)：1242－1253.

[24] 钱浩.平纹编织复合材料 Micro－CT 成像试验与纤维束识别方法研究[D].长沙：国防科学技术大学,2015.

[25] 戴丹.基于改进分水岭算法的粘连颗粒图像分割[J].计算机技术与发展,2013(3)：

19 - 22.

[26] 张铮,倪红霞,苑春苗,等.精通 Matlab 数字图像处理与识别[M].北京：人民邮电出版社,2018.

[27] Ripley B D. Modelling spatial patterns [J]. Journal of the Royal Statistical Society, 1977, 39(2): 172 - 212.

[28] Matsuda T, Ohno N, Tanaka H, et al. Effects of fiber distribution on elastic — viscoplastic behavior of long fiber-reinforced laminates [J]. International Journal of Mechanical Sciences, 2003, 45(10): 1583 - 1598.

[29] Melro A R, Camanho P P, Pinho S T. Generation of random distribution of fibres in long-fibre reinforced composites [J]. Composites Science & Technology, 2008, 68(9): 2092 - 2102.

[30] Pyrz R. Correlation of microstructure variability and local stress field in two-phase materials [J]. Materials Science & Engineering A, 1994, 177(1 - 2): 253 - 259.

[31] 李刚.二维编织 C/SiC 复合材料力学性能的试验研究[D].西安：西北工业大学,2007.

[32] Zhang C Y, Zhao M M, Liu Y S, et al. Tensile strength degradation of a 2.5D - C/SiC composite under thermalcycles in air[J]. Journal of the European Ceramic Society, 2016, 36: 3011 - 3019.

[33] Dai S, Cunningham P R, Marshall S, et al. Influence of fibre architecture on the tensile, compressive and flexural behaviour of 3D woven composites[J]. Composites: Part A, 2015, 69: 195 - 207.

[34] Bale H, Blacklock M, Begley M R, et al. Characterizing three-dimensional textile ceramic composites using synchrotron X-ray micro-computed-tomography [J]. Journal of the American Ceramic Society, 2011, 95 (1): 392 - 402.

[35] Vanaerschot A, Cox B N, Lomov S V, et al. Stochastic framework for quantifying the geometrical variability of laminated textile composites using micro-computed tomography[J]. Composites: Part A, 2013, 44: 122 - 131.

[36] 陈城华.基于 Micro - CT 的三维编织复合材料精细化建模与力学性能分析[D].哈尔滨：哈尔滨工业大学,2017.

[37] Rossol M N, Shaw J H, Bale H, et al. Characterizing weave geometry in textile ceramic composites using digital image correlation [J]. Journal of the American Ceramic Society, 2013, 96(8): 2362 - 2365.

[38] Rossol M N, Fast T, Marshall D B, et al. Characterizing in-plane geometrical variability in textile ceramic composites[J]. Journal of the American Ceramic Society, 2015, 98(1): 205 - 213.

[39] Venkat R M, Mahajan P, Mittal R K. Effect of architecture on mechanical properties of carbon/carbon composites [J]. Composite Structures, 2008, 83: 131 - 142.

[40] Ai S G, Zhu X L, Mao Y Q, et al. Finite element modeling of 3D orthogonal woven C/C composite based on micro-computed tomography experiment [J]. Applied Composite Materials, 2014, 21: 603 - 614.

[41] 曾翔龙,王奇志.二维机织 C/SiC 复合材料非线性力学行为数值模拟[J].宇航材料工

艺,2017, 1: 29-36.

[42] Yang L, Yan Y, Ran Z G, et al. A new method for generating random fibre distributions for fibre reinforced composites [J]. Composites Science & Technology, 2013, 76(76): 14-20.

[43] Vaughan T J, Mccarthy C T. A combined experimental-numerical approach for generating statistically equivalent fibre distributions for high strength laminated composite materials [J]. Composites Science & Technology, 2010, 70(2): 291-297.

[44] Renaud G R, Blacklock M, Bale H, et al. Generating virtual textile composite specimens using statistical data from micro-computed tomography: 3D tow representations [J]. Journal of the Mechanics and Physics of Solids, 2012, 60: 1561-1581.

[45] Barenblatt G I. The mathematical theory of equilibrium cracks in brittle fracture [J]. Advances in Applied Mechanics, 1962, 7(1): 55-129.

[46] Dugdale D S. Yielding of steel sheets containing slits [J]. Journal of the Mechanics and Physics of Solids, 1960, 8(2): 100-104.

[47] Hillerborg A, Modéer M, Petersson P E. Analysis of crack formation and crack growth in concrete by means of fracture mechanics and finite elements [J]. Cement and Concrete Research, 1976, 6(6): 773-781.

[48] Needleman A. An analysis of tensile decohesion along an interface [J]. Journal of the Mechanics and Physics of Solids, 1990, 38(3): 289-324.

[49] Tvergaard V. Effect of ductile particle debonding during crack bridging in ceramics [J]. International Journal of Mechanical Sciences, 1992, 34(8): 635-649.

[50] Zienkiewicz O C, Taylor R L. The finite element method for solid and structural mechanics [M]. Oxford: Butterworth-heinemann, 2005.

第7章

高温结构复合材料损伤及失效机理

针刺 C/C-SiC 复合材料和超高温陶瓷复合材料在高温下都具有优异的力学性能，并且具有承受热冲击和抗氧化等特点，广泛用于高温防热结构部件。因此，研究针刺 C/C-SiC 复合材料和超高温陶瓷复合材料的高温力学性能具有重要的意义。

很多学者对 C/C 复合材料的高温拉伸力学性能开展了研究工作[1-11]，考虑了热残余应力、界面结合强度、基体性能以及材料蠕变变形等因素的影响。Hatta 等[1, 2]开展了大量的 C/C 复合材料高温力学性能实验，发现拉伸强度随温度升高而升高，并且从界面结合强度角度做了解释。许承海等[3]对 C/C 复合材料开展了高温压缩性能实验研究，发现材料在高温压缩时表现为线弹性、脆性破坏，压缩强度随温度的升高而大幅增加，纤维束层间界面性能对 C/C 复合材料的高温力学性能有较大影响。针对 C/C 复合材料强度随温度升高而升高，国内外学者给出了不同的观点，主要从热处理温度[4, 5]、材料密度[1]、纤维/基体剪切强度[6]以及材料内部的缺陷[7, 8]等影响因素作为主要切入点。Hatta 等通过对三维编织 C/C 复合材料测试纤维束/基体界面强度得出界面强度随着温度的升高而升高的规律，并且认为在材料制备过程中存在残余热应力，高温下残余热应力的释放提高了纤维束/基体的界面结合强度[9]；而韩红梅等[10]认为造成纤维束/基体的界面结合强度提高的原因主要是温度的升高而造成分子活动加剧，形成不定向的强化效应，同时缺陷减少而加强了界面结合强度。

超高温陶瓷材料或超高温陶瓷基复合材料作为新一代重要的防热或特殊热结构材料，近年来对其高温力学性能开展了大量的研究工作[12-18]。但这些工作重点研究了高温强度和模量随温度的变化情况，很少针对高温下材料非线性的现象以及损伤失效机理开展研究。Leplay 等[16]通过弯曲试验，采用数字图像相关法研究了拉、压应力状态下陶瓷材料的损伤规律。王玲玲等[17, 18]对超高温陶瓷开展了高温拉伸、压缩和弯曲力学性能实验，分析了温度对材料断裂模式和材料破坏的影响机制。据报道，ZrB_2基超高温陶瓷材料在超高温下表现出了明显的塑性，且具有较大的变形[13, 14]。超高温陶瓷复合材料在室温和高温下的破坏机制不同：在室温条件下，内部微裂纹会突然扩展导致材料发生脆性破坏；而在高温条件下，则是内部微结构的累积损伤导致材料破坏。因此，为了保障超高温陶瓷复合材料结构的完整性，其高温本构关系及高温破坏机理更值得深入研究。

本章主要分析了针刺 C/C－SiC 复合材料和超高温陶瓷材料的高温力学性能，得到了温度对材料高温性能的影响机制。对针刺 C/C－SiC 复合材料开展了室温至 2 000℃范围内的面内高温拉伸实验，并通过观测宏观和微观破坏形貌分析了材料的失效的微观结构作用机制。对 ZrB_2－SiC－G 超高温陶瓷材料开展了室温及高温拉伸和压缩实验，分析了温度与缺陷对超高温陶瓷复合材料力学性能的影响，以及材料在不同温度条件下的破坏机理。

7.1　针刺 C/C－SiC 复合材料高温拉伸实验及破坏形貌分析

三维针刺 C/C－SiC 复合材料以针刺无纬布/网胎预制体为增强体，通过致密化工艺制备得到。首先，化学气相渗透（chemical vapor infiltration, CVI）得到 C/C 多孔体。然后，通过聚合物裂解（polymer impregnation pyrolysis, PIP）在无纬布纤维束之间和网胎孔隙沉积树脂碳，进一步增加材料的致密度。最后，通过液态硅渗透技术（liquid silicon infiltration, LSI）生成 SiC 基体，得到 C/C－SiC 复合材料。

参考国家军用标准《连续纤维增强陶瓷基复合材料常温拉伸性能试验方法》（GJB 6475－2008），针刺 C/C－SiC 复合材料的室温及高温拉伸试样尺寸如图 7.1 所示。室温拉伸试样采用哑铃状结构，几何尺寸为 100 mm×14 mm×5 mm，标距段截面尺寸为 7 mm×5 mm，如图 7.1（a）所示。高温拉伸试样端呈一定的倾斜角度便于夹具夹持，试样的中心标距为 25 mm，如图 7.1（b）所示。高温拉伸试样无法直接测量应变数据，需要通过引伸计测量变形来计算，试样中心标距区域两端的突起为引伸计夹持端，因此在测试过程中采用长度 25 mm、精度 0.01%的引伸计采集拉伸应变数据。

针刺 C/C－SiC 复合材料分别在室温、800℃、1 200℃、1 500℃、1 800℃和

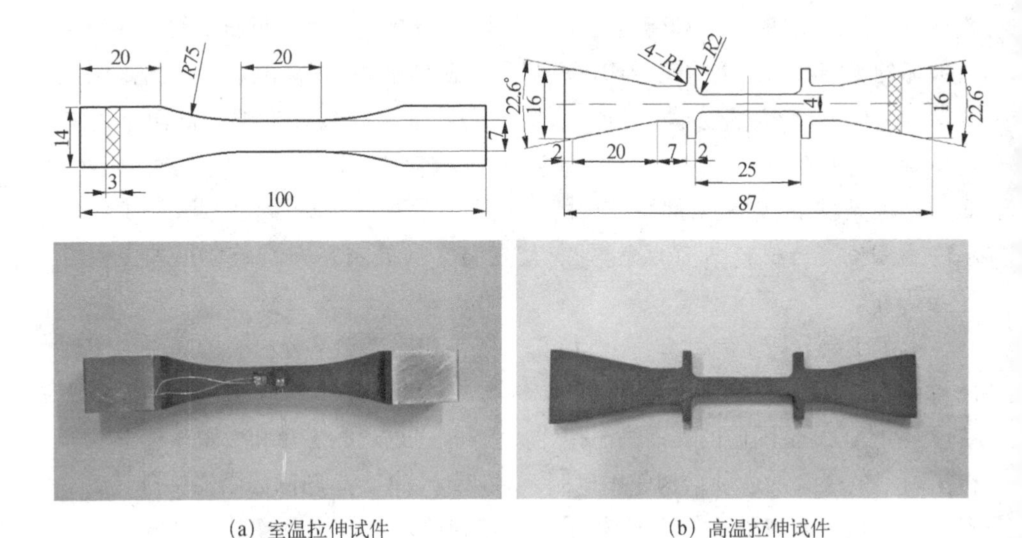

(a) 室温拉伸试件　　(b) 高温拉伸试件

图 7.1　拉伸试样尺寸

2 000℃进行面内高温拉伸实验,每组温度点进行 3~5 次的重复实验。拉伸试样被固定在加热区域中心以保证尽可能地减小温度梯度。在拉伸试验机升温过程中,升温速率为 40℃/min,保温时间为 30 min。拉伸测试过程中,夹头的拉伸速率为 0.5 mm/min。由于引伸计受温度限制,只能采集 1 900℃以内的应变,因此无法采集 2 000℃高温拉伸试样的应变数据,只能获得拉伸载荷和强度数据。在拉伸测试结束后分别采用光学显微镜和扫描电子显微镜等测试手段观察试样的宏观和微观破坏形貌,采用 X 线衍射方法分析材料在高温试验后的组分变化。

图 7.2 为针刺 C/C - SiC 复合材料在不同温度下的面内拉伸应力-应变曲线,从图中可以发现,不同温度的拉伸应力-应变曲线基本呈线性或双线性变化,这种双线性特征与加载过程中材料内部的裂纹扩展、界面脱黏等细观结构损伤有关。图 7.2(f)对不同温度下的典型的应力-应变曲线进行了对比,从图中可以看出,随着温度的增加,材料的拉伸强度和临界破坏应变增加显著,拉伸模量有小幅下降。

针刺 C/C - SiC 复合材料拉伸强度和模量随温度的变化规律如图 7.3 所示,从图中可以发现,随着温度的升高,试样拉伸强度由室温时的 102.6 MPa 逐渐升高到 1 800℃时的 162.6 MPa,强度性能提高了 60%,当温度达到 2 000℃时,拉伸强度小幅回落到 154.3 MPa;材料的临界破坏应变由室温的 0.26% 增大到

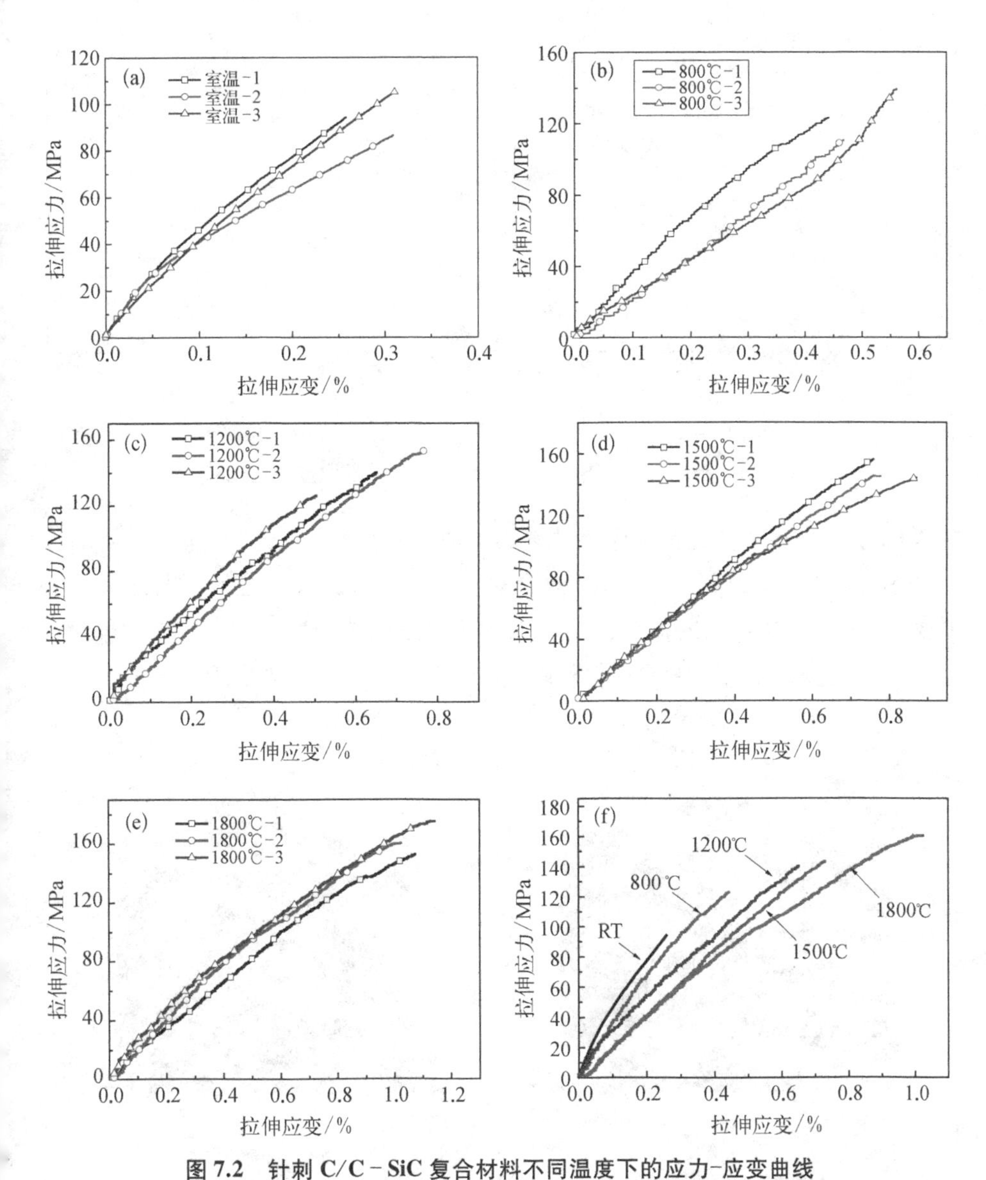

图 7.2　针刺 C/C－SiC 复合材料不同温度下的应力-应变曲线

(a) 室温;(b) 800℃;(c) 1 200℃;(d) 1 500℃;(e) 1 800℃;(f) 不同温度典型曲线对比

1 800℃的 0.99%,增加了 2.8 倍;与此同时,初始拉伸模量随着温度的升高也呈小幅度下降;还可以看到,相比于室温拉伸力学性能,针刺 C/C－SiC 复合材料的高温拉伸强度和模量同样具有较大的离散性,这归因于针刺工艺对面内纤维造成的不规则损伤以及基体内存在大量随机分布的孔隙缺陷。针刺 C/C－SiC 复合材料在高温条件下表现出的良好的力学性能和较大的离散性,这一特点与其

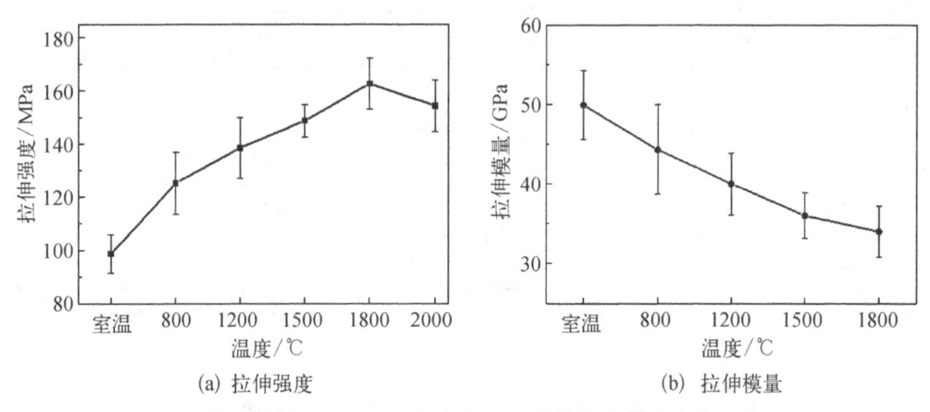

(a) 拉伸强度　　(b) 拉伸模量

图 7.3　针刺 C/C－SiC 复合材料力学性能随温度变化规律

他 C/C 类复合材料的高温力学性能较为类似。

图 7.4 给出了针刺 C/C－SiC 复合材料高温拉伸试样的宏观破坏形貌。在室温~2 000℃，试样随着温度的变化而呈现出不同的断口形貌。室温拉伸试样的断口相对较为平整光滑，没有纤维簇或纤维单丝的开裂拔出现象。随着温度

图 7.4　不同温度下的试样拉伸破坏宏观形貌

的升高,试样断口更多地表现出锯齿状形貌,较多的纤维以纤维簇的形式被整齐脱黏拔出。当拉伸温度超过 1 500℃时,越来越多的纤维单丝脱黏拔出,并伴随有复合材料的层间破坏和明显的裂纹扩展。

为进一步研究针刺 C/C－SiC 复合材料的高温失效模式,利用扫描电子显微镜对试样断口的 0°无纬布纤维束断面进行微观形貌观测,如图 7.5 所示,可以发现,室温拉伸试样的纤维束基本与试样断面齐平,且纤维束断口平整,没有纤维簇或纤维单丝拔出现象。当拉伸温度为 800～1 200℃时,纤维束断面开始呈现阶梯形破坏,部分纤维簇和纤维单丝产生界面脱黏并拔出,纤维单丝的脱黏拔出长度较小。当拉伸温度超过 1 500℃时,大量的纤维单丝在拉伸载荷下产生界面脱黏,并最终导致纤维单丝拔出破坏。纤维单丝/PyC 基体的界面脱黏长度随着温度的升高而增加。

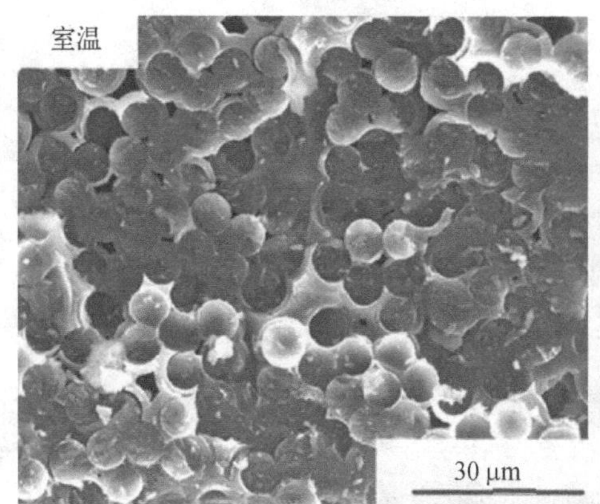

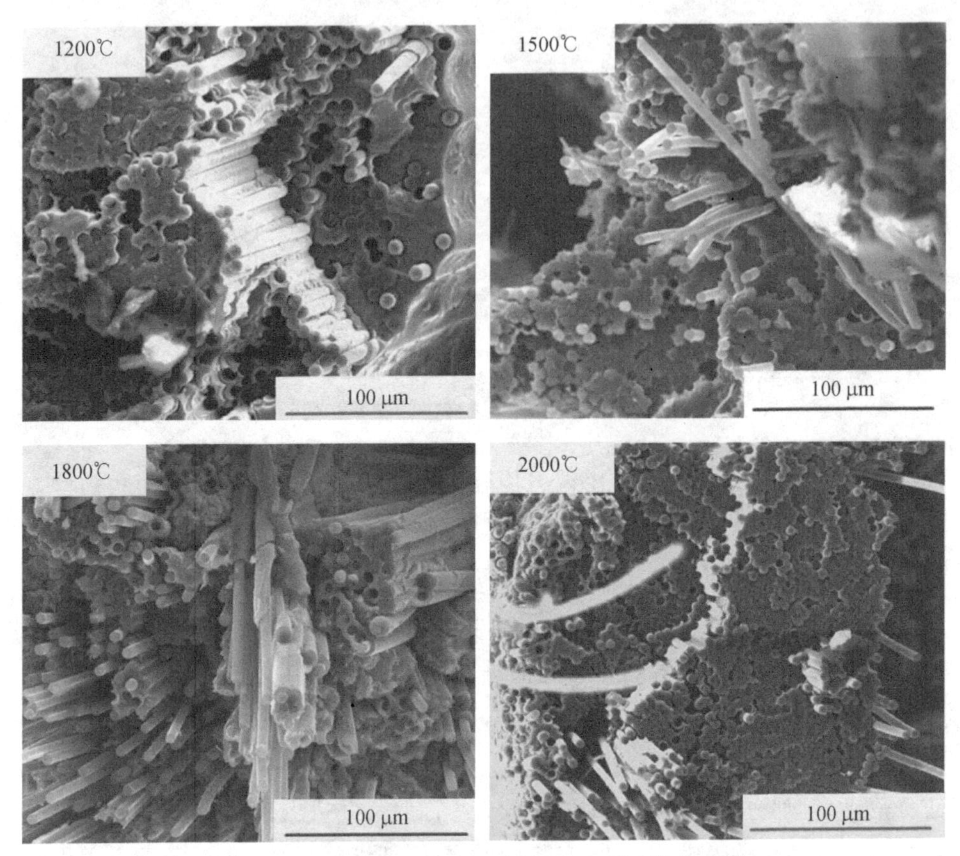

图 7.5　不同温度下纤维拉伸失效的扫描电镜微观图

通过以上分析可以发现，纤维单丝/PyC 基体的界面性能对 0°无纬布纤维束的拉伸失效模式有较大影响。图 7.6 为 90°无纬布铺层纤维束的横向高温拉伸微观形貌，通过观测可以发现，室温拉伸的横向纤维单丝表面附着有较多的 PyC 基体，而 2 000℃拉伸破坏时的横向纤维单丝表面普遍比较光滑，基本不存在基体黏附现象。

结合图 7.5 和图 7.6 的纤维束微观形貌分析可以得出，纤维束内部的纤维单丝/PyC 基体的界面结合强度随着拉伸温度的升高而明显降低。室温时，界面结合强度高，纤维束内部基本没有裂纹偏转和界面脱黏现象，纤维束呈整齐断裂；随着温度升高，界面结合强度下降，纤维束内部出现界面脱黏滑移现象，越来越多的纤维簇和纤维单丝被拔出。综上分析，纤维单丝/PyC 的界面结合强度对纤维束的拉伸性能以及针刺 C/C－SiC 复合材料的拉伸性能有较大影响。

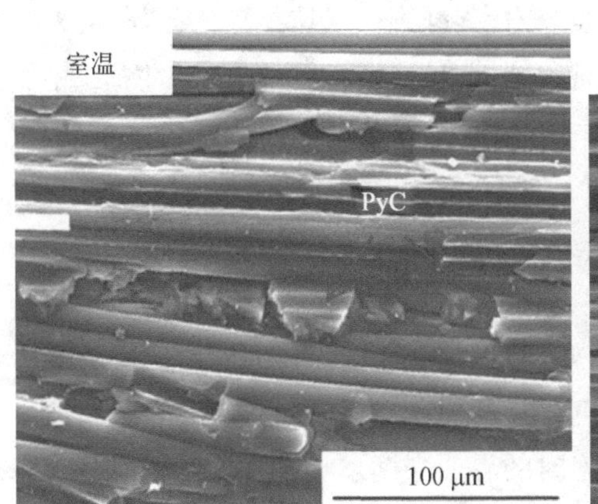

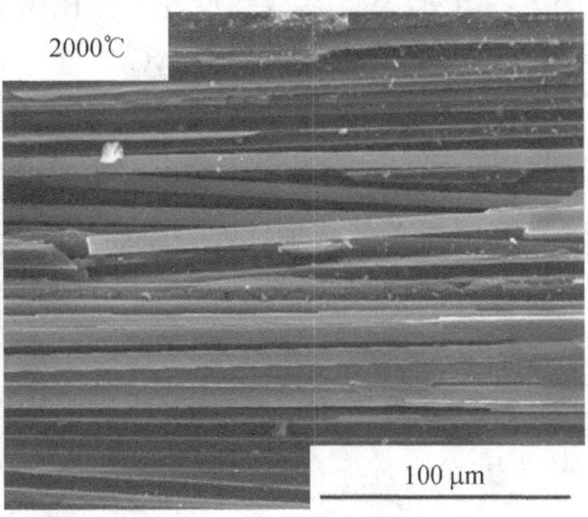

图 7.6　90°无纬布铺层在室温和 2 000℃温度下拉伸失效的扫描电镜微观图

7.2　针刺 C/C - SiC 复合材料高温拉伸损伤及失效的微观机制

通过对针刺 C/C - SiC 复合材料的微观形貌分析发现了纤维单丝/PyC 界面性能对材料高温拉伸失效形貌的影响。下面通过计算纤维束内部热残余应力(thermal residual stress, TRS)来进一步研究界面结合强度随温度的变化规律。本文所用的针刺 C/C - SiC 复合材料未经石墨化处理,在渗硅工艺过程中的制备温度最高,约为 1 410℃。材料由制备温度到室温的冷却过程中,由于 PyC 基体和纤维单丝之间热膨胀系数(coefficient of thermal expansion, CTE)的不同,纤维束内部不可避免地存在热残余应力。PyC 基体的热残余应力的计算公式为

$$\sigma_{\mathrm{TRS}}^{\mathrm{m}}(T) = E_{\mathrm{f}}E_{\mathrm{m}}V_{\mathrm{f}}(\alpha_{\mathrm{f}} - \alpha_{\mathrm{m}})(T_{\mathrm{e}} - T_{\mathrm{p}})/(E_{\mathrm{f}} + E_{\mathrm{m}}) \tag{7.1}$$

式中,下标 f 和 m 为碳纤维单丝和 PyC 基体; α 为热膨胀系数; T_{e} 和 T_{p} 为实验温度和材料制备温度; V_{f} 为纤维束中纤维单丝的体积含量。

碳纤维单丝轴向热膨胀系数为$(-1\sim1.5)\times10^{-6}\ \mathrm{K}^{-1}$,径向热膨胀系数为$(5\sim10)\times10^{-6}\ \mathrm{K}^{-1}$; PyC 基体由于呈层状结构紧紧包裹在碳纤维周围,因此表现出明显的各向异性,PyC 基体的轴向热膨胀系数为$(6\sim8)\times10^{-6}\ \mathrm{K}^{-1}$,径向热膨胀系数为$(10\sim25)\times10^{-6}\ \mathrm{K}^{-1}$[19]。当 $\sigma_{\mathrm{TRS}}^{\mathrm{m}}$ 为正值时,PyC 基体内部存在拉伸热残余应力;当 $\sigma_{\mathrm{TRS}}^{\mathrm{m}}$ 为负值时,PyC 基体内部存在压缩热残余应力。

通过式(7.1)对 PyC 基体和碳纤维的轴向和径向热残余应力进行计算。轴

向方向，PyC 基体在冷却过程中存在拉伸应力，碳纤维承受压缩应力。轴向热残余应力的存在导致碳纤维/PyC 界面位置存在较大的局部应力集中。因此当温度升高时，轴向热残余应力的释放成为材料拉伸强度升高的原因之一。在径向方向，由于 PyC 的热膨胀系数远大于碳纤维热膨胀系数，因此在界面结合处 PyC 基体对纤维单丝施加较大的压缩热残余应力，从而增加了碳纤维/PyC 的界面结合强度。

因此，试样在室温到制备温度范围内进行拉伸实验时，界面压缩热残余应力和界面结合强度均逐渐降低；当实验温度超过材料制备温度时，界面位置产生拉伸应力，该温度下的界面强度将小于室温时的界面强度。

通过微观形貌分析和热残余应力计算可以发现，碳纤维/PyC 界面结合强度随着温度的升高而降低，并且界面性能对针刺 C/C－SiC 复合材料的失效机理和破坏形貌影响较大。试样在高温拉伸加载过程中，基体内部首先产生微裂纹，裂纹垂直于拉伸方向进行扩展，当到达纤维和基体表面时，材料内部的裂纹偏转主要由界面和纤维的临界能量释放率决定，其中界面处裂纹扩展的临界能量表达式为

$$G_{iC} = \frac{\tau_i^2 \pi a}{E} \tag{7.2}$$

式中，τ_i 为界面结合强度；a 为裂纹长度；E 为材料杨氏模量。

从式(7.2)可以发现，G_{iC} 与界面结合强度的平方呈正比。当界面结合强度较弱时，界面裂纹扩展临界能量(G_{iC})远远小于纤维临界能量(G_{fC})，裂纹产生偏转并沿界面方向进行扩展；当界面结合强度较高时，G_{iC} 大于 G_{fC}，裂纹将直接穿过纤维，造成纤维剪切破坏。

纤维束内的裂纹扩展和界面结合强度对材料的高温拉伸宏观力学性能有较大影响。由图 7.2 可以发现，不同温度的材料拉伸应力-应变曲线的前两个阶段基本相同。初始阶段，应力-应变曲线呈线性增长，材料内部没有明显的裂纹扩展，纤维和基体共同承担拉伸载荷；在第二阶段，应力-应变曲线开始呈一定程度的非线性变化，这主要是因为材料内部在孔洞等缺陷位置开始产生微裂纹，随着载荷增加，微裂纹逐渐形成为宏观裂纹，基体内部发生破坏。由于不同温度下的碳纤维/PyC 界面结合强度不同，因此试样在高温拉伸随后的阶段表现出不同的宏观性能。

室温拉伸时，PyC 基体内的裂纹垂直于拉伸方向扩展到纤维单丝之后，由于

界面结合强度较高,裂纹不会沿界面产生偏转,纤维直接产生破坏后,只有附近相邻的几个纤维单丝承担剩余载荷,从而造成局部应力集中,最终导致纤维单丝以临界纤维簇的形式逐个破坏。当试样拉伸温度继续升高时,裂纹扩展到碳纤维/PyC 界面后,由于界面结合强度降低,裂纹开始转向界面扩展并导致纤维脱黏。裂纹在界面的扩展消耗了大量应变能,由此导致针刺 C/C－SiC 复合材料的韧性增加,模量降低,如图 7.3 所示。随着温度身高,纤维脱黏长度逐渐增加,较长的纤维单丝拔出长度对应着较低的拉伸模量和较大的临界失效应变。

800℃拉伸条件下,碳纤维/PyC 界面相比于室温时下降并不明显,试样的拉伸失效模式与室温拉伸较为相似,有少量的纤维簇或纤维单丝拔出,断口较为平整光滑。800℃拉伸条件下,试样拉伸强度提高,主要是由于材料冷却过程中纤维和基体内部轴向热残余应力的释放。1 200～1 500℃内的拉伸强度增加较为明显,纤维束内部分纤维单丝产生界面脱黏拔出,其余未发生界面破坏的纤维单丝和 PyC 基体则产生垂直方向的剪切破坏。然后剩余的脱黏纤维单丝共同承担拉伸载荷,最终导致纤维单丝破坏并拔出。

1 800℃高温拉伸试样的应力-应变曲线呈明显的双线性,试样的失效过程可以从四个阶段进行分析,如图 7.7 所示。前两个阶段分别为线性和非线性变化,这与之前描述的其他温度下的应力-应变曲线较为一致;在第三阶段,随着拉伸载荷的增加,由于碳纤维/PyC 界面在 1 800℃高温下的结合强度非常低,绝大多数纤维单丝出现界面脱黏,因此纤维单丝共同承载外部拉伸载荷,此时的应力-应变曲线呈线性增加;最后阶段,由于纤维单丝的拉伸强度符合 Weibull 分布,具有较弱拉伸强度的纤维单丝最先被拔出破坏,此时绝大多数

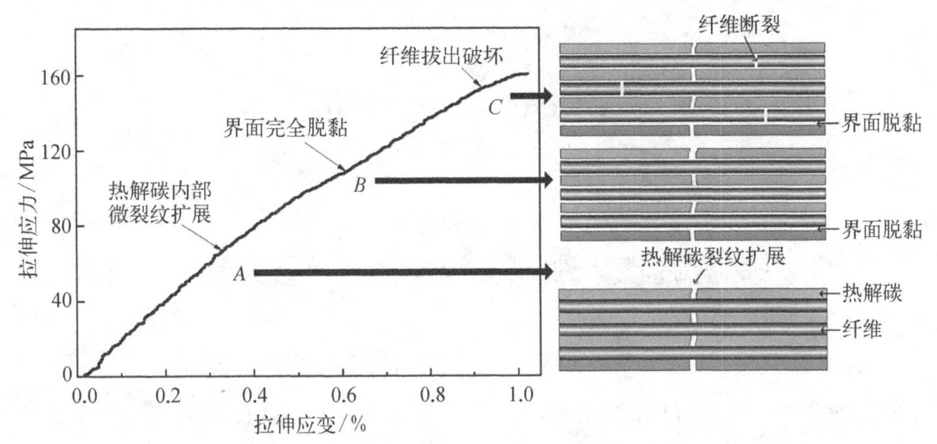

图 7.7　针刺 C/C－SiC 复合材料 1 800℃拉伸破坏的双线性应力-应变曲线

纤维单丝脱黏，失效纤维单丝的剩余载荷由其余大多数的纤维单丝共同承载，从而解释了为何高温下的针刺 C/C－SiC 复合材料的拉伸强度和临界破坏应变明显高于室温情况。

由图 7.4(a) 可以发现，针刺 C/C－SiC 复合材料在 1 800℃到 2 000℃范围内的拉伸强度呈小幅下降，这主要是由 SiC 基体的高温结晶化导致。对不同温度下的针刺 C/C－SiC 复合材料基体进行 X 线衍射分析，如图 7.8 所示，可以发现当温度增长到 1 800℃，SiC 基体的结晶化程度显著增加。高结晶化的 SiC 基体能够降低材料的抗蠕变能力和抗裂纹扩展能力[20]。因此，针刺 C/C－SiC 复合材料在 1 800~2 000℃内即存在界面结合强度降低对拉伸强度的增加效应，又存在 SiC 高度结晶化对拉伸强度的降低效应，从而导致温度为 2 000℃时，针刺 C/C－SiC 复合材料的拉伸强度出现小幅度的下降。

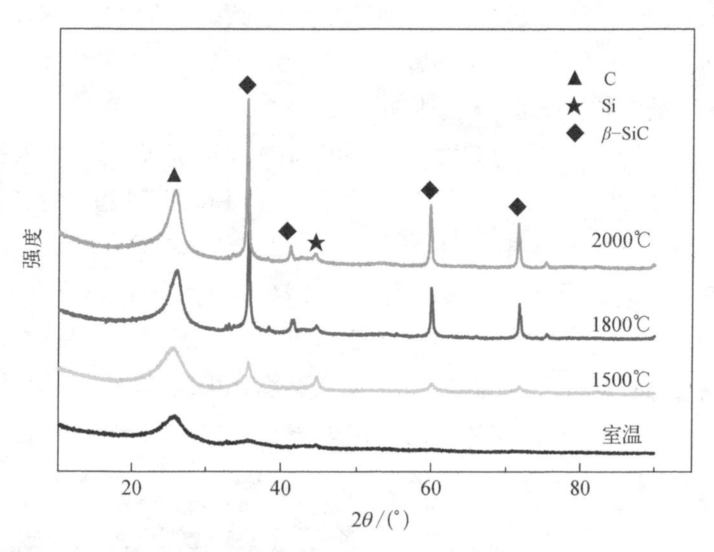

图 7.8　针刺 C/C－SiC 复合材料 XRD 图谱

7.3　超高温陶瓷复合材料高温拉伸力学行为及失效机制

实验所用材料均为 ZrB_2－SiC－G 超高温陶瓷复合材料。室温及高温拉伸试件形状如图 7.9 所示，试件长度方向与石墨片层面平行，总长度为 120 mm，标距为 30 mm，标距区的截面尺寸为 6 mm×3 mm。

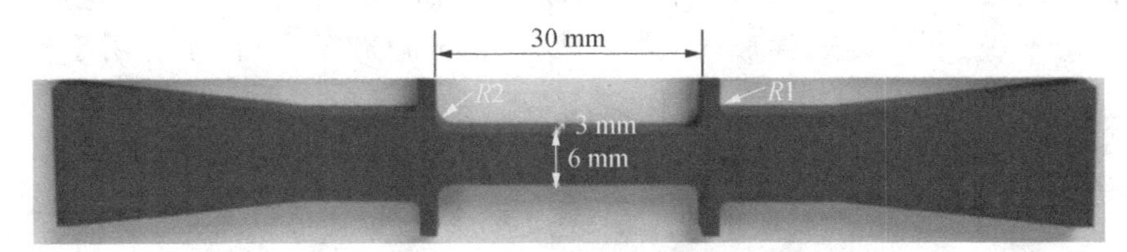

图 7.9 室温及高温拉伸试件

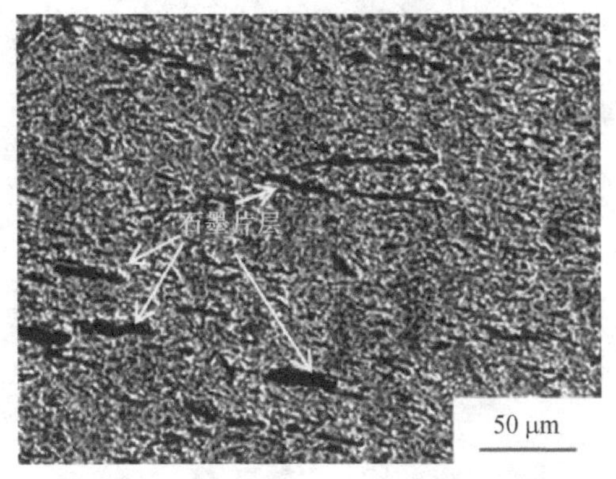

图 7.10 ZrB_2 – SiC – G 试件侧面形貌图

对试件表面进行抛光处理,降低表面缺陷引起的应力集中现象。试件的侧面形貌如图 7.10 所示,其中黑色长条状为沿热压方向定向排列的石墨片层,且材料具有较好的致密度,表面无明显孔洞。

拉伸实验的环境温度分别为 23℃(室温)、800℃、1 000℃、1 200℃、1 300℃、1 400℃、1 600℃和 1 800℃,每组有效试件个数不少于 4 个。实验条件均为真空环境,可以不考虑氧化对材料性能的影响。实验过程中采用位移控制加载,拉伸速度为 0.1 mm/min,并采用高温引伸计测量材料拉伸变形。为确保实验结果的可靠性,本章同时采用了数字图像相关(digital image correlation, DIC)方法,测试室温、1 000℃和 1 800℃下 ZrB_2 – SiC – G 材料的拉伸行为。在试件上分别喷涂室温与高温用散斑,如图 7.11 所示,室温测试时散斑采用喷涂黑白漆的方式,白色为底色,黑色随机喷涂,形成灰度明显的特征点。

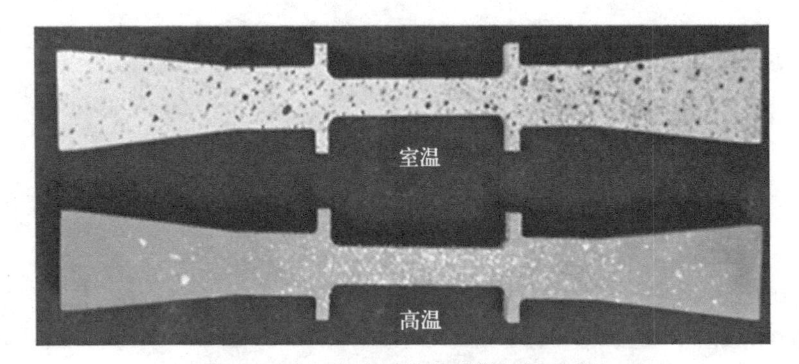

图 7.11 室温和高温拉伸试件的散斑分布

而高温散斑涂料由结合剂和粉体两部分组成，混合后随机喷涂于拉伸试件上，再自然干燥，然后将试件放入真空干燥箱（93.3℃）干燥后，便可用于实验测试。

室温下，采用引伸计测得 ZrB_2 – SiC – G 复合材料的拉伸应力–应变曲线，如图 7.12 所示。材料表现出典型的线弹性行为，拉伸强度表现出明显的分散性。

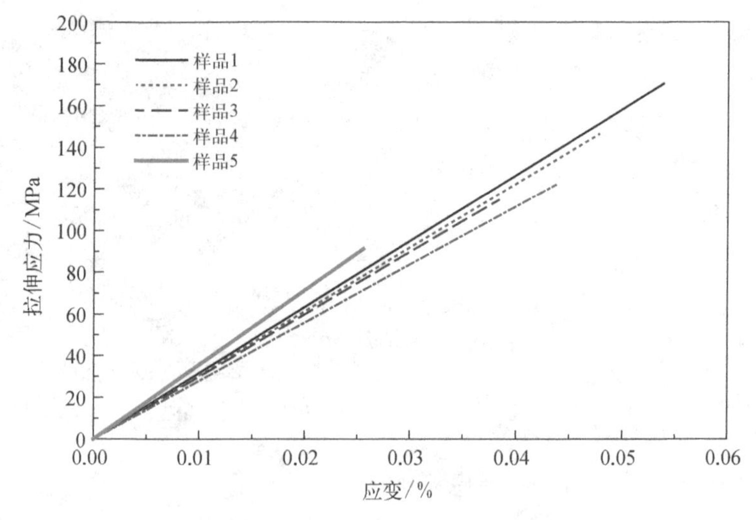

图 7.12　室温拉伸应力–应变曲线（引伸计测试）

另外，采用 DIC 方法获得 ZrB_2 – SiC – G 复合材料在室温下的拉伸应力–应变关系，如图 7.13 所示。DIC 方法是一种非接触的场变形分析方法，可以直接获得试件上各散斑点的变形，再由自带程序计算出应变场。由图 7.13 可以看出，材料整体上表现出线弹性性质。

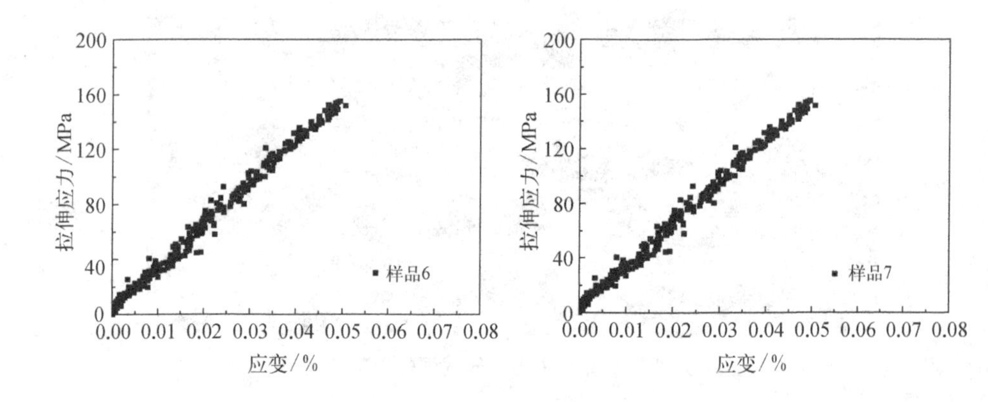

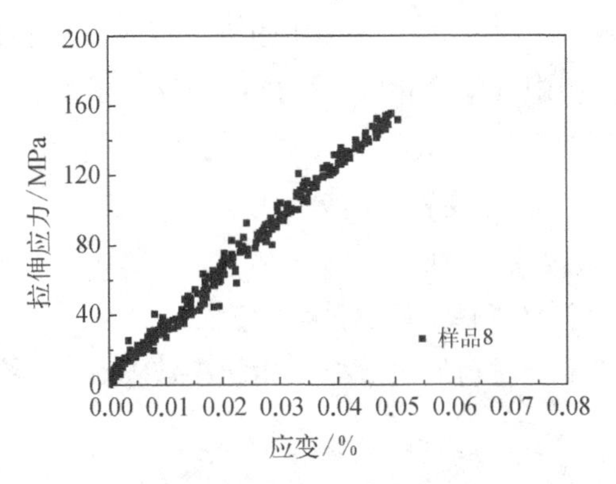

图 7.13　室温拉伸应力-应变曲线(DIC 测试)

ZrB_2- SiC - G 复合材料的室温拉伸强度与模量实验值见表 7.1。

表 7.1　ZrB_2- SiC - G 复合材料的室温拉伸强度与模量实验值

试件编号	拉伸强度/MPa	最大应变/%	拉伸模量/GPa
1	170.43	0.054	316.83
2	146.38	0.048	306.39
3	114.64	0.038	299.14
4	121.89	0.044	279.08
5	91.16	0.026	356.77
6	155.23	0.051	306.8
7	108.44	0.040	269.3
8	165.23	0.054	307.13

从表 7.1 中可以看出,室温拉伸强度表现出明显的分散性。对于 ZrB_2- SiC - G 复合材料,制备过程中由热压温度冷却至室温,各组分相间不同的热膨胀系数导致材料内部产生残余应力,使组分相界面处产生微裂纹。图 7.14 为

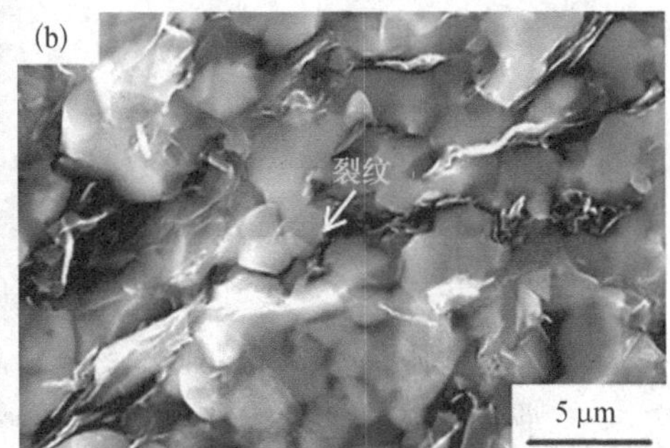

图 7.14　ZrB_2- SiC - G 试件断口形貌

ZrB_2-SiC-G材料在室温下的断口形貌，从图中可以看到材料内部虽然不存在明显的孔洞，但制备过程中各组分相的热失配的确导致了微裂纹产生，主要分布于石墨片层周围，这些微裂纹会引起应力集中而使材料发生脆性破坏，从而使ZrB_2-SiC-G复合材料室温强度表现出分散性。

材料内部存在的微裂纹具有随机分布的特点，本章采用两参数Weibull分布函数对ZrB_2-SiC-G复合材料室温拉伸强度与模量实验值进行统计分析，结果如图7.15和图7.16所示。材料的失效概率用两参数Weibull函数可表示为

$$P(x) = 1 - \exp[-(x/x_0)^m] \tag{7.3}$$

式中，$P(x)$表示失效概率；x_0为尺度参数；m为Weibull模数，Weibull模数越大，就表示材料越均匀。

由图7.15结果可知，ZrB_2-SiC-G复合材料在室温下的平均拉伸强度为146.73 MPa，Weibull模数为4.53。由图7.16结果可知，ZrB_2-SiC-G复合材料在室温下的拉伸模量为309.86 GPa，Weibull模数为20.03。由拉伸强度及模量的Weibull模数可知，室温拉伸模量的分散性比强度小很多。

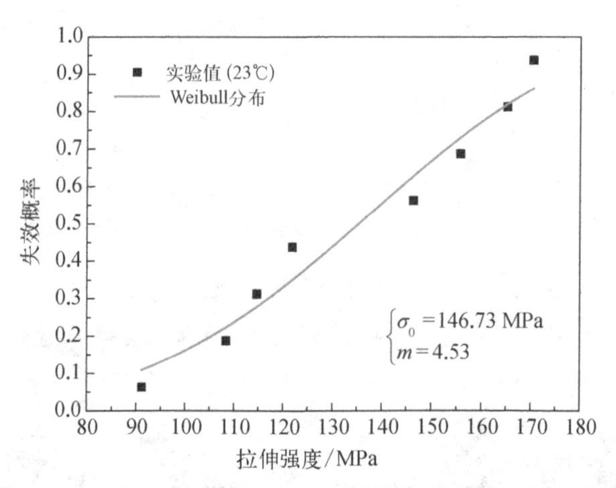

图7.15 ZrB_2-SiC-G复合材料室温拉伸强度的Weibull分布

ZrB_2-SiC-G复合材料的变形较小，获得高温弹性模的难度较大，因此每个温度点的测试试件准备6个，但实验得到有效的高温弹性模量数据偏少，不过能看出弹性模量随温度变化的整体趋势。高温拉伸强度和模量实验值随温度的变化规律如图7.17和图7.18所示。由图7.17可知，室温~1 300℃，ZrB_2-SiC-G复合材料的拉伸强度逐渐降低，由室温时的146.73 MPa降低到1 300℃时的

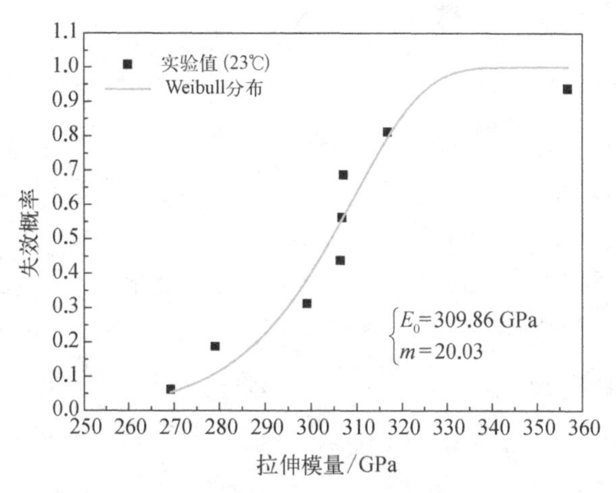

图7.16　ZrB_2-SiC-G复合材料室温拉伸模量的Weibull分布

83.36 MPa,强度大约降低了43.2%。与1 300℃相比,1 400℃下拉伸强度却有一小幅回升,但随着温度的进一步升高,拉伸强度降低,1 800℃时拉伸强度降低到室温强度的35.6%。此外,在室温~1 300℃时,ZrB_2-SiC-G复合材料拉伸强度表现出较大的分散性,随着测试温度的升高,高温拉伸强度的分散性明显降低。这说明温度超过1 300℃后,ZrB_2-SiC-G复合材料的破坏方式可能由低温的脆性转变为高温的韧性断裂,使材料的缺陷敏感性有所降低。

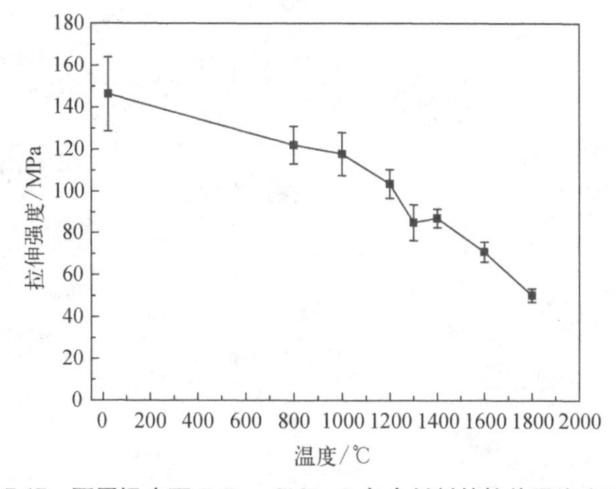

图7.17　不同温度下ZrB_2-SiC-G复合材料的拉伸强度实验值

由图7.18可知,随着温度升高,ZrB_2-SiC-G复合材料的弹性模量逐渐降低,温度高于1 400℃时,下降速度明显加快,与室温模量相比,1 400℃、1 600℃

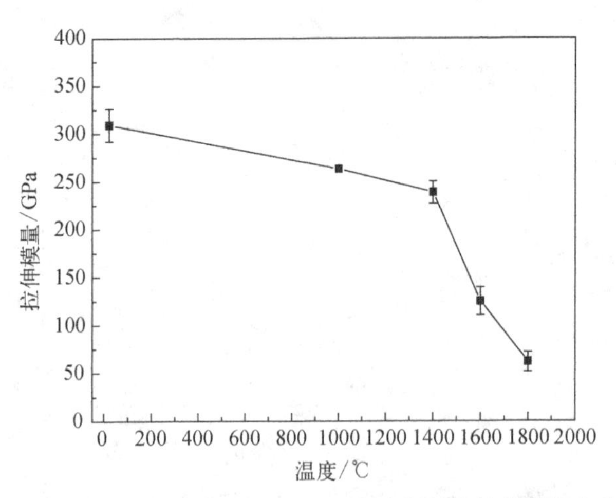

图 7.18 不同温度下 ZrB_2 - SiC - G 复合材料的拉伸模量实验值

和 1 800℃时弹性模量分别降低了 22.6%、59.5%和 76.8%。同样,采用两参数 Weibull 分布函数,对各温度下拉伸强度进行了统计分析,结果如图 7.19 所示。

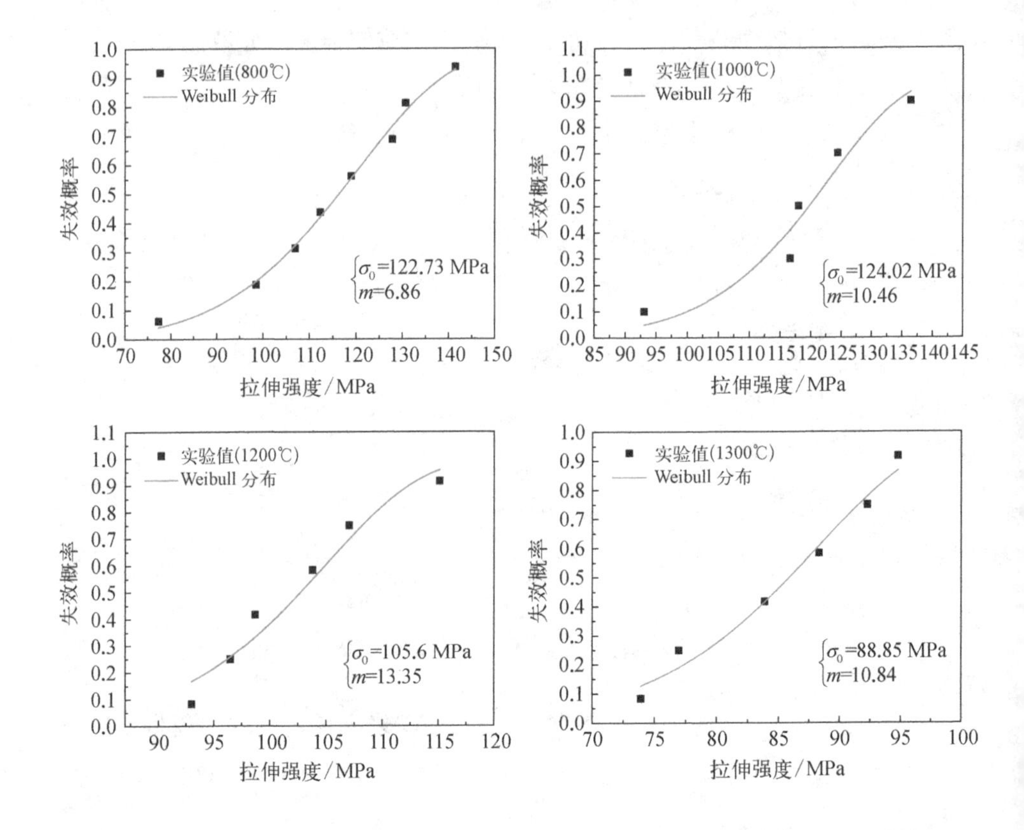

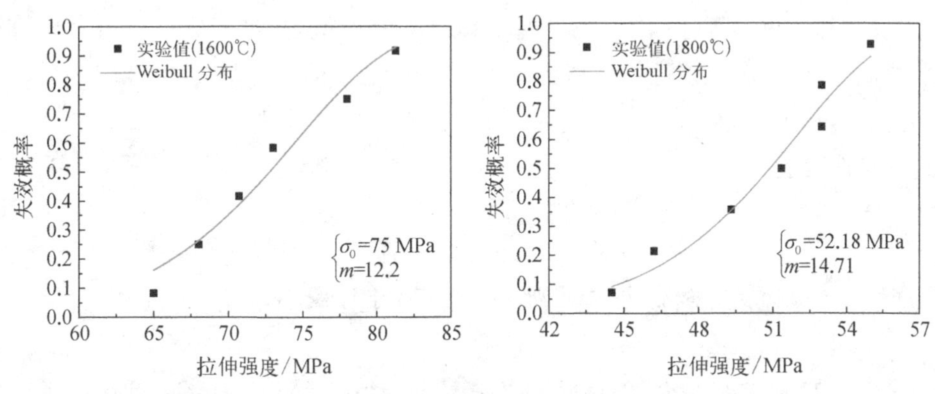

图 7.19　ZrB_2 - SiC - G 复合材料高温拉伸强度的 Weibull 分布

由 Weibull 模数 m 的意义可知，m 越大，材料均匀性越好，对缺陷的敏感度越小。除 1 200℃外，1 300℃以下温度点的 Weibull 模数都要比 1 300℃以上的小，说明温度高于 1 300℃后，ZrB_2 - SiC - G 复合材料对缺陷的敏感性会有所降低。

ZrB_2 - SiC - G 复合材料的高温拉伸应力-应变曲线如图 7.20 所示。图中采

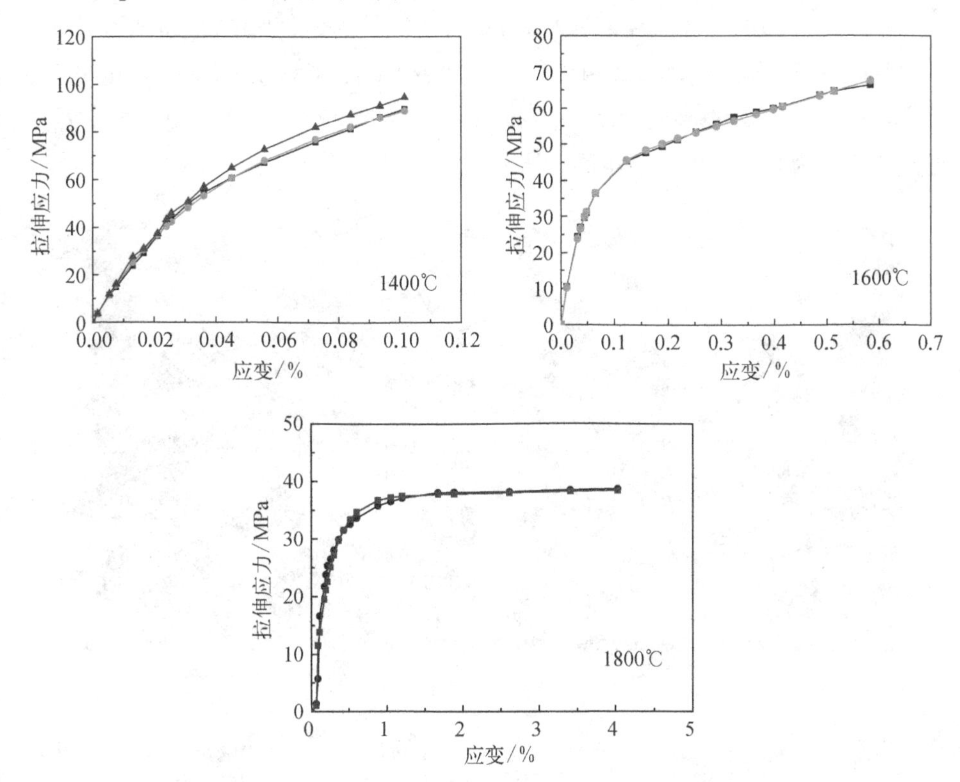

图 7.20　ZrB_2 - SiC - G 复合材料的高温拉伸应力-应变曲线

用高温引伸计测量得到应变，材料在 1 400℃以上，单轴拉伸行为表现出明显的非线性，温度越高非线性程度越明显，而且随着温度的升高，最大拉伸应变逐渐增大。1 800℃时，当应变大于 1%后，试件的承载能力几乎不变化，说明材料已进入塑性变形阶段。

7.4 超高温陶瓷复合材料高温压缩力学行为及失效机制

室温下，超高温陶瓷复合材料静态压缩行为为线性，而且压缩强度可以达到拉伸强度的几倍，呈现出脆性破坏模式。但陶瓷材料的动态压缩性能不同于静态，尤其在高应变率情况下，材料会表现出明显的率效应、非线性的应力-应变关系及破坏模式。

7.4.1 超高温陶瓷材料单轴静态压缩力学行为

实验选用 ZrB_2 - SiC - G 复合材料，试件为圆柱形，尺寸为 7.5 mm×Φ5 mm，压缩方向平行于热压方向，采用位移控制加载，加载速率为 0.5 mm/min。实验温度包括室温和 800℃，加热速率为 20℃/min，实验氛围为空气环境。每个温度点试件个数为 8 个。单轴高温静态压缩装置如图 7.21 所示。

图 7.21 单轴高温静态压缩装置

室温与 800℃下，ZrB_2 - SiC - G 复合材料的压缩应力-位移实验曲线如图 7.22 所示。

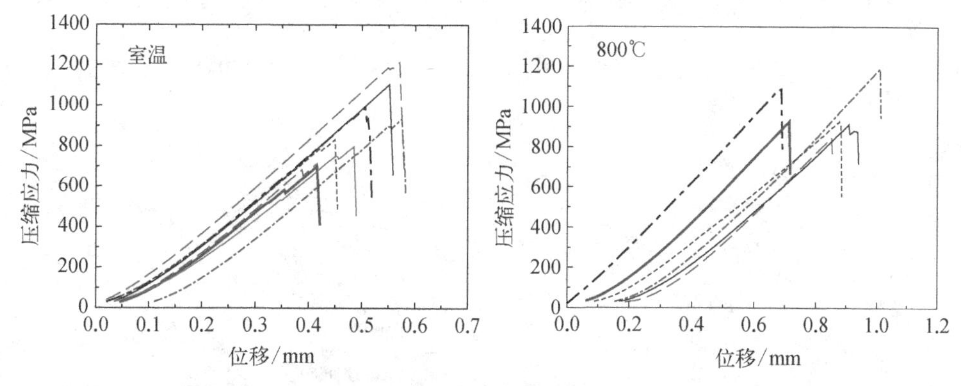

图 7.22 ZrB_2 - SiC - G 复合材料的压缩应力-位移实验曲线

室温下,材料整个压缩过程呈现出脆性破坏的特点,在较低应力水平下,材料保持线弹性性质,当材料内部裂纹开始扩展时,承载能力出现小幅下降趋势,但材料还具有承载能力,所以又有一小段上升的趋势,直至形成宏观主裂纹导致整个试件破坏。另外,室温和800℃下 ZrB_2 - SiC - G 复合材料压缩强度表现出较大的分散性,如图7.23所示,这是主要因为陶瓷材料对缺陷非常敏感。室温压缩强度为699~1 103 MPa, 800℃的压缩强度为824~1 189 MPa。

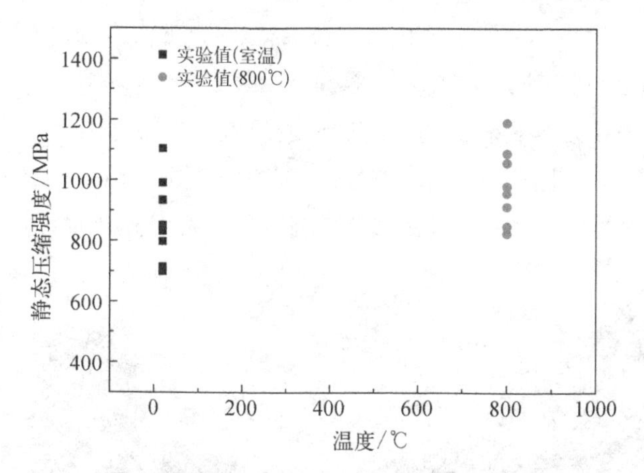

图 7.23 室温和800℃时的静态压缩强度

ZrB_2 - SiC - G 复合材料由热压温度冷却至室温制备而成,ZrB_2、SiC 和 Graphite 组分相间因具有不同热膨胀系数,使材料内部产生微裂纹,而且分布不均匀,导致材料压缩强度存在一定的分散性。同样采用两参数 Weibull 分布函数来描述该材料压缩强度的分散性,如式(7.3)所示。

ZrB_2-SiC-G 复合材料在室温和800℃下失效概率 Weibull 描述如图 7.24。

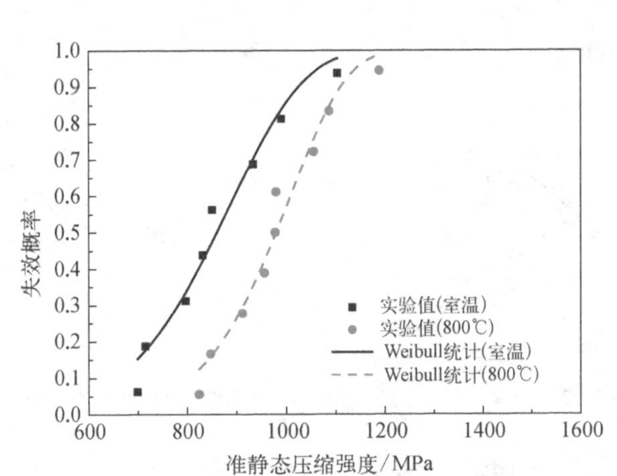

图 7.24 ZrB_2-SiC-G 复合材料的失效概率：实验值和 Weibull 统计

通过两参数 Weibull 统计函数拟合可得，在平行于热压方向上，ZrB_2-SiC-G 复合材料的室温压缩强度为 907.6 MPa，Weibull 模数是 6.87；800℃的压缩强度是 1 017.7 MPa，Weibull 模数是 9.98。由 Weibull 模数的意义可知，800℃下压缩强度的分散性要小于室温，这主要是因为 ZrB_2-SiC-G 复合材料在 800℃空气环境下发生预氧化作用，预氧化可以弥合表面微裂纹，降低材料缺陷敏感性，而且预氧化后裂纹扩展受到抑制，从而提高了强度。

ZrB_2-SiC-G 复合材料静态压缩试件宏观破坏形貌如图 7.25 所示。单轴静态压缩时，以剪切破坏为主，破坏起源于压缩面(图 7.26)，沿压缩方向扩展。800℃时，ZrB_2-SiC-G 复合材料仍以剪切破坏为主，但碎片尺寸要大于室温，这

图 7.25 ZrB_2-SiC-G 复合材料宏观压缩破坏形貌图

图 7.26　ZrB_2 - SiC - G 复合材料静态压缩面破坏形貌图

是因为 800℃时预氧化作用弥合了部分微裂纹,试件以沿轴向的贯穿裂纹为主。

7.4.2　超高温陶瓷动态压缩力学行为及失效机理

分离式霍普金森压杆(split Hopkinson pressure bar, SHPB)可用于测试不同应变率下材料动态压缩响应,包括陶瓷、混凝土、岩石以及复合材料等。常温SHPB 装置包括入射杆、透射杆、气枪、子弹、能量吸收装置以及数据采集装置,装置简图见图 7.27,应用 SHPB 装置可测试的应变率范围为 100~10 000/s。

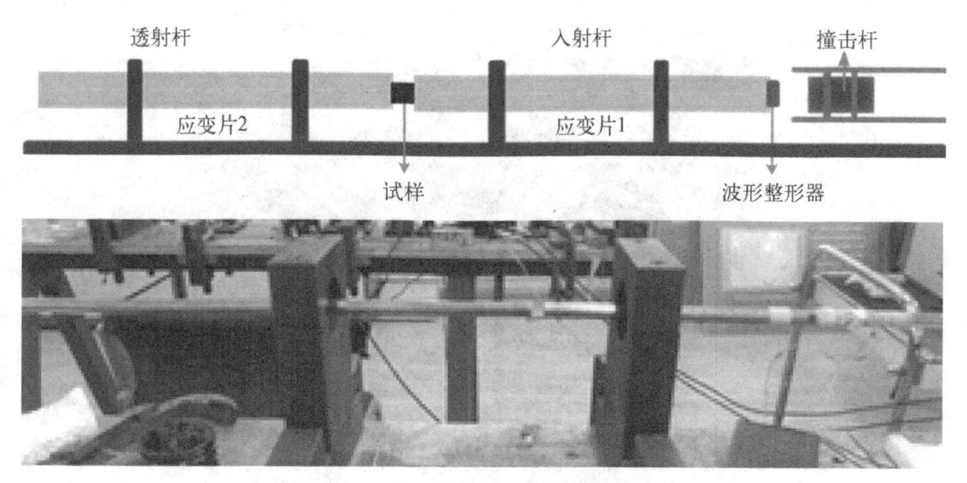

图 7.27　常温霍普金森杆系统装置图

试件夹在入射杆与透射杆之间,子弹在冲击力的作用下,撞击入射杆的一端,产生入射波并传播。当入射波达到试件时,整个试件被压缩。与此同时,由于试件与杆之间的波阻抗不相同，入射波一部分透过试件进入透射杆，另一部分以反射波形式返回入射杆。通过入射杆和透射杆上应变片和数字采集装置来记录数据。根据一维应力波理论，应用式(7.4)计算应变率、应变和应力：

$$\left.\begin{aligned}\dot{\varepsilon}(t) &= 2C_0/L \cdot \varepsilon_r(t)\\ \varepsilon(t) &= 2C_0/L \cdot \int_0^T \varepsilon_r(t)\,dt\\ \sigma(t) &= E_0A/A_s \cdot \varepsilon_t(t)\end{aligned}\right\} \tag{7.4}$$

式中，ε_r 和 ε_t 分别为反射和透射应变；E_0和 C_0为压杆弹性模量和弹性波波速；A 为压杆横截面面积；L 为压杆长度；A_s为试件横截面面积。

高温 SHPB 装置在室温装置的基础上增加了加热装置和温控装置，对试件进行加热并测试温度，如图 7.28 所示。

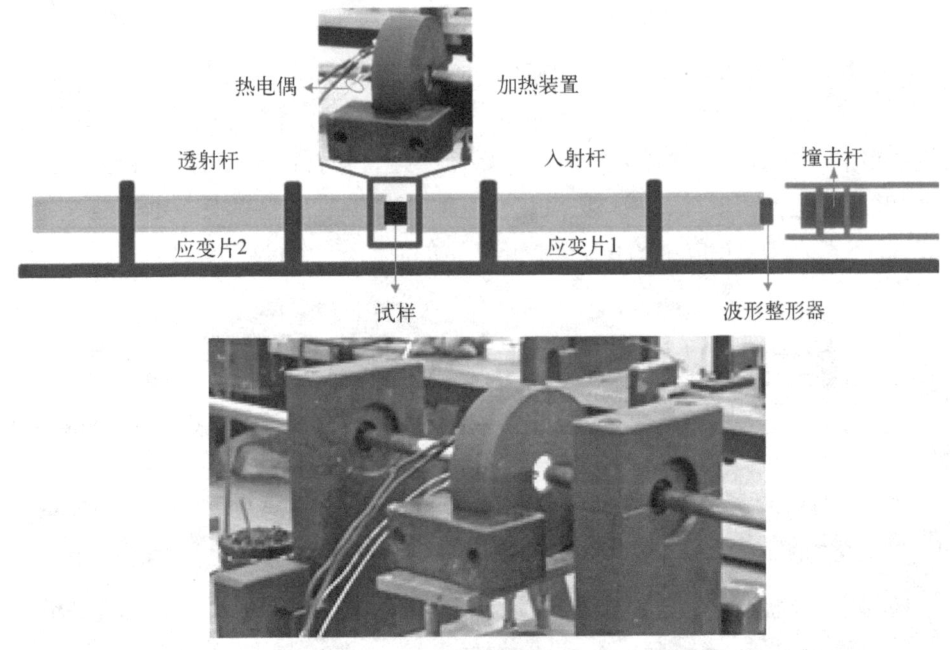

图 7.28　高温霍普金森杆系统装置图

实验选用 ZrB_2－SiC－G 复合材料，试件为圆柱体，尺寸为 Φ5 mm×5 mm。为避免实验中惯性效应及试样与杆端摩擦的影响，加工过程中必须保证试样两个端面平行度在 0.01 mm 以上，同时保证足够的光洁度以减少摩擦。由于超高温陶瓷为高强脆性材料，为保证试样在脉冲的上升沿达到应力平衡，产生均匀的应力状态,在入射杆撞击端粘上一小块铜垫片,起到波形整形器的作用,尺寸为 Φ5 mm×1.6 mm 的圆柱体薄片,如图 7.29 所示。从而减少由直接撞击引起的高频分量,同时,使加载波变宽,上升沿变缓。此外,在垫片和入射杆撞击端涂抹润滑油来减少端部摩擦的影响。

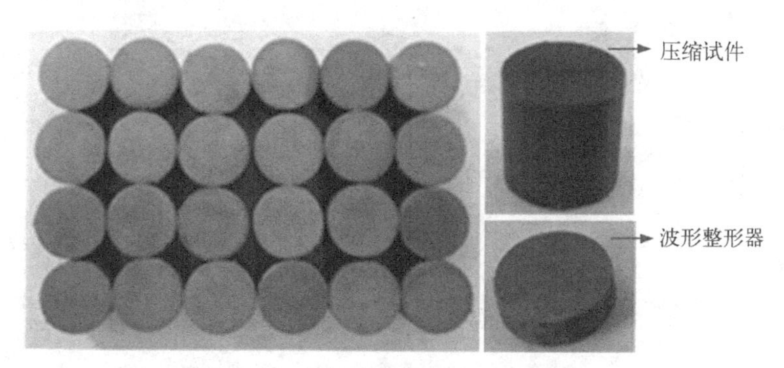

图 7.29　动态压缩试件及波形整形器

为保证实验数据的可靠性,对每一组实验数据进行应力平衡分析,即入射荷载与透射荷载相等,如图 7.30 所示。每个试件实验结果均经过应力平衡验证。

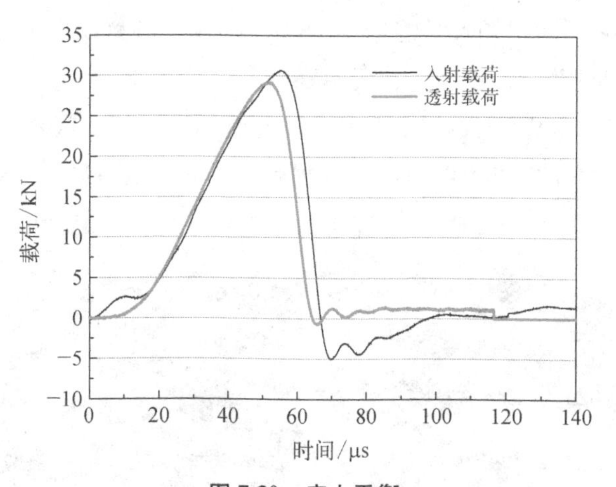

图 7.30　应力平衡

静态压缩实验加载速度为 0.5 mm/min,由此静态压缩强度可以看作应变率为 10^{-4} s^{-1}时材料的动态压缩强度。图 7.31 为不同应变率下 ZrB_2-SiC-G 复合材料在室温与 800℃下的压缩强度实验值。

实验结果表明,室温和 800℃时,动态压缩强度呈现出明显的率相关性。随着应变率的升高,压缩强度不断增大,且呈线性增加趋势,当应变率达到 1 500 s^{-1},动

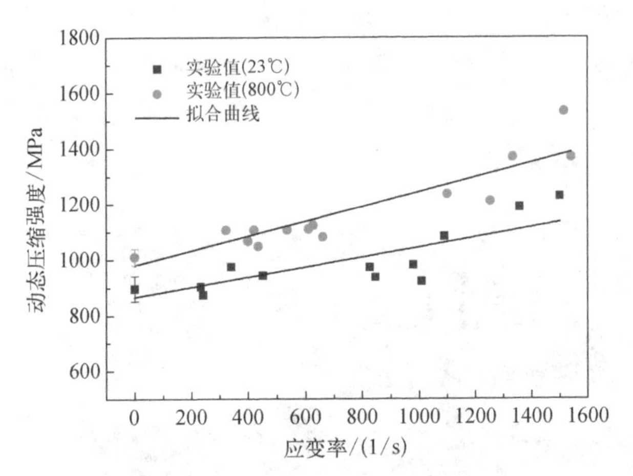

图 7.31　不同应变率下 ZrB_2－SiC－G 压缩强度实验值

态强度增大到静态强度的 1.5 倍，压缩强度与应变率关系的表达式如下：

$$\begin{cases}\sigma = 0.179\dot{\varepsilon} + 866.45, & 293\ \text{K} \\ \sigma = 0.264\dot{\varepsilon} + 980.15, & 1\,073\ \text{K}\end{cases} \tag{7.5}$$

由实验结果可知，800℃时的 ZrB_2－SiC－G 复合材料压缩强度高于室温，这主要是预氧化作用的效果。本节实验在空气中对试件进行加热，升温速率为 20℃/min，升温至 800℃，大约需要 40 min，此时 ZrB_2 氧化生成 ZrO_2 和液相 B_2O_3，液态相弥合表面缺陷，使 ZrB_2－SiC－G 材料的力学性能得到提高。

图 7.32 是室温和 800℃时，应变率为 412 s^{-1} 下试件压缩面的微观形貌，压缩

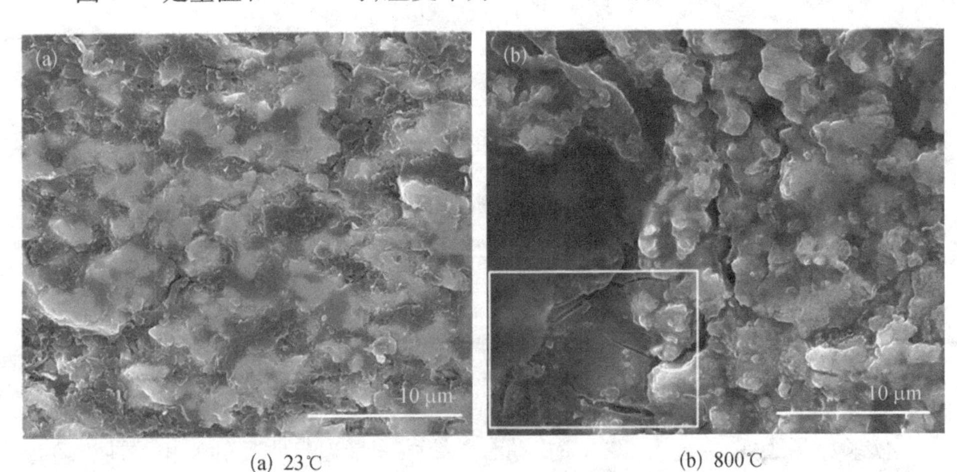

(a) 23℃　　(b) 800℃

图 7.32　412 s^{-1} 应变率下压缩面微观形貌

过程中,试件破坏源于压缩面的裂纹形成、扩展和贯穿。高温下材料的表面更加致密,裂纹分叉现象较多,吸收了一定能量,导致高温压缩强度高于室温。而且预氧化作用还可以弥合压缩面的部分微裂纹使得材料的缺陷敏感性下降。

另外,把达到最大压缩应力(压缩强度)的时间定义为临界破坏时间,根据实验结果,动态压缩强度和临界破坏时间的关系如图 7.33 所示。压缩强度随临界破坏时间的增大而降低,最后趋近静态强度。对于这种降低现象,Tuler 和 Butcher[21] 引入破坏对时间的依赖性,提出了动态破坏准则,他们认为破坏不是瞬时的,而是需要一段时间来完成,这样描述动态压缩行为的破坏准则可以表达为

$$(\sigma - \sigma_0)^{\omega} \cdot t_f = C \tag{7.6}$$

式中, ω 和 C 为材料常数; σ_0 和 t_f 为静态强度和临界破坏时间。

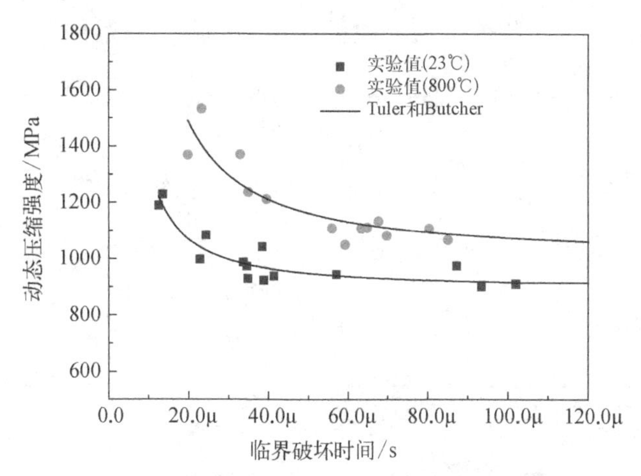

图 7.33　ZrB_2 - SiC - G 复合材料的动态压缩强度与临界破坏时间关系

由实验结果获得 ZrB_2 - SiC - G 复合材料的 Tuler - Butcher 破坏准则常数,具体表达式为

$$\begin{cases} (\sigma - 906.7)^{0.74} t_f = 0.000\,91, & 293\ \text{K} \\ (\sigma - 1\,017.7)^{0.8} t_f = 0.002\,77, & 1\,073\ \text{K} \end{cases} \tag{7.7}$$

动态压缩实验温度包括室温和 800℃。测试了应变率范为 200~1 500 s^{-1} 情况下, ZrB_2 - SiC - G 复合材料的动态压缩行为,室温下的动态压缩应力-应变曲线与静态压缩应力-应变曲线对比结果,如图 7.34 所示。与静态相比,动态压缩

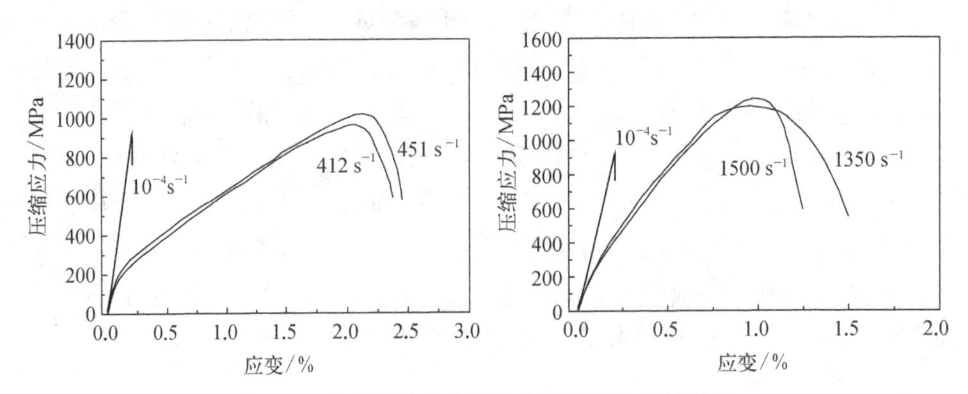

图 7.34 室温下的静态与动态压缩应力-应变曲线

应力-应变关系呈现明显的非线性。

ZrB_2 - SiC - G 复合材料在 800℃下的动态压缩应力-应变曲线如图 7.35 所示，此时材料的动态压缩应力-应变关系也出现明显的非线性。

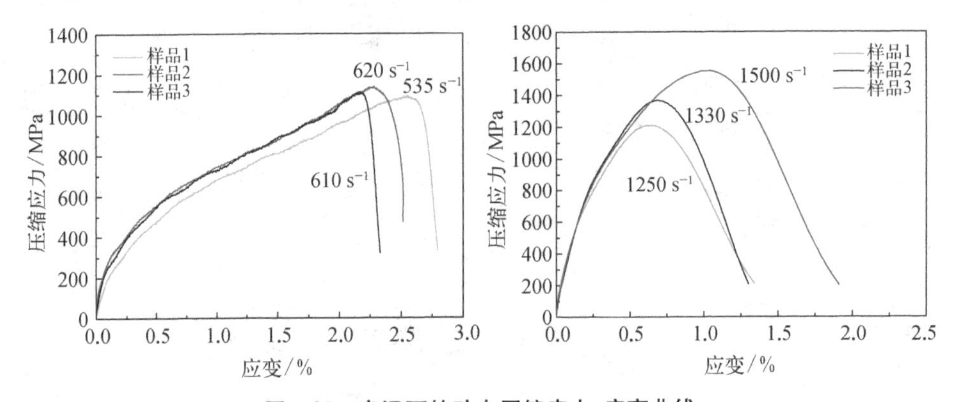

图 7.35 高温下的动态压缩应力-应变曲线

材料在动态压缩过程中，经过一定的积累损伤，使刚度不断降低，直至发生破坏。而且在低应变下，刚度的降低程度要大于高应变，与一般脆性材料不同的是，ZrB_2 - SiC - G 复合材料的临界应变不是应变率的单调函数。一般脆性材料，如 SiC 和 Al_2O_3陶瓷，其应变随应变率的升高不断减小，这种差异现象是 ZrB_2 - SiC - G 复合材料的微观结构导致的。为了提高材料断裂韧性，把石墨片层加入 ZrB_2 - SiC 材料中，通过石墨片层的拔出以及石墨片层与基体的弱界面使裂纹发生变形和偏转的机制来达到增韧的目的。应变率相对较低时，裂纹有充足的时间形成、扩展和变形或偏转，使石墨片层的增韧机制得到发挥。但应变率较高时，由于破坏时间非常短，裂纹并没有充足的时间扩展，许多条小裂纹同时形成，导致材料发生粉碎破坏。所以,石墨拔出和裂纹变形导致了 ZrB_2-SiC-G 复合材料在低应变率下应变值高于高应变率。

室温与 800℃时,ZrB_2-SiC-G 复合材料的静态破坏模式是脆性的,静态压缩条件下,表现出典型的剪切破坏模式,但随着应变率的升高,材料破坏模式出现不同。在应变率为 250~700 s^{-1}下,ZrB_2-SiC-G 复合材料的破坏形貌如图 7.36 所示。此时,该材料表现出两种破坏模式:轴向劈裂和粉碎破坏。对于轴向劈裂的试件,试件压缩面存在清晰的宏观贯穿裂纹,而且是由试件的边缘处开始扩展。对于粉碎破坏的试件,试件剪切破坏角要小于静态压缩情况下的剪切角。

图 7.36　250~500 s^{-1}下 ZrB_2-SiC-G 复合材料的破坏形貌图

应变率为 1 100 s^{-1}时,ZrB_2-SiC-G 复合材料表现出粉碎破坏模式,如图 7.37 所示,高应变率下碎片尺寸明显小于低应变率。

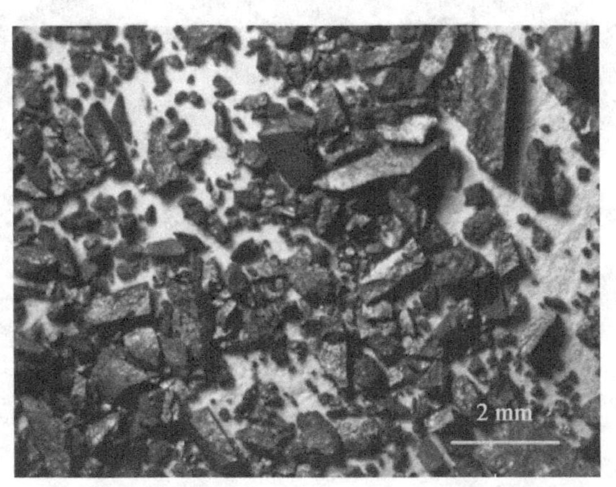

图 7.37　1 100 s^{-1}下 ZrB_2-SiC-G 复合材料的破坏形貌图

为进一步分析材料的破坏模式，对 ZrB_2-SiC-G 复合材料压缩试件断口进行微观结构观测，SEM 图如图 7.38。应变率为 410 s^{-1}时，ZrB_2-SiC-G 复合材料以沿晶断裂为主，可以看出较多的石墨片层拔出。另外，断面上还存在较明显的长裂纹，说明低应变率下，当材料内部存在的微裂纹尖端应力强度因子大于断裂韧性时，微裂纹开始萌生或扩展，此时，裂纹有时间扩展和聚合，形成宏观裂纹，裂纹较长，较长裂纹首先导致材料破坏，所以试件断面上仍会存在一些明显的裂纹。应变率为 1 500 s^{-1}时，ZrB_2-SiC-G 复合材料表现出穿晶断裂为主的破坏模式，而且存在台阶状花纹，此时，断面上没有明显长裂纹。这说明高应变率下，裂纹扩展时间短，长度较小，导致材料粉碎破坏。应变率对 ZrB_2-SiC-G 复合材料破坏模式的影响也是两种情况下强度和应变存在差别的主要原因。

图 7.38 室温下 ZrB_2-SiC-G 复合材料的断口微观形貌图

同样，高温下应变率为 610 s^{-1}时，仍然会发现较长的微裂纹，断面以沿晶断裂为主，并且存在明显的石墨片层拔出现象，如图 7.39(a)和(b)所示。610 s^{-1}

下，微裂纹发生扩展并沿石墨片层周围偏转，这正是石墨片层增韧的机制。而 1 500 s^{-1} 下，ZrB_2 - SiC - G 复合材料表现出穿晶断裂为主的破坏模式，并且可以观察到裂纹穿过石墨片层扩展，如图 7.39(c) 和(d) 所示，在这种破坏模式下，材料可以吸收更多能量，从而提高了动态压缩强度。

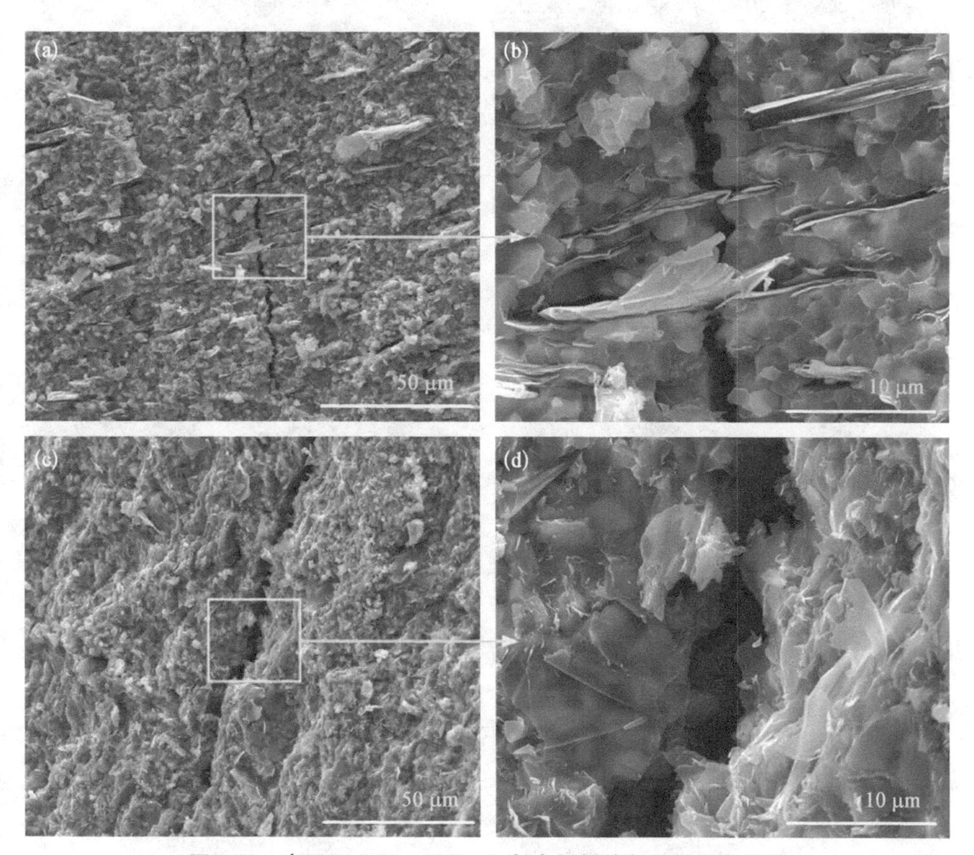

图 7.39　高温下 ZrB_2 - SiC - G 复合材料的断口微观形貌图

由图 7.40 中不同应变率下材料的宏观形貌可知，随着应变率的升高，ZrB_2 - SiC - G 复合材料的碎片尺寸逐渐减小。

对于材料冲击后的碎片尺寸问题，已有学者做出了研究，其中 Grady[22] 基于动态过程中局部能量平衡原理计算碎片尺寸，表达式为

$$d = \left(\frac{\sqrt{20} K_{IC}}{\rho v_s \dot{\varepsilon}} \right)^{2/3} \tag{7.8}$$

式中，d 为碎片尺寸；ρ 为材料密度；K_{IC} 为断裂韧性；v_s 为声速。

图 7.40　不同应变率下碎片形貌

(a) $\dot{\varepsilon}$ = 451 s^{-1}, 293 K; (b) $\dot{\varepsilon}$ = 1 100 s^{-1}, 293 K;
(c) $\dot{\varepsilon}$ = 435 s^{-1}, 1 073 K; (d) $\dot{\varepsilon}$ = 1 100 s^{-1}, 1 073 K

另外,Zhou 等[23]通过定义特征碎片尺寸、时间和应变率来描述单一裂纹扩展情况,得到碎片尺寸模型,该模型与应变率、断裂能、声速和材料属性有关:

$$d = \frac{4.5EJ_c}{\sigma_c^2}\left[1 + 0.77\left(\frac{E^2 J_c}{v_s \sigma_c^3}\dot{\varepsilon}\right)^{1/4} + 5.4\left(\frac{E^2 J_c}{v_s \sigma_c^3}\dot{\varepsilon}\right)^{3/4}\right]^{-1} \tag{7.9}$$

式中,J_c为断裂能。

对于模型中的参数取值,$\rho_{273\,\mathrm{K}} = 4\,790\ \mathrm{kg/m^3}$,$\rho_{1\,073\,\mathrm{K}} = 4\,768\ \mathrm{kg/m^3}$,断裂韧性 $K_{\mathrm{IC},\,23} = 5.7\ \mathrm{MPa \cdot m^{1/2}}$, $K_{\mathrm{IC},\,800} = 5.1\ \mathrm{MPa \cdot m^{1/2}}$,声速 $v_s = 8\,342\ \mathrm{m/s}$,断裂能 $J_c = 114\ \mathrm{N/m}$,压缩模量 $E = 442.2\ \mathrm{GPa}$。模型与实验得到的碎片尺寸进行对比,见图 7.41。碎片尺寸实验结果位于 Grady 和 Zhou 模型之间。在应变率高于 1 000 s^{-1}时,碎片尺寸最大值与 Grady 模型吻合,最小值与 Zhou 模型吻合。该情况反映出两种碎片形成机理:一种是基于能量原理,形成了较大的碎片尺寸;另

一种是与微观结构相关，形成了较小的碎片尺寸。应变率相对较低时，以第一种形成机理为主，形成的碎片尺寸较大。应变率相对较高时，在 ZrB_2－SiC－G 复合材料的动态压缩过程中，第二种形成机理占优，形成了较小的碎片尺寸。

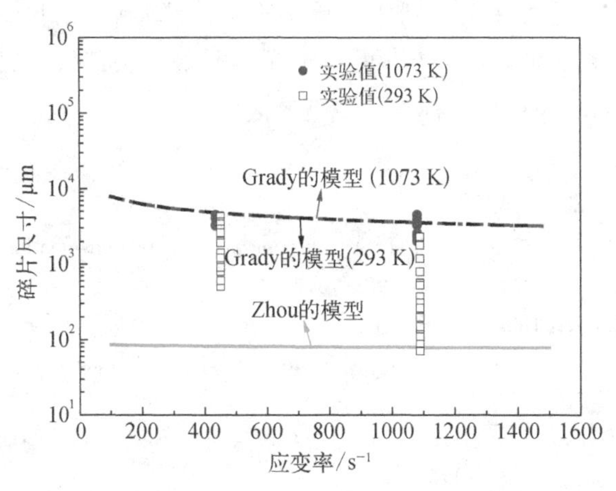

图 7.41　碎片尺寸的实验值与理论值对比图

7.5　本章小结

通过对针刺 C/C－SiC 复合材料开展室温、800℃、1 200℃、1 500℃、1 800℃和 2 000℃下的面内高温拉伸性能实验，发现拉伸温度较低时，试样断口形貌较为平整，纤维束断面平整光滑，很少有纤维单丝拔出现象；随着温度的增加，试样断口呈锯齿状，越来越多的纤维单丝开始脱黏拔出，且拔出长度随温度升高而增加。这主要与碳纤维单丝/PyC 基体的界面结合强度有关。界面结合强度随温度的升高而逐渐下降，这主要是由于材料内部释放了热残余应力。在室温~1 500℃，材料拉伸强度的升高主要受热残余应力的释放以及界面结合强度的下降所影响；在 1 500~1 800℃，拉伸强度主要受界面结合强度的影响；当温度在 1 800~2 000℃时，拉伸强度在界面结合强度和 SiC 基体的共同作用下开始出现小幅回落。

通过对超高温陶瓷复合材料开展室温及高温拉伸实验，发现随着温度的升高，超高温陶瓷复合材料的脆性减弱，延性增强，ZrB_2－SiC－G 复合材料的脆-韧转变温度约为 1 300℃；高温下拉伸试件内产生较多的微裂纹或孔洞，所以同等应力下,随温度的升高材料损伤程度也会有所增强,温度越高试件内损伤范围越大越均匀。通过室温及 800℃下静、动态压缩性能测试,发现超高温陶瓷材料的动态压缩行为表现出明显的非线性,随应变率升高,压缩强度逐渐增大,碎片尺寸不断减小。此外应变率对材料压缩破坏模式影响显著,较低应变率下,裂纹沿石墨片层发生偏转,而较高应变率下裂纹穿过石墨片层扩展。材料碎片尺寸分布在 Grady 和 Zhou 碎片尺寸模型预测范围之间。

参考文献

[1] Hatta H, Suzuki K, Shigei T, et al. Strength improvement by densification of C/C composites [J]. Carbon, 2001, 39(1): 83 - 90.

[2] Goto K, Hatta H, Takahashi H, et al. Effect of shear damage on the fracture behavior of carbon-carbon composites [J]. Journal of the American Ceramic Society, 2001, 84(6): 1327 - 1333.

[3] 许承海,徐德昇,宋乐颖,等.2D C/C 复合材料超高温压缩性能试验研究[J].固体火箭技术,2015, 38(6): 860 - 864.

[4] Chang W C, Ma C C M, Tai N H, et al. Effects of processing methods and parameters on the mechanical properties and microstructure of carbon/carbon composites [J]. Journal of Materials Science, 1994, 29(22): 5859 - 5867.

[5] Domnanovich A, Peterlik H, Wanner A, et al. Elastic moduli and interlaminar shear strength of a bidirectional carboncarbon composite after heat treatment [J]. Composites Science & Technology, 1995, 53(1): 7 - 12.

[6] Manocha L M. The effect of heat treatment temperature on the properties of polyfurfuryl alcohol based carbon-carbon composites [J]. Carbon, 1994, 32(2): 213 - 223.

[7] Weisshaus H, Kenig S, Sivegmann A. Effect of materials and processing on the mechanical properties of C/C composites [J]. Carbon, 1991, 29(8): 1203 - 1220.

[8] Weisshaus H, Kenig S, Kastner E, et al. Morphology development during processing of carbon-carbon composites [J]. Carbon, 1990, 28(1): 125 - 135.

[9] Hatta H, Goto K, Aoki T. Strengths of C/C composites under tensile, shear, and compressive loading: Role of interfacial shear strength [J]. Composites Science & Technology, 2005, 65(15): 2550 - 2562.

[10] 韩红梅,张秀莲,李贺军,等.炭/炭复合材料高温力学行为研究[J].新型炭材料,2003, 18(1): 20 - 24.

[11] Chen Z, Fang G D, Xie J B, et al. Experimental study of high-temperature tensile mechanical properties of 3D needled C/C - SiC composites [J]. Materials Science & Engineering A, 2016, 654(10): 271 - 277.

[12] Huang Q W, Zhu L H. High-temperature strength and toughness behaviors for reaction-bonded SiC ceramics below 1 400℃ [J]. Materials Letters, 2005, 59(14): 1732 - 1735.

[13] Han W B, Zhang X H, Tai W B, et al. High temperature deformation of ZrB_2 - SiC - AlN

ceramic composite [J]. Materials Science and Engineering A, 2009, 515(1-2): 146-151.

[14] Guo W M, Yang Z G, Zhang G J. High-temperature deformation of ZrB_2 ceramics with WC additive in four-point bending [J]. Journal of Refractory Metals and Hard Materials, 2011, 29(6): 705-709.

[15] Hu P, Wang Z. Flexural strength and fracture behavior of ZrB_2-SiC ultra-high temperature ceramic composites at 1 800℃ [J]. Journal of the European Ceramic Society, 2010, 30(4): 1021-1026.

[16] Leplay P, Rethore J, Meille S, et al. Damage law identification of a quasi brittle ceramic from a bending test using digital image correlation [J]. Journal of the European Ceramic Society, 2010, 30(13): 2715-2725.

[17] Wang L L, Liang J, Fang G D. Dynamic compressive behavior of ZrB_2-based ceramic composites at room temperature and 1073 K [J]. International Journal of Applied Ceramic Technology, 2014, 12(6): 1210-1216.

[18] 王玲玲,梁军,方国东.ZrB_2基超高温陶瓷复合材料的高温拉伸损伤行为[J].复合材料学报,2015, 32(1): 125-130.

[19] Piat R, Schnack E. Hierarchical material modeling of carbon/carbon composites [J]. Carbon, 2003, 41(11): 2121-2129.

[20] Ji A L, Cui H, Li H J et al. Performance analysis of a carbon cloth/felt layer needled perform [J]. New Carbon Materials, 2011, 26(2): 109-116.

[21] Tuler F R, Butcher B M. A criterion for the time dependence of dynamic fracture [J]. Intrenational Journal of Fracture Mechanics, 1968, 4(4): 431-437.

[22] Grady D E. Local inertial effects in dynamic fragmentation [J]. Journal of Appllied Physics, 1982, 53: 322-325.

[23] Zhou F H, Molinari J F, Ramesh K T. Effects of material properties on the fragmentation of brittle materials [J]. International Journal of Fracture, 2006, 139(2): 169-196.

第 8 章

复合材料高温拉伸损伤及失效过程数值模拟方法

材料失效是由材料内部缺陷、微结构损伤演化的宏观表现。复合材料的损伤过程基本上可以通过两种方法进行研究：细观分析方法和宏观分析方法。细观分析方法根据组分材料的力学性能、微观结构和损伤过程得到整体复合材料损伤及失效过程，如体积平均理论、微分法、广义自洽理论、Mori-Tanaka 理论、Voigt 和 Reuss 界限理论等。但建立细观分析模型需要大量的实验参数，包括纤维束、基体和裂纹等缺陷的几何参数及各组分相力学性能参数等，这些参数的获取往往难度较大。而且复合材料内部微细观结构的损伤机制十分复杂，性能退化过程难以描述。因此，在描述材料损伤过程时，通常要对细观力学模型进行一定的简化。宏观分析方法将复合材料看作均匀连续介质，不需要考虑微细观结构，与细观分析方法相比具有更好的实用性。目前，比较有代表性的宏观非线性本构理论包括非线性弹性理论、塑性理论、连续介质损伤力学和弹塑性-损伤耦合模型等。在高温条件下，材料性能表现出很强的温度相关性，合理地确定宏观及组分材料的高温性能直接关系到计算模型的正确性，一般通过宏细观实验获得，或者建立高温多组分材料分析模型[1]。

对于针刺复合材料，其纤维结构非常复杂，从微细观的尺度预报材料的力学性能和损伤过程非常困难，但近年来许多学者提出了一些细观分析模型，利用有限元法预测针刺复合材料的刚度和强度性能。李龙等[2]对针刺 C/SiC 复合材料进行了显微结构观测，建立包含一个针刺区域、不考虑针刺工艺对材料力学性能影响的代表体积单元对材料进行刚度预报。Xu 等[3]提出了一种多级刚度预报方法得到了针刺 C/C 复合材料的等效刚度性能。Hao 等[4]将针刺 C/C 复合材料分为三部分，即 0°无纬布层、短切纤维网胎层和 90°无纬布层，通过混合率模型计算这三部分的等效弹性参数，然后利用体积平均法得到针刺 C/C 复合材料的刚度性能。Xu 等[5]研究了无纬布纤维束尺寸对针刺 C/C 复合材料拉伸和剪切性能的影响,并提出改进层合板理论,预报了针刺复合材料的拉伸和剪切模量。Zhang 和 Zhou[6]针对针刺 C/C 复合材料提出了一种拉伸强度预报模型,根据几何结构观测将针刺 C/C 复合材料归类为 5 种典型代表性单胞,通过椭圆夹杂理论和 Puck 强度准则得到 5 种单胞的渐进损伤过程和应力-应变曲线。Xie 等[7]基于针刺预制体工艺建立了针刺 C/C－SiC 复合材料的代表体积单胞模型,考虑了针刺密度、针刺深度和布针方式对材料力学性能的影响。同时,Xie 等[8,9]根据针刺复合材料面内偏轴拉伸和剪切载荷下的宏观力学行为,建立了一种塑性-损伤相结合的非线性本构模型,并引入与温度相关的损伤变量,分析了温度对材料拉伸力学行为的影响。

对于超高温陶瓷复合材料,低温下表现为脆性,裂纹形核、扩展和汇聚会导致材料模量的衰减,引起强度的分散性,甚至可能引起力学行为的非线性,因此很多学者应用损伤力学理论来研究含裂纹脆性材料力学行为。Yu 和 Feng[10]以及 Maire 和 Lesne[11]针对材料内部微裂纹给刚度带来的弱化作用,建立了脆性材料的损伤本构模型。Brencich 和 Gambarotta[12]以及 Lubarda 等[13]针对材料的拉、压不等特性,建立了统一的损伤本构模型来研究不同应力状态下材料性能。Leplay 等[14]通过弯曲试验,采用数字图像相关法研究了拉、压应力状态下陶瓷材料的损伤规律。另外,考虑到脆性材料裂纹分布随机性的特性,石建勋等[15]和康亚明等[16]分别建立了脆性材料的统计损伤本构模型。另外,超高温陶瓷作为高温材料,温度对其的影响必不可少,温度往往会降低材料高温弹性模量[17-21],对此,刘声泉和许锡昌[22]以及李卫国等[23,24]提出了热损伤,包括温度对材料本身性能及微结构的影响,统一地表征温度对材料刚度和强度的弱化程度。王玲玲等[25]基于拉伸模量随温度的衰减规律及拉伸强度的统计分布规律,给出了热损伤与机械损伤演化方程,建立了超高温陶瓷材料高温损伤本构模型,预测出材料脆-韧转变温度,揭示了温度对材料破坏机理的影响。

本章主要对针刺 C/C－SiC 复合材料和超高温陶瓷复合材料从细观和宏观角度建立材料的高温拉伸损伤分析模型。基于针刺预制体工艺建立材料细观有限元分析模型,通过分析碳纤维/PyC 界面和 SiC 基体对高温拉伸强度性能的影响建立了细观组分材料高温性能分析模型,并结合有限元模型预报了材料的单轴高温拉伸强度。基于 ZrB_2－SiC－G 超高温陶瓷材料的室温及高温拉伸实验结果,考虑温度与缺陷对超高温陶瓷复合材料力学性能的影响,给出热损伤变量和机械损伤变量演化方程,建立热/力耦合条件下超高温陶瓷复合材料高温损伤本构模型，分析超高温陶瓷复合材料机械损伤程度和破坏机理随温度的变化规律，预测材料的脆−韧转变温度。

8.1 基于针刺预制体工艺的有限元建模

首先利用光学显微镜对针刺 C/C − SiC 复合材料进行切片观测，如图 8.1 所示。观测结果发现，针刺复合材料具有明显的分层结构，无纬布、网胎层交替叠加，在各分层之间存在针刺纤维束。由于针刺过程是随着纤维复合料的不断添加反复进行的，许多针刺区域相互影响，有些区域被反复针刺。如图 8.1 所示，材料内部有些位置被针刺一次[图 8.1(b)]，而有些位置被针刺两次[图 8.1(c)]甚至多次[图 8.1(d)]。由于致密化过程不完全，针刺复合材料内部分布着许多孔隙，孔隙在材料内的分布具有一定的随机性，但针刺部位的孔隙含量往往较高，这是因为针刺过程会在预制体中留下针刺孔，这些位置很难得到完全致密化，并

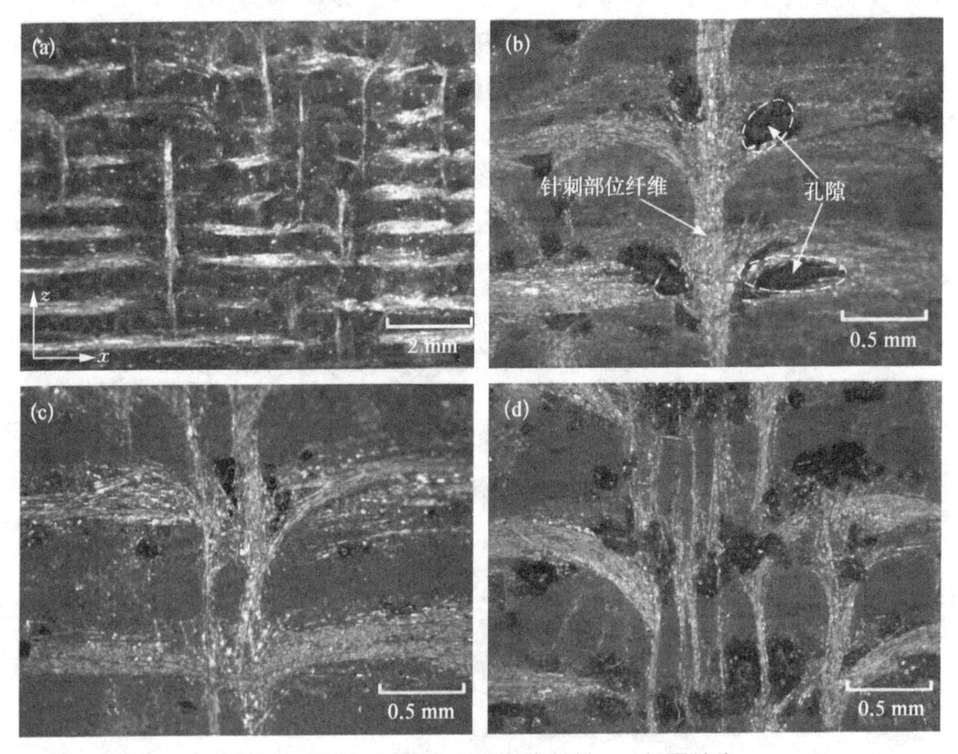

图 8.1　3D 针刺 C/C − SiC 复合材料 x−z 剖面形貌

且针刺部位的微细观结构存在不确定性,主要表现在: 刺针穿过预制体复合料之后,无纬布偏转的具体几何路径是不确定的,有些位置无纬布纤维被直接刺断、不发生明显偏转,而有些位置无纬布发生明显的偏转,形成较长的弧形路径;针刺部位面内纤维的损伤程度和转移至 z 向的纤维含量各不相同,有些位置被针刺一次,有些位置被重复针刺,针刺次数越多,面内纤维损伤越严重、同时 z 向纤维含量越多;针刺部位孔隙含量、孔隙形状和体积大小各不相同。

3D 针刺复合材料局部微细观结构的不确定性主要是由针刺预制体的成型工艺特点决定的。无纬布纤维束未经加捻,纤维并不是严格沿直线排布,不同位置纤维排布紧密程度也不同,进行针刺后会形成不同的几何形态。网胎由随机排布的短切碳纤维组成,呈网状,针刺过程中倒钩抓取的纤维数量有一定的随机性,而且网胎纤维的迁移路径还与纤维断裂伸长率有关。除此之外,纤维复合料具有一定的弹性,刺针拔出后针刺孔将发生一定的回缩,部分迁移至 z 方向的纤维将被带出,所以针刺部位的纤维几何结构难以预测和描述。

3D 针刺 C/C - SiC 复合材料的 SEM 图像如图 8.2 所示,从图中可以发现 0°无纬布、网胎和 90°无纬布交替叠加,针刺部位的无纬布纤维发生严重的损伤,在这些位置存在明显的纤维断裂和偏转。针刺纤维沿 z 方向贯穿上下复合料铺层,加强了材料的层间性能,但针刺纤维束内的碳纤维含量较少,而且不连续。经过 CVI 工艺后碳纤维表面形成 PyC 基体,厚度约为 2 μm,无纬布纤维束内的孔隙几乎完全被 PyC 填充,针刺预制体与 PyC 形成 C/C 多孔结构,但由于 CVI 致密不完全,纤维束内部往往残留一些孔隙。无纬布纤维束之间和相邻复合料

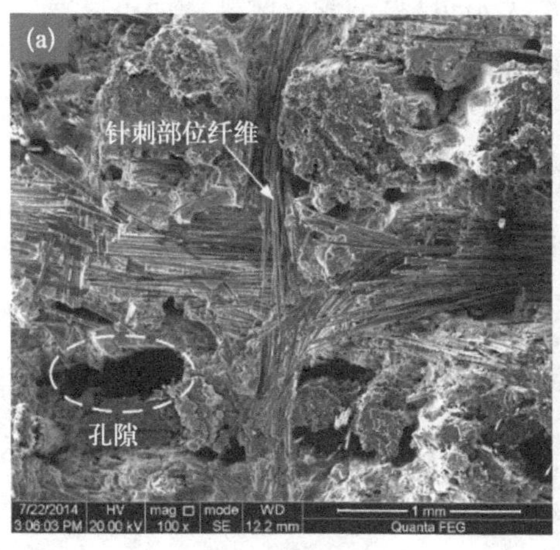

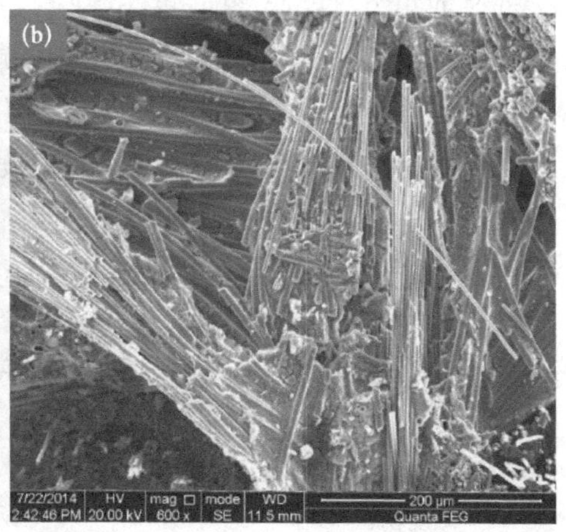

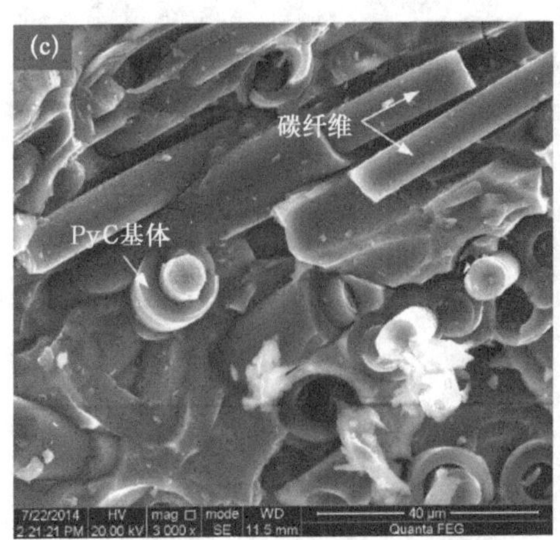

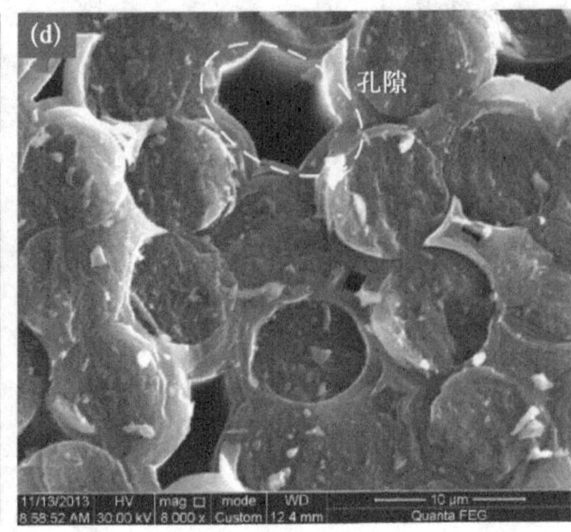

图 8.2　3D 针刺 C/C－SiC 复合材料 SEM 图片

(a) 针刺部位纤维结构;(b) 针刺部位无纬布纤维的损伤;
(c) 网胎层碳纤维与 PyC 基体;(d) 无纬布纤维束内部孔隙

铺层之间同样有一定的孔隙残留,这些孔隙往往分布在针刺区域附近,是由于液相沉积不完全。与纤维束内部孔隙相比,针刺复合材料纤维束之间的孔隙体积明显比较大。根据 Schmidt[26] 的研究,碳纤维与 PyC 基体之间的界面结合强度较高,可达 27 MPa,碳纤维与树脂碳之间的界面强度较弱,一般只有几 MPa。

通过对材料进行大量的观测分析,可以将材料的纤维结构归类为四种典型代表性结构,如图 8.3 所示。材料内部任意区域都可以通过这四种典型结构中的一种进行近似描述。

根据针刺复合材料的四种局部典型纤维几何结构,分别建立代表体积单元(representative volume element, RVE)。材料局部区域的等效刚度性能可以通过这些 RVE 进行计算。四个局部典型代表体积单元如下: RVE A 代表非针刺区域,其中包含两层无纬布和两层纤维网胎,无纬布方向分别沿着 0°方向和 90°方向;RVE B 代表单独针刺区域,该区域被针刺一次,经过针刺过程后,无纬布纤维和网胎纤维往 z 方向偏转,一部分面内纤维转移到 z 方向形成了针刺纤维束。纤维束偏转的几何路径通过式(8.1)描述:

$$z = H_{\mathrm{d}}\sin\left\{\pi \Big/ 2R_{\mathrm{e}}^{1/2}\left[\sqrt{(x^2+y^2)} - R_{\mathrm{n}}\right]^{1/2}\right\} \tag{8.1}$$

式中, H_{d} 表示纤维偏转深度; R_{e} 表示针刺区域半径; R_{n} 表示针刺纤维束半径。

RVE C 为表层针刺区域,该区域处于预制体表层,被针刺一次。由于表层

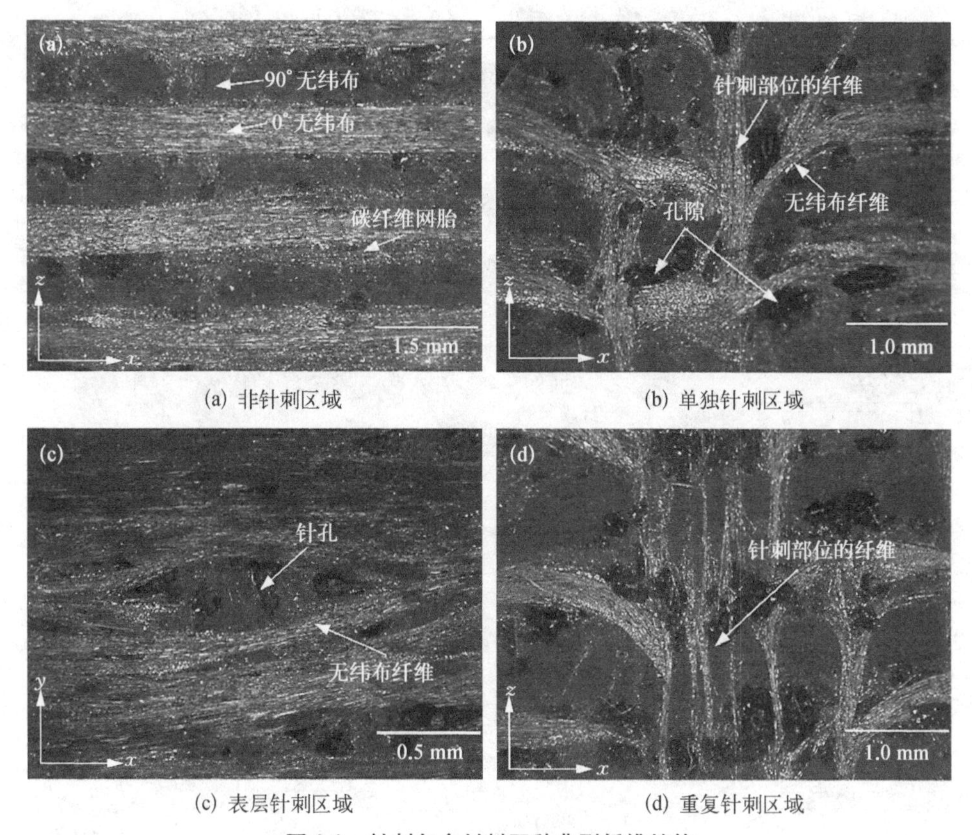

(a) 非针刺区域　　(b) 单独针刺区域

(c) 表层针刺区域　　(d) 重复针刺区域

图 8.3　针刺复合材料四种典型纤维结构

的碳布和网胎受到的约束力较小,被针刺时无纬布纤维往往不发生折断,而是被挤压至两侧,这部分区域被称为表层针刺区域。挤压变形的无纬布几何路径可以通过一种余弦函数描述:

$$y = f(x) = a\cos[\pi x/(L/2)] + b \tag{8.2}$$

式中,参数 a、b 可以通过如下公式得到:

$$a = R_n (W/2 - y_0)^2/[2(W/2 - R_n)^2] \tag{8.3}$$

$$b = \{y_0(W/2 - R_n)^2 + [(W/2)^2 - R_n y_0](y_0 - R_n)\}/[2(W/2 - R_n)^2] \tag{8.4}$$

式中,y_0表示纤维路径与 y 轴交点的纵坐标,如图 8.4(c)所示,y_0可以表示为

$$y_0 = \left\{ \frac{(W/2)^2 + R_n^2 - (W/2)R_n[1+\cos(2\pi x/L)] - (W/2 - R_n)}{\sqrt{(W/2)^2 + R_n^2 - 2R_n[y + (W/2 - y)\cos(2\pi x/L)]}} \right\} \frac{1}{R_n[1-\cos(2\pi x/L)]} \tag{8.5}$$

RVE D 表示重复针刺区域,由于多次针刺,面内纤维全部转移到 z 方向,因此 RVE D 也可以看作一种单向纤维增强材料。

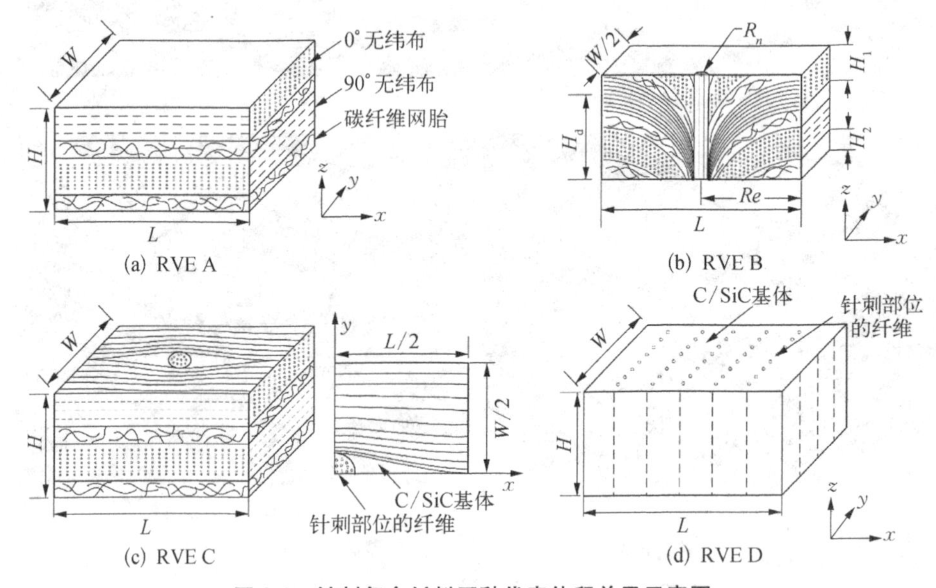

图 8.4　针刺复合材料四种代表体积单元示意图

图 8.4 中,RVE 的尺寸可以通过材料的细观结构观测得到。对材料进行扫描电镜观测可以发现,针刺复合材料的纤维构造存在一定的不确定性,由于纤维铺层之间的相互挤压,不同位置无纬布和网胎层的厚度存在一定的差别,而且各针刺部位无纬布纤维偏转的几何路径并不完全一致。通过对大量观测图像的统计分析,最终确定 RVE 中的几何尺寸如表 8.1 所示。

表 8.1　代表体积单元尺寸

H	H_1	H_2	H_d	W	L	R_e	R_n
1.2 mm	0.4 mm	0.2 mm	0.8 mm	1.2 mm	1.2 mm	0.6 mm	0.15 mm

对于针刺复合材料而言,材料内部纤维构造非常复杂,从微细观尺度观察,

材料的纤维结构很不均匀，存在不确定性；从宏观尺度观察，针刺孔的分布很均匀，但是密集、无序。因此，仅仅通过实验观测的手段建立针刺预制体内部针刺区域的分布规律是十分困难的。针刺预制体的纤维构造与实际针刺工艺有关，因此可以采用针刺预制体成型工艺参数化建模方法，利用有限元软件 ABAQUS，根据平板状针刺预制体工艺参数，包括纤维复合料铺层顺序、铺层厚度、针刺密度和针刺深度等建立周期性单胞模型。该参数化建模方法可以模拟针刺预制体的成型过程，预报针刺孔在预制体内的分布位置，如图 8.5 所示：首先将无纬布/网胎复合料交替叠加至 5 mm，通过针刺机在表面进行针刺，针刺深度为 5 mm，预制体针刺密度达到 8.32 针/cm^2，针刺过程中预制体通过在 xy 面旋转 90°保证材料 x 方向和 y 方向的均匀一致性；继续添加无纬布/网胎复合料，使预制体厚度达到 7.5 mm，通过针刺机在表面进行针刺，针刺深度为 5 mm，使预制体针刺密度达到 16.64 针/cm^2；最后，添加无纬布/网胎复合料，使预制体厚度达到 10 mm，

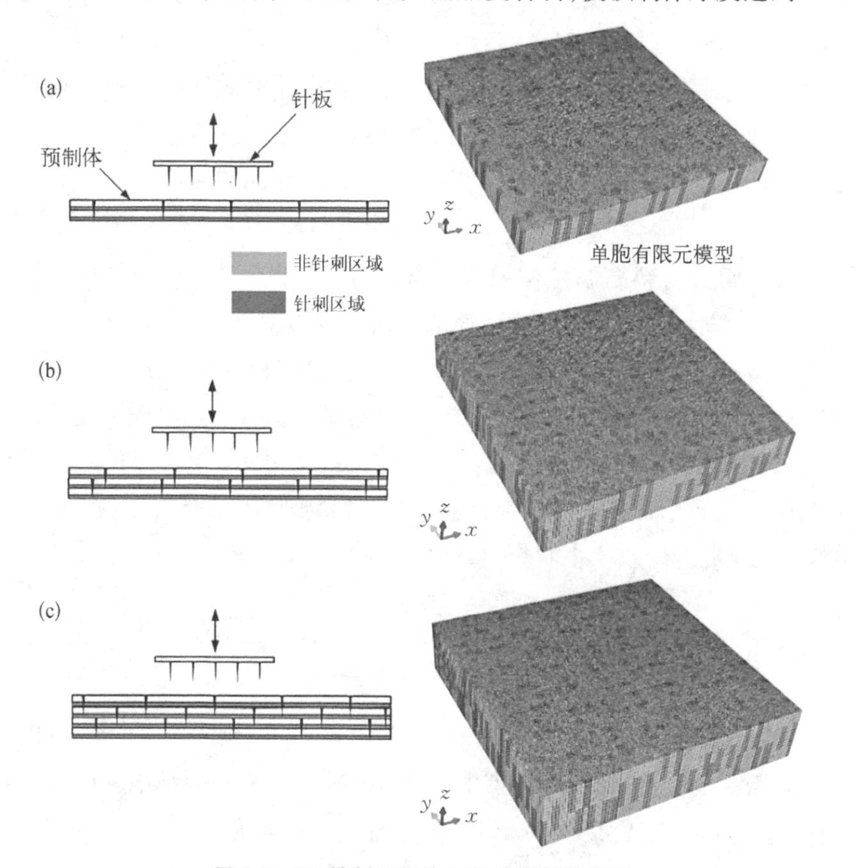

图 8.5　3D 针刺预制体工艺过程数值模拟

进行针刺,针刺深度为 5 mm,使预制体针刺密度达到 24.96 针/cm²;

上述建模步骤中的工艺参数由所研究材料的实际参数确定,最终建立的 3D 针刺 C/C－SiC 复合材料的周期性单胞尺寸为 48 mm×48 mm×10 mm,针刺密度为 24.96 针/cm²,每次针刺深度均为 5 mm。为了保证单胞模型中针刺区域的体积与 RVE 相等,单胞内针刺区域的半径 R 通过式(8.6)确定:

$$\pi R^2 = LW \tag{8.6}$$

8.2 针刺 C/C－SiC 复合材料高温拉伸损伤失效模拟分析

高温拉伸条件下,针刺 C/C－SiC 复合材料各组分的性能参数很难直接测得。通过第 7 章的高温拉伸力学性能实验研究可以发现,碳纤维/PyC 基体的界面结合强度及 SiC 基体的组分性能对针刺 C/C－SiC 复合材料的高温拉伸性能有较大影响。首先,结合界面性能随温度的变化关系来表征纤维束的高温拉伸强度,并从能量角度给出 SiC 基体的高温强度性能,然后从细观角度对材料的高温拉伸力学性能进行数值模拟分析。

8.2.1 组分材料高温拉伸强度模型

纤维束轴向拉伸强度可以采用局部载荷分配模型(local load-sharing model, LLS)进行预报。LLS 模型考虑了纤维单丝强度的分散性以及弱纤维断裂后的载荷再分配,认为某一纤维最先断裂后,断裂纤维的载荷将分配给周围相邻的完整纤维,并产生局部应力集中,增大了周围纤维的破坏概率。当邻近的断裂纤维达到一定数量时,即形成临界断裂纤维簇,引起材料整体上的断裂。由 i 根相邻纤维单丝形成临界纤维簇产生断裂时,纤维束强度的 LLS 模型表达式为

$$\sigma_{\mathrm{fb}} = V_{\mathrm{f}}\sigma_0\left(\frac{L_0^i}{NC}\right)^{\frac{1}{im}} + (1 - V_{\mathrm{f}})\,\sigma_{\mathrm{PyC}} \tag{8.7}$$

式中,V_{f} 为纤维束中纤维体积含量;σ_0 为纤维单丝轴向拉伸强度,$\sigma_0 = 4.9$ GPa;L_0 为拉伸标距段长度;N 为纤维束中纤维单丝数量;i 为断裂纤维簇的相邻纤维数量;m 为 Weibull 形状参数,$m = 8$;σ_{PyC} 为 PyC 拉伸强度,$\sigma_{\mathrm{PyC}} = 37.7$MPa;$C$ 为具有长度单位的常数,可以由式(8.8)确定:

$$\begin{cases} C = \prod_{j=1}^{i} C_j \\ C_1 = L \\ C_2 = 12\int_0^{\delta} (1+k)^m \mathrm{d}z \\ C_2 = C_2 + 4\int_0^{\delta} (1+2k)^m \mathrm{d}z \end{cases} \tag{8.8}$$

式中，$1+k$ 为应力集中系数，本书中认为纤维单丝呈六边形排列，$k = 3/9 = 0.333$；δ 为纤维脱黏的临界长度，具体表达式如下：

$$\delta_c = \left(\frac{\sigma_0 r L^{1/m}}{\tau}\right)^{\frac{m}{m+1}} \tag{8.9}$$

式中，τ 为界面滑移应力；r 为纤维单丝半径。

通过分析针刺 C/C－SiC 复合材料的高温失效机理可以发现，平行于拉伸方向的纤维束作为主要承载组分，对材料的拉伸性能有较大影响。而不同温度下的纤维束的力学性能则主要受碳纤维/PyC 基体的界面结合强度的影响。实际情况下，组成纤维束的纤维单丝的拉伸强度具有一定的分散性，符合 Weibull 分布。纤维束的拉伸强度符合局部载荷分配模型：当温度较低时，界面结合强度较高，纤维束内部很少产生界面脱黏现象，某一弱纤维破坏后只有相邻的纤维单丝分担原破坏纤维的载荷，由此造成局部应力集中从而降低了纤维束拉伸强度；当温度升高时，界面结合强度下降，更多的纤维单丝存在界面脱黏现象，当某一纤维破坏时会有更多的相邻纤维分担剩余载荷，由此降低了局部应力集中系数(stress concentration factor, SCF)，有利于拉伸强度的提高。

利用局部载荷分配模型预报纤维束轴向拉伸强度参考式(8.7)，其中 $1+k$ 表示应力集中系数，是与温度相关的变量，其余参数与室温纤维束模型保持一致。针刺 C/C－SiC 复合材料纤维束内部结构复杂，纤维单丝数量较多，且高温下的碳纤维/PyC 的界面结合强度无法通过实验直接测得，因此对应不同温度的应力集中系数很难采用数值模拟的办法计算得到。已知室温时的应力集中系数为 1.333，通过 SEM 微观形貌观测可以发现，2 000℃时的纤维束内部界面近似全部脱黏，因此可以认为 2 000℃时的应力集中系数趋近于 1。

关于应力集中系数随温度变化规律很难直接得出，已有学者[27]研究表明，随着温度的上升,应力集中因子 SCF 随界面结合强度的下降而逐渐下降。所以本节通过选取多种可能的 SCF -温度变化路径来确定。假定 SCF 随温度分别呈线性、非线性变化,如图 8.6 所示,赋予 SCF 随温度变化的五种可能途径,分别计算各自路径下的 T700 纤维束强度随温度的变化规律。结果发现,纤维束强度随温度升高而增加,由室温时的 1 705.1 MPa 上升到 2 000℃时的 2 183.9 MPa。最外层曲线与中间曲线的强度差距最大处为 85~95 MPa,因此选择不同 SCF -温度变化路径带来的强度偏差可以忽略不计。

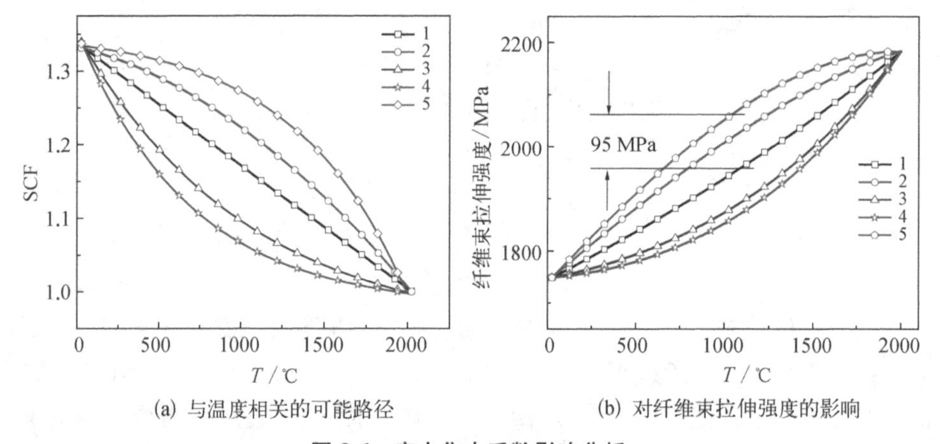

(a) 与温度相关的可能路径　　(b) 对纤维束拉伸强度的影响

图 8.6　应力集中系数影响分析

综上分析,当应力集中系数呈线性变化时能较为准确地代表其随温度的变化趋势,并由此得到 T700 纤维束随温度的变化趋势[图 8.6(b)]。需要注意的是,纤维单丝/PyC 界面结合强度在适当范围内的下降有利于提高纤维束和材料的拉伸强度。但界面结合强度过高或过低均不利于材料力学性能的提高,当界面结合强度过高时,纤维和基体同时发生脆性破坏,纤维无法起到增强作用;当界面结合强度过低时,纤维和基体界面完全分离,无法完成载荷传递作用,因此拉伸强度也较低。因此,在复合材料制备过程中,选用合适的界面结合强度对材料的力学性能有较大的影响。

随着温度升高,SiC 基体的结晶程度和晶体含量逐渐增加,当温度达到 1 800℃以上时,SiC 基体的结晶化程度更为明显,因此 SiC 基体性能对复合材料的高温拉伸有较大影响。李卫国等从能量的角度出发成功预报了 ZrB_2等材料的高温强度性能[21, 23, 24],主要基于以下两点假设:① 每一种化合物都对应各自的最大能量总和,能量由应变能和热能共同组成;② 热能和应变能之间存在固定

的等价关系。本节由此建立了 SiC 基体的高温拉伸强度模型,具体关系表达式为

$$\sigma_{\mathrm{SiC}}(T)=\left\{\frac{(\sigma_{\mathrm{SiC}}^{0})^{2}}{E_{0}}E(T)\left[1-\frac{\int_{T_0}^{T}C(T)\,\mathrm{d}T}{\int_{T_0}^{T_{\mathrm{m}}}C(T)\,\mathrm{d}T}\right]\right\}^{1/2} \tag{8.10}$$

式中,$\sigma_{\mathrm{SiC}}(T)$ 为 SiC 的高温拉伸强度;$\sigma_{\mathrm{SiC}}^{0}$ 和 E_0 为室温下的拉伸强度和拉伸模量;$E(T)$ 和 $C(T)$ 为温度为 T 时的 SiC 的拉伸模量和比热容;T_{m} 为 SiC 的熔融温度(2 900℃)。

由于 SiC 的结晶程度随温度的变化而改变,其比热容和模量也是与温度相关的变量,通过文献[28]得到 SiC 的比热容和模量的具体表达式为

$$C(T)=15.34+2.25\times10^{-3}T-3.96\times10^{5}T^{-2} \tag{8.11}$$

$$E(T)=410-0.04T\cdot\exp\left(\frac{-962}{T}\right) \tag{8.12}$$

式中,T 为 SiC 的实时温度,单位为 K。

采用式(8.7)计算 SiC 基体在室温~2 000℃的高温拉伸强度,计算结果如图 8.7 所示,从图中可以发现,SiC 基体的拉伸强度随着温度的升高呈非线性下降,由室温时的 621 MPa 下降到 2 000℃时的 347 MPa。0°无纬布铺层、短切纤维网胎的高温拉伸强度可以通过数值方法、理论分析方法、经验或半经验公式由纤维束和 SiC 基体高温性能的计算得到。

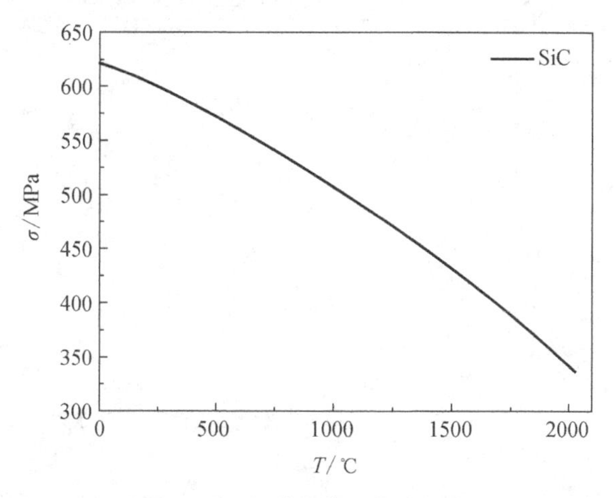

图 8.7　SiC 基体高温拉伸强度

8.2.2 材料高温单轴拉伸损伤失效分析

通过第7章针刺C/C－SiC复合材料高温拉伸实验研究可以发现,高温拉伸主要受碳纤维/PyC界面结合强度、SiC基体性能及热残余应力共同决定。其中,800℃的拉伸强度主要受热残余应力释放的影响;1 200~2 000℃内,针刺C/C－SiC复合材料的高温拉伸强度主要受界面结合强度的下降以及SiC基体性能变化的双重影响,为简化计算过程,暂不考虑轴向热残余应力的释放对拉伸强度的影响。基于8.1节建立的针刺C/C－SiC复合材料周期性单胞模型,结合细观组分材料的高温强度数值模型,通过施加单轴拉伸位移边界条件,实现针刺C/C－SiC复合材料的单轴高温拉伸强度预报。在代表单胞内部随机选取试验标距段尺寸相近的有限元模型(图8.8)并结合各组分的高温强度数值模型,通过施加单向拉伸位移,模拟针刺C/C－SiC复合材料在不同温度下的拉伸强度,如图8.9

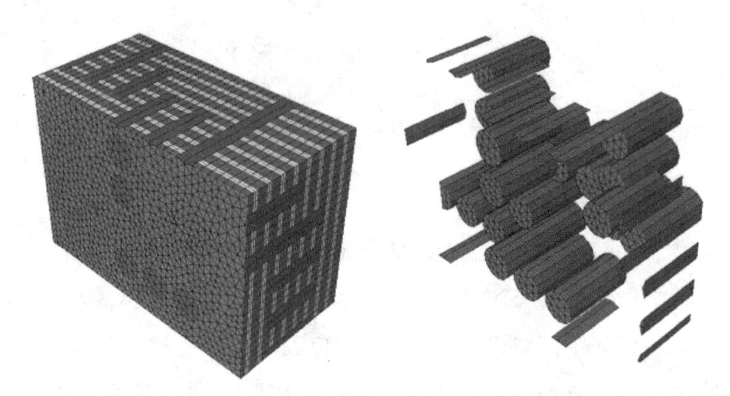

图8.8 针刺C/C－SiC复合材料高温拉伸试样有限元模型

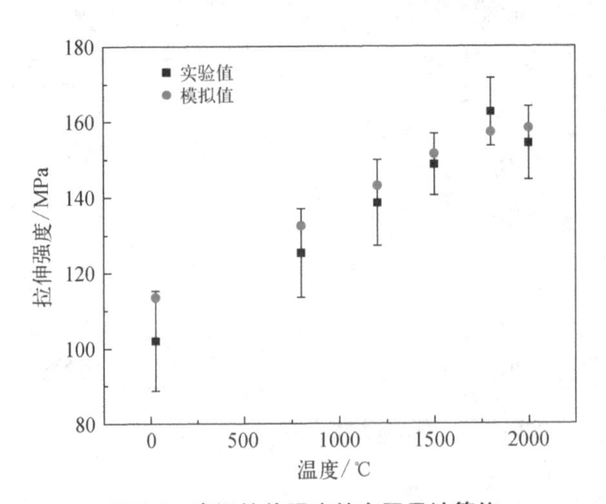

图8.9 高温拉伸强度的有限元计算值

所示。可以发现,针刺 C/C-SiC 复合材料的高温拉伸强度计算值随着拉伸温度的升高而增加。其中,拉伸强度在室温到 1 800℃ 阶段增长较为明显,由室温时的 115.3 MPa 增加到 1 800℃ 时的 157.2 MPa,增加了 36.3%;在 1 800~2 000℃ 内,拉伸强度变化较小,增幅为 1.1 MPa,这主要是由于 SiC 基体强度大幅下降所致。高温拉伸强度计算值随温度的变化规律与实验测试值较为一致,由此可以说明,考虑了界面结合强度以及 SiC 基体随温度变化规律的高温拉伸有限元模型可以较好地预报针刺 C/C-SiC 复合材料的高温拉伸强度性能。

分析第 7 章针刺 C/C-SiC 复合材料高温拉伸试验结果可以发现,试样在任一温度点的拉伸性能均存在较大的离散性。为表征针刺分布对材料拉伸力学性能离散性的影响,参考室温拉伸模型,同样在周期性单胞模型中任选位置切割 5 个拉伸试样实体模型进行不同温度的拉伸强度计算,并与实验值进行对比,如表 8.2 所示。

表 8.2　针刺 C/C-SiC 复合材料高温拉伸强度平均值与离散系数

拉 伸 强 度		室温	800℃	1 200℃	1 500℃	1 800℃	2 000℃
平均值/MPa	实验值	102.6	125.2	138.5	148.7	162.6	154.3
	计算值	113.5	132.5	143.1	151.5	157.2	158.3
离散系数/%	实验值	13.22	9.44	8.26	7.63	6.17	6.94
	计算值	6.9	5.85	5.52	5.28	5.21	5.30

表 8.2 为有限元计算得到的针刺 C/C-SiC 复合材料高温拉伸试样的强度、临界破坏应变的平均值和离散系数,可以发现,材料在不同温度下的拉伸强度计算均值普遍大于试验均值,主要原因与室温拉伸情况相同,都是在有限元模型中没有考虑材料内部随机分布的裂纹、孔隙等缺陷。针刺 C/C-SiC 复合材料高温拉伸力学性能的试验和模拟结果都存在一定的离散性,同时,模拟所得离散性略小于实际情况。这说明,针刺相的随机、大量分布是造成针刺 C/C-SiC 复合材料高温拉伸力学性能具有较大离散性的主要原因,但材料内部存在的大量孔隙和微裂纹也是造成材料离散性的原因之一。

8.3　超高温陶瓷复合材料高温拉伸损伤本构模型

根据第 7 章的 ZrB_2-SiC-G 复合材料高温拉伸应力-应变关系可知,高温下材料表现出明显的非线性行为，而且强度与模量随温度升高而降低，这说明温度对材料性能造成了损伤，所以本章从损伤力学的角度出发，考虑温度及内部缺陷演化对材料性能的影响，来建立可以表征 ZrB_2 - SiC - G 复合材料高温非线性力学行为的高温损伤本构模型。

8.3.1 机械损伤演化方程

脆性材料在外力作用下，材料内部会萌生裂纹或者在已存在的微裂纹扩展，从而使材料出现损伤，同时微裂纹的演化具有随机性。由 ZrB_2 - SiC - G 复合材料拉伸强度的实验数据可知，拉伸强度服从 Weibull 分布，其分布密度函数为

$$\phi(\varepsilon)=\frac{n}{a}\left(\frac{\varepsilon}{a}\right)^{n-1}\exp\left[-\left(\frac{\varepsilon}{a}\right)^{n}\right] \tag{8.13}$$

式中，ε 为应变；n 和 a 均为非负数，分别为 Weibull 分布的尺度和形状参数。

用损伤参量 D 来度量材料的损伤程度，损伤参量与材料破坏的概率密度之间有如下关系：

$$\frac{\mathrm{d}D}{\mathrm{d}\varepsilon}=\phi(\varepsilon) \tag{8.14}$$

由式(8.13)和式(8.14)得

$$D=\int_0^{\varepsilon}\phi(x)\,\mathrm{d}x=1-\exp[-(\varepsilon/a)^{n}] \tag{8.15}$$

式中，$a=\varepsilon_{\mathrm{f}}\cdot n^{1/n}$，其中 ε_{f} 为峰值应力所对应的应变。

这样，外力作用下 ZrB_2 - SiC - G 复合材料的机械损伤变量可以表示为

$$D=1-\exp\left[-\frac{1}{n}\left(\frac{\varepsilon}{\varepsilon_{\mathrm{f}}}\right)^{n}\right] \tag{8.16}$$

式中，n 为表征材料损伤演化特征的材料参数，n 的物理意义是材料脆性指标，n 值越大，材料越趋向于脆性破坏；n 值越小，材料越趋向韧性破坏。

从理论上讲，$D=1$ 表示完全破坏。而大多数情况下，$D<1$ 时材料就会失效，所以存在一个机械损伤临界值 D_{cr}，即临界机械损伤度，它取决于材料和荷载条件。

由式(8.16)可知，单轴应力下 ZrB_2 - SiC - G 材料临界机械损伤度表达式为

$$D_{\mathrm{cr}}=1-\exp(-1/n) \tag{8.17}$$

据 Lemaitre 提出的应力等效原理，应力 σ 作用在受损材料上引起的应变和等效应力 $\tilde{\sigma}$ 作用在无损材料上引起的应变等价，即

$$\tilde{\sigma} = \sigma/[1 - D] \tag{8.18}$$

故受损材料的本构方程为

$$\sigma = E(1 - D)\varepsilon = E\varepsilon\exp[-(1/n)(\varepsilon/\varepsilon_f)^n] \tag{8.19}$$

8.3.2　热损伤演化方程

实验发现 ZrB_2-SiC-G 复合材料的弹性模量和强度基本上随温度的升高而降低，这说明温度降低了材料力学性能。因此，可以采用热损伤 $D(T)$ 来描述温度对超高温陶瓷材料性能的宏观影响，包括两部分：一部分是温度对材料本身性能的影响，即分子间作用力随温度升高而减弱；另一部分是温度作用下材料微结构发生改变，从而引起的材料性能变化。综上所述，热损伤表示温度对材料力学性能的宏观影响，包括温度自身引起的材料弹性模量的变化以及温度引起的热失配对弹性模量造成的损伤程度。

选用弹性模量作为损伤变量，即

$$D(T) = 1 - E_T/E_0 \tag{8.20}$$

式中，E_0为材料室温的弹性模量；E_T为温度 T 时对应的弹性模量。则用热损伤表示的弹性模量表达式为

$$E_T = [1 - D(T)]E_0 \tag{8.21}$$

利用高温拉伸实验数据，通过式(8.20)可以计算得到每个温度点下的热损伤值，如图 8.10 所示。通过数据拟合，热损伤表达式可以写为

$$D(T) = 0.012\,2\exp(0.002\,3T) \tag{8.22}$$

8.3.3　高温损伤本构模型

结合式(8.19)、式(8.21)和式(8.22)可得，ZrB_2-SiC-G 复合材料的高温损伤本构模型为

$$\begin{aligned}\sigma &= E_T[1 - D]\varepsilon = E_0[1 - D(T)][1 - D]\varepsilon \\ &= E_0[1 - 0.012\,2\exp(0.002\,3T)]\exp[-(1/n)(\varepsilon/\varepsilon_f)^n]\varepsilon\end{aligned} \tag{8.23}$$

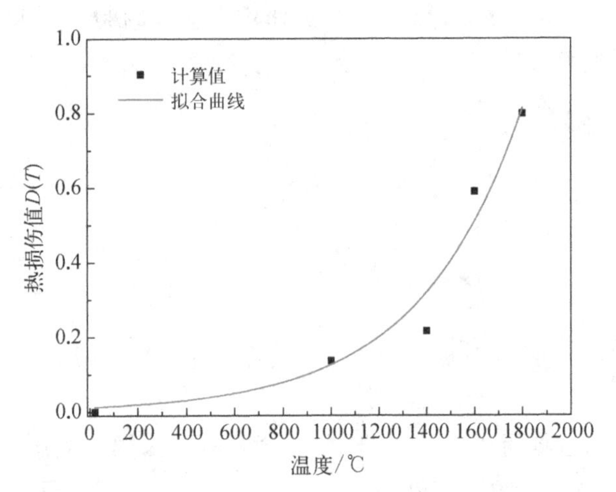

图 8.10 不同温度下 ZrB_2-SiC-G 复合材料的热损伤值

图 8.11 为高温损伤本构模型与 ZrB_2-SiC-G 复合材料的单轴拉伸实验对比结果。

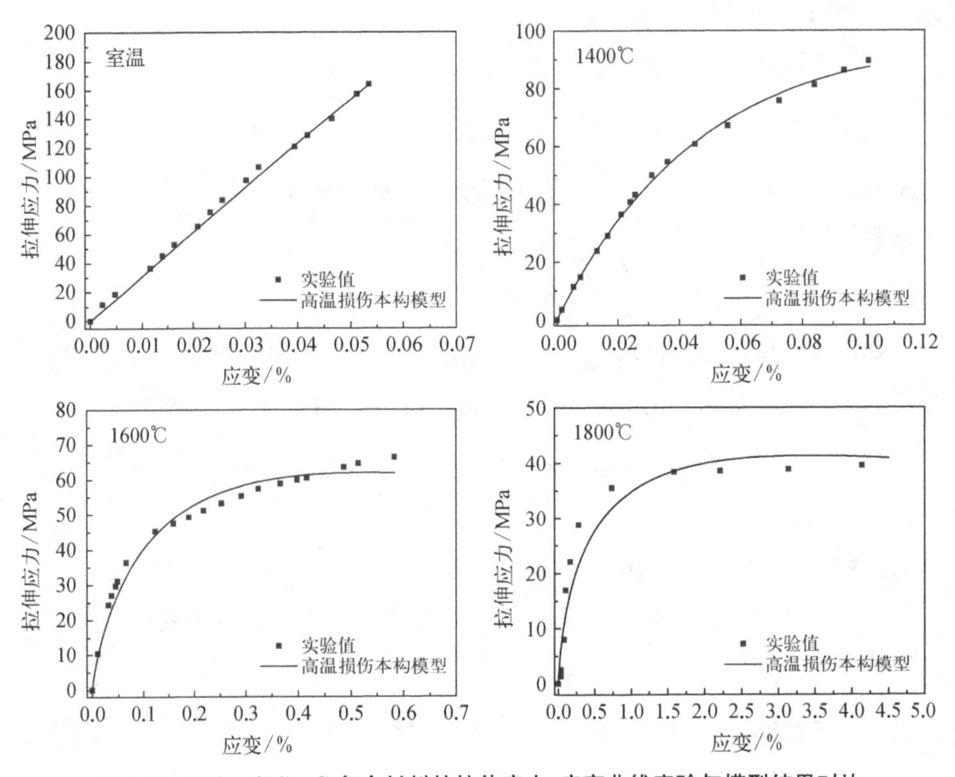

图 8.11 ZrB_2-SiC-G 复合材料的拉伸应力-应变曲线实验与模型结果对比

当温度超过 1 400℃时，该材料单轴拉伸行为呈现出明显的非线性，这说明温度是材料本构关系的主要影响因素。随着温度的升高，ZrB_2－SiC－G 复合材料的拉伸强度逐渐降低，应变不断增大，材料破坏形式由脆性破坏逐渐向韧性破坏过渡。由对比结果可以看出，该模型可以准确地描述不同温度下超高温陶瓷复合材料单轴拉伸行为，并揭示 ZrB_2－SiC－G 复合材料的破坏机理，定量地给出材料的损伤程度。

通过拟合实验结果得到脆性指数和峰值应力对应的应变随温度变化情况，如图 8.12 所示。

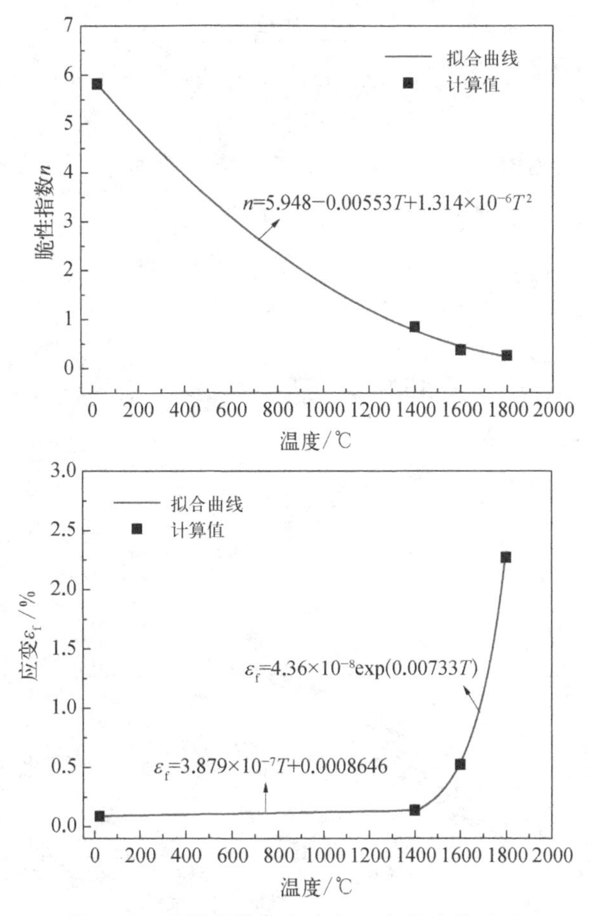

图 8.12　脆性指数 n 和应变 ε_f 与温度的关系

通过计算值拟合出脆性指数 n 和应变 ε_f 与温度关系式：

$$n = 5.948 - 0.005\,53T + 1.314 \times 10^{-6}T^2 \tag{8.24}$$

$$\varepsilon_f = \begin{cases} 3.879 \times 10^{-7}T + 0.000\,864\,6, & T \leqslant 1\,400℃ \\ 4.36 \times 10^{-8}\exp(0.007\,33T), & T > 1\,400℃ \end{cases} \tag{8.25}$$

这样,通过式(8.23)~式(8.25)可以计算出室温至1 800℃范围内,超高温陶瓷材料单轴拉伸状态下应力-应变关系,从而来判断各温度下非线性程度和破坏形式。

由图8.12中的结果可见,温度越高,材料的脆性指数越小,峰值应力对应的应变越大,尤其在1 400℃以上,ε_f 的增长速率加快,这主要是因为高温下,超高温陶瓷复合材料的脆性减弱而延性不断增强。由 n 的物理意义可知,$n=1$ 对应的温度为 ZrB_2-SiC-G复合材料的脆-韧转变温度,即 $T=1\,300$℃。材料的脆-韧转变温度强烈地依赖于晶粒尺寸,晶粒尺寸的减小会导致晶界增加,从而引起脆-韧转变温度的降低,相反,晶粒尺寸增大会使脆-韧转变温度升高。考虑到这一影响因素,推测 ZrB_2-SiC-G复合材料的脆-韧转变温度大致范围为1 200~1 400℃。这与文献指出的 HfB_2 材料脆-韧转变温度(1 230℃)[29]和 ZrB_2-SiC材料的脆-韧转变温度范围(1 100~1 200℃)[30]相近。

图8.13为 ZrB_2-SiC-G复合材料的室温及高温拉伸荷载-位移曲线,由图可知,温度超过1 300℃后,材料就表现出非线性,温度越高,拉伸行为的非线性越明显,与高温损伤模型预测出的脆-韧转变温度一致,验证了本章高温损伤本构模型的适用性。

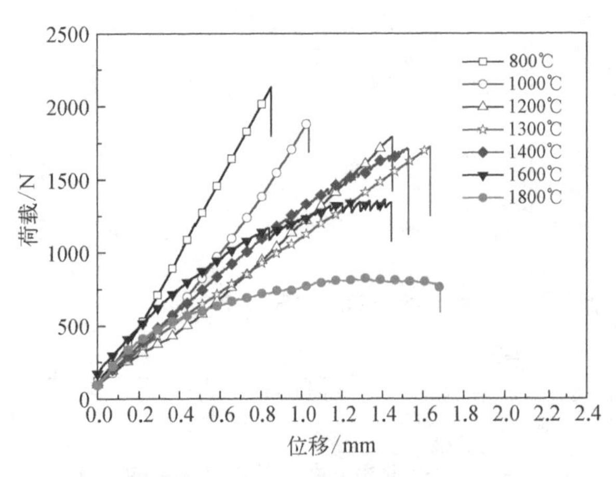

图8.13 高温拉伸荷载-位移实验曲线

图8.14为 ZrB_2-SiC-G复合材料拉伸应力-应变曲线模型结果,并与单轴拉伸实验对比,由高温损伤本构模型预测可知,1 000℃下 ZrB_2-SiC-G的拉伸

行为仍是线弹性的。因此,可以应用该模型预报出室温~1 800℃内 ZrB_2基超高温陶瓷复合材料的拉伸行为。

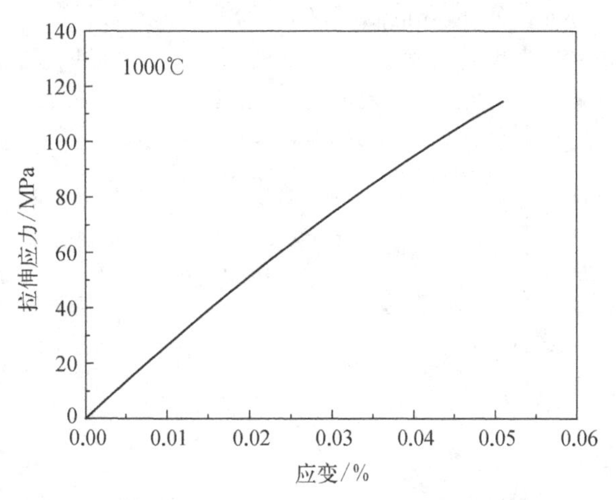

图 8.14　ZrB_2-SiC-G 复合材料拉伸应力-应变曲线模型结果

由式(8.16)求出单轴拉伸条件下 ZrB_2-SiC-G 复合材料的临界机械损伤值如图 8.15 所示。随着温度的升高,临界机械损伤值逐渐增大,材料的破坏形式逐渐趋于延性破坏,这说明 ZrB_2-SiC-G 复合材料内部裂纹萌生和扩展的临界损伤并不是固定的,而是与温度相关的。

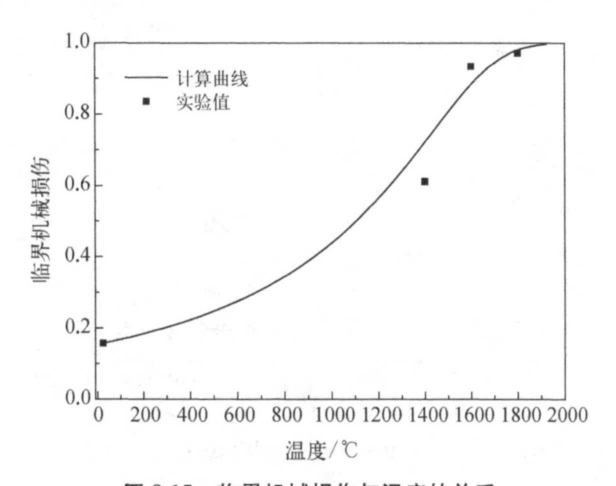

图 8.15　临界机械损伤与温度的关系

根据本节建立的高温拉伸损伤非线性本构模型计算出不同温度下机械损伤与应变的关系曲线如图 8.16 所示。由图可知,对于 ZrB_2-SiC-G 复合材料而言,低温和高温下机械损伤随应变变化的趋势截然不同,这反映出了该材料在低温和高温下不同的破坏机理。低温时,机械损伤随着应变的增加缓慢增加,然后快速增加,这符合脆性破坏的特征,即在低温时,ZrB_2－SiC－G 复合材料仍为脆性破坏。而高温时,材料的机械损伤先快速增加,然后缓慢增加,与低温的增长趋势恰好相反。

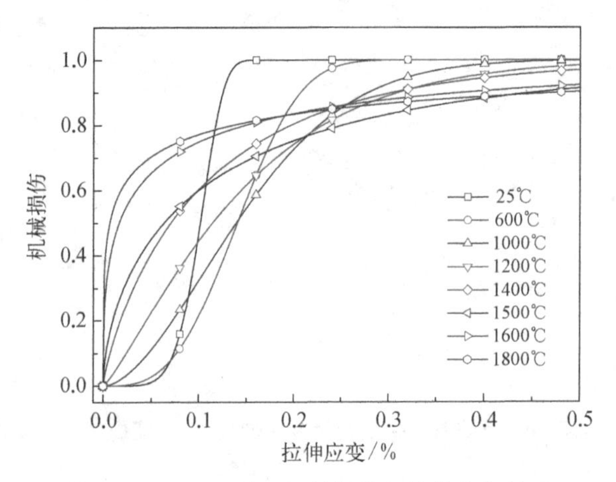

图 8.16　不同温度下机械损伤与拉伸应变关系

根据本章建立的高温拉伸损伤非线性本构模型计算出不同温度下机械损伤与应力的关系曲线,如图 8.17 所示。

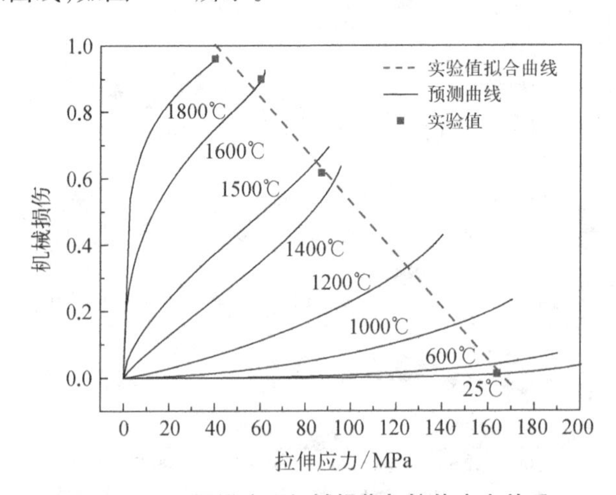

图 8.17　不同温度下机械损伤与拉伸应力关系

由图 8.17 可知,各温度下 ZrB_2－SiC－G 复合材料的机械损伤随着应力的增加而单调增大。同等应力下,温度越高,超高温陶瓷复合材料的机械损伤度越大。当温度低于 1 000℃时,机械损伤缓慢增加,直至接近破坏强度,机械损伤才有所增加,表现出明显的脆性特征。这主要是因为在该温度范围内,温度对材料机械损伤的影响程度并不是十分明显。但随着温度的升高,温度的影响越来越大,机械损伤随应力的变化趋势也发生了变化,可以分为快速增加和缓慢增加两个阶段。同时,图 8.17 也可以反映出 $ZrB_2-SiC-G$ 复合材料拉伸破坏强度随温度升高而降低的趋势。

由高温拉伸损伤本构模型计算出不同温度下有效模量与应变的关系曲线如图 8.18 所示。

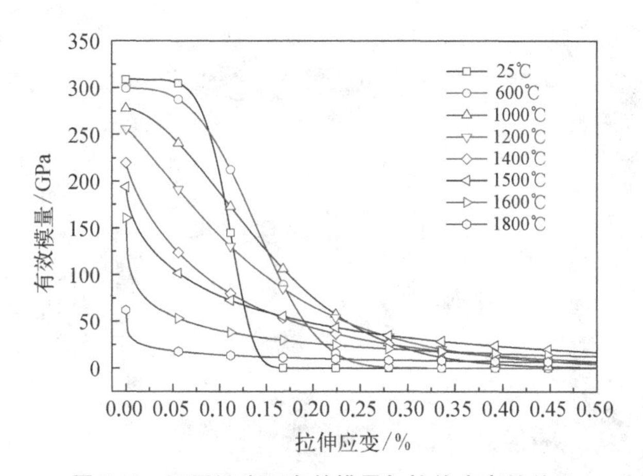

图 8.18　不同温度下有效模量与拉伸应变的关系

在加载初期,不同温度下,材料有效模量变化明显,随着温度的升高,有效模量逐渐降低,而且温度越高,降低速度越快。总体来讲,机械损伤随应力与应变以及有效模量随应变的变化趋势在低温和高温下明显不同,产生该变化的原因主要有两个:一方面是,ZrB_2、SiC 颗粒和石墨片层之间热膨胀系数差异较大,随着温度的升高,$ZrB_2-SiC-G$ 复合材料组分相间会产生热应力,导致裂纹数量增多;另一方面,高温下基体的 ZrB_2颗粒尺寸增大,导致颗粒边界处产生新的微裂纹或使原有的微裂纹扩展,从而使机械损伤的程度加大。当基体裂纹扩展至石墨片层时,裂纹发生偏转、桥联,使机械损伤后期呈现出缓慢增长的趋势。

8.4　超高温陶瓷复合材料高温拉伸损伤数值模拟

将高温损伤非线性本构模型在 ABAQUS 中的用户子程序 UMAT 中实现,采用与实验相同的条件对超高温陶瓷材料单轴高温拉伸行为进行模拟,弹性模量为 309.76 GPa，泊松比为 0.14，最大荷载为 2 488.5 N。

采用高温损伤本构模型模拟 ZrB_2 – SiC – G 复合材料室温拉伸行为，得到试件内部变形、应变和机械损伤分布情况，如图 8.19 所示。随着坐标的增加，变形均匀增加，最大变形为 0.014 56 mm。试件标距区内的应变分布也较均匀，但在倒角处偏大，最大应变为 0.055 7%。另外，试件中间区域应变约为 0.04%。试件在倒角处的损伤比其他部分明显，室温下试件发生断裂时材料机械损伤值较小，表明 ZrB_2 – SiC – G 超高温陶瓷复合材料在室温拉伸下发生脆性断裂。

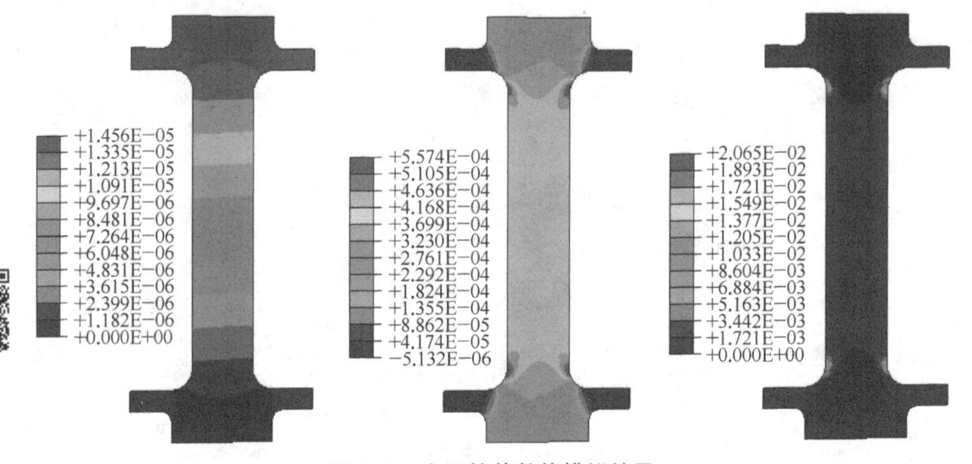

图 8.19　室温拉伸数值模拟结果

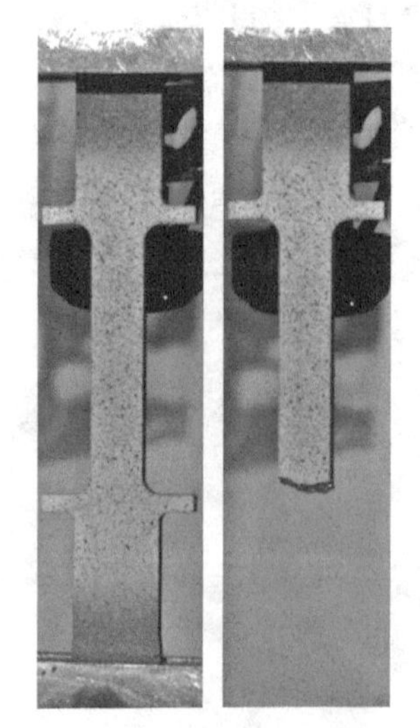

图 8.20　室温拉伸试件宏观断裂图

图 8.20 为室温拉伸断裂宏观形貌，试件在倒角处破坏，为了进一步分析，整理出 DIC 测试中室温拉伸试件破坏前一步的变形及应变结果，如图 8.21 所示。

实验过程中，试件下部固定，变形沿坐标均匀变化，随坐标的增加而增大，最大变形量为 0.014 mm，与数值计算结果 0.014 56 mm 一致。如图 8.21 所示，拉伸试件标距区内整体应变场分布，可以发现试件在靠近倒角处的应变最大，这与试件在靠近倒角处断裂的结果一致。由 DIC 测试出的应变最大值为 0.095 8%，大于数值结果 0.055 7%，这是因为数值模拟未考虑材料内部缺陷导致的应力集中，试件破坏处由于应力集中会出现局部变形较大的现象。

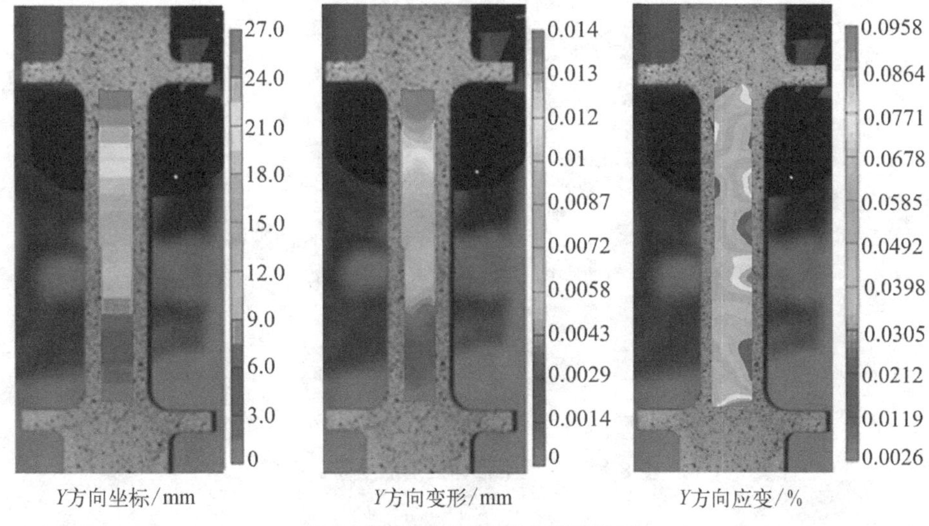

图 8.21　室温拉伸 DIC 测试结果

由 DIC 测试和数值模拟结果中提取出变形随坐标的变化规律，如图 8.22 所示，DIC 测试的是试件表面变形分布，ZrB_2－SiC－G 为复合材料，所以各组分相位置处变形不是十分一致，导致 DIC 变形结果出现振荡，但两者整体变形趋势符合较好。

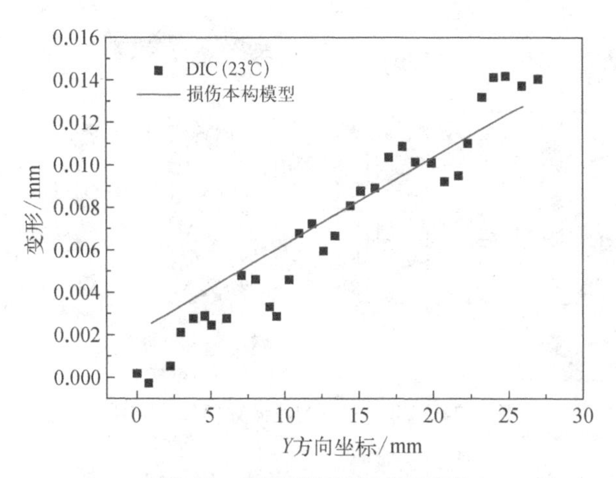

图 8.22　室温下变形随坐标变化

图 8.23 为不同坐标对应的拉伸应变，在试件中间区域应变的 DIC 测试结果与数值结果相近，但在试件倒角处数值计算结果低于 DIC 的测试结果。

同样，采用高温损伤本构模型模拟 1 800℃下 ZrB_2－SiC－G 复合材料的拉伸

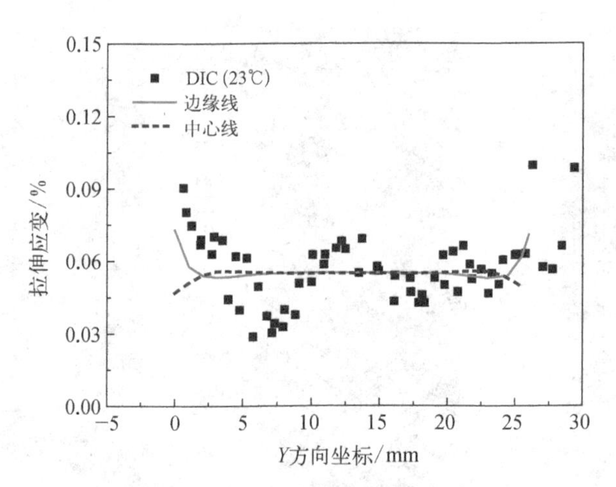

图 8.23 室温下拉伸应变随坐标变化

行为，弹性模量为 62.7 GPa，泊松比为 0.14，最大荷载为 906.12N。计算出拉伸变形、应变和机械损伤分布情况，结果如图 8.24 所示。随着坐标的增加，变形均匀增加，最大变形为 0.176 4 mm，应变最大值为 1.073%。与室温相比，1 800℃时试件的机械损伤范围扩大，且分布较均匀，最大机械损伤值为 0.923，体现出 ZrB_2-SiC－G 超高温陶瓷复合材料高温韧性破坏的特性。

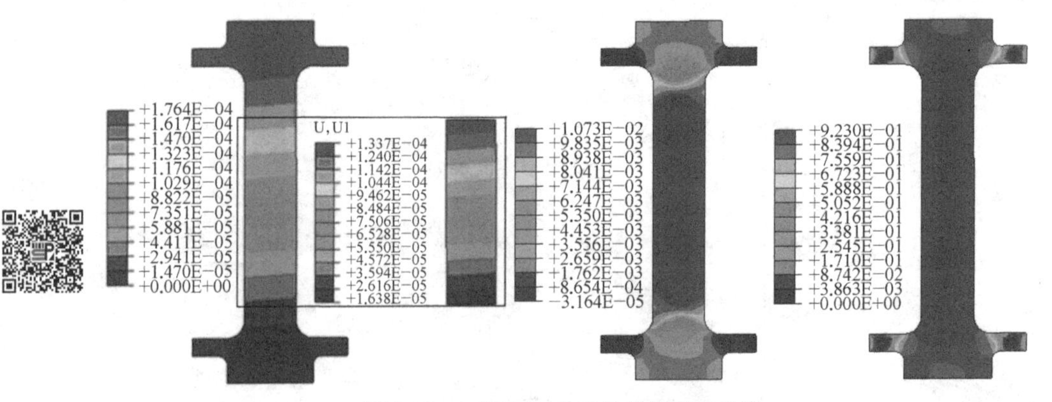

图 8.24 1 800℃时的拉伸数值模拟结果

在采用 DIC 测试的高温拉伸实验中，采用中间及两端通电加热的方式对试件进行加热，试件中间部位温度最高，试件变红，而摄像机采用滤红光镜头，所以捕捉的范围为试件中部高温区，试件为灰白色，散斑呈黑色。由图 8.25 中结果可知，随着坐标增大，变形呈均匀增加的趋势，此范围内的最大变形为 0.103 mm，比室温变形高出 6 倍多。1 800℃时，试件中部的应变分布也比较均匀，最大应变为

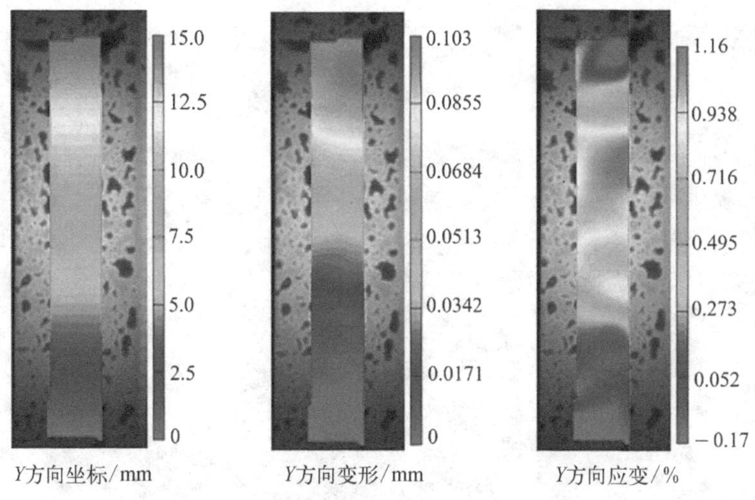

图 8.25　1 800℃时拉伸 DIC 测试结果

1.16%，约为室温的 20 倍。

由 DIC 测试和数值模拟结果中提取出 1 800℃时变形随坐标变化的变形规律，如图 8.26，两种变形结果符合较好。

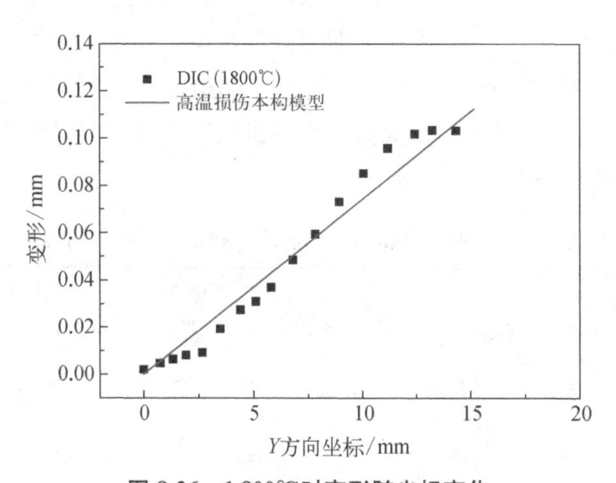

图 8.26　1 800℃时变形随坐标变化

由室温和 1 800℃下拉伸损伤行为的数值模拟结果可知，室温下，材料发生脆性断裂，断裂前损伤较小，而 1 800℃下损伤是一个逐渐积累的过程，积累到一定值后试件发生破坏。室温和 1 800℃时试件断口的宏观形貌如图 8.27 所示。室温拉伸断口平齐，断口附近没有产生微裂纹，而 1 800℃下拉伸试件断口附近出现大量的微裂纹，另外在没有断裂的部位也会出现裂纹，这些微裂纹的产生使

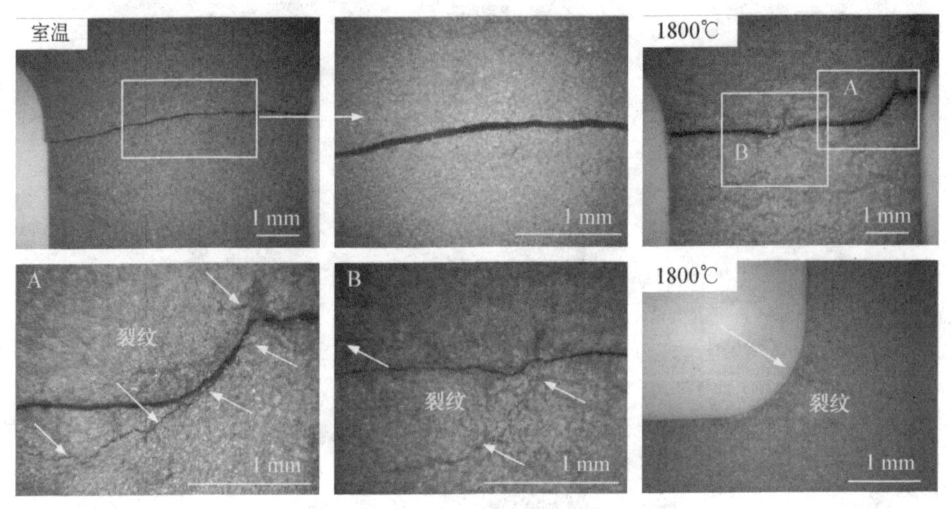

图 8.27 室温与 1 800℃时拉伸断口形貌

高温拉伸行为表现出积累损伤的破坏过程。

在此基础上，本节采用高温损伤本构模型模拟不同温度下，ZrB_2－SiC－G 超高温陶瓷复合材料的拉伸行为。在模拟过程中，设荷载达到实验最大荷载值时，试件发生破坏，此时对应的最大应力即为拉伸强度模拟值，并输出相应的机械损伤度 SDV1，见表 8.3。由表 8.3 中结果实验与模拟值对比可知，拉伸强度的模拟值要高于实验值，而且机械损伤值低于临界机械损伤度，这说明试件在低于临界损伤度的情况就可能发生了断裂。

表 8.3 拉伸强度和机械损伤度实验值与模拟值对比

温度 /℃	最大荷载 /N	拉伸强度实验值/MPa	临界损伤度计算值[式(8.16)]	拉伸强度模拟值/MPa	机械损伤模拟值
23	2 488.5	138.25	0.157 83	171	0.022
800	2 059.02	114.39	0.354 21	141	0.056
1 000	2 118.78	117.71	0.451 33	154	0.152
1 200	1 863.36	103.52	0.580 8	125	0.263
1 300	1 500.48	83.36	0.658 11	101	0.334
1 400	1 566	87.00	0.741 31	102	0.583
1 600	1 278.72	71.04	0.900 13	75	0.801
1 800	906.12	50.34	0.986 15	50	0.923

不同温度下拉伸试件的应力分布及机械损伤程度如图 8.28 和图 8.29 所示。

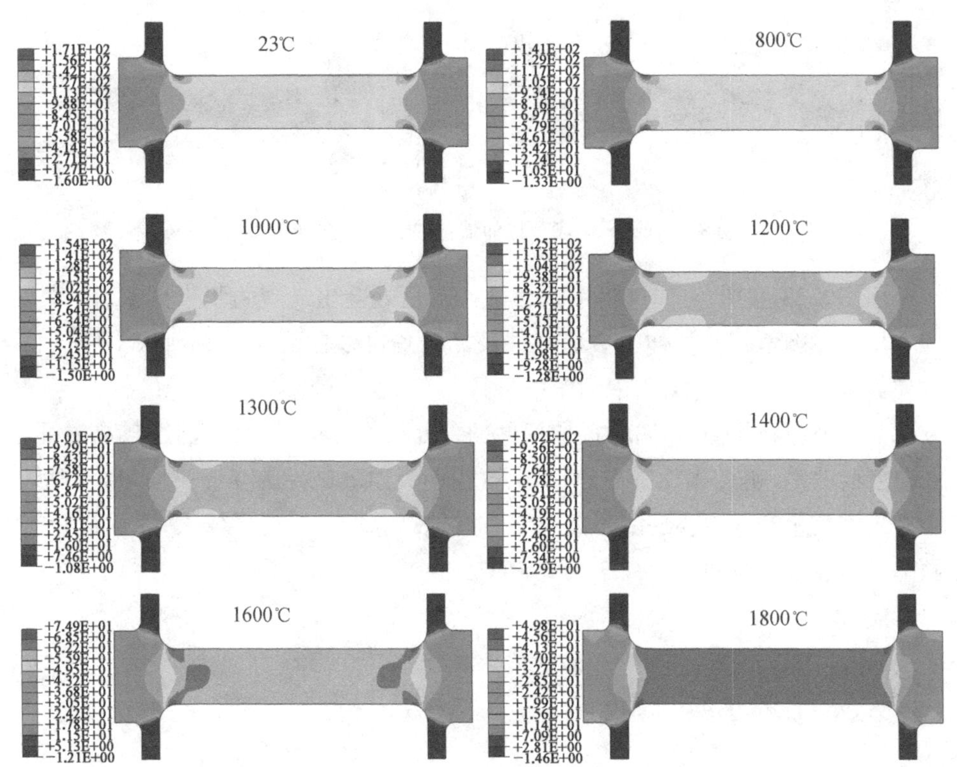

图 8.28　不同温度下拉伸试件的应力分布云图

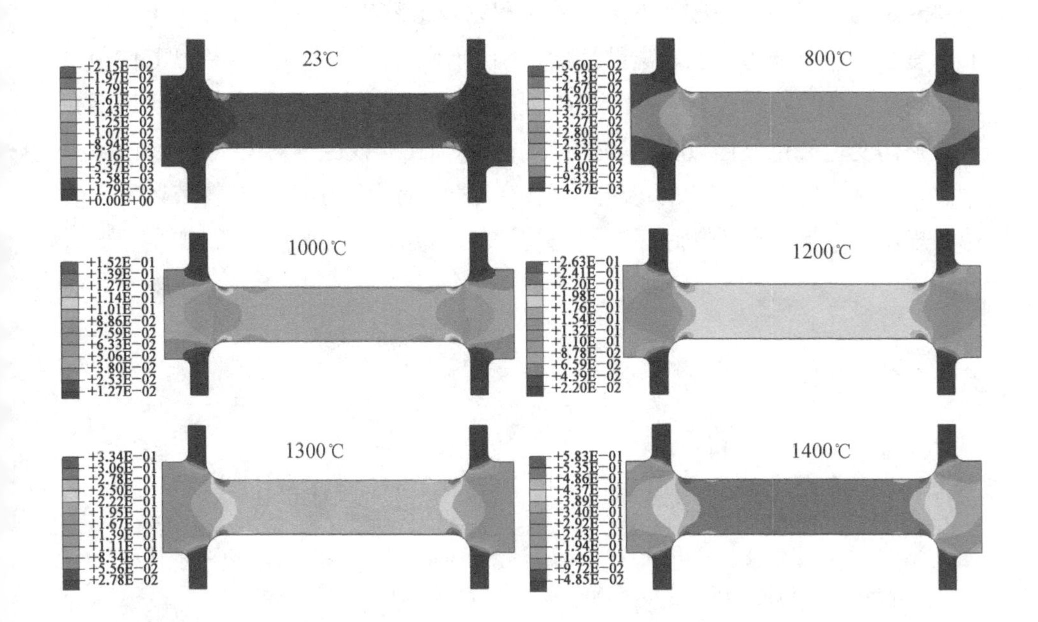

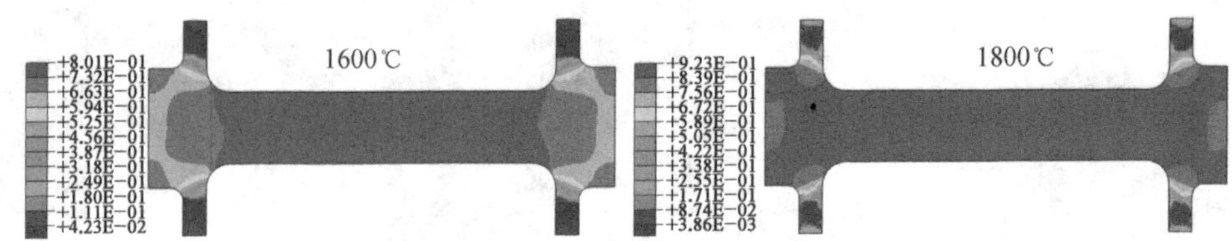

图 8.29 不同温度下拉伸试件的机械损伤分布云图

由图 8.28 可知，拉伸过程中拉伸试件倒角处会出现应力集中现象，即最大应力出现在倒角处。拉伸断裂后试件破坏位置也多在倒角处。1 800℃ 时试件的应力分布较均匀，应力集中的作用减弱。

与应力分布相似，低温时拉伸试件倒角处损伤程度最大，当温度较高时，随着温度的升高，机械损伤分布越均匀，这说明高温下试件的变形较均匀，应力集中现象不明显。这主要是由于高温下，材料表现出塑性，变形较大，而且材料的缺陷敏感性也会减弱。

8.5 本章小结

通过建立针刺 C/C－SiC 复合材料的计算模型，预报了针刺 C/C－SiC 复合材料在单轴和双轴拉伸载荷下的失效过程以及最终破坏强度，并分析了针刺分布对复合材料拉伸力学性能离散性的影响，针刺复合材料的强度和离散性预报结果与实验结果吻合较好。基于损伤理论，给出超高温陶瓷复合材料热损伤和机械损伤变量演化方程，建立了材料高温拉伸损伤非线性本构模型，并预测出不同温度下材料应力-应变关系及脆-韧转变温度，揭示了温度对材料破坏机理的影响规律。应用该模型对拉伸试件的应力分布和机械损伤程度进行了数值计算。

参考文献

[1] Dimitrienko Y I. Thermomechanics of composite structures under high temperatures [M]. Berlin: Springer, 2016.

[2] 李龙，高希光，史剑，等.考虑孔隙的针刺 C/SiC 复合材料弹性参数计算[J].航空动力学报，2013, 28(6): 1257－1263.

[3] Xu Y, Zhang P, Lu H, et al. Hierarchically modeling the elastic properties of 2D needled carbon/carbon composites [J]. Composite Structures, 2015, 133: 148－156.

[4] Hao M, Luo R, Xiang Q, et al. Effects of fiber-type on the microstructure and mechanical properties of carbon/carbon composites [J]. New Carbon Materials, 2014, 29 (6): 444 - 453.

[5] Xu H, Zhang L, Cheng L. The yarn size dependence of tensile and in-plane shear properties of three-dimensional needled textile reinforced ceramic matrix composites [J]. Material and Design, 2015, 67: 428 - 435.

[6] Zhang H, Zhou C. Tensile strength prediction of needle-punched carbon/carbon composites [J]. Journal of Reinforced Plastics and Composites, 2016, 35(20): 1490 - 1512.

[7] Xie J B, Liang J, Fang G D, et al. Effect of needling parameters on the effective properties of 3D needled C/C - SiC composites[J]. Composites Science and Technology, 2015, 117: 69 - 77.

[8] Xie J B, Fang G D, Chen Z, et al. Modeling of nonlinear mechanical behavior for 3D needled C/C - SiC composites under tensile load[J]. Applied Composite Materials, 2016, 23 (4): 783 - 797.

[9] Xie J B, Fang G D, Chen Z, et al. An anisotropic elastoplastic damage constitutive model for 3D needled C/C - SiC composites[J]. Composite Structures, 2017, 176: 164 - 177.

[10] Yu S W, Feng X Q. A micromechanics-based damage model for microcrack-weakened brittle solids [J]. Mechanics of Materials, 1995, 20(1): 59 - 67.

[11] Maire J F, Lesne P M. A damage model for ceramic matrix composites [J]. Aerospace Science and Technology, 1997, 1(4): 259 - 266.

[12] Brencich A, Gambarotta L. Isotropic damage model with different tensile-compressive response for brittle materials [J]. International Journal of Solids and Structure, 2001, 38(34 - 35): 5865 - 5892.

[13] Lubarda V A, Krajcinovic D, Mastilovic S. Damage model for brittle elastic solids with unequal tensile and compressive strengths [J]. Engineering Fracture Mechanics, 1994, 49 (5): 681 - 697.

[14] Leplay P, Rethore J, Meille S, et al. Damage law identification of a quasi brittle ceramic from a bending test using digital image correlation [J]. Journal of the European Ceramic Society, 2010, 30(13): 2715 - 2725.

[15] 石建勋,刘新荣,方焘,等.液压轴压作用下陶瓷的统计损伤本构模型[J].兰州大学学报: 自然科学版,2010, 46(2): 117 - 120.

[16] 康亚明,刘长武,贾延,等.岩石的统计损伤本构模型及临界损伤度研究[J].四川大学学报: 工程科学版,2009, 41(4): 42 - 47.

[17] Zou J, Zhang G J, Hu C F, et al. High-temperature bending strength, internal friction and stiffness of ZrB_2 - 20%SiC ceramics[J]. Journal of the European Ceramic Society, 2012, 32 (10): 2519 - 2527.

[18] Wuchina E, Opeka M M. Designing for ultra high-temperature applications: the mechanical and thermal properties of HfB_2, HfC_x, HfN_x and αHf(N) [J]. Journal of Materials Science, 2004, 39: 5939 - 5949.

[19] Rouxel T, Christophe J, Huder M, et al. Temperature dependence of Young's modulus in

Si_3N_4 based ceramics: Roles of sintering additives and of SiC particle content [J]. Acta Materialia, 2002, 50(7): 1669 - 1682.

[20] Bird M W, Aune R P, Thomas A F, et al. Temperature-dependent mechanical and long crack behavior of zirconium diboride-silicon carbide composite [J]. Journal of the European Ceramic Society, 2012, 32(16): 3453 - 3462.

[21] Li W G, Yang F, Fang D N. The temperature-dependent fracture strength model for ultra-high temperature ceramics [J]. Acta Mechanics Sinica, 2010, 26(2): 235 - 239.

[22] 刘声泉,许锡昌.温度作用下脆性岩石的损伤分析[J].岩石力学与工程学报,2000, 19(4): 408 - 411.

[23] 李卫国,李定玉,王如转,等.升温热冲击环境下超高温陶瓷材料抗震性能的热-损伤模型[J].应用力学学报,2012, 29(1): 21 - 26.

[24] Li W G, Li D Y, Cheng T B, et al. Temperature-damage-dependent thermal shock resistance model for ultra-high temperature ceramics [J]. Engineering Fracture Mechanics, 2012, 82: 9 - 16.

[25] 王玲玲,梁军,方国东.ZrB_2基超高温陶瓷复合材料的高温拉伸损伤行为[J].复合材料学报,2015, 32(1): 125 - 130.

[26] Schmidt D L. Carbon/carbon composites [J]. SAMPE Journal, 1972, 8(3): 9.

[27] Hatta H, Suzuki K, Shigei T, et al. Strength improvement by densification of C/C composites [J]. Carbon, 2001, 39(1): 83 - 90.

[28] Wang R, Li D, Xing A, et al. Temperature dependent fracture strength model for the laminated ZrB_2 based composites [J]. Composite Structures, 2017, 162.

[29] Opeka M M, Talmy I G, Wuchina E J, et al. Mechanical, thermal, and oxidation properties of refractory hafnium and zirconium compounds [J]. Journal of the European Ceramic Society, 1999, 19(13 - 14): 2405 - 2414.

[30] Patel M, Reddy J J, Bhanu Prasad V V, et al. Strength of hot pressed ZrB_2- SiC composite after exposure to high temperatures (1 000 - 1 700℃) [J]. Journal of the European Ceramic Society, 2012, 32: 4455 - 4467.

第 9 章

高温结构复合材料的许用值与设计值

9.1 概述

复合材料的特点是材料、结构一体化,因此材料性能与结构形式和工艺密不可分。例如,飞机结构主要采用聚合物基复合材料多向层压结构,它可以由不同比例、不同纤维方向的铺层构成,在结构应用时形成结构的基本元素——层合板;针对复合材料结构的特点,提出了很多新的性能表征要求,其中特别是湿热和抗冲击性能。此外,复合材料结构性能对制备工艺非常敏感,必须对制备工艺的任意变化进行评定,必要时需要积木式验证试验进行重新验证。

针对这些特点,为保证结构使用,必然对复合材料性能表征和工艺的一致性提出了很多与金属不同的要求和验证方法。国外,特别是美国,自 20 世纪 70 年代初即开始积累这些经验教训,形成了军用手册 MIL - HDBK - 17《聚合物基复合材料手册》,在此后的 30 多年里,经过 5 次补充和修订,最新的版本是 2002 年 6 月 17 日由国防部颁布的 MIL - HDBK - 17F《复合材料手册》,涉及的内容除聚合物基复合材料(共 3 卷)外,还包括金属基复合材料和陶瓷基复合材料(各 1 卷)。为保证结构安全使用,在材料和工艺方面所需遵从的要求和使用的方法是其中的一部分内容。

9.2 复合材料许用值与设计值

复合材料结构性能的可设计性和特有的损伤与破坏机理,使复合材料许用值和设计值的确定原则和方法与金属材料有很大不同。回顾复合材料飞机结构近 50 年的历程,复合材料许用值和设计许用值的确定原则随着复合材料结构设计技术的发展、应用的扩大、经验的积累而不断得到完善[1-9]。

9.2.1 许用值

在 AC 20－107B 中许用值(allowables)的定义：在概率基础上(如分别具有 99%概率和 95%置信度，与 90%概率和 95%置信度的 *A* 或 *B* 基准值)，由层压板或单层级的试验数据确定的材料值。导出这些值要求的数据量由所需的统计意义(或基准)决定[10]。

在《军用飞机结构强度规范第 14 部分：复合材料结构》(GJB 67.14—2008)中给出许用值的定义为：在一定的载荷类型与环境条件下，主要由试样试验数据，按规定要求统计分析后确定的具有一定置信度和可靠度的材料性能表征值[11]。

根据上述定义，许用值是由层合板或单层级试样的试验数据确定，并经统计处理后得到的材料性能值，除在确定可靠性要求时进行了人为干预外，是材料性能的客观反映。

复合材料许用值是用于评估材料的分散性、环境影响(包括确定环境补偿因子)，以及用作确定设计值的基础，并给出用于设计分析的模量值。材料许用值确定主要考虑了如下几点：① 材料的基本力学性能和缺口敏感性；② 对结构完整性有影响的环境条件，例如吸湿量与温度的联合作用、外来物冲击等；③ 材料许用值的数值基准分为 *A* 基准值、*B* 基准值和平均值，采用何种基准应根据具体工程项目的结构设计准则而定。

9.2.2 设计值

在 AC 20－107B 中，设计值(design values)定义如下：为保证整个结构的完整性具有高置信度，由试验数据确定并被选用的材料、结构元件和结构细节的性能。这些值通常基于为考虑实际结构状态而经过修正的许用值，并用于分析计算安全裕度。

在《军用飞机结构强度规范第 14 部分：复合材料结构》(GJB 67.14—2008)中给出设计值的定义如下：为保证整个结构的完整性，根据具体工程项目要求，在材料许用值和代表结构典型特征的试样、元件(包括典型结构件)试验结果，及设计与使用经验基础上确定的设计限制值。

根据上述定义，设计值的确定受两方面因素的影响，首先是对结构完整性要求(通常包括静强度、刚度、耐久性和损伤容限等，)的理解，即设计人员必须确定该部件(或部位)结构完整性要求中最为关键的因素；其次是设计人员对结构设计、材料性能数据、制造及维护保障能力等一系列因素可靠性程度的判断和设计人员的经验。

9.2.3 许用值与设计值的关系

许用值是用于表征复合材料体系和结构设计与分析的值，是材料验收和材料发生变化后进行等同性评定的基础。建立许用值所用的所有试样应按经批准的材料和工艺规范制备，使获得的力学性能数据能代表用该复合材料体系制造的材料性能。许用值的建立过程考虑了材料和工艺的变异性，从而在使用这些数据进行设计时，能保证用该材料体系所制造结构的使用安全。

设计值是用于结构设计时的强度和刚度校核的值，因此确定具体结构部位或结构细节结构设计值的原则是采用该值进行设计时能满足该部位或结构细节的结构完整性要求。

设计值和许用值二者有着密不可分的关系。由于设计值要保证结构满足完整性要求，新材料、新工艺和新的设计方法等的引入，都会对结构完整性提出新的要求，从而对许用值的测试提出新的内容。同时只有当具有足够的许用值数据时，设计人员才有可能在此基础上确定设计值。飞行器结构的设计在不断发展，设计值的确定原则也在不断发展。当新的东西开始引入时，设计人员不一定马上就能认识到它对结构经济性和安全性会带来新的问题，因此在确定设计值时可能会处理不当。或者因遵循老的经验而偏于危险，以致出现事故，或者因缺乏经验而取得过于保守。

设计值的确定不仅仅是试验问题，也取决于设计人员的经验和判断。应根据结构使用中可能出现的载荷方式和环境条件，分析其可能出现的失效模式。针对这些失效模式，分别采用足够数量的试样或元件(典型结构件)进行试验，在对试验数据进行统计处理的基础上，给出针对某一具体失效模式的许用值。

设计部门应根据所设计具体结构的结构完整性要求(通常包括静强度、刚度、耐久性和损伤容限等)，在已有的许用值及设计和使用经验的基础上，规定设计值，以保证用设计值进行强度校核的结构能满足这些要求。

9.3 试验数据的统计分析方法

复合材料许用值试验数据的处理方法主要有美国的 MIL－HDBK－17F《复

合材料手册》以及 FAA 的 DOT/FAA/AR - 03/19《聚合物基复合材料体系的材料鉴定与等同：更新程序》[12-15]。MIL - HDBK - 17F 与 DOT/FAA/AR - 03/19 中包含了正则化、异常数据的筛选和基准数据统计方法。随着复合材料数据统计研究的发展，美国汽车工程师学会在最新推出的 MIL - HDBK - 17G《复合材料手册》中对基准值统计方法及统计程序做了全面的更新，其最大的特点是给出了批间变异性、方差等同性及正态分布检验的工程判断方法，结合诊断性检验可用于断定多环境样本是否满足合并条件。

9.3.1 试验数据的归一化

由于基体含量、孔隙率大小的不同，导致材料之间、批次之间、板件之间，甚至同一板件内试样之间纤维体积含量存在差异。在复合材料试样或结构元件试验数据的处理过程中，如果试样具有不同的纤维体积含量，则统计分析的结果可能是不正确的。对于纤维控制的力学性能，其试验数据应当进行归一化处理。归一化就是把纤维控制的性能试验数据折合到一个规定的纤维体积含量基础上。

理论上，纤维控制的复合材料性能随纤维体积含量（一般说来，纤维体积含量为 0.45~0.65）线性变化。通常，采用一个选取的或规定的纤维体积含量比值修正原始试验数据，即

$$x_s = x_t \frac{F_{vs}}{F_{vt}} \tag{9.1}$$

式中，x_s为归一化试验值；x_t为原始试验值；F_{vs}为选定的或规定的纤维体积含量，%；F_{vt}为试样的实际纤维体积含量，%。

9.3.2 异常数据筛选

异常数据是指在数据集中比大多数观测值低很多或高很多的观测值。异常数据经常是错误的值，这些错误值或许是由于记录错误、试验中不正确地设置环境条件或采用了带缺陷的试样而引起。如果不剔除异常数据直接计算，将会得出不可靠的结果，可采用最大赋范残差（maximum normed residual, MNR）统计量对异常数据进行定量的筛选。最大赋范残差统计量每次只能对一个异常数据进行检验，因此要对所有数据依次进行检验。

假设用 x_1, x_2, …, x_n表示一个样本中 n 个观测值。样本的平均值为

$$\bar{x} = \frac{1}{n}\sum_{i=1}^{n} x_i \tag{9.2}$$

样本的方差为

$$s^2 = \frac{1}{n-1}\sum_{i=1}^{n} x_i^2 - \frac{n}{n-1}\bar{x}^2 \tag{9.3}$$

该样本的标准方差为

$$s = \sqrt{\frac{1}{n-1}\sum_{i=1}^{n} x_i^2 - \frac{n}{n-1}\bar{x}^2} \tag{9.4}$$

最大赋范残差统计量 MNR:

$$\text{MNR} = \frac{\max|x_i - \bar{x}|}{s} \tag{9.5}$$

最大赋范残差统计量的临界值为

$$C = \frac{n-1}{n}\sqrt{\frac{t^2}{n-2+t^2}} \tag{9.6}$$

式中,t 为自由度 $n-2$ 的 t 分布的 $1-\alpha/(2n)$ 概率函数值;α 为显著水平,一般取值 0.05。

将 MNR 与临界值 C 进行比较,如果 MNR 统计量小于临界值 C,则以置信度 $1-\alpha$ 认为样本不存在异常数据。反之,以置信度 $1-\alpha$ 认为与最大赋范残差统计量 MNR 相应的观测值 x_i 为异常数据。当样本分散性较大,且样本量只有 5~6 个数据,使用最大赋范残差检验方法时,很可能把所有的数据都判为异常数据,所以该方法并不完全可靠。

当采用最大赋范残差检验方法检查出异常数据时,需对该数据进行分析。首先考虑可疑数据可否纠正,如因笔误,计算错误,属于可纠正的。若不能纠正,则需要考虑出现错误的原因,只有确定该数据是由于操作错误或不正确试验条件引起的才可以剔除。如果不能确定异常数据产生的原因,应该保留该数据。

应当指出,如果数据由若干批数据组成,应对各批数据分别进行异常数据检查。如果各批数据相容,还要在各批数据合并后,进行异常数据检查。当然,只有当合并数据有意义时才进行数据合并。

9.3.3 子体相容性检验

在复合材料基准值统计中将数据划分为两类：结构型数据与非结构数据。结构型数据是指可以自然分组的数据，或其重要响应能随已知参数系统地变化的数据。例如，几批测量值中的每批测量值能够按批料适当分组，以及所关心的性能随已知因素变化的数据。非结构型数据是指所有有关的信息全包括在响应测量值本身的数据。这可能是因为这些测量值是全部已知的，或者是因为人为能够忽略该数据中可能的构成。例如，分批的且批间差异被证明可忽略的数据，以及在不同已知环境条件下的数据组被证明可以合并的数据。

按自然确定分组的结构型数据，采用 k 样本 Anderson-Darling(ADK)检验显示出自然分组无明显影响时可以视为非结构型数据。k 样本 Anderson-Darling 检验是检验两组或多组数据是否来自同一个母体的非参数统计方法。在 MIL－HDBK－17F《复合材料手册》中，推荐各批次自然分组，采用 k 样本 Anderson-Darling 检验方法来检验不同批次试验数据的相容性。

对于结构型数据，每个数值都属于某一特定的组，而且每组内通常将有不止一个数据，将用双下标识别观测值。假定数据用 x_{ij} 表示，$i=1, \cdots, k$ 和 $j=1, \cdots, n_i$。其中 i 表示组号，j 表示组内观测值号。k 组中的第 i 组有 n_i 个值，则总的观测值数为 $n=n_1+n_2+\cdots+n_k$。将经合并的数据集中的不同数值，按从最小到最大排序，记为 $z_{(1)}, z_{(2)}, \cdots, z_{(L)}$，其中 L 在存在相同值时将小于 n。

k 样本 Anderson-Darling 统计量为

$$\mathrm{ADK}=\frac{n-1}{n^2(k-1)}\sum_{i=1}^{k}\left[\frac{1}{n_i}\sum_{j=1}^{L}h_j\frac{(nF_{ij}-n_iH_j)^2}{H_j(n-H_j)-nh_j/4}\right] \tag{9.7}$$

式中，h_j 为合并样本中等于 $z_{(j)}$ 值的观测值个数；H_j 为合并样本中小于 $z_{(j)}$ 值的观测值个数的一半加上合并样本中小于 $z_{(j)}$ 值的观测值个数；F_{ij} 为第 i 组中小于 $z_{(j)}$ 值的观测值个数的一半加上该组中小于 $z_{(j)}$ 值的观测值个数。该统计量的临界值为

$$\mathrm{ADC}=1+\sigma_n\left[1.645+\frac{0.678}{\sqrt{k-1}}-\frac{0.362}{k-1}\right] \tag{9.8}$$

式中，

$$\sigma_n^2=\mathrm{Var}(\mathrm{ADK})=\frac{an^3+bn^2+cn+d}{(n-1)(n-2)(n-3)(k-1)^2} \tag{9.9}$$

$$a = (4g - 6)(k - 1) + (10 - 6g)S \tag{9.10}$$

$$b = (2g - 4)k^2 + 8Tk + (2g - 14T - 4)S - 8T + 4g - 6 \tag{9.11}$$

$$c = (6T + 2g - 2)k^2 + (4T - 4g + 6)k + (2T - 6)S + 4T \tag{9.12}$$

$$d = (2T + 6)k^2 - 4Tk \tag{9.13}$$

式(9.10)~式(9.13)中,

$$S = \sum_{i=1}^{k} \frac{1}{n_i} \tag{9.14}$$

$$T = \sum_{i=1}^{n-1} \frac{1}{i} \tag{9.15}$$

$$g = \sum_{i=1}^{n-2} \sum_{j=i+1}^{n-1} \frac{1}{(n - i)j} \tag{9.16}$$

如果统计量 ADK 小于临界值 ADC,则可以判定(具有 95%置信水平)各组试验数据组成的样本来自同一个母体,可以合并在一起,构成非结构型数据组。否则,判定各组数据组成的样本来自不同的母体;并且由各组数据组成的数据组为结构型数据。

9.3.4 参数估计

用于计算非结构型数据基准值的方法取决于假定的分布形式。在 MIL - HDBK - 17F《复合材料手册》中,统计非结构型数据的 B 基准值时,根据优先级需依次进行 3 种分布的拟合优度检验: 威布尔分布、正态分布及对数正态分布。在进行分布拟合优度检验以前首先应进行参数估计,以确定具体的分布函数。涉及的参数估计有两参数威布尔分布的形状参数与尺度参数、正态分布和对数正态分布的均值及方差的估计。在涉及的参数估计方法中,极大似然估计法是最为常用,估计精度较高,既适用于完全样本数据又适用于有中途撤出试验的截尾数据。

1. 两参数威布尔分布参数估计

设样本(x_1, x_2, …, x_n)服从两参数威布尔分布,且按从小到大的顺序排列,两参数威布尔分布的概率密度函数和累积分布函数分别由式(9.17)和式(9.18)表示,即

$$f(x)=\frac{\beta}{\alpha^{\beta}}x^{\beta-1}\exp\left\{-\left(\frac{x}{\alpha}\right)^{\beta}\right\}\quad \alpha>0,\beta>0 \tag{9.17}$$

$$F(x)=1-\exp\left\{-\left(\frac{x}{\alpha}\right)^{\beta}\right\} \tag{9.18}$$

式中，α 为尺度参数，表示样本的特征值，其值越大则性能越强；β 为形状参数，表示样本的分散情况，其值越大则样本越分散。

根据极大似然估计法原理，构造威布尔分布的对数似然函数：

$$\ln L(x_1,x_2,\cdots,x_n;\alpha,\beta)=\sum_{i=1}^{n}\ln\left\{\frac{\beta}{\alpha^{\beta}}x_i^{\beta-1}\exp\left[-\left(\frac{x_i}{\alpha}\right)^{\beta}\right]\right\} \tag{9.19}$$

固定样本观测值$(x_1,x_2,\cdots,x_n)$，挑选威布尔分布参数$\hat{\beta}$和$\hat{\alpha}$，使得

$$\ln L(x_1,x_2,\cdots,x_n;\hat{\alpha},\hat{\beta})=\max\ln L(x_1,x_2,\cdots,x_n;\alpha,\beta) \tag{9.20}$$

这样得到的$\hat{\beta}$和$\hat{\alpha}$与样本值有关，$\hat{\beta}$和$\hat{\alpha}$称为威布尔分布的形状与尺度参数的极大似然估计值。

将式(9.19)对各极大似然估计参量分别求偏导数，得到式(9.21)：

$$\frac{\partial\ln L(x_i;\hat{\alpha},\hat{\beta})}{\partial\hat{\alpha}}=\sum_{i=1}^{n}\left(\frac{x_i}{\hat{\alpha}}\right)^{\hat{\beta}}-n=0 \tag{9.21a}$$

$$\frac{\partial\ln L(x_i;\hat{\alpha},\hat{\beta})}{\partial\hat{\beta}}=\frac{n}{\hat{\beta}}+\sum_{i=1}^{n}\ln\left(\frac{x_i}{\hat{\alpha}}\right)-\sum_{i=1}^{n}\left(\frac{x_i}{\hat{\alpha}}\right)^{\hat{\beta}}=0 \tag{9.21b}$$

将式(9.21a)写成为

$$\hat{\alpha}=\left[\frac{\sum_{i=1}^{n}x_i^{\hat{\beta}}}{n}\right]^{\frac{1}{\hat{\beta}}} \tag{9.22}$$

将式(9.22)代入式(9.21b)，整理可得

$$\frac{n}{\hat{\beta}}+\sum_{i=1}^{n}\ln x_i-\frac{n}{\sum_{i=1}^{n}x_i^{\hat{\beta}}}\sum_{i=1}^{n}x_i^{\hat{\beta}}\ln x_i=0 \tag{9.23}$$

利用数值法求解式(9.22)得到$\hat{\beta}$，将其代入式(9.21)得到$\hat{\alpha}$。至于当前样本$(x_1,x_2,\cdots,x_n)$是否服从参数为$\hat{\alpha}$和$\hat{\beta}$的威布尔分布需进行拟合优度检验。

2. 正态分布参数估计

设样本(x_1, x_2, …, x_n)服从正态分布的总体样本 $X \sim N(\mu, \sigma^2)$，且按从小到大的顺序排列，正态分布的概率密度函数和累积分布函数由式(9.24)和式(9.25)表示：

$$f(x) = \frac{1}{\sqrt{2\pi}\sigma}\exp\left\{-\frac{(x-\mu)^2}{2\sigma^2}\right\} \quad -\infty < \mu < \infty, \sigma > 0 \tag{9.24}$$

$$F(x) = \frac{1}{\sqrt{2\pi}\sigma}\int_{-\infty}^{x}\exp\left\{-\frac{(x-\mu)^2}{2\sigma^2}\right\}\mathrm{d}x \tag{9.25}$$

式中，μ 为总体均值(或位置参数)；σ 为总体标准差(或尺度参数)。

对于正态分布参数估计，极大似然估计法是以样本均值 $\bar{x}$ 和标准差 s 代替总体均值 μ 和标准差 σ 来进行参数估计。

$$\hat{\mu} = \bar{x} = \frac{1}{n}\sum_{i=1}^{n} x_i \tag{9.26}$$

$$\hat{\sigma} = s = \sqrt{\frac{1}{n-1}\sum_{i=1}^{n}(x_i - \bar{x})^2} \tag{9.27}$$

式中，$\hat{\mu}$ 和 $\hat{\sigma}$ 称为正态分布的位置和尺度参数的极大似然估计值。

当前样本(x_1, x_2, …, x_n)是否服从参数为 $\hat{\mu}$ 和 $\hat{\sigma}$ 的正态分布需进行拟合优度检验。

3. 对数正态分布参数估计

设样本(x_1, x_2, …, x_n)服从对数正态分布的总体样本 $X \sim N(\mu_L, {\sigma_L}^2)$，且按从小到大的顺序排列，对数正态分布的概率密度函数由式(9.28)表示。

$$f(x) = \frac{1}{\sqrt{2\pi}\sigma_L}\exp\left\{-\frac{(x-\mu_L)^2}{2\sigma_L^2}\right\} \quad -\infty < \mu < \infty, \sigma > 0 \tag{9.28}$$

式中，μ_L为位置参数；σ_L为尺度参数。

由正态分布参数极大似然估计法可得

$$\hat{\mu}_L = \frac{1}{n}\sum_{i=1}^{n}\ln x_i \tag{9.29}$$

$$\hat{\sigma}_L = s = \sqrt{\frac{1}{n-1}\sum_{i=1}^{n}(\ln x_i - \hat{\mu}_L)^2} \tag{9.30}$$

式中，$\hat{\mu}_L$ 和 $\hat{\sigma}_L$ 称为对数正态分布的位置和尺度参数的极大似然估计值。当前样本 $(x_1, x_2, \cdots, x_n)$ 是否服从参数为 $\hat{\mu}_L$ 和 $\hat{\sigma}_L$ 的对数正态分布需进行拟合优度检验。

9.3.5 连续分布拟合优度检验

现有的分布拟合优度检验方法中，χ_2 检验法和 KS 检验法最常用。但 χ_2 检验法对样本量要求较高，通常在样本量 $n > 200$ 时才能获得比较理想的检验结果。KS 检验不依赖特定的分布，对尾部数据处理效果差，这些缺陷限制了传统分布拟合优度检验方法的应用。Anderson-Daring 检验是对 KS 检验的一种修正，它加重了对尾部数据的考量，而且 Anderson-Daring 检验使用特定的分布去计算临界值，这使得检验更灵敏。检验方法能够在样本量较小（$n<5$）以及分布参数未知的情况下进行分布拟合优度检验，且在相同的条件下，其检验效能优于 χ_2 检验和 KS 检验。在 MIL－HDBK－17F《复合材料手册》中，推荐采用 Anderson-Daring 检验统计量检验每种分布。

Anderson-Daring 检验用于分布拟合优度检验法时，用样本分布函数和样本经验分布函数之间的二次 Anderson-Daring 距离（Anderson-Daring 检验统计量），计算每个检验的观测显著性水平（observed significance level, OSL）判定样本是否属于某一特定分布族。

样本分布函数和样本经验分布函数分别用 $F(x)$ 和 $F_n(x)$ 表示，假设样本 $x_1, x_2, \cdots, x_n$ 来自同一分布母体且分布函数为 $F(x, \theta)$，θ 为分布函数的参数向量，Anderson-Daring 检验统计量计算如下式所示：

$$\mathrm{AD} = n\int_{-\infty}^{\infty} \frac{[F_n(x) - F(x, \theta)]^2}{F(x, \theta)[1 - F(x, \theta)]}\mathrm{d}F(x, \theta) \tag{9.31}$$

选用 Anderson-Daring 拟合优度检验来判断一个单批随机样本或组合样本是否来自某一特定分布。设样本 $(x_1, x_2, \cdots, x_n)$ 是来自某一特定分布母体的样本，其顺序统计量为 $x_{(1)}, x_{(2)}, \cdots, x_{(n)}$。$F(x)$ 为一连续分布函数，令 $F_n(x) = F_0(x)$，$F_0(x)$ 可分别取威布尔分布、正态分布或对数正态分布。Anderson-Daring 分布拟合优度检验统计量为

$$\mathrm{AD} = \sum_{i=1}^{n} \frac{1 - 2i}{n}\{\ln[F_0(x_{(i)})] + \ln[1 - F_0(x_{(n+1-i)})]\} - n \tag{9.32}$$

基于 Anderson-Daring 分布拟合优度检验统计量计算每个检验的观测显著性水平，如果所考虑的分布实际上就是数据潜在的分布，OSL 度量所观察的

Anderson-Daring 统计量至少与计算值相一致的概率。OSL 是当数据确实来自被检验分布的假设正确时获得一个至少与计算值一样的检验统计量的概率。如果 OSL 小于或等于 0.05,则拒绝该假设(至多 5%的错误风险),认为该数据不是来自被检验的分布。

1）两参数威布尔分布拟合优度检验

采用 9.3.4 小节中两参数威布尔分布的形状与尺度参数估计值,令

$$z_{(i)} = [x_{(i)}/\hat{\beta}]^{\hat{\alpha}} \quad i=1,\ \cdots,\ n \tag{9.33}$$

则 Anderson-Daring 检验统计量为

$$\mathrm{AD} = \sum_{i=1}^{n} \frac{1-2i}{n}\{\ln[1-\exp(-z_{(i)})] - z_{(n+1-i)}\} - n \tag{9.34}$$

观测显著性水平为

$$\mathrm{OSL} = \frac{1}{1+\exp[-0.10+1.24\ln(\mathrm{AD}^*)]+4.48\mathrm{AD}^*} \tag{9.35}$$

式中,

$$\mathrm{AD}^* = \left(1+\frac{0.2}{\sqrt{n}}\right)\mathrm{AD} \tag{9.36}$$

如果 OSL>0.05,可以断定(具有 95%的置信度)该样本来自威布尔分布母体;否则,该样本不是来自威布尔分布母体。

2）正态分布拟合优度检验

采用 9.3.4 小节中正态分布的参数估计值,令

$$z_{(i)} = \frac{x_{(i)} - \bar{x}}{s} \quad i=1,\ \cdots,\ n \tag{9.37}$$

则 Anderson-Daring 检验统计量为

$$\mathrm{AD} = \sum_{i=1}^{n} \frac{1-2i}{n}\{\ln[F_0(z_{(i)})] + \ln[1-F_0(z_{(n+1-i)})]\} - n \tag{9.38}$$

式中,F_0为标准正态分布累积函数,见式(9.25)。

观测显著性水平为

$$\mathrm{OSL} = \frac{1}{1+\exp[-0.48+0.78\ln(\mathrm{AD}^{**})]+4.58\mathrm{AD}^{**}} \tag{9.39}$$

式中，

$$AD^{**} = \left(1 + \frac{4}{n} - \frac{25}{n^2}\right) AD \tag{9.40}$$

如果 OSL>0.05，可以断定(具有 95%的置信度)该样本来自正态分布母体；否则，该样本不是来自正态分布母体。

3）对数正态分布拟合优度检验

采用 9.3.4 小节中对数正态分布的参数估计值，令

$$z_{(i)} = \frac{\ln(x_{(i)}) - \bar{x}_L}{s_L} \quad i = 1, \cdots, n \tag{9.41}$$

式中，$\bar{x}_L$ 和 s_L 为样本数据对数 $\ln(x_i)$ 的平均值和标准差。

采用式(9.38)计算检验统计量；并采用式(9.39)计算观测显著性水平。如果 OSL>0.05，可以断定(具有 95%的置信度)该样本来自对数正态分布母体；否则，该样本不是来自对数正态分布母体。

9.4 复合材料许用值的确定

9.4.1 基准值的样本容量

材料性能许用值是以试验数据的统计分析为基础，包括材料性能的 B 基准值和 A 基准值。B 基准值具有 90%的可靠度和 95%的置信度。也就是说，在 95%置信度下，数据组中 90%的性能试验数据高于此值。A 基准值具有 99%可靠度和 95%的置信度。即在 95%置信度下，数据组中 99%的性能试验数据高于此值。材料的 B 基准值高于 A 基准值。对于复合材料，模量一般采用平均值，当模量用于分析结构稳定性时需采用 B 基准值，强度普遍采用 B 基准值。

材料性能基准值是从试验数据的样本中通过统计的方法计算得到，基准值计算的结果必将强烈依赖于样本数据的数量与质量。在图 9.1 中给出了 B 基准值与样本容量及样本变异系数关系的示意图。从图 9.1 中可以看出，B 基准值随样本容量的增大而增大，当样本容量为 30、样本变异系数为 10%时，计算的 B 基准值约为试验数据平均值的 80%。这就是说，在相同可靠度水平下，采用较大的样本容量，可以得到较高的 B 基准值。从图 9.1 中还可以看出，B 基准值随样本变异系数的增大而减小，当样本容量为 30、样本变异系数由 5.2% 增加到

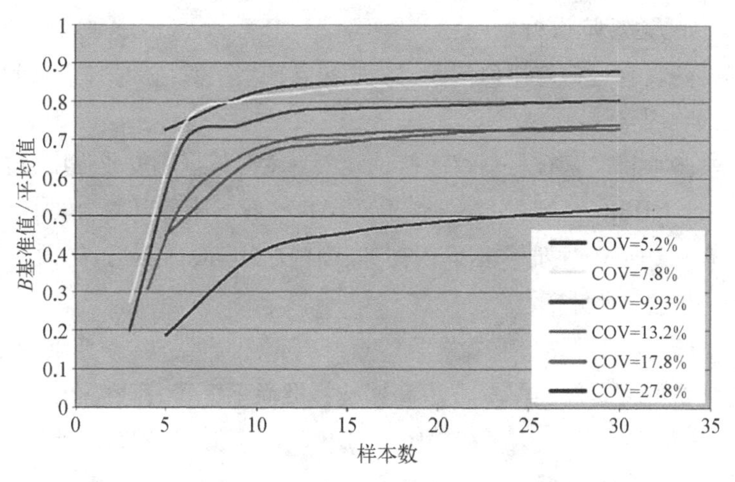

图 9.1　*B* 基准计算值随样本容量、样本变异系数的变化

17.8%时，计算的 *B* 基准值由试验数据平均值的 88%下降至 72%。

复合材料的特点是材料与结构同时形成，因此原材料、制造工艺及检测操作的细微差异都会导致性能数据的差异性增加。复合材料性能数据的差异性可概括为两部分：批间差异和批内差异。批间差异是指不同批次原材料按同一工艺规范所制造试样试验数据的差异；批内差异是指同一批原材料按同一工艺规范所制造试样试验数据的差异。因此，复合材料通常根据多批次材料确定基准值，以考虑不同批次的影响。

复合材料基准值的取样方法和样本容量取决于许多因素，主要包括：① 用于近似数据抽样母体的统计模型；② 想得到的重复程度；③ 被测量性能的变异性；④ 由试验方法引起的性能测量值的差异等。在 MIL－HDBK－17F《复合材料手册》中，推荐统计非结构型数据基准值的取样方法和样本容量要求，如表 9.1 所示。

表 9.1　MIL－HDBK－17F 不同数据类型的最低采样要求[12, 13]

数据类型	说　明	最低要求	
		批　次	试样数量
A 基准	充分采样	10	75
	简化采样	5	55
B 基准	充分采样	5	30
	简化采样	3	18

9.4.2 试验矩阵设计

高温结构复合材料许用值试验矩阵中包含的要素有试验项目、试验方法、试验数量和影响因素等。

(1) 试验项目。复合材料许用值试验项目主要依据刚度或强度分析方法确定。在 MIL-HDBK-17F《复合材料手册》中,推荐的陶瓷基复合材料许用值试验项目如表 9.2 所示,主要包括面内拉伸、面内压缩、面内剪切、离面拉伸(厚度方向拉伸)和层间剪切等。

(2) 试验方法。目前,国内关于 C/C、C/SiC 和 SiC/SiC 等连续纤维增强陶瓷基复合材料的力学性能测试方法和试验标准尚不完善,推荐采用国标(GB)、国军标(GJB)或 ASTM 标准。在 MIL-HDBK-17F《复合材料手册》中,推荐的试验项目以及涉及的试验标准见表 9.2。

表 9.2 高温结构复合材料许用值试验项目及相应试验标准[14]

序号	试验项目	试验方法与标准		
		国标(GB)	国军标(GJB)	ASTM
1	面内拉伸	GB/T 33501	GJB 6475	ASTM C 1275
2	面内压缩	GB/T 34559	GJB 6476	ASTM C 1358
3	面内剪切	—	—	ASTM C 1292
4	离面拉伸	—	—	ASTM C 1468
5	层间剪切	—	—	ASTM C 1292

(3) 试验数量。复合材料许用值试验数量与所采用的 B 基准统计方法相关,目前广泛应用的 B 基准统计方法主要是 MIL-HDBK-17F《复合材料手册》推荐的用于统计非结构型数据 B 基准值的单点法和统计结构型数据 B 基准值的方差分析(analysis of variance, ANOVA)方法。在 MIL-HDBK-17F《复合材料手册》中,对于陶瓷基复合材料的力学性能,统计非结构型数据的 B 基准值时,推荐优先采用充分采样数据类型,即:试验矩阵中每一个性能在每种条件下要求至少 30 个试验数据(至少 5 批次、每批次 6 个数据),用于进行参数分析/非参数分析。如果承制方和用户方之间能达成一致,也可以采用较少的材料批次和重复试验个数,但不得少于 3 批次。统计结构型数据的 B 基准值时,当批次较少时,ANOVA 方法只能获得极保守的基准值,不推荐在少于 5 批次的情况下采用 ANOVA 方法。

(4) 影响因素。高温结构复合材料许用值的影响因素一般包括环境温度、气氛环境(真空、无氧或有氧)、应力状态(偏轴、双轴或三轴应力耦合)、热冲击、孔径、宽度、紧固件类型、端距、制造缺陷、冲击损伤。

环境影响一般通过对试验件进行加热、氧化来实现，试验的温度、氧化条件主要包括室温、高温真空（惰性气氛）和高温大气（低压氧环境）等。

在 MIL－HDBK－17F《复合材料手册》中，针对陶瓷基复合材料的力学性能，推荐对不同试验环境条件分别进行基准值统计处理，并给出了通用的力学性能试验矩阵，如表 9.3 所示。在表 9.3 中，采用 $l \times m$ 的形式来表示所需试样数量，其中 l 代表需要的材料批次；m 代表每批的试样数量。但是在表 9.3 中，针对提及的高温环境未给予详细说明。

表 9.3　陶瓷基复合材料力学性能试验矩阵[14]

序号	试验项目	每一试验条件件的样本数量		试验总数
		室温大气环境	高温环境	
1	面内拉伸	5×6	5×6	60
2	面内压缩	5×6	5×6	60
3	面内剪切	5×6	5×6	60
4	离面拉伸	5×6	5×6	60
5	层间剪切	5×6	5×6	60

表 9.3 给出的试验矩阵可用表 9.4 所示的试验矩阵代替，以进行回归分析。回归分析允许共享不同环境参数（如温度）下获得的数据，其基本出发点是采用尽可能少的试验数据，得到尽可能多的许用值。在进行材料强度数据的统计回归分析时有如下基本假设：① 在试验环境参数变化范围内，失效模式保持不变；② 性能数据的分散性主要来源于材料与工艺的变异性，不考虑试验环境条件对性能数据分散性的影响，认为不同试验环境条件下得到的数据来源于同一母体；③ 不属于独立变量的参数保持不变。

表 9.4　陶瓷基复合材料力学性能试验矩阵

序号	试验项目	每一种试验条件件的样本数量				试验总数
		室温大气	温度 1	温度 2	温度 3	
1	面内拉伸	5×6	3×6	3×6	3×6	84
2	面内压缩	5×6	3×6	3×6	3×6	84
3	面内剪切	5×6	3×6	3×6	3×6	84
4	离面拉伸	5×6	3×6	3×6	3×6	84
5	层间剪切	5×6	3×6	3×6	3×6	84

注：温度 2 代表给定结构的最高使用温度；温度 1 代表高于室温但低于温度 2 的中等温度；温度 3 代表材料体系最高工作温度。

在真空(或惰性气氛)环境下,高温结构复合材料的力学性能随温度的增加一般呈非线性变化,直到增至某个温度值时出现急剧的下降,并且超过该温度值后这种下降趋势变得不可逆,将材料力学性能开始急剧下降的温度规定为"特征温度",定义为材料工作极限(material operational limit, MOL)或最高工作温度。确定材料工作极限(MOL)的目的是,要保证在服役中材料不会在温度稍微增加就会引起重大强度或刚度损伤的环境下工作,从而绝对避免不可逆的性能改变。

对于温度的影响,在试验矩阵中亦可以室温大气环境为基准,进行 5 个批次的完整试验,而对于不同温度、不同气氛环境(真空或惰性气氛)只进行 1 个批次的试验,通过高温与室温试验结果的均值对比来评估温度的影响,其中对于严酷高温状态可考虑进行 3 个批次的试验。设计的评估温度影响的试验矩阵如表 9.5 所示。

表 9.5　陶瓷基复合材料力学性能试验矩阵

序号	试验项目	每一种试验条件的样本数量				试验总数
		室温大气	温度 1	温度 2	温度 3	
1	面内拉伸	5×6	1×6	1(3)×6	1×6	48(60)
2	面内压缩	5×6	1×6	1(3)×6	1×6	48(60)
3	面内剪切	5×6	1×6	1(3)×6	1×6	48(60)
4	离面拉伸	5×6	1×6	1(3)×6	1×6	48(60)
5	层间剪切	5×6	1×6	1(3)×6	1×6	48(60)

热氧化稳定性(thermal oxidative stability, TOS)是对复合材料氧化速率的一种度量,也是高温结构复合材料的一个重要性能。复合材料的 TOS 性能与温度、应力状态、气体环境(压力、分子氧/原子氧/离子氧状态)和时间等参量相关。为了对复合材料的 MOL 有准确的评定,推荐用一种反映实际应用环境的真实方式,使得上述影响同时出现。对于短期的应用,可以通过将材料暴露在联合环境下直到零件(或部件和构件)具体的任务寿命,评定材料的剩余强度,以试验的方式确定退化的总量。对于长期的应用,可能难于进行这种实时的环境暴露,需要建立耐久性模型和加速试验,以便预计这些应用在寿命终结时的性能。例如,针对航空发动机热端部件用 C/SiC 复合材料的热氧化稳定性,通过等效模拟系统和高温风洞系统结合的方法研究材料在航空发动机环境中的损伤机理,获得了温度、燃气速率、应力对加速系数的影响,以及预制体结构和燃气速率对耦合环境氧化的影响[16]。前述高超声速飞行器热防护备选 C/C 材料的热氧化

稳定性,根据其服役环境,开展大气环境/1 500℃/无预加载荷/暴露 3 000 s,大气环境/1 500℃/30% σ_b 预加载荷/暴露 3 000 s 和 40 km 高度压力/1 500℃/30% σ_b 预加载荷/暴露 3 000 s 等不同条件暴露后的剩余性能研究。

应力状态的影响通过双轴应力状态试验或偏转试验件的铺层角度来实现,对于$[90/+45/-45/0]_s$、$[0/+45/-45/90]_s$ 准各向同性铺层,考虑严酷情况,一般采用 22.5°偏轴载荷试验;对于$[90/0]_s$、$[0/90]_s$ 正交各向异性铺层,考虑严酷情况,一般采用 45°偏轴载荷试验。厚度的影响通过保持铺层比例不变,将试验件的铺层减少一半或增加一倍的形式来实现,经验表明厚度对性能几乎无影响。孔径的影响需要保持宽径比不变、改变试样的孔径和宽度实现。宽度的影响需保证孔径不变,改变试样的宽径比来衡量。制造缺陷在复合材料结构中不可避免,材料许用值试验中需要考虑制造缺陷对于性能的影响,一般通过制造折减系数来衡量。厚度、孔径、宽度、紧固件类型、端距及制造缺陷对于性能的影响一般只进行 1 个批次的试验,通过均值对比来评估上述因素的影响。

9.4.3　基准值计算方法

目前广泛应用的复合材料 *B* 基准值统计方法主要有: ① 单点法(single point method);② 多环境样本合并方法(pooling method);③ 基于方差分析(ANOVA)的结构型数据 *B* 基准值统计方法;④ 基于小样本的 *B* 基准值统计方法;⑤ 最小批次 *B* 基准值计算方法等。

1. 单点法[17-20]

单点法来源于 MIL-HDBK-17F《复合材料手册》,单点法对不同试验环境条件分别进行基准值统计处理,要求至少 3 个材料批次、每批次不得低于 6 个有效试验数据。使用单点法计算 *B* 基准值,需要满足如下条件与基本假设: ① 破坏模式一致且合理;② 各批次试验数据之间的变异性是相当的,通过 ADK 检验各批次试验数据来自同一母体。

单点法计算 *B* 基准值主要有 4 种统计方法,分别为威布尔分布方法、正态分布方法、对数正态分布方法以及非参数方法。在 MIL-HDBK-17F《复合材料手册》中,推荐优先采用威布尔分布方法,推荐理由为: 威布尔分布适合于模拟脆性材料,并且单向复合材料的"束链"强度模型表明威布尔适合于此类复合材料强度分布。在 DOT/FAA/AR-03/19 中则推荐优先采用正态分布方法,推荐理由有: ① 正态分布能更好地模拟大样本的复合材料强度数据;② 异常数据检验的 MNR 方法中已经采用了正态分布假设;③ 由于没有可观的数据量,就目前的统计水平,区分正态分布、威布尔分布和对数正态分布的数据组之间的差别几乎是不可能的。

1）威布尔分布的 B 基准值

如果样本数据来自威布尔分布母体,其 B 基准值为

$$B = \hat{\alpha}\,(0.105\,36)^{1/\hat{\beta}}\exp\left\{\frac{-V_B}{\hat{\beta}\sqrt{n}}\right\} \tag{9.42}$$

式中,V_B为对应样本大小 n 的威布尔分布单侧 B 基准值容限系数,利用近似公式(9.43)计算,即

$$V_B = 3.803 + \exp\left[1.79 - 0.516\ln(n) + \frac{5.1}{n}\right] \tag{9.43}$$

2）正态分布的 B 基准值

如果样本数据来自正态分布母体,其 B 基准值为

$$B = \bar{x} - k_B s \tag{9.44}$$

式中,k_B为 B 基准值单侧容量系数,利用近似公式(9.45)计算:

$$k_B = 1.282 + \exp(0.958 - 0.520\ln n + 3.19/n) \tag{9.45}$$

3）对数正态分布的 B 基准值

如果样本数据来自对数正态分布母体,其 B 基准值为

$$B = \exp(\bar{x}_L - k_B s_L) \tag{9.46}$$

4）非参数的 B 基准值

当样本 $n>28$ 时,采用式(9.47)计算相应样本大小 n 的 r_B值,r_B值四舍五入取最接近的整数。B 基准值为观测值升序排列后第 r_B个最小观测值。

$$r_B = \frac{n}{10} - 1.645\sqrt{\frac{9n}{100}} + 0.23 \tag{9.47}$$

当样本数 $n<29$ 时,采用 Hanson-Koopmans 方法计算 B 基准值:

$$B = x_{(r)}\left[\frac{x_{(1)}}{x_{(r)}}\right]^k \tag{9.48}$$

式中,$x_{(1)}$为最小观测值;$x_{(r)}$观测值降序排列后第 r_B个最大观测值,r_B和 k 值取

决于样本大小 n,若 $x_{(1)}=x_{(r)}$,不得使用该公式计算 B 基准值。

2. 多环境样本合并方法[21-23]

多环境样本合并方法计算 B 基准值是由 FAA 于 2003 年在 DOT/FAA/AR-03/19《聚合物基复合材料体系的材料鉴定与等同更新程序》[7]中提出的一种基于回归分析的、合并多个环境样本的统计方法,后被编入 MIL－HDBK－17－1G 第一卷。此方法将每种环境下的样本大小要求缩减至 3 个材料批次,每个材料批次要求 5 个以上有效数据。

多环境样本合并方法的核心思想是通过合并样本获得具有特定破坏模式的所有环境条件试验结果共性统计量。使用环境样本合并方法产生有效的 B 基准值,需要满足以下条件与基本假设:① 不同环境条件下的破坏模式一致且合理;② 环境条件数≥2,被合并的环境条件在试验温度范围内应是相邻的;③ 各环境条件下的数据批间变异性是相当的,通过 ADK 检验各批次试验数据来自同一母体;④ 各环境条件的数据呈正态分布,采用 Anderson-Daring 拟合优度检验判断合并后各环境条件的归一化数据来自正态分布母体;⑤ 各环境条件下数据组的变异性是等同的或者合并后各环境条件的归一化数据组的变异性是等同的。

多环境样本合并方法操作流程如下。

(1) 对所有受纤维控制的性能数据进行归一化处理,以考虑试样的纤维体积分数的变化对性能的影响。

(2) 所合并的样本应包含 2 种或 2 种以上环境条件,被合并的环境条件在试验温度范围内应是相邻的;每种环境条件应至少包含 3 批次、总数不少于 15 且破坏模式一致的数据。

(3) 采用 k 样本 Anderson-Daring(ADK)检验方法评估每种环境样本数据的批间相容性。在 ADK 检验之前,必须预先采用最大赋范残差(MNR)方法对每批次材料进行数据异常检验;对于离散系数过低的环境数据应将离散系数 CV 改为变换后的离散系数 CV*:

$$CV^{*}=\begin{cases}0.06, & CV<0.04\\ CV/2+0.04, & 0.04\leqslant CV\leqslant 0.08\\ CV, & 0.08\leqslant CV\end{cases}\tag{9.49}$$

当未通过 ADK 检验时,可采用批间变异性检验的工程经验方法做进一步的评估:① 如果绝大部分数据处于各批次数据的重叠范围内,则认为各批数据可合并;② 如果各批次数据的离散系数都很低(低于 0.04),而且合并后数据的离散系数同样较低,那么可认为各批次数据来源于同一母体;③ 各批次数据合并后,如果离散系数小于试验方法的测量精度,那么可认为各批次数据来自同一母体;④ 如果未通过 ADK 检验的环境样本离散系数与那些通过检验的环境样本相当,那么可认为该环境样本的各批次数据来自同一母体;⑤ 如果存在某批次数据的均值始终高于或低于大部分环境样本均值的一种可辨认趋势,则该环境样本各批次数据不可合并。

(4) 当 ADK 检验和工程经验方法均不能表明各批次数据来源于同一母体时,则从合并样本中去除该环境样本,可用单点法的程序统计其 B 基准值。反之,则合并该环境的各批次数据,并对其合并数据集进行异常数据检验和正态性检验。检验时,首先采用显著性水平 $\alpha=0.05$ 的 Anderson Darling 检验方法进行正态分布拟合优度检验,如果未通过,则可采用基于正态分布曲线图或正态分布图的图解法做进一步的正态性检查。

(5) 如果 Anderson Darling 检验方法和基于图解法的检查均未通过,则从合并样本中去除该环境样本,其 B 基准值只能用传统的单点法统计程序中的其他分布模型进行统计;反之,则对剩余的所有环境样本进行归一化处理(每种环境样本数据除以各自的均值),形成汇集样本。

(6) 使用 Levene 检验方法检验各种环境的归一化后数据在显著性水平 $\alpha=0.05$ 下的方差等同性。若未通过该诊断性检验,可采取工程经验方法做进一步的判断: ① 可采用其他显著性水平 ($\alpha=0.025$, 0.010) 下的方差等同性检验;② 虽然未通过,但是各组数据的离散系数均处于某种合理的水平并且相互之间的差别在百分之几以内,则从工程经验上可认为方差是等同的;③ 如果存在某种环境条件,其力学性能数据对环境影响比较敏感,且离散系数一直保持在很高或很低的水平,则应从汇集样本中去除该环境,剩余汇集样本应重新进行方差等同性检验。

(7) 如果诊断性检验及工程经验判断都无法断定汇集样本的方差是等同的,那么所有样本只能采用单点法的程序统计 B 基准值。如果通过了方差等同性检验,可进一步对汇集样本作正态性检验,检验方法与步骤(5)一致。如果通过了正态性检验,可采用合并离散系数法计算 B 基准值;如果未通过,则采用合并标准差法计算 B 基准值。

合并离散系数法计算 B 基准值。

(1) 计算每种环境的 B 基准容限系数,第 j 个环境样本的 B 基准容限系数 k_B可用非中心 t 分布的 95%位点 $t_{0.95}$表示为

$$(k_B)_j = \frac{t_{0.95}(z_B\sqrt{n_j},\ N-r)}{\sqrt{n_j}} \tag{9.50}$$

式中，z_B为概率等于90%的标准正态随机变量值，取值1.282；N 为整个合并数据组的数据点总数；r 为被合并环境条件的数目。

(2) 计算每种环境条件的换算系数，每种环境条件的 B 基准值换算系数 B_j为

$$B_j = 1 - (k_B)_j s \tag{9.51}$$

$$s = \sqrt{\sum_{i=1}^{n} (x_i - 1)^2/(N-r)} \tag{9.52}$$

式中，s 为归一化合并数据组的标准差；x_i 为归一化后合并数据组的第 i 个数据点。

(3) 计算每种环境条件的 B 基准值，将式(9.51)的换算系数乘以每种环境的实际样本均值，即可算出 B 基准值：

$$(B_{\text{basis}})_j = \bar{x}_j B_j \tag{9.53}$$

式中，$\bar{x}_j$ 为第 j 个环境样本的均值。

合并标准差法计算 B 基准值：各环境条件数据组的 B 基准值为

$$(B_{\text{basis}})_j = \bar{x}_j - (k_B)_j s_p \tag{9.54}$$

$$s_p = \sqrt{\sum_{j=1}^{k}\sum_{i=1}^{n_j} (x_{ji} - \bar{x}_j)^2/(N-r)} \tag{9.55}$$

式中，j 代表第 j 个环境条件；s_p为被合并数据组的标准差；x_{ji}为第 j 个环境样本的第 i 个数据。

3. 基于方差分析的 B 基准值统计方法

若样本数据存在明显的批间变异性而不能合并成单数据组进行 B 基准值计算，则将样本数据作为结构型数据进行处理，采用 ANOVA 方法进行 B 基准值计算。

采用 ANOVA 方法需要满足以下假设：① 各批次数据服从正态分布，通过 Anderson-Daring 拟合优度检验；② 各批次数据的批内方差相同，通过 Levene 检验方法检验；③ 批次均值为正态分布，通过 Anderson-Daring 拟合优度检验。

基于以上三点假设给出 ANOVA 方法 B 基准值计算公式：

$$B = \bar{x}_j - Ts \tag{9.56}$$

式中,T 为 ANOVA 方法 B 基准容限系数,当批次较少时,ANOVA 方法只能获得极保守的基准值,因此不推荐在少于 5 批次的情况下采用 ANOVA 方法。

4. 基于小样本的 B 基准值统计方法

由于制造和试验等原因造成有效数据少于 3 批次或者有效数据不足 18 件的数据组可以采用小样本方法计算 B 基准值,此统计模型基于以下假设: ① 无明显的批间差异,即通过 ADK 检验;② 母体的变异性可以通过已有的经验数据可靠地预估;③ 样本数据服从正态分布,通过 Anderson-Daring 拟合优度检验。

基于以上三点假设给出小样本 B 基准值计算公式:

$$B = \bar{x}\,\frac{1 - k_B\mathrm{CV}}{1 + Z_r\mathrm{CV}\sqrt{N}} \tag{9.57}$$

式中, $\bar{x}$ 为样本均值;CV 为样本离散系数,预估值并非样本数据本身的计算值;k_B为 B 基准容限系数,对于无限大的样本,k_B取 1. 282; Z_r 为正态分布均值统计偏差,错判风险 5%该母体不符合正态分布时,Z_r 取值 2. 326,错判风险 1%该母体不符合正态分布时,Z_r 取值 1.645,建议采用 1. 645。

9.5 针刺 C/C 复合材料层间剪切性能许用值

9.5.1 试验矩阵设计

针刺 C/C 复合材料的纤维预制体结构如图 9.2 所示,由单向碳纤维无纬布

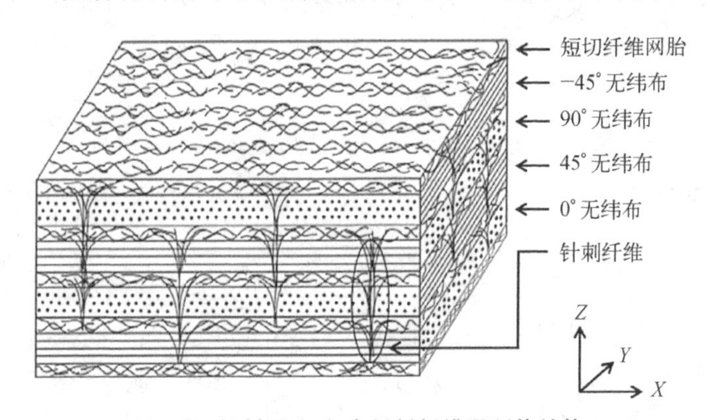

图 9.2 针刺 C/C 复合材料纤维预制体结构

和短切碳纤维网胎依照[0°/f/45°/f/90°/f/-45°/f/0°]$_s$规律循环叠加至一定厚度后,在 z 方向垂直针刺碳纤维,使其连接成为一个整体,得到三维针刺纤维预制体,整体纤维体积含量约为 25%。经 CVI(chemical vapor infiltration, CVI)工艺致密,制得的三维针刺 C/C 复合材料,材料密度约为 1.60 g/cm^3。针刺 C/C 复合材料由于其增强织物的特殊结构,克服了 2D C/C 复合材料层间缺乏连接的缺点,具有孔隙分布均匀、易致密成型、较高的面内和层间强度等特点[24, 25]。

某型固体火箭发动机,工作时间设计为 20 s,图 9.3 所示为数值计算该发动机 C/C 复合材料扩张段的温度场分布,图 9.4 所示为 C/C 复合材料扩张段内最高与最低温度点对的温度历程。图 9.3 和图 9.4 中的结果显示,C/C 复合材料扩张段内的温度分布极不均匀,最高温度大约 2 100℃,位于扩张段小端的内型面

图 9.3　针刺 C/C 扩张段内温场分布

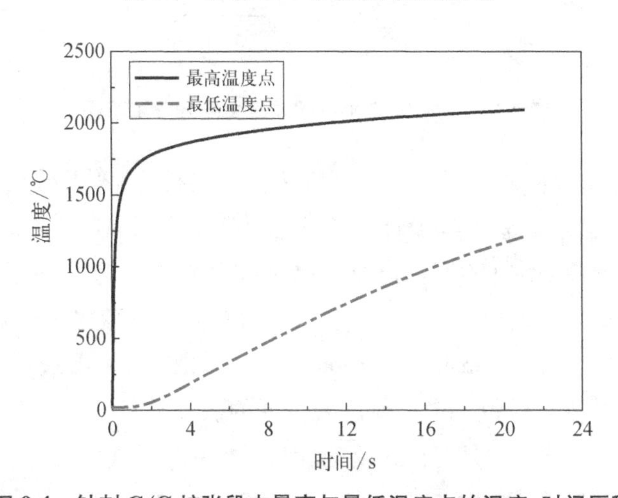

图 9.4　针刺 C/C 扩张段内最高与最低温度点的温度-时间历程

区域;最低温度大约为 1 200℃,位于扩张段小端的外型面区域。另外,根据固体发动机扩张段内整体温度分布,判断 C/C 复合材料的极端高温服役温度区间为 1 800℃左右。

图 9.5 所示为固体火箭发动机 C/C 扩张段的最大应力(拉伸应力、压缩应力和剪切应力)随时间的变化历程。图示结果显示,在整个工作历程内拉伸应力水平相对较低,最大拉应力为 30.3 MPa,发生在 4.2 s 时刻;最大剪切应力为 23.9 MPa,发生在 0.5 s 时刻;压缩应力处于较高水平,最大压应力为 96.2 MPa,发生在 1.0 s 初始时刻。最大应力位置分布在 C/C 扩张段的小端区域,应力状态并不是单一应力状态,而是两种或是两种以上应力的组合状态。例如,在扩张段小端的内型面区域表现为径向拉伸和剪切应力的组合状态,在扩张段小端的外型面区域表现为径向压缩和剪切应力的组合状态。考虑到针刺 C/C 复合材料低的层间剪切强度,固体发动机 C/C 扩张段较易发生层间剪切失效。

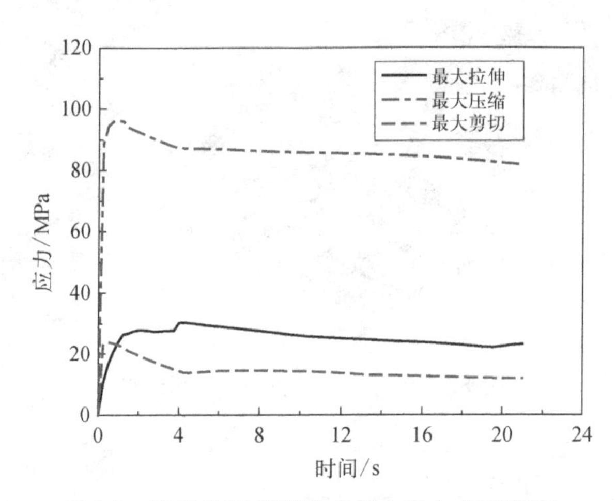

图 9.5 针刺 C/C 扩张段内最大应力-时间历程

针刺 C/C 复合材料层间剪切强度许用值试验矩阵,考虑材料批次、工艺分散性和环境的影响,试验矩阵设计如表 9.6 所列。根据固体火箭发动机扩张段服役环境特性确定针刺 C/C 复合材料极端高温服役温度为 1 800℃,高于室温的中等温度为 1 200℃;调研碳基复合材料力学性能随温度变化规律确定针刺 C/C 复合材料的工作极限(material operational limit, MOL)或最高工作温度为 2 400℃。在表 9.6 中对每一个高温试验条件的试验数量采用“1×6”的模式,即 1 个材料批次 6 个试验件是可以接受的,因为材料批次、工艺分散性的影响在室温大气环境中已有考虑。考虑应力状态的影响,试验矩阵设计如表 9.7 所列。

表 9.6　基于温度影响的针刺 C/C 复合材料层间剪切强度试验矩阵

序号	试验项目	每一种试验条件的样本数量				试验总数
		室温大气	1 200℃	1 800℃	2 400℃	
1	层间剪切	5×6	1×6	3×6	1×6	60

表 9.7　基于应力状态影响的针刺 C/C 复合材料层间剪切性能试验矩阵

序号	试验项目	每一种试验条件的样本数量			试验总数
		纯剪切	面外拉/剪耦合	面外压/剪耦合	
1	层间剪切	5×6	3×6	1×6	54

9.5.2　试验数据统计分析

选用针刺 C/C 复合材料，试验测试不同环境条件（高温和耦合应力状态）下层间剪切强度（或剪切失效应力）数据，如表 9.8、表 9.9 和表 9.10 所示。

表 9.8　针刺 C/C 复合材料室温层间剪切强度数据（单位：MPa）

第 1 批	第 2 批	第 3 批	第 4 批	第 5 批
12.77	9.49	14.73	12.33	10.48
10.35	12.95	11.26	9.87	11.79
11.18	10.93	12.41	11.49	10.12
14.01	12.66	9.80	10.68	11.96
9.88	11.69	10.42	13.04	12.27
10.93	14.35	11.30	12.60	14.46

表 9.9　针刺 C/C 复合材料真空环境高温层间剪切强度数据（单位：MPa）

批　次	温　度			
	1 200℃	1 600℃	1 800℃	2 400℃
第 1 批次	17.31	17.14	16.13	11.29
	18.04	17.59	20.75	15.44
	15.20	15.79	15.07	9.57
	11.39	21.42	14.03	14.32
	15.24	11.46	14.38	12.61
	16.53	16.42	16.82	10.18

（续表）

批　次	温　度			
	1 200℃	1 600℃	1 800℃	2 400℃
第 2 批次			20.64 18.15 17.80 11.26 15.52 15.62	
第 3 批次			22.08 11.88 18.51 12.11 16.18 16.14	

表 9.10　针刺 C/C 复合材料室温环境层间剪切与面外正应力耦合失效应力（单位：MPa）

批　次	应 力 状 态					
	剪切：拉伸=3：1		剪切：拉伸=2：1		剪切：压缩=2：1	
	剪应力	拉应力	剪应力	拉应力	剪应力	压应力
第 1 批次	10.21 7.77 11.92 8.58 9.43 10.02	3.40 2.58 3.97 3.18 3.15 3.53	6.58 6.81 9.72 6.42 7.02 7.27	3.22 3.51 4.89 3.12 3.52 3.72	14.78 16.17 14.90 16.27 20.19 18.83	7.51 8.38 7.49 8.23 10.25 9.42
第 2 批次			6.97 5.56 5.75 7.74 7.84 8.42	3.48 2.73 2.87 3.82 3.92 4.21		
第 3 批次			6.61 7.29 7.84 8.42 6.12 6.96	3.44 3.66 3.58 4.09 3.08 3.41		

1. 针刺 C/C 复合材料室温层间剪切强度数据统计分析

表 9.8 所示，针刺 C/C 复合材料室温层间剪切强度数据，该数据样本包括 5 批次数据，所有试样的破坏模式一致。采用最大赋范残差（maximum normed residual，MNR）统计量对每一组数据进行异常数据定量的筛选，利用式（9.5）计算最大赋范残差统计量 MNR 如表 9.11 所示，利用式（9.6）计算临界值 C = 1.887。由于 MNR 统计量小于临界值 C，则可以判定（具有 95%置信水平）上述 5 组试验数据不存在异常数据。

表 9.11　室温层间剪切强度数据 MNR 检查结果

批次	第 1 批	第 2 批	第 3 批	第 4 批	第 5 批
MNR	1.588	1.486	1.773	1.224	1.696

对表 9.8 所示针刺 C/C 材料的 5 组室温层间剪切强度数据进行 Anderson-Daring 检验，利用式（9.7）计算 ADK = 0.403，利用式（9.8）计算 ADC = 1.644。由于统计量 ADK 小于临界值 ADC，则可以判定（具有 95%置信水平）该 5 组试验数据组成的样本来自同一个母体，可以合并在一起，构成非结构型数据组。

对表 9.8 所示的非结构型数据组，采用极大似然估计法，根据式（9.22）和（9.23）迭代计算两参数威布尔分布的形状参数与尺度参数，根据式（9.26）和（9.27）计算正态分布和对数正态分布的均值（位置）及方差（尺度）参数，不同分布的参数估计结果如表 9.12 所示。

表 9.12　室温层间剪切强度数据极大似然估计法参数估计结果

样本数	分布	位置	形状	尺度
1~3 批次（18）	威布尔		7.940	12.42
	正态	11.728		1.586
	对数正态	2.454		0.133
1~5 批次（30）	威布尔		8.457	12.394
	正态	11.740		1.464
	对数正态	2.456		0.123

对表 9.12 所示的威布尔分布、正态分布和对数正态分布采用 Anderson-Daring 检验法进行分布拟合优度检验。根据式（9.34）和式（9.35）计算出材料层间剪切强度分别用威布尔分布、正态分布和对数正态分布拟合时的 AD 统计量

和 OSL 值,计算结果如表 9.13 所示。在表 9.13 中可以看出,对于层间剪切强度性能而言,采用威布尔分布、正态分布和对数正态分布拟合计算出的 OSL 值依次为 0.096、0.458 和 0.733,均大于 0.05,说明针刺 C/C 复合材料室温层间剪切强度可以由威布尔分布、正态分布和对数正态分布较好地拟合。

表 9.13 室温层间剪切强度 Anderson-Daring 检验统计量计算结果

样本数	分布	AD	OSL
1~3 批次(18)	威布尔	0.526	0.179
	正态	0.364	0.400
	对数正态	0.275	0.617
1~5 批次(30)	威布尔	0.624	0.096
	正态	0.347	0.458
	对数正态	0.247	0.733

2. 针刺 C/C 复合材料高温层间剪切强度数据统计分析

表 9.9 所示为针刺 C/C 复合材料高温层间剪切强度数据,该数据样本包括 3 批次 6 组数据。所有试样的失效模式一致,即层间剪切失效。利用式(9.5)计算最大赋范残差统计量 MNR,如表 9.14 所示,利用式(9.6)计算临界值 C = 1.887。由于 MNR 统计量小于临界值 C,则可以判定(具有 95%置信水平)上述 6 组试验数据不存在异常数据。

表 9.14 高温层间剪切强度数据 MNR 检查结果

批次	载荷							
	1 200℃		1 600℃		1 800℃		2 400℃	
	C	MNR	C	MNR	C	MNR	C	MNR
第 1 批次	1.887	1.795	1.887	1.611	1.887	1.847	1.887	1.380
第 2 批次					1.887	1.644		
第 3 批次					1.887	1.528		

对表 9.9 所示针刺 C/C 复合材料的 3 组 1 800℃高温层间剪切强度数据进行 Anderson-Daring 检验,利用式(9.7)计算 ADK = 0.463,利用式(9.8)计算 ADC = 1.926。由于统计量 ADK 小于临界值 ADC,则可以判定(具有 95%置信水平)该 3 组试验数据组成的样本来自同一个母体,可以合并在一起,构成非结构

型数据组。

对表 9.9 所示针刺 C/C 复合材料 1 800℃高温层间剪切强度的非结构型数据组，采用极大似然估计法，根据式(9.22)和式(9.23)迭代计算两参数威布尔分布的形状参数与尺度参数，根据式(9.26)和式(9.27)计算正态分布和对数正态分布的均值(位置)及方差(尺度)参数，不同分布的参数估计结果如表 9.15 所示。

表 9.15　高温层间剪切强度极大似然估计法参数估计结果

分　布	位　置	形　状	尺　度
威布尔		5.998	17.524
正　态	16.282		3.037
对数正态	2.773		0.190

对表 9.15 所示的威布尔分布、正态分布和对数正态分布采用 Anderson-Daring 检验法进行分布拟合优度检验。根据式(9.34)和式(9.35)计算出材料层间剪切强度分别用威布尔分布、正态分布和对数正态分布拟合时的 AD 统计量和 OSL 值，计算结果如表 9.16 所示。在表 9.16 中可以看出，对于层间剪切强度性能而言，采用威布尔分布、正态分布和对数正态分布拟合计算出的 OSL 值依次为 0.250、0.739 和 0.699，均大于 0.05，说明针刺 C/C 复合材料 1 800℃高温层间剪切强度可以由威布尔分布、正态分布和对数正态分布较好地拟合。

表 9.16　高温层间剪切强度 Anderson-Daring 检验统计量计算结果

分　布	AD	OSL
威布尔	0.328	0.250
正　态	0.240	0.739
对数正态	0.251	0.699

3. 针刺 C/C 复合材料层间剪切：面外正应力耦合失效应力数据统计分析

表 9.10 所示为针刺 C/C 复合材料的室温层间剪切：面外正应力耦合状态失效应力试验数据，该数据样本包括 3 批次 5 组数据。所有试样的失效模式一致，即层间剪切失效。利用式(9.5)计算最大赋范残差统计量 MNR，如表 9.17 所示，利用式(9.6)计算临界值 $C=1.887$。由于 MNR 统计量小于临界值 C，则可以判定(具有 95%置信水平)上述 5 组试验数据不存在异常数据。

表 9.17　室温层间剪切：面外正应力耦合失效应力数据 MNR 检查结果

批　次	载　荷					
	剪切：拉伸=3：1		剪切：拉伸=2：1		剪切：压缩=2：1	
	C	MNR	C	MNR	C	MNR
第 1 批次	1.887	1.578	1.887	1.327	1.887	1.523
第 2 批次			1.887	1.266		
第 3 批次			1.887	1.459		

对表 9.10 所示针刺 C/C 复合材料的 3 组室温层间剪切：面外拉应力为 2：1 耦合状态失效应力实验数据进行 Anderson-Daring 检验，利用式(9.7)计算 ADK=0.505，利用式(9.8)计算 ADC=1.926。由于统计量 ADK 小于临界值 ADC，则可以判定(具有 95%置信水平)前述 3 组试验数据组成的样本来自同一个母体，可以合并在一起，构成非结构型数据组。

对表 9.10 所示针刺 C/C 复合材料的 3 组室温层间剪切：面外拉应力为 2：1 耦合状态失效应力试验的非结构型数据组，采用极大似然估计法，根据式(9.22)和式(9.23)迭代计算两参数威布尔分布的形状参数与尺度参数，根据式(9.26)和式(9.27)计算正态分布和对数正态分布的均值(位置)及方差(尺度)参数，不同分布的参数估计结果如表 9.18 所示。

表 9.18　室温层间剪切：面外拉应力 2：1 耦合失效应力极大似然估计法参数估计结果

分　布	位　置	形　状	尺　度
威布尔		7.090	7.633
正　态	7.186		1.030
对数正态	1.963		0.140

对表 9.18 所示的威布尔分布、正态分布和对数正态分布采用 Anderson-Daring 检验法进行分布拟合优度检验。根据式(9.34)和式(9.35)计算出材料层间剪切强度分别用威布尔分布、正态分布和对数正态分布拟合时的 AD 统计量和 OSL 值，计算结果如表 9.19 所示。在表 9.19 中可以看出，对于层间剪切强度性能而言，采用威布尔分布、正态分布和对数正态分布拟合计算出的 OSL 值依次为 0.206、0.681 和 0.921，均大于 0.05，说明针刺 C/C 复合材料层间剪切：面外拉应力为 2：1 耦合状态失效应力可以由威布尔分布、正态分布和对数正态分布较好地拟合。

表 9.19　室温层间剪切：面外拉应力 2∶1 耦合失效应力
Anderson-Daring 检验统计量计算结果

分　布	AD	OSL
威布尔	0.499	0.206
正　态	0.257	0.681
对数正态	0.169	0.921

9.5.3　材料剪切强度许用值确定

目前广泛应用的复合材料 B 基准值统计方法主要有：① 单点法(single point method)；② 多环境样本合并方法(pooling method)；③ 基于方差分析(ANOVA)的结构型数据 B 基准值统计方法；④ 基于小样本的 B 基准值统计方法；⑤ 最小批次 B 基准值计算方法等。

1. 单点法确定针刺 C/C 复合材料层间剪切强度 B 基准许用值

根据表 9.12、9.15 和 9.18 所示的针刺 C/C 复合材料不同典型环境层间剪切性能统计分布参数，采用 9.4.3 小节所述单点法计算针刺 C/C 复合材料不同典型环境层间剪切性能 B 基准许用值，计算结果如表 9.20 所示。表 9.20 所示的结果表明，采用威布尔分布计算的 B 基准许用值最为保守，正态分布较大，对数正态分布计算的 B 基准许用值最大。

表 9.20　针刺 C/C 复合材料层间剪切性能 B 基准许用值

温　度	载荷状态	威布尔	正态(5 批)	正态(3 批)	对数正态
室温	单轴剪切	8.52	9.14	8.60	9.37
室温	剪切∶拉伸 2∶1	4.61		5.15	5.40
1 800℃	单轴剪切	9.67		10.29	11.00

2. 多环境样本合并法确定针刺 C/C 复合材料层间剪切 B 基准许用值

将针刺 C/C 复合材料在室温、1 800℃ 和剪切∶拉伸 2∶1 耦合应力状态的剪切性能数据合并，拟采用多环境样本合并法确定其层间剪切性能 B 基准许用值。在 9.4.2 小节描述使用环境样本合并方法产生有效的 B 基准值，需要满足以下条件与基本假设。

(1) 不同环境条件下的破坏模式一致且合理，室温、1 800℃ 和室温剪切∶拉伸 2∶1 耦合应力状态三种环境下针刺 C/C 复合材料均表现为层间剪切破坏模式。

(2) 环境条件数≥2,每种环境条件应至少包含3批次、总数不少于15;室温、1 800℃和室温剪切∶拉伸2∶1耦合应力状态共三种典型环境,每种环境包含3批次、18个样本。

(3) 各环境条件下的数据批间变异性是相当的,通过ADK检验各批次试验数据来自同一母体;室温、1 800℃和室温剪切∶拉伸2∶1耦合应力状态三种环境下针刺C/C复合材料层间剪切性能数据批间变异性相当,均通过ADK检验三种环境各批次试验数据来自同一母体。

(4) 各环境条件的数据呈正态分布,采用Anderson-Daring拟合优度检验判断合并后各环境条件的归一化数据来自正态分布母体;室温、1 800℃和室温剪切∶拉伸2∶1耦合应力状态三种环境下针刺C/C复合材料层间剪切性能数据均通过Anderson-Daring检验,可以由威布尔分布、正态分布和对数正态分布拟合。

(5) 各环境条件下数据组的变异性是等同的或者合并后各环境条件的归一化数据组的变异性是等同的;室温、1 800℃和室温剪切∶拉伸2∶1耦合应力状态三种环境下针刺C/C复合材料层间的剪切性能变异性分别为13.52%、18.65%和18.09%。

对表9.8~表9.10所示的针刺C/C复合材料1~3批次层间剪切性能数据进行归一化处理,形成汇集样本如表9.21所示。

表9.21 多环境汇集样本

编号	室温剪切	编号	1 800℃剪切	编号	剪切∶拉伸2∶1
1	1.09	1	0.99	1	0.92
2	0.88	2	1.27	2	0.95
3	0.95	3	0.93	3	1.35
4	1.19	4	0.86	4	0.89
5	0.84	5	0.88	5	0.98
6	0.93	6	1.03	6	1.01
7	0.81	7	1.27	7	0.97
8	1.10	8	1.11	8	0.77
9	0.93	9	1.09	9	0.80
10	1.08	10	0.69	10	1.08
11	1.00	11	0.95	11	1.09
12	1.22	12	0.96	12	1.17

（续表）

编号	室温剪切	编号	1 800℃剪切	编号	剪切：拉伸 2：1
13	1.26	13	1.36	13	0.92
14	0.96	14	0.73	14	1.01
15	1.06	15	1.14	15	1.09
16	0.84	16	0.74	16	1.17
17	0.89	17	0.99	17	0.85
18	0.96	18	0.99	18	0.97

利用 Levene 检验方法检验上述三种环境的归一化后数据在显著性水平 $\alpha = 0.05$ 下的方差等同性。

利用式(9.58)形成变换数据：

$$W_{ij} = | x_{ij} - \tilde{x}_i | \tag{9.58}$$

式中，x_{ij}为第 i 组数据中的第 j 个数据；$\tilde{x}_i$ 为第 i 组数据中的 n_i个数据的中值。

利用式(9.59)对变换过的数据计算 F 统计量：

$$F = \frac{\sum_{i=1}^{k} n_i (\bar{W}_i - \bar{W})^2/(k-1)}{\sum_{i=1}^{k}\sum_{j=1}^{n_i} (W_{ij} - \bar{W}_i)^2/(n-k)} \tag{9.59}$$

式中，n_i为第 i 组数据数目；k 为数据的组数；n 为数据总数；$\bar{W}_i$ 为第 i 组变换数据的平均值；$\bar{W}$ 为所有变换数据的平均值；$(k-1)$为分子自由度；$(n-k)$为分母自由度。

如果统计量 F 大于或等于所给出的 F 分布的分位数 F_α，那么推断(95%置信度)组间方差明显不同；如果统计量 F 小于所给出的 F 分布的分位数 F_α，则可接受方差相同等的假设。对表 9.21 所示多环境汇集样本进行 Levene 检验，计算 $F = 0.635 < F_{0.05} = 3.15$，接受方差相同等的假设。

利用极大似然估计法对表 9.21 所示的针刺 C/C 复合材料层间剪切性能汇集样本进行正态分布参数估计，获得正态分布参数的总体均值 $\mu = 0.999$、总体标准差 $\sigma = 0.154$。采用 Anderson-Daring 检验法进行汇集样本分布拟合优度检验，获得正态分布 OSL=0.351>0.05，说明针刺 C/C 复合材料层间剪切性能汇集样本可以由正态分布较好地拟合。

采用合并离散系数法计算针刺 C/C 复合材料层间剪切性能 B 基准许用值，

计算结果如表 9.22 所示。

表 9.22 多环境样本合并法 *B* 基准许用值(单位: MPa)

温 度	载荷状态	均 值	标准差	k_B	*B* 基准值
室温	单轴剪切	11.73	1.59	1.659	8.73
室温	剪切 : 拉伸 2 : 1	7.19	1.03	1.659	5.35
1 800℃	单轴剪切	16.28	3.04	1.659	12.12

采用单点法和多环境样本合并法计算针刺 C/C 复合材料层间剪切性能 *B* 基准许用值,如表 9.23 所示。对比表 9.20 所示结果,单点法计算出的 *B* 基准许用值随着分布形式的不同变化较大,正态分布模型所得的 *B* 基准许用值较大;多环境样本合并方法计算的 *B* 基准许用值略大于单点法。

表 9.23 针刺 C/C 复合材料层间剪切性能 *B* 基准许用值(单位: MPa)

温 度	载荷状态	单点法	多环境样本合并法
室温	单轴剪切	8.60	8.73
室温	剪切 : 拉伸 2 : 1	5.15	5.35
1 800℃	单轴剪切	10.29	12.12

9.6 本章小结

飞行器设计要求采用成熟的材料体系,成熟的标志是具有"*A* 或 *B* 基准"设计性能数据库或经"同行评审"的设计许用值数据库,而针对热防护和热结构材料要求又不尽相同。以 C/C、C/SiC、SiC/SiC 为代表的热结构复合材料,其"陶瓷"属性和工艺特性决定了其内部含有大量的初始缺陷,材料性能表现出很大的分散性,且与工艺密切相关。美国 MIL - HDBK - 17 给出了确定 *A* 和 *B* 基准许用值材料批次数量和每批次试样数量。"*A* 基准"用于单载荷路径造成结构完整性失效情况;"*B* 基准"用于部件失效造成载荷重新安全分布到其他承力单元情况。用于航天飞机头锥和翼前缘的 RCC 是目前唯一采用 *A* 基准的耐高温复合材料;X - 37 和 HTV - 2 项目发展的 CVI C/SiC 和 ACC - 6 复合材料采用 *B* 基准。我国在此方面缺乏系统性的研究工作,实际工作中往往将获得的试验数据直接应用于飞行器热结构设计,有待于形成一套完整的标准与规范。

参考文献

[1] United States Navy. Military specification airplane strength and rigidity ground tests[S]. MIL－A－8867C,1993.

[2] United States Navy. Joint service specification guide [S]. JSSG－2006,1998.

[3] 沈真.复合材料飞机结构设计许用值及其确定原则[J].航空学报, 1998, 19(4): 385－392.

[4] 沈真.复合材料飞机结构耐久性/损伤容限设计指南[M].北京: 航空工业出版社,1995.

[5] 沈真.复合材料结构设计手册[M].北京: 航空工业出版社,2001.

[6] 沈真,柴亚南,杨胜春,等.复合材料飞机结构强度新规范要点评述[J].航空学报,2006, 27(5): 784－788.

[7] 沈真,杨胜春,陈普会.复合材料抗冲击性能和结构压缩设计许用值[J].航空学报, 2007, 28(3): 561－566.

[8] Wang J T, Poe C C, Ambur D R. Residual strength prediction of damaged composite fuselage panel with rcurve method [J]. Composites Science and Technology, 2006, 66(14): 2557－2565

[9] Atadero R A, Karbhari V M. Sources of uncertainty and design values for field-manufactured FRP [J]. Composite Structures, 2009, 89(1): 83－93.

[10] Federal Aviation Administration. Composite aircraft structure[S]. AC20－107B. Washington: Federal Aviation Administration, 2010.

[11] 中国人民解放军总装备部.军用飞机结构强度规范第 14 部分: 复合材料结构[S]. GJB 67.14—2008, 2008.

[12] United States Department of Defense. Composite material handbook. Vol.1 Polymer matrix composites materials for characterization of structural materials [S]. MIL－HDBK－17F, 2002.

[13] United States Department of Defense. Composite material handbook. Vol.3 Polymer matrix composites materials usage, design, and analysis[S]. MIL－HDBK－17F, 2002.

[14] United States Department of Defense. Composite material handbook. Vol.5 Ceramic matrix composites [S]. MIL－HDBK－17F, 2002.

[15] Federal Aviation Administration. Material qualification and equivalency for polymer matrix composite material systems: Update procedure[S]. DOT/FAA/AR－03/19. Washington: Federal Aviation Administration, 2003.

[16] 栾新刚,姚改成,梅辉,等.C/SiC 复合材料在航空发动机环境中损伤机理研究[J].航空制造技术,2014,(6): 93－99.

[17] 王翔,陈新文,王海鹏.基于统计的复合材料 B 基准值计算方法研究[J].失效分析与预防,2010, 5(4): 210－215.

[18] 马鑫,关志东,薛斌.复合材料 B 基准值计算程序[J].制造业自动化,2011, 33(10): 83－87

[19] 冯振宇,刘星星,魏书有,等.复合材料 B 基准值统计方法的对比分析[J].材料导报,2012, 26(20): 147-149.
[20] 王波,吴亚波,黄喜鹏,等.2D C/SiC 复合材料面内剪切性能统计及强度 B 基准值[J].材料工程,2019, 47(1): 131-138.
[21] 孙坚石,叶强.复合材料力学性能数据 B 基准值计算程序[J].航空制造技术,2009,(增刊): 19-24.
[22] 王春寿,张冠彪,刘衰财,等.复合材料结构设计许用值试验数据处理方法[J]. 2018, 18(19): 127-134.
[23] 叶强,金浩,陈普会.复合材料 B 基准值统计的多环境样本合并方法[J].复合材料学报,2016, 33(5): 1040-1047.
[24] 张晓虎,李贺军,郝志彪,等.预制体结构对 C/C 喷管出口锥材料力学性能的影响[J].固体火箭技术,2006, 29(5): 380-383.
[25] 郑伟,林志远,刘芹,等.针刺 C/C 复合材料高温力学性能[J].宇航材料工艺,2017(6): 43-45.